P. Gerdsen
Digitale Nachrichtenübertragung

Digitale Nachrichtenübertragung

Grundlagen, Systeme, Technik, praktische Anwendungen

Von Prof. Dipl.-Ing. Peter Gerdsen
Fachhochschule Hamburg

Mit 198 Bildern und
zahlreichen Übungsaufgaben mit Lösungen

B. G. Teubner Stuttgart 1996

Die Deutsche Bibliothek – CIP-Einheitsaufnahme

Gerdsen, Peter:
Digitale Nachrichtenubertragung: Grundlagen, Systeme, Technik,
praktische Anwendungen; mit zahlr. Übungsaufgaben mit Losungen /
von Peter Gerdsen. –
Stuttgart : Teubner, 1996
  ISBN-13: 978-3-519-06185-4   e-ISBN-13: 978-3-322-82993-1
  DOI: 10.1007/ 978-3-322-82993-1

Gesamtherstellung: Zechnersche Buchdruckerei GmbH, Speyer
Einbandgestaltung: Peter Pfitz, Stuttgart

Vorwort

Die elektrische Nachrichtentechnik läßt sich in die beiden Gebiete der Nachrichtenübertragung und der Nachrichtenverarbeitung unterteilen. Ausgehend von den Methoden der Signaldarstellung kann man zwischen analoger und digitaler Nachrichtentechnik unterscheiden. Während bisher die analogen Methoden die Nachrichtenübertragung und die digitalen Methoden die Nachrichtenverarbeitung beherrschten, beginnen die digitalen Methoden in zunehmendem Maße in die Nachrichtenübertragungstechnik und allgemein weiter in die Gebiete der Nachrichtenverarbeitung einzudringen, die bisher analogen Methoden vorbehalten waren. Dieses Buch möchte den Leser in die grundlegenden Methoden und Betrachtungsweisen der digitalen Nachrichtenübertragungstechnik einführen. Dabei wird versucht, innerhalb der vielfältigen Aspekte dieser Technik gemeinsame und übergeordnete Gesichtspunkte zu betonen. Die Beschränkung auf die wesentlichsten Zusammenhänge soll es ermöglichen, durch sorgfältige theoretische Ableitungen so weit in die Tiefe zu gehen, daß die Anwendungsnähe der Darstellung durch eine Reihe von ausgeführten Berechnungsbeispielen sichtbar wird.

Die vorliegende "Digitale Nachrichtenübertragung" ist entstanden aus einer Überarbeitung und wesentlichen, inhaltlichen Erweiterung und Umgestaltung des Teubner Studienskriptums "Digitale Übertragungstechnik". Dabei sind die Erfahrungen berücksichtigt worden, die der Verfasser in über zehnjähriger Lehrtätigkeit auf diesem Gebiet im Fachbereich Elektrotechnik und Informatik der Fachhochschule Hamburg gewonnen hat.

Das Buch ist modular aufgebaut; es besteht aus zwölf einzelnen, im wesentlichen für sich lesbaren Kapiteln. Die beiden wichtigsten zusammenfassenden Begriffe sind die Quellen- und die Kanalcodierung, wobei diese auf drei Kapitel verteilt wurde: Leitungscodierung, Fehlersicherung und Modulation.

Das Buch wendet sich in erster Linie an Studenten der Fachhochschulen und Technischen Universitäten. Aber auch Ingenieure aus der Praxis, die sich in die digitale Nachrichtenübertragung einarbeiten wollen, sollen angesprochen werden. Vorausgesetzt werden die Grundlagen der Elektrotechnik und der

Nachrichtentechnik. Um das Durcharbeiten zu erleichtern, wurden einzelne Themen aus den Grundlagen sowie einige sehr spezielle, für das Verständnis des Stoffes wichtige Themen in einem Anhang erläutert.

Mit der Ausbreitung digitaler Methoden in der Übertragungstechnik sind einige spezifische Fachausdrücke entstanden, die mit einer Erläuterung ihrer Bedeutung in einem Glossar zusammengestellt sind.

Dem Teubner-Verlag, speziell Herrn Dr. Jens Schlembach, möchte ich für die gute Zusammenarbeit danken. Dank gilt auch meinem Kollegen Prof. Dr.-Ing. Peter Kröger, der mir in vielen fachlichen Diskussionen über Einzelthemen und bei der Strukturierung des Buches eine wertvolle Hilfe war. Zu Dank verpflichtet bin auch Dipl.-Ing. Dieter Mehrkens, der eine ausgezeichnete Diplomarbeit zum Thema PSK4-Modem angefertigt hat, für das sorgfältige Korrekturlesen des Manuskripts. Ein besonderer Dank gilt meiner Frau für das mir in den Monaten der Entstehung dieses Buches entgegengebrachte Verständnis.

Hamburg, im Herbst 1996   P. Gerdsen

Inhaltsverzeichnis

1 Einleitung

Information und Energie sind die beiden grundlegenden Begriffe der Elektrotechnik. Während die elektrische Energietechnik sich mit der Übertragung und Umwandlung von Energie beschäftigt, ist es Aufgabe der elektrischen Informationstechnik, Informationen zu übertragen und zu verarbeiten. Informationen können auf Grund bekannter oder unterstellter Abmachungen durch Zeichen oder kontinuierliche Funktionen dargestellt werden. Diese Funktionen oder Zeichen werden Nachrichten genannt, wenn sie zur Übertragung von Informationen dienen. Sie werden Daten genannt, wenn sie zur Verarbeitung von Informationen dienen. Durch Zeichen dargestellte Informationen sind digital, durch kontinuierliche Funktionen dargestellte Informationen sind analog.
Die Aufgaben der Übertragung und Verarbeitung erfordern eine physikalische Darstellung der Zeichen und kontinuierlichen Funktionen. Dies ist möglich entweder in Form einer räumlichen Anordnung, z.B. durch magnetische Einprägungen auf einem Magnetband, oder durch den zeitlichen Ablauf von elektrischen Strömen i(t) oder Spannungen u(t). Die physikalische Darstellung der Zeichen und kontinuierlichen Funktionen nennt man Signale. Liegen die Signale in einer räumlichen Anordnung vor, so hat man gespeicherte Informationen. Signale in Form zeitabhängiger elektrischer Ströme oder Spannungen sind Gegenstand der Übertragungstechnik. Stellen die zeitabhängigen Signale nicht kontinuierliche Funktionen, sondern Zeichen dar, so spricht man von digitaler Übertragungstechnik.

1.1 Signalklassen

Das elektrische Signal einer Nachrichtenquelle wird beschrieben durch die abhängige Signalkoordinate s als Funktion der unabhängigen Zeitkoordinate t in Form einer Zeitfunktion s(t). Die Signalkoordinate ist in der Regel entweder eine Spannung u oder ein Strom i. Die Signalkoordinate s und die Zeitkoordinate t können in kontinuierlicher oder diskreter Weise verfügbar sein. Somit lassen sich Signale entsprechend Bild 1.1 in vier verschiedene Klassen einteilen:

Klasse 1: Signal- und Zeitkoordinate sind kontinuierlich verfügbar. Solche Signale treten z.B. auf am Ausgang eines Mikrophons, mit dem Sprache oder Musik in elektrische Signale umgewandelt werden. Signale der Klasse 1 werden

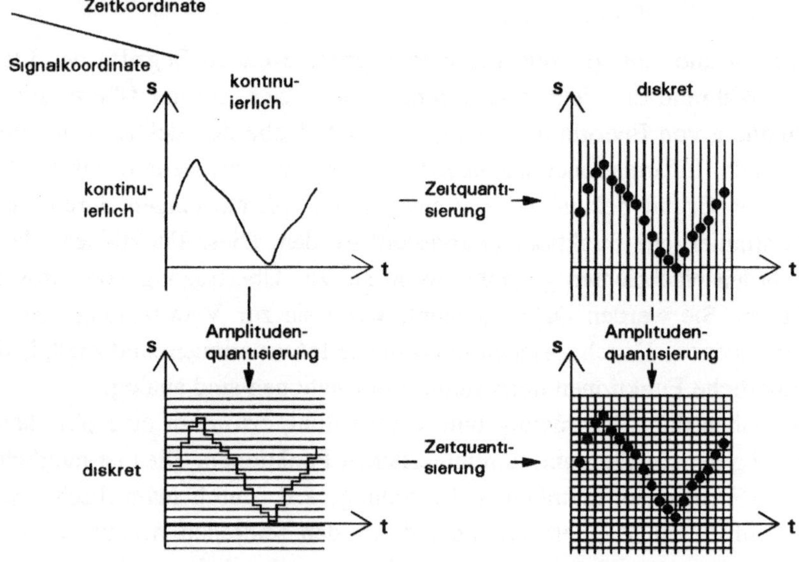

Bild 1.1 Signalklassen

charakterisiert durch ihre Signalgrenzfrequenz f_{gs} und durch ihren Signal-Geräusch-Abstand ρ. Unter der Grenzfrequenz f_{gs} eines Signals u(t) versteht man die Frequenz f, oberhalb derer die Frequenzfunktion

$$\underline{U}(f) = \int\limits_{-\infty}^{\infty} u(t)\, e^{-j\,2\pi\,f\,t}\, dt \tag{1.1}$$

Null ist. Da jedem Signal u(t) eine stochastische Geräuschspannung $u_r(t)$ überlagert ist, definiert man mit der Signalleistung P_s und der Geräuschleistung P_r den Signal-Geräusch-Abstand

$$\rho = \frac{P_s}{P_r} \qquad (1.2)$$

Klasse 2: Die Signalkoordinate ist in kontinuierlicher und die Zeitkoordinate in diskreter Weise verfügbar. Diskret heißt für die Zeitkoordinate, daß sie durch bestimmte Zeitrasterabschnitte T_0, in denen die Signalkoordinate nur wenig veränderlich ist, charakterisiert wird. Signale der Pulsamplitudenmodulation gehören zur Klasse 2. Charakterisiert werden die Signale der Klasse 2 durch den Rasterabstand T_0 und den Signal-Rausch-Abstand ρ. Durch Abtastung oder Zeitquantisierung (s. Abschn. 2.3.1) werden Signale der Klasse 1 in solche der Klasse 2 umgewandelt. Dabei wird in der Regel im Abtastzeitpunkt dem Signal u(t) der Klasse 1 ein Funktionswert entnommen und bis zum nächsten Abtastzeitpunkt konstant gehalten. Die Bedingungen für die Wiedergewinnung des Signals u(t) der Klasse 1 sind der Inhalt des Abtasttheorems (s. Abschn. 2.3.1.5).

Klasse 3: Die Signalkoordinate ist in diskreter und die Zeitkoordinate in kontinuierlicher Weise verfügbar. Diskret heißt für die Signalkoordinate, daß sie nur in bestimmten Stufen auftritt. Der Zeitpunkt, in dem eine Änderung der Signalkoordinate erfolgen kann, ist beliebig. Durch Amplitudenquantisierung (s. Abschn. 2.3.2) lassen sich Signale der Klasse 1 in solche der Klasse 3 umwandeln. Dabei wird der kontinuierliche Wertebereich der Signalkoordinate in diskret gestufte Äquivalenzbereiche eingeteilt, und alle in einen Äquivalenzbereich fallenden Signalwerte werden in einen in der Regel in der Mitte liegenden diskreten Signalwert übergeführt. Die Zeitpunkte der Änderung der Signalkoordinate richten sich dann nach dem Verlauf des Signals u(t) der Klasse 1. Die Amplitudenquantisierung rechtfertigt sich dadurch, daß infolge der unvermeidlichen Geräuschspannung $u_r(t)$ die Funktionswerte der Signale der Klasse 1 bei einer Übertragung nur ungenau wiedererkannt werden können und daß das durch die Amplitudenquantisierung hervorgerufene Quantisierungsgeräusch durch Erhöhung der Stufenzahl beliebig klein gemacht werden kann. Charakterisiert werden Signale der Klasse 3 durch die minimale Intervalldauer und die Stufenzahl.

Klasse 4: Signal- und Zeitkoordinate sind in diskreter Weise verfügbar. Die Signale der Klasse 4 werden auch digitale Signale genannt. Sie entstehen aus den Signalen der Klasse 1 durch Zeit- und Amplitudenquantisierung. Die Signalkoordinate nimmt jeweils einen Wert aus einem vorgegebenen Wertevorrat an. Durch Codierung (s. Abschn. 2.3.4) stellt man häufig diese Werte durch Kombinationen von jeweils zwei Werten dar. Die Überführung von Signalen der Klasse 1 in solche der Klasse 4 nennt man auch Digitalisierung. Schließt sich an die Amplitudenquantisierung eine Codierung auf ein zweiwertiges Signal an, so spricht man häufig von Puls-Code-Modulation.

1.2 Digitale Signale

Signale der Klasse 4, also digitale Signale, deren Übertragung Gegenstand dieses Buches ist, haben wegen einiger vorteilhafter Eigenschaften eine besondere Bedeutung erlangt. Diese Eigenschaften sollen im Folgenden erläutert werden.

1.2.1 Zeitmultiplex

Digitale Signale ermöglichen die Mehrfachausnutzung von Kanälen in Form des Zeitmultiplex (s. Abschn. 9). Im Gegensatz zum Frequenzmultiplex, das in Form der Trägerfrequenztechnik weit verbreitet ist, wird die für das Frequenzmultiplex charakteristische, hohe Anzahl an Bandfiltern hier nicht benötigt. Ein weiterer Vorteil des Zeitmultiplex liegt in seiner relativen Unempfindlichkeit gegen nichtlineare Verzerrungen, auf die das Frequenzmultiplex mit dem nichtlinearen Nebensprechen sehr empfindlich reagiert.
Von besonderer Bedeutung ist noch, daß es neben analogen auch digitale Nachrichtenquellen (s. Fernschreibtechnik) gibt. Werden analoge in digitale Signale verwandelt, so ist die Zusammenfassung im Zeitmultiplex möglich.

1.2.2 Störungen

Sowohl bei analoger als auch bei digitaler Übertragung unterliegt die Signalleistung Ps der Streckendämpfung, die abschnittsweise durch Verstärker wieder aufgehoben wird (s. Bild 1.2). Bei einer digitalen Übertragungsstrecke tritt dabei an die Stelle der analogen Verstärker der Regenerativverstärker (s. Abschn. 3.2.3 und 3.5). Ein wesentlicher Unterschied besteht jedoch in der aufgelaufenen Geräuschleistung.

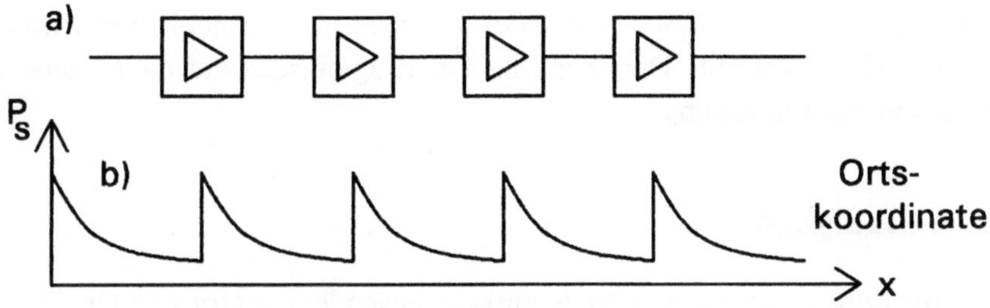

Bild 1.2 a) Übertragungsstrecke mit Verstärkern
b) Signalleistung längs einer Übertragungsstrecke

Bei analoger Übertragung wird die Geräuschleistung in linearen Verstärkern jeweils um den gleichen Faktor angehoben wie die Signalleistung, wobei sich die innerhalb jedes Abschnittes hinzugekommenen Geräusche überlagern (Bild 1.3).

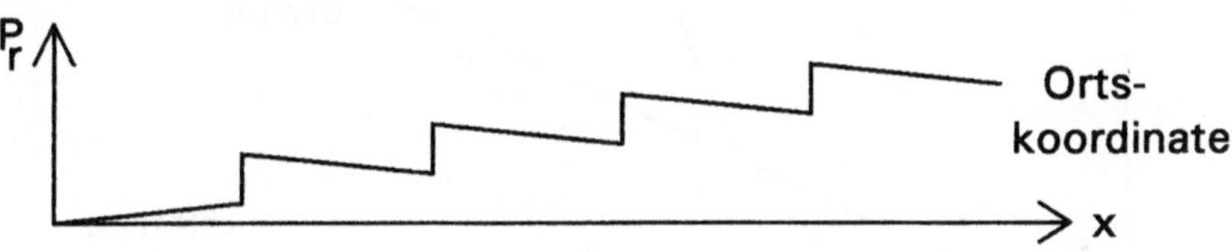

Bild 1.3 Geräuschleistung bei analoger Übertragung

Im Gegensatz dazu wird bei digitaler Übertragung mit Hilfe von regenerierenden Verstärkern das Signal von der aufgelaufenen Geräuschleistung P_{rd} jeweils wieder weitgehend befreit (Bild 1.4). Das Geräusch verursacht lediglich die fehlerhafte Übertragung einzelner Zeichen und Phasenjitter, d.h. statistische Schwankungen der Pulsperiodizität. Infolge der abschnittweisen Regenerierung addieren sich nur die Fehler, nicht aber die Geräusche. Eine geringe

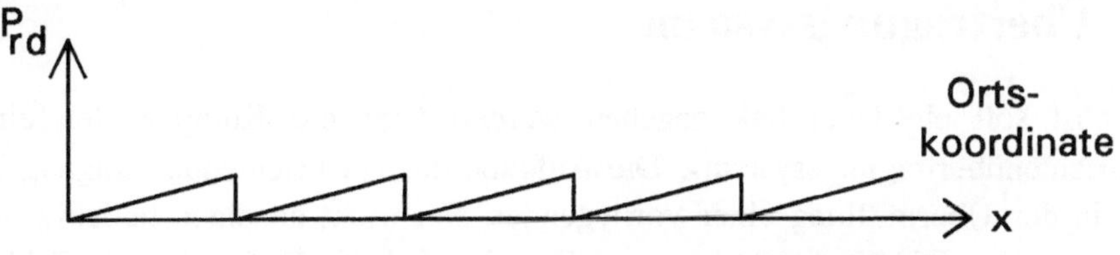

Bild 1.4 Geräuschleistung bei digitaler Übertragung

Erhöhung des Signal-Geräusch-Abstandes führt zu einer erheblichen Erniedrigung der Fehlerhäufigkeit. Damit ist die Übertragungsqualität weitgehend unabhängig von der Entfernung.

1.2.3 Genauigkeit

Bei Informationen zur Verarbeitung müssen besondere Anforderungen an die Genauigkeit gestellt werden. Im unteren Genauigkeitsbereich bis zu einem relativen Fehler von etwa 10^{-2} sind Anlagen mit Signalen der Klasse 1, d. h. mit analogen Signalen preiswerter als Anlagen mit Signalen der Klasse 4, d. h. mit digitalen Signalen, bei höheren Genauigkeiten kehrt sich das Verhältnis jedoch um.

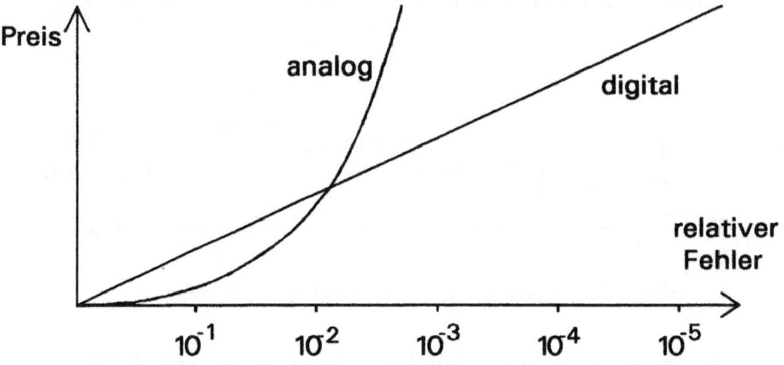

Bild 1.5 Zusammenhang zwischen Preis und Genauigkeit

Zur Verdeutlichung ist der Zusammenhang zwischen Preis und relativem Fehler durch ein Diagramm in Bild 1.5 dargestellt.

1.3 Übertragungssysteme

Zunächst soll ein Überblick gegeben werden über die Komponenten eines Nachrichtenübertragungssystems. Die Aufgabe der Nachrichtenübertragung besteht in der Übermittlung einer vorliegenden Nachricht an einen beliebig weit entfernten Ort. Die Nachricht kann aus Sprache, Schrift, Daten, Musik, Bildern oder anderen Ereignissen bestehen. Die technischen Einrichtungen zur Übertragung einer Nachricht stellen ein Nachrichtensystem dar. Bei der Vielfalt solcher Nachrichtensysteme ist es erforderlich, ein theoretisches Modell zu bilden, das sich mathematisch beschreiben läßt.

1.3.1 Nachrichtenarten

Die wichtigsten Aufgabenbereiche der elektrischen Nachrichtenübertragung zeigt Bild 1.6. Sie ergeben sich aus den Empfängern der Nachrichten: der Mensch oder eine Maschine. Die wichtigsten Eingangstore für Nachrichten sind beim Menschen das Auge und das Ohr. Damit ergeben sich zwei wichtige Übertragungstechniken:

- die Tonübertragung und
- die Bildübertragung.

Zu ihnen gehören vier Wandler: im Falle der Tonübertragung das Mikrophon mit dem Gegenstück Lautsprecher bzw. Kopfhörer und im Falle der Bildübertragung die Kameraröhre mit dem Gegenstück Bildröhre.
Wichtig ist die Frage der Übertragungsqualität und der dafür geeigneten Qualitätsmaßstäbe. Im Falle der Musikübertragung spricht man von Klangtreue und bei der Sprachübertragung von Silbenverständlichkeit. Hier eröffnet die digitale Nachrichtenübertragung ganz neue Möglichkeiten. Die Wandler für Bild und Ton erzeugen ein analoges Signal.

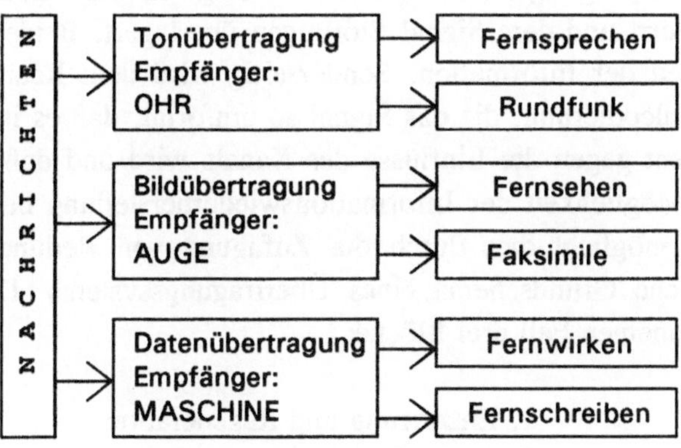

Bild 1.6 Nachrichtenarten

Daher ist zunächst eine Digitalisierung dieses Signals erforderlich. Das so entstehende Digitalsignal ist die physikalische Darstellung einer Zahlenfolge. Als allgemeines Qualitätskriterium ergibt sich hier die Fehlerhäufigkeit.

1.3.2 Systemaufbau

Im allgemeinen Fall liegen zu übertragende Nachrichten als nicht elektrische Ereignisse vor und müssen daher mit Hilfe eines Wandlers zunächst in elektrische Signale umgewandelt werden. Bei der Sprachübertragung kann man sich als Nachrichtenquelle einen sprechenden Menschen vorstellen. Als Wandler dient dabei auf der Sendeseite ein Mikrophon und auf der Empfangsseite ein Lautsprecher. Der Sender enthält im allgemeinen Fall zwei Blöcke:

- die Quellencodierung und
- die Kanalcodierung

Für die Funktion dieser beiden Blöcke hat der Begriff Redundanz eine wichtige Bedeutung. Man versteht darunter die Weitschweifigkeit der Informationsdarstellung durch ein Signal; ein Signal enthält Redundanz, wenn mehr Signalelemente als zur Darstellung der Information erforderlich vorhanden sind. Die Quellencodierung hat die Aufgabe so weit wie möglich Redundanz aus dem Signal zu entfernen. Dies kann einen Gewinn an Bandbreite und Leistung bringen. Für die Übertragungstechnik ist nun wichtig, daß der Übertragungskanal das Signal verzerrt und dem Signal Störungen überlagert. Beide Einflüsse zerstören einen Teil der Information. Senderseitig wird dem Rechnung getragen durch eine Kanalcodierung, die das Signal so umformt, daß es in einem gewissen Maß resistent gegen die Einflüsse des Kanals wird und daß auf der Empfangsseite die Möglichkeit der Informationswiederherstellung besteht. Die Kanalcodierung ermöglicht dies durch die Zufügung von Redundanz. Bild 1.7 zeigt das einfache Grundschema eines Übertragungssystems. Der Empfänger enthält im allgemeinen Fall drei Blöcke:

1. Entzerrung und Regeneration
2. Kanaldecodierung
3. Quellendecodierung

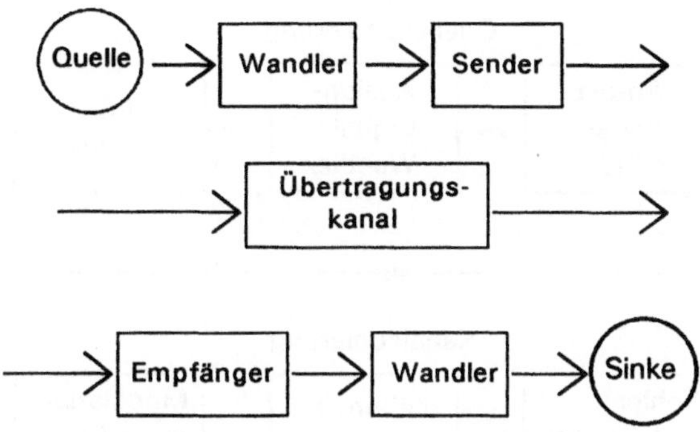

Bild 1.7 Grundschema eines Nachrichtenübertragungssystems

Der 1. Block ist durch die Verzerrungen des Kanals bedingt, während die beiden anderen Blöcke die Codierungsvorgänge der Senderseite wieder rückgängig machen. Danach folgen wieder ein Wandler und die Nachrichtensinke. Im Falle der Sprachübertragung kann der Wandler ein Lautsprecher und die Sinke das menschliche Ohr sein. In Bild 1.8 wird der Aufbau eines digitalen Nachrichtenübertragungssystems detaillierter dargestellt. Als Beispiel sei das analoge Sprachsignal betrachtet. Das Signal wird zunächst einer Quellencodierung unterzogen. Dabei können drei Blöcke unterschieden werden: Abtast-Halte-Glied, Analog-Digital-Wandlung und z.B. ein LPC-Vocoder (s. Abschn. 2.4.3). Die Quellencodierung, die das Signal in digitaler Form mit einer möglichst geringen Datenrate darstellen soll, wird in Abschn. 2 behandelt.

Nach der Quellencodierung wird eine Kanalcodierung durchgeführt, die trotz verzerrender und störender Einflüsse des Kanals eine fehlerlose Übertragung ermöglichen soll. Die Kanalcodierung vollzieht sich im allgemeinen in drei Schritten: Fehlersicherungscodierung, Leitungscodierung und Modulation eines Sinusträgers. Digitale Nachrichtenübertragung bedeutet die Darstellung der Information durch eine Zahlenfolge; durch die Fehlersicherungscodierung nach Abschn. 7 erhält diese Zahlenfolge eine innere mathematische Struktur, so daß Fehler erkannt und evtl. korrigiert werden können. Die Leitungscodierung nach Abschn. 4 bringt das Signal in eine für die Übertragung günstige Form und durch Modulation eines Sinusträgers nach Abschn. 8 wird das Signal an einen Bandpaß-Kanal angepaßt. Auf der Empfangsseite finden sich die entsprechenden Blöcke, um die Vorgänge auf der Sendeseite wieder rückgängig zu machen.

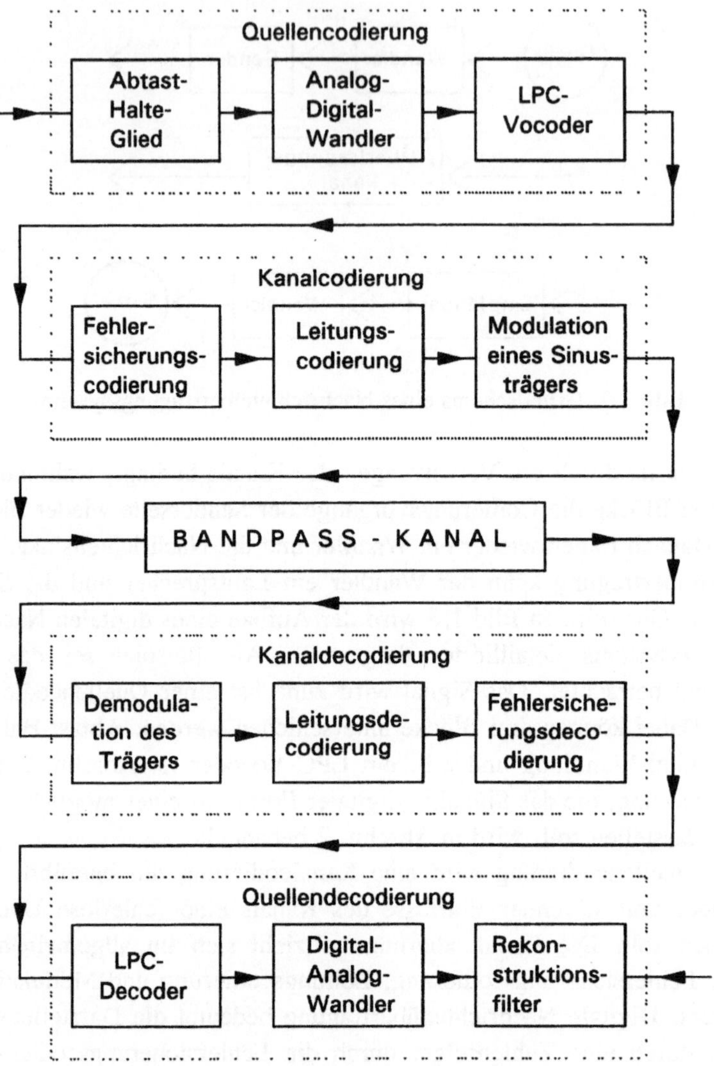

Bild 1.8 Aufbau eines digitalen Nachrichtenübertragungssystems

2 Quellencodierung

Die umfassendste Bedeutung des Begriffs Codierung ist die Umwandlung einer Nachricht von einer Form in eine andere. Häufiger versteht man Codierung jedoch als Darstellung eines einzelnen Nachrichtenelementes aus einer größeren Menge solcher Elemente durch die Kombination von Elementen aus einer kleineren Menge von Nachrichtenelementen. Die Umkehrung dieses Vorgangs heißt Decodierung.

2.1 Übertragungssystem

Im folgenden wird das Modell eines Nachrichtenübertragungssystems, wie es Bild 2.1 darstellt, hergeleitet.

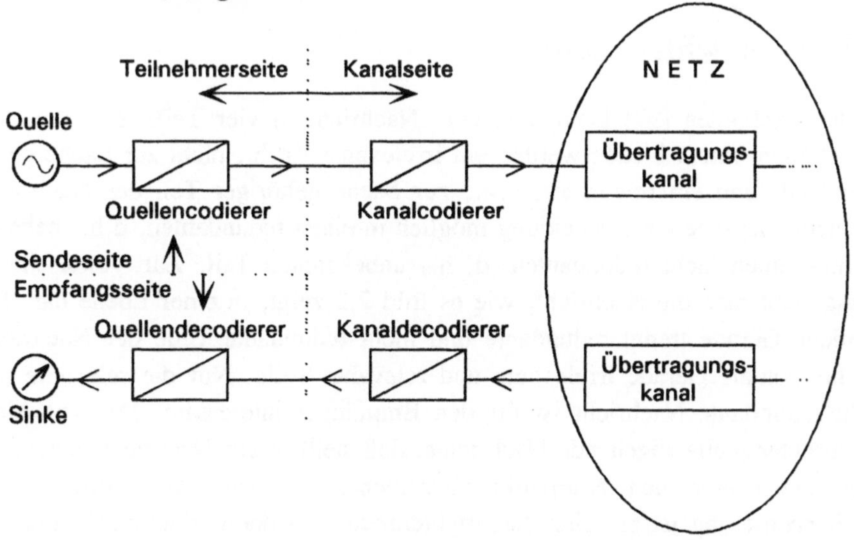

Bild 2.1 Modell eines Nachrichtenübertragungssystems

Die physikalischen Realitäten sind gegeben durch eine Nachrichtenquelle, einen mehr oder weniger gestörten Übertragungskanal und eine Nachrichtensinke. Nachrichtenquelle und Kanaleingang werden durch einen Codierer verbunden, die Kopplung zwischen Kanalausgang und der Nachrichtensinke erfolgt durch den Decodierer. Bei der Codierung müssen sowohl Eigenschaften der Quelle als auch Eigenschaften des Kanals berücksichtigt werden. Daher teilt man den Codierer in einen Quellen- und einen Kanalcodierer und den Decodierer in einen Quellen- und einen Kanaldecodierer auf. Hierbei sollen die jeweils einander zugeordneten Codierer und Decodierer sich in ihrer Funktion gegenseitig aufheben, damit das von der Quelle abgegebene Signal nach Übertragung über den Kanal am Eingang der Sinke möglichst ohne Verzerrung zurückgewonnen wird. Die Darstellung berücksichtigt, daß in einem Nachrichtennetz jeder Teilnehmeranschluß sowohl eine Quelle als auch eine Sinke beinhaltet. Codierer und Decodierer sind also räumlich benachbart und werden in einer Codec genannten Einheit zusammengefaßt.

An der Schnittstelle zwischen Teilnehmerseite und Kanalseite sollen die Signale derart neutralisiert sein, daß jede beliebige Teilnehmerseite mit jeder beliebigen Kanalseite über die ihnen eigenen Codecs optimal miteinander verbunden werden können.

2.2 Nachrichtenebene

Nach J. Schouten [97] kann man eine Nachricht in vier Teile zerlegen. Zunächst kann unterschieden werden ein irrelevanter, d.h., nicht zur Sache gehöriger Teil, und ein relevanter, d.h., zur Sache gehöriger Teil der Nachricht. Zusätzlich ist eine Unterscheidung möglich in einen redundanten, d.h., bekannten und einen nicht redundanten, d. h., unbekannten Teil. Zur Veranschaulichung stellt man die Nachricht, wie es Bild 2.2 zeigt, in einer Ebene dar. Die vertikale Gerade trennt redundante und nicht redundante Teile der Nachricht, die horizontale Gerade irrelevante und relevante Teile. Nur die relevante und nicht redundante Nachricht ist für den Empfänger interessant. Der von einer Nachrichtenquelle abgehende Nachrichtenfluß stellt in der Nachrichtenebene im allgemeinen eine den Nullpunkt einschließende Fläche dar. Aufgabe der Quellencodierung ist es, eine Nachrichtenreduktion derart durchzuführen, daß die Irrelevanz und Redundanz der Nachricht eliminiert werden, d.h, daß der in Bild 2.2 schraffiert gezeichnete Teil der Nachricht abgetrennt wird.

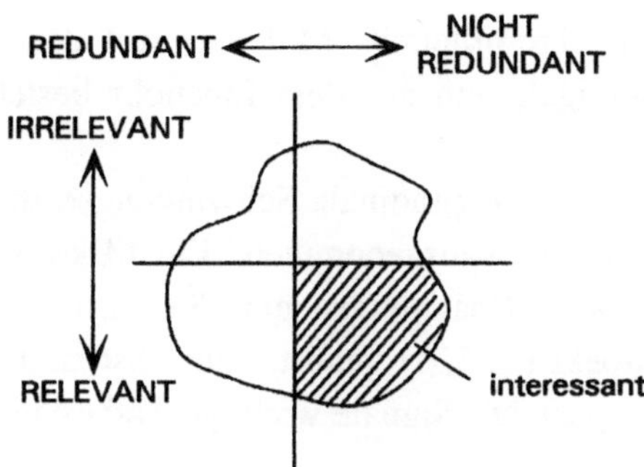

Bild 2.2. Nachrichtenebene

Durch die auf diese Weise erreichte Verringerung des Nachrichtenflusses wird der Übertragungskanal besser ausgenutzt. Das bedeutet in der Praxis eine Einsparung an

- Bandbreite
- Sendeleistung
- Speicherkapazität oder Übertragungszeit.

2.2.1 Irrelevanz

Nachrichten werden vom Menschen über Augen und Ohren aufgenommen. Aufgrund psycho-physiologischer Gesetzmäßigkeiten sind diese Sinnesorgane nur in gewissen Grenzen aufnahmefähig und daher für bestimmte Teile der Nachricht unempfindlich. Die Irrelevanzreduktion besteht nun darin, daß diese Teile der Nachricht nicht übertragen werden. Im folgenden wird auf die psycho-physiologischen Eigenschaften von Auge und Ohr des Menschen in Form einer Einführung eingegangen, weil auf ihrer Grundlage erhebliche Datenreduktionen erzielt werden können.

2.2.1.1 Eigenschaften des Ohres

Die wichtigsten Signale für das menschliche Ohr sind Sprache und Musik. Irrelevant sind die Signalanteile, die vom Ohr nicht verarbeitet werden und somit auch nicht übertragen werden müssen. Bei genauerer Betrachtung muß unterschieden werden zwischen der Signalverarbeitung in der Region, die aus Gehörmuschel, Gehörgang, Trommelfell, Mittelohr mit den Knöchelchen Hammer, Amboß und Steigbügel, und aus dem Innenohr besteht, und der Signalauswertung im Gehirn.

Als Schall werden vom Ohr longitudinale Schwingungen der Luft, also Schalldruck als Funktion der Zeit, wahrgenommen. Ein Mikrophon verwandelt den Schalldruck in proportionale Spannungen um. So entsteht ein elektrisches Signal $u(t)$, zu dem ein Spektrum $\underline{U}(f)$ gehört. Zunächst sind zwei für die Verarbeitung und Übertragung solcher Signale wichtige Tatbestände zu betrachten:

1. Spektrale Anteile des akustischen Signals $u(t)$, die oberhalb 15 KHz liegen werden nicht mehr wahrgenommen. Daher ist eine Beschneidung des Frequenzbandes vor der Übertragung und Verarbeitung geboten. Bei einer Sprachübertragung liegt die Frequenzbandgrenze wesentlich tiefer. Durch Messungen kann gezeigt werden, daß die Übertragung eines Frequenzbandes von 300 Hz bis 3400 Hz ohne nennenswerten Verlust an Verständlichkeit ausreichend ist.

2. Meßtechnische Untersuchungen zeigen, daß offenbar in der Basilarmembran des Innenohres eine Spektralanalyse des akustischen Signals stattfindet. Die Basilarmembran wirkt wie eine Filterbank, von der das Betragsspektrum in paralleler Form mit Hilfe eines Nervenbündels zum Gehirn geleitet wird. Das Phasenspektrum wird nicht ausgewertet; Phasenverzerrungen des akustischen Signals werden nicht wahrgenommen.

Die zulässige Beschneidung des Frequenzbandes liefert ein bandbegrenztes Signal, das ohne Informationsverlust durch eine Folge äquidistanter Abtastwerte ersetzt werden kann. Dabei kann der zeitliche Abstand zwischen den Abtastwerten umso größer sein, je niedriger die Bandgrenze ist. Die Tatsache, daß das Phasenspektrum nicht ausgewertet wird, hat deswegen für die Nachrichtentechnik große Bedeutung, weil die analoge Schaltungstechnik nicht ohne weiteres Übertragungssysteme mit linearem Phasengang liefert.

Zwei weitere für die Datenreduktion wichtige Eigenschaften des Gehörs sind die Hörschwelle und der Verdeckungseffekt.

1. <u>Hörschwelle</u>: Man versteht darunter denjenigen Schalldruckpegel eines Sinustones, der in Abhängigkeit von der Frequenz gerade noch wahrgenommen wird. Die Hörschwelle wird von weiteren, gleichzeitig

stattfindenden Schallereignissen beeinflußt, ohne solche spricht man von der Ruhehörschwelle. Schallereignisse, die unterhalb der Ruhehörschwelle liegen,werden grundsätzlich nicht wahrgenommen.

2. <u>Verdeckungseffekt</u>: Ein auf das Ohr einwirkendes Schallereignis kann die Empfindlichkeit des Ohres für andere gleichzeitig stattfindende Schallereignisse soweit herabsetzen, daß sie nicht mehr wahrgenommen werden. Ob eine Verdeckung stattfindet, ist vom Pegelverhältnis und vom Frequenzabstand abhängig.

2.2.1.2 Eigenschaften des Auges

Im Auge wird, wie in einer photographischen Kamera, mit Hilfe einer Linse ein Bild der betrachteten Umgebung auf die Netzhaut projiziert. Diese Netzhaut besteht aus lichtempfindlichen Zellen, die über ein Bündel von Nervenfasern mit dem Gehirn verbunden sind. Die Anzahl der lichtempfindlichen Zellen und die Trägheit ihrer Signalverarbeitung bestimmen den Informationsfluß, den das Auge aufnehmen kann.

Bei der Übertragung von bewegten Bildern ist die Zerlegung in eine Folge von Einzelbildern zulässig, weil oberhalb einer Bildfolgefrequenz von ca. 50 Hz infolge der Trägheit des Auges die Zerlegung nicht mehr wahrgenommen wird. Wählt man den Betrachtungsabstand so, daß ein bestimmter Ausschnitt der Umgebung ohne Bewegung des Augapfels auf die Netzhaut projiziert werden kann, so ist auf Grund der durch die Anzahl lichtempfindlichen Zellen bedingten, begrenzten Auflösung der Netzhaut eine Zerlegung in ca. 625 Zeilen zulässig. Eine Videokamera, die diese Parameter zugrundelegt, verwandelt ein bewegtes Bild in ein elektrisches Signal mit einer Bandbreite von ca. 5 MHz. Damit ist der vom Auge aufgenommene Informationsfluß wesentlich größer als dies beim Ohr der Fall ist.

2.2.2 Redundanz

Redundant ist der Teil der Nachricht, der sich aus dem Informationsgehalt vorhersagen läßt. Diese Vorhersagbarkeit macht es möglich, die reduzierte Redundanz im Empfänger wieder zuzusetzen. Bei störungsfreiem Kanal wird daher die Nachricht trotz Redundanzreduktion fehlerfrei zum Empfänger übertragen, wenn die Redundanz wieder zugesetzt wird. Allerdings wird bei gestörter

Übertragung auch die zugesetzte Redundanz fehlerhaft. Daher ist ein redundanzreduziertes Signal in vielen Fällen empfindlicher gegen Übertragungsstörungen als ein Signal ohne Redundanzreduktion. In welchem Maße ein Signal Redundanz enthält, zeigt sich im Spektrum, in der Wahrscheinlichkeitsdichtefunktion (s. Anhang 13.3.1) und der Autokorrelationsfunktion (s. Anhang 13.3.3).

2.2.2.1 Spektrum

Ist das Spektrum oberhalb einer Signalgrenzfrequenz auf vernachlässigbar kleine Werte abgesunken, so spricht man von einem bandbegrenzten Signal. Im Abschn. 2.3.1 Zeitquantisierung wird gezeigt, daß die Klasse der bandbegrenzten Signale hoch redundant ist. Statt der Übertragung der gesamten kontinuierlichen Zeitfunktion genügt es, in äquidistanten Zeitabständen Funktionswerte zu übertragen. Diese Zeitquantisierung steht am Anfang jeder Qellencodierung zur Beseitigung von Irrelevanz und Redundanz.

2.2.2.2 Wahrscheinlichkeitsdichtefunktion

Bei der Codierung der einzelnen Amplitudenstufen durch eine Kombination aus jeweils zwei Zeichen kann eine Redundanzminderung dadurch erzielt werden, daß man eine unterschiedliche Codewortlänge zuläßt und häufige Amplitudenstufen den kurzen Codeworten und seltene Amplitudenstufen den längeren Codeworten zuordnet. Man bezeichnet derartige Codes als optimale Codes. Diese redundanzsparende Quellencodierung ist jedoch mehr von grundsätzlichem Interesse; denn die gleichlangen Codes, bei denen alle Codewörter gleiche Längen haben, bieten wesentliche Erleichterungen für die Verwirklichung der technischen Einrichtungen zur Erfassung, Übertragung und Verarbeitung digitaler Informationen.

2.2.2.3 Autokorrelationsfunktion

Für stochastische Signale kann wegen ihres Zufallscharakters eine Zeitfunktion nicht angegeben werden. Statt dessen ist eine Beschreibung dieser Signale neben der Wahrscheinlichkeitsdichtefunktion (s. 13.3.1) durch die Autokorrelationsfunktion (s. Anhang 13.3.3) möglich. Dabei handelt es sich um eine künstliche

Zeitfunktion; sie gibt den Zusammenhang bzw. die innere Verwandschaft zwischen zwei Momentanwerten eines stochastischen Signals in Abhängigkeit ihres zeitlichen Abstandes an. Das bedeutet, daß ein gegenwärtiger Signalwert in gewissem Maße durch die Vergangenheit vorherbestimmt ist; es besteht eine statistische Bindung in die Vergangenheit. Das Ausmaß dieser Vorherbestimmtheit wird durch die Autokorrelationsfunktion beschrieben.

Ein Signal, dessen Momentanwerte in einem gewissen Maß vorherbestimmt ist, enthält Redundanz und Beseitigung dieser Redundanz ermöglicht u.U. eine erhebliche Datenreduktion.

2.3 Digitalisierung analoger Signale

Die beiden grundlegenden Signaltypen der elektrischen Nachrichtenübertragung sind die analogen und die digitalen Signale. Nachrichtenübertragung auf der Grundlage digitaler Signale ist das Thema dieses Buches. Es wird gezeigt, daß diese Art der Übertragung hinsichtlich Präzision und Störsicherheit einer Übertragung auf der Grundlage analoger Signale weit überlegen ist. Die für Auge und Ohr bestimmten Nachrichtenarten Bild und Ton führen zunächst auf analoge Signale. Daher ist ihre Überführung in digitale Signale zum Zwecke einer Übertragung mit hoher Präzision und Störsicherheit ein wichtiger Vorgang. Man nennt diesen Vorgang Digitalisierung eines analogen Signals. Der Vorgang erfordert die Umsetzung dreier Funktionen:

1. Zeitquantisierung
2. Amplitudenquantisierung
3. Codierung

Zeitquantisierung bedeutet die Überführung eines analogen Signals in eine Zahlenfolge durch Abtastung zu äquidistanten Zeitpunkten. Diese Zahlen sind wertkontinuierlich. Bei dem Vorgang der Amplitudenquantisierung wird der Zahlenvorrat begrenzt. Damit besteht die Möglichkeit, die Amplitudenwerte in dem Vorgang der Codierung durch Dualzahlen darzustellen. Die Digitalisierung analoger Signale eröffnet auf den Gebieten

der Signalübertragung und
der Signalverarbeitung

hinsichtlich Präzision und Störsicherheit neue Möglichkeiten. Die Übertragung digitaler Signale ist das Hauptthema dieses Buches. Auf die Verarbeitung digitaler Signale wird im Abschn. 12 Realisierung eingegangen.

2.3.1 Zeitquantisierung

In der Signaltheorie wird gezeigt, daß die harmonische Schwingung als Aufbauelement für beliebige Zeitfunktionen dienen kann. Es ist dafür eine unendliche Summe unendlich dicht liegender Frequenzen erforderlich. So wird der Zeitfunktion eine Spektrum genannte Funktion zugeordnet, welche die Amplitudendichte der harmonischen Schwingungen als Funktion der Frequenz darstellt. Hat nun eine Zeitfunktion oberhalb einer bestimmten Signal-Grenzfrequenz f_{gs} keine spektralen Anteile, so spricht man von einer bandbegrenzten Funktion.

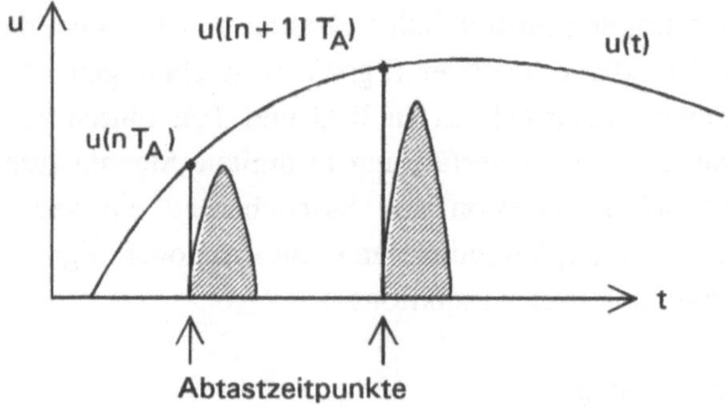

Bild 2.3 Abtastvorgang

Für diese wichtige Klasse von Funktionen gilt das Abtasttheorem, das besagt, daß eine bandbegrenzte Funktion durch ihre Werte zu periodisch sich wiederholenden Abtastzeitunkten vollständig beschrieben ist. Es ist dann durch Interpolation möglich, aus den diskreten Funktionswerten die ursprüngliche Funktion wiederzugewinnen. Ersetzt man eine kontinuierliche Funktion durch diskrete Funktionswerte, so spricht man auch von Zeitquantisierung. Sie ist die Grundlage für eine besondere Form der Mehrfachausnutzung von Leitungen, die Zeitmultiplex genannt wird.

2.3.1.1 Abtastvorgang

Abtasten heißt, ein kontinuierliches Signal u(t) durch eine Folge von äquidistanten Impulsen zu den Zeiten $t = nT_A$ mit $n = ...-2,-1,0,+1,+2,+3...$ darzustellen. Die Impulsflächen müssen dem jeweiligen Wert $u(nT_A)$ proportional sein (s. Bild 2.3). Der Abstand zwischen den Abtastzeitpunkten wird Abtastperiode T_A genannt, der Kehrwert $f_A = 1/T_A$ Abtastfrequenz. Zur Darstellung der abgetasteten Funktionswerte werden die folgenden Impulse g(t) verwendet, die auf den Flächeninhalt 1 normiert sind und somit die Einheit s^{-1} haben.

Dirac-Impuls (s. Anhang 13.2.1)

$$g(t) = \delta(t) \tag{2.1}$$

Rechteckimpuls (s. Anhang 13.2.1)
Mit der Impulsbreite τ und der Sprungfunktion $\varepsilon(t)$ (s. Anhang 13.2.1) gilt

$$g(t) = \frac{\varepsilon(t) - \varepsilon(t-\tau)}{\tau} \tag{2.2}$$

Sinusimpuls
Mit der Impulsbreite τ gilt

$$g(t) = \begin{cases} \dfrac{\pi}{2\tau} \sin(\pi \dfrac{t}{\tau}) & \text{für} \quad 0 \le t \le \tau \\[2ex] 0 & \text{für} \quad t < 0 , t > \tau \end{cases} \tag{2.3}$$

Sinusquadratimpuls
Mit der Impulsbreite τ gilt

$$g(t) = \begin{cases} \dfrac{2}{\tau} \sin^2(\pi \dfrac{t}{\tau}) & \text{für} \quad 0 \le t \le \tau \\[2ex] 0 & \text{für} \quad t < 0 , t > \tau \end{cases} \tag{2.4}$$

2.3.1.2 Theoretisches Modell

Die Beschreibung des Abtasters soll anhand eines theoretischen Modells erfolgen. Als Impulsform des Abtastsignals wird der Dirac-Impuls gewählt. Dann ist ein Multiplikator ein einfaches Modell dieses idealen Abtasters (s. Bild 2.4). Gilt für die Ausgangsspannung des Multiplikators mit der Multiplikatorkonstanten U_M und den Eingangsspannungen u_{e1} und u_{e2}

$$u_a = \frac{u_{e1}\, u_{e2}}{U_M} \tag{2.5}$$

und legt man an den Eingang 1 das abzutastende Signal $u_{e1} = u(t)$ und an den Eingang 2 eine periodische Folge von Dirac-Impulsen, d.h. einen Dirac-Puls mit der Spannungszeitfläche $u_\delta\, T_\delta$

$$u_{e2} = u_\delta\, T_\delta \sum_{n=-\infty}^{+\infty} \delta(t - nT_A) \tag{2.6}$$

so erhält man für das Abtastsignal

$$u_a(t) = \frac{u_\delta\, T_\delta}{u_M}\, u(t) \sum_{n=-\infty}^{+\infty} \delta(t - nT_A) \tag{2.7}$$

Da $u(t)$ bezüglich der Laufvariablen n eine Konstante ist und daher hinter das Summenzeichen gesetzt werden darf und $\delta(t - nT_A)$ für $t \neq nT_A$ Null ist, läßt sich für das Abtastsignal auch

$$u_a(t) = \frac{u_\delta\, T_\delta}{u_M} \sum_{n=-\infty}^{+\infty} u(nT_A)\, \delta(t - nT_A) \tag{2.8}$$

schreiben.

Der Dirac-Impuls spielt bei theoretischen Betrachtungen eine wichtige Rolle. In praktischen Schaltungen werden jedoch der Rechteckimpuls, der Sinus- oder der Sinusquadratimpuls verwendet. Daher schließt sich im theoretischen Modell des Abtasters an den Multiplikator ein Formfilter an, das den Dirac-Impuls in Rechteck-, Sinus- oder Sinusquadratimpulse verwandelt. So erhält man das in Bild 2.4 dargestellte Modell

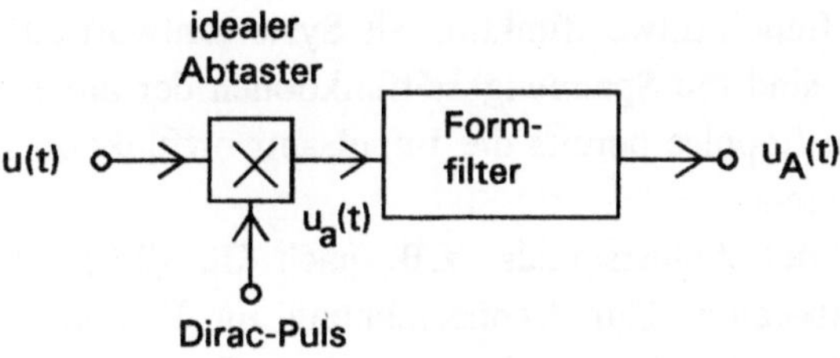

Bild 2.4 Modell des Abtasters

des Abtasters. Dirac-Impulse kann man mit einem linearen Filter verformen, wobei sich die Impulsfläche nicht verändert. Für Rechteckimpulse der Breite τ ist somit das Abtastsignal des realen Abtasters mit der Sprungfunktion $\varepsilon(t)$

$$u_A(t) = \frac{u_\delta\, T_\delta}{u_M} \sum_{n=-\infty}^{+\infty} u(nT_A)\, \frac{\varepsilon(t - nT_A) - \varepsilon(t - \tau - nT_A)}{\tau} \tag{2.9}$$

Die Höhe $u_A(nT_A)$ eines Impulses an der Stelle $t = nT_A$ beträgt

$$u_A(nT_A) = \frac{u_\delta\, T_\delta}{u_M\, \tau}\, u(nT_A) \tag{2.10}$$

Somit gibt die Konstante

$$K_A = \frac{u_\delta\, T_\delta}{u_M\, \tau} \tag{2.11}$$

des Abtasters das Verhältnis der Impulshöhe zum Funktionswert an.

2.3.1.3 Formfilter-Frequenzgang

Ein lineares Filter wird im Zeitbereich durch seine Impulsantwortfunktion $g(t)$ und im Frequenzbereich durch den komplexen Frequenzgang $\underline{F}_F(f)$ gekennzeichnet. Da die Impulsantwortfunktion als Systemantwort auf einen Dirac-Impuls definiert ist, sind die Spannungszeitfunktionen der am Ausgang des Abtasters gewünschten Impulse bereits die Impulsantwortfunktionen zur Kennzeichnung des Formfilters.

Die Zeitfunktion des Abtastsignals, z.B. nach Gl. (2.9), charakterisiert den Abtaster im Zeitbereich. Zur Kennzeichnung im Frequenzbereich muß das Spektrum des Abtastsignals berechnet werden. Dies ist auf einfache Weise möglich durch Multiplikation des Spektrums des idealen Abtasters mit dem Frequenzgang des Formfilters.

Der Frequenzgang ist die Fourier-Transformierte der Impulsantwortfunktion. Diese ergibt sich im Falle eines Abtastsignals mit Rechteckimpulsen der Dauer τ zu

$$g(t) = \frac{\varepsilon(t) - \varepsilon(t - \tau)}{\tau} . \tag{2.12}$$

Durch Fourier-Transformation (s. Anhang 13.2.3) erhält man dann den komplexen Frequenzgang

$$\underline{F}_F = \frac{\sin(\pi f \tau)}{\pi f \tau} \, e^{-j \pi f \tau} \tag{2.13}$$

des Formfilters.

2.3.1.4 Spektrum

Zunächst soll das Spektrum des Abtastsignals des idealen Abtasters berechnet werden. Der Dirac-Puls

$$\delta_{per}(t) = \sum_{n=-\infty}^{+\infty} \delta(t - nT_A) \tag{2.14}$$

ist eine periodische Funktion und kann in eine Fourier-Reihe

$$\delta_{per}(t) = \frac{1}{T_A} \sum_{n=-\infty}^{+\infty} e^{\,j\,2\pi\,n\,f_A\,t} \tag{2.15}$$

entwickelt werden. Aus Gl. (2.7) erhält man für das Abtastsignal mit Gl. (2.15), wenn die abzutastende Funktion u(t) hinter das Summenzeichen gezogen wird,

$$u_a(t) = \frac{u_\delta\,T_\delta}{U_M\,T_A} \sum_{n=-\infty}^{+\infty} u(t)\, e^{\,j\,2\pi\,n\,f_A\,t} . \tag{2.16}$$

Gl. (2.16) wird einer Fourier-Transformation (s. Anhang 13.2.3)

$$\underline{U}_a(f) = \int_{-\infty}^{\infty} \frac{u_\delta\,T_\delta}{U_M\,T_A} \sum_{n=-\infty}^{+\infty} u(t)\, e^{\,j\,2\pi\,n\,f_A\,t}\, e^{-j\,2\pi\,f\,t}\, dt \tag{2.17}$$

unterzogen. Berücksichtigt man, daß das Integral einer Summe gleich der Summe der Integrale ist, und faßt man die beiden e-Funktionen in Gl. (2.17) zusammen, so erhält man

$$\underline{U}_a(f) = \frac{u_\delta\,T_\delta}{U_M\,T_A} \sum_{n=-\infty}^{\infty} \int_{-\infty}^{+\infty} u(t)\, e^{\,j\,2\pi\,(f-nf_A)t}\, dt . \tag{2.18}$$

Ist $\underline{U}(f)$ die Fourier-Transformierte von u(t), so wird daraus

$$\underline{U}_a(f) = \frac{u_\delta\,T_\delta}{U_M\,T_A} \sum_{n=-\infty}^{+\infty} \underline{U}(f - n\,f_A) . \tag{2.19}$$

Dieses Ergebnis bedeutet, daß durch die Abtastung der Zeitfunktion eine periodische Wiederholung des Spektrums des abzutastenden Signals bewirkt wird. In Bild 2.5 wird das Spektrum vor und nach der

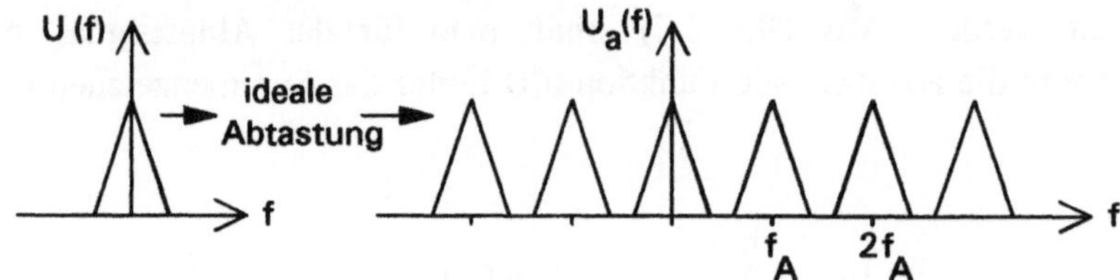

Bild 2.5 Vervielfachung des Spektrums durch Abtastung

Abtastung mit einem idealen Abtaster gezeigt. Für Berechnungen ist es nützlich, nicht eine beliebige bandbegrenzte Funktion u(t) zu betrachten, sondern eine spektrale Komponente $u(t) = \hat{u}\cos(2\pi f_0 t)$. Die Ausgangsspannung des idealen Abtasters ist dann mit Gl. (2.16)

$$u_a(t) = \hat{u}\,\frac{u_\delta\,T_\delta}{U_M\,T_A}\,\sum_{n=-\infty}^{+\infty}\cos(2\,\pi\,f_0\,t)\,e^{\,j\,2\pi\,n\,f_A\,t} \qquad . \tag{2.20}$$

Faßt man unter dem Summenzeichen die Glieder mit positiven und negativen Werten der Laufvariablen n zusammen, so erhält man mit der Eulerschen Formel die Beziehung

$$\sum_{n=-\infty}^{+\infty} e^{\,j\,2\pi\,n\,f_A\,t} = 1 + \sum_{n=1}^{+\infty} 2\cos(2\pi\,n\,f_A\,t) \qquad . \tag{2.21}$$

Für das ideale Abtastsignal findet man dann mit Gl. (2.20) und dem Additionstheorem für Cosinusfunktionen

$$u_a(t) = \hat{u}\,\frac{u_\delta\,T_\delta}{U_M\,T_A}\left\{\cos 2\pi f_0 t + \sum_{n=1}^{+\infty}\left(\cos 2\pi(n f_A - f_0)\,t + \cos 2\pi(n f_A + f_0)\,t\right)\right\} \quad .$$

$$\tag{2.22}$$

Das Abtastsignal besteht nach Gl. (2.22) aus einer Summe von Cosinusschwingungen mit gleichen Scheitelwerten. Somit haben die Spektrallinien gleiche Höhe.

Zur Berechnung des Spektrums des Abtastsignals $u_A(t)$ des realen Abtasters muß das Spektrum des idealen Abtasters mit dem Frequenzgang des Formfilters $\underline{F}_F(f)$ multipliziert werden. Für eine beliebige, bandbegrenzte Funktion $u(t)$ gilt dann mit Gl. (2.13) und (2.19), wenn der Abtaster Rechteckimpulse erzeugt,

$$\underline{U}_A(f) = \frac{u_\delta \, T_\delta}{U_M \, T_A} \sum_{n=-\infty}^{+\infty} \underline{U}(f - n \, f_A) \, \frac{\sin \pi f \tau}{\pi f \tau} \, e^{-j \, \pi f \tau} \ . \tag{2.23}$$

Für ein Sinussignal $u(t) = \hat{u}\cos(2\pi f_0 t)$ sind entsprechend die Spektrallinien nach Gl. (2.22) mit dem Formfilterfrequenzgang zu gewichten.

2.3.1.5 Abtasttheorem

Dieses Theorem besagt, daß eine bandbegrenzte Funktion durch ihre Werte bei den äquidistanten Abtastzeitpunkten vollständig beschrieben ist. Dann ist es auch möglich, durch Signalinterpolation die abgetastete kontinuierliche Funktion aus dem Abtastsignal wiederzugewinnen. Voraussetzung dafür ist aber, daß zwei Bedingungen eingehalten werden:

1. Das abzutastende Signal $u(t)$ muß bandbegrenzt sein. Die Fourier-Transformierte

$$\underline{U}(f) = \int_{-\infty}^{\infty} u(t) \, e^{-j \, 2\pi f \, t} \, dt \tag{2.24}$$

   muß für $|f| > f_{gs}$ Null sein.

2. Die Signalgrenzfrequenz f_{gs} muß kleiner sein als die halbe Abtastfrequenz f_A.

Beide Bedingungen sind erforderlich, um eine Überlappung bei der periodischen Wiederholung des Spektrums von $u(t)$, die eine Wiedergewinnung des abgetasteten Signals verhindert, zu vermeiden. Die Signalinterpolation zur

Wiedergewinnung des analogen Signals u(t) kann mit einem Tiefpaß erfolgen, der aus dem Spektrum des Abtastsignals das Spektrum des Originalsignals herausfiltert. Im Idealfall hat dieser Interpolationstiefpaß einen Frequenzgang

$$\underline{F}_I(f) = \text{rect}(\frac{f}{f_A}) \tag{2.25}$$

Die Impulsantwortfunktion

$$g(t) = \int\limits_{-\infty}^{\infty} \text{rect}(\frac{f}{f_A}) \, e^{-j\,2\pi f\,t} \, dt = f_A \frac{\sin(\pi\,f_A\,t)}{\pi\,f_A\,t} \tag{2.26}$$

dieses idealen Tiefpasses gewinnt man durch eine inverse Fourier-Transformation des Frequenzgangs. Schließt sich an den Ausgang eines idealen Abtasters ein Interpolationstiefpaß nach Gl. (2.25) an, so erhält man für dessen Ausgangssignal mit Gl. (2.26) und (2.8)

$$u'(t) = \frac{u_\delta\,T_\delta}{u_M\,T_A} \sum_{n=-\infty}^{+\infty} u(nT_A) \frac{\sin \pi \dfrac{t-nT_A}{T_A}}{\pi \dfrac{t-nT_A}{T_A}} \quad . \tag{2.27}$$

Aus Gl. (2.19) folgt

$$u'(t) = u(t) \quad \text{für} \quad \frac{u_\delta\,T_\delta}{u_M\,T_A} = 1 \quad . \tag{2.28}$$

So entsteht die Interpolationsformel des Abtasttheorems

$$u(t) = \sum_{n=-\infty}^{+\infty} u(nT_A) \; \frac{\sin \pi \dfrac{t - nT_A}{T_A}}{\pi \dfrac{t - nT_A}{T_A}} \quad , \qquad (2.29)$$

die es ermöglicht, aus den Abtastwerten die kontinuierliche Funktion zu berechnen. Man kann also eine bandbegrenzte Funktion durch eine unendliche Summe von gegeneinander verschobenen si-Funktionen darstellen.

Das Abtasttheorem fordert, daß das abzutastende Signal bandbegrenzt ist. Diese Bedingung ist sehr genau zu erfüllen. Eine definierte Bandgrenze ist nur zu erreichen durch den Einsatz eines Bandbegrenzungstiefpaß, der eine relativ hohe Ordnungszahl haben muß.

2.3.1.6 Signalinterpolation

Wenn die Bedingungen des Abtasttheorems erfüllt sind, ist es möglich, durch den Vorgang der Signalinterpolation das Originalsignal wiederherzustellen. Prinzipiell gibt es dafür zwei Wege:

1. Mathematische Interpolation
2. Physikalische Interpolation

Die mathematische Interpolation erfolgt mit der Interpolationsformel (2.29). Dies ist vorwiegend bei theoretischen Untersuchungen von Bedeutung. Die physikalische Interpolation wird mit einem Tiefpaß durchgeführt und findet sich bei allen Übertragungsstrecken. Der ideale Frequenzgang nach Gl. (2.25) ist allerdings nicht realisierbar. Es gibt nur Approximationen dieses Frequenzgangs.

Realisierbar ist z. B. der Butterworth-Frequenzgang. Mit der Ordnungszahl n und der 3dB-Grenzfrequenz f_g gilt für den Amplitudengang

$$\left| \underline{F}(f) \right| = \frac{1}{\sqrt{1 + \left[\dfrac{f}{f_{g3dB}} \right]^{2n}}} \qquad (2.30)$$

Die Flankensteilheit

$$S = n\, 20\, \frac{dB}{Dekade} \tag{2.31}$$

im Amplitudendiagramm nach Bode ist der Ordnungszahl n des Filters proportional. Die Signalgrenzfrequenz f_{gs} des abgetasteten Signals darf der halben Abtastfrequenz um so näher kommen, je steiler die Flanke des Tiefpasses ist. Da der ideale Amplitudengang des Interpolationstiefpasses nach Gl. (2.25) nur angenähert werden kann, enthält das durch Interpolation wiedergewonnene Signal grundsätzlich immer unerwünschte, durch den Abtastvorgang hervorgerufene Signalanteile, die durch Steigerung der Ordnungszahl des Filters beliebig klein gemacht werden können. Neben dem Amplitudengang zeigt auch der Phasengang eines Butterworth-Tiefpasses erhebliche Abweichungen vom Idealfall. Sie können durch nachgeschaltete Allpässe korrigiert werden. Anzustreben ist ein linearer Phasengang, der für eine Wiederherstellung der ursprünglichen Kurvenform des analogen Signals u(t) erforderlich ist. In vielen Fällen kann jedoch darauf verzichtet werden, da Veränderungen des Nullphasenwinkels der komplexen Frequenzfunktion $\underline{U}(f)$ eines Signals u(t) häufig zulässig sind. Dies ist z.B. bei einer Sprachübertragung der Fall, da das menschliche Ohr Veränderungen des Phasenspektrums nicht wahrnimmt.

2.3.1.7 Abtastentzerrung

In Abschn. 2.3.1 wurde gezeigt, daß sich aus dem idealen Abtastsignal mit einem Interpolationstiefpaß nach Gl. (2.25) das analoge Signal exakt wiedergewinnen läßt. Um die Modelldarstellung eines realen Abtasters zu erhalten, muß der ideale Abtaster wie in Abschn. 2.3.1 gezeigt durch ein Formfilter ergänzt werden. Dann ist aber auf der Empfängerseite neben dem Interpolationstiefpaß ein Entzerrerfilter erforderlich, dessen Frequenzgang der Kehrwert des Frequenzganges des Formfilters sein muß. Das Formfilter im theoretischen Modell des Abtasters verwandelt die Dirac-Impulse in tatsächlich verwendete Impulse. Somit hängt der erforderliche Frequenzgang von der Form der verwendeten Impulse ab. Besonders häufig sind Rechteckimpulse, weil sie leicht zu erzeugen sind. Mit der Impulsdauer τ ist dann nach Gl. (2.13) der erforderliche Frequenzgang des Entzerrerfilters

$$\underline{F}_E(f) = [\ \underline{F}_F(f)\ ]^{-1} = \frac{\pi f \tau}{\sin(\pi f \tau)}\ e^{j\ \pi f \tau} \ . \tag{2.32}$$

Während sich für den Frequenzgang $\underline{F}_F(f)$ des Formfilters ein Realisierungsproblem nicht ergibt, weil das Formfilter nur in der theoretischen Beschreibung, nicht aber in der praktischen Schaltungstechnik vorhanden ist, muß der Entzerrerfrequenzgang in dem Bereich, in dem die Frequenzfunktion

$$\underline{U}(f) = \int\limits_{-\infty}^{\infty} u(t)\ e^{-j\,2\pi f t}\ dt \tag{2.33}$$

des abgetasteten Signals u(t) von Null verschieden ist, d.h. bis zur halben Abtastfrequenz, möglichst genau verwirklicht werden. Dies ist mit einer Schaltung nach Bild 2.6 möglich.

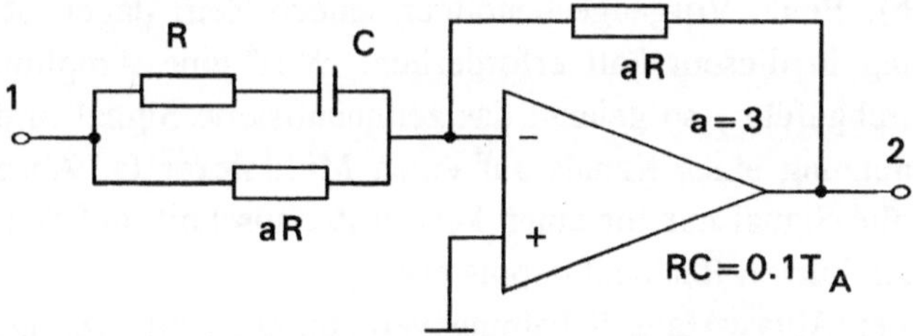

Bild 2.6 Schaltung für einen Abtastentzerrer

2.3.1.8 Schaltungen

Abtasten heißt, einem analogen Signal zum Abtastzeitpunkt einen Funktionswert zu entnehmen und einen Impuls zu erzeugen, dessen Fläche dem Funktionswert proportional ist. Schaltungstechnisch ist ein Rechteckimpuls am einfachsten zu verwirklichen. Soll eine andere Impulsform verwendet werden, so bildet man sie aus dem Rechteckimpuls durch ein lineares Formfilter. Häufig wird die Impulsdauer τ gleich der Abtastperiode T_A gemacht. Die Schaltung stellt in diesem Fall ein Abtast-Halte-Glied (engl.: Sample and Hold) dar, bei dem der abgetastete Funktionswert bis zum nächsten Abtastzeitpunkt gehalten wird. Bild 3.7 zeigt ein zu einer Sinusspannung gehörendes Abtast-Halte-Signal.

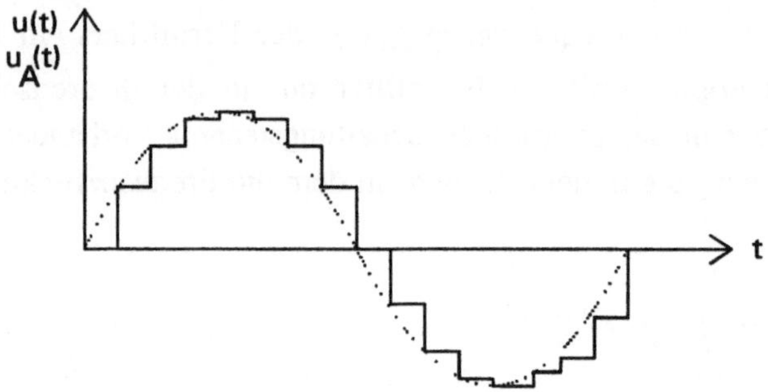

Bild 2.7. Sinussignal und zugehöriges Abtast-Halte-Signal

Die Zeitquantisierung ist der erste Schritt auf dem Wege zu einem digitalen Signal. Es folgen die Amplitudenquantisierung (s. Abschn. 5) und die Codierung (s. Abschn. 6). Beide Vorgänge benötigen jedoch Zeit; daher ist eine Abtast-Halte-Schaltung in diesem Fall erforderlich. Wird eine Amplitudenquantisierung nicht durchgeführt, so gelangt das zeitquantisierte Signal in der Regel zur Mehrfachausnutzung eines Kanals auf einen Multiplexer (s. Abschn. 13), der das Abtast-Halte-Signal nur für einen kurzen Zeitabschnitt auf den Kanal schaltet und so einen kurzen Rechteckimpuls erzeugt.
Das Prinzip der Abtast-Halte-Schaltung verdeutlicht Bild 2.8. Der Schalter S wird jeweils zu den Abtastzeitpunkten für eine

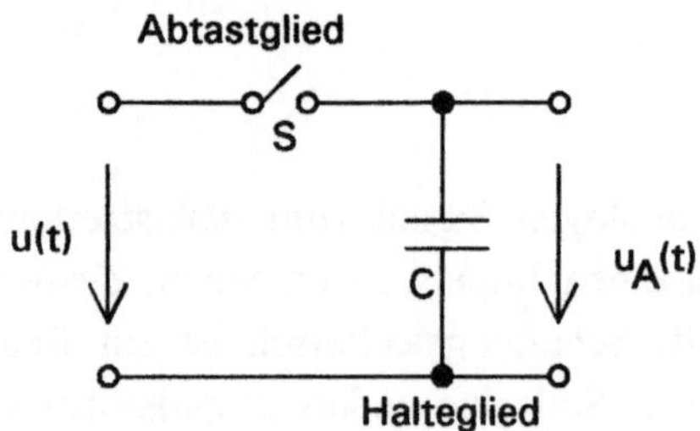

Bild 2.8 Prinzip der Abtast-Halte-Schaltung

sehr kurze Zeit t_a geschlossen, um den Kondensator C auf den Abtastwert $u(t_A)$ der Spannung $u(t)$ zum Abtastzeitpunkt t_A aufzuladen.

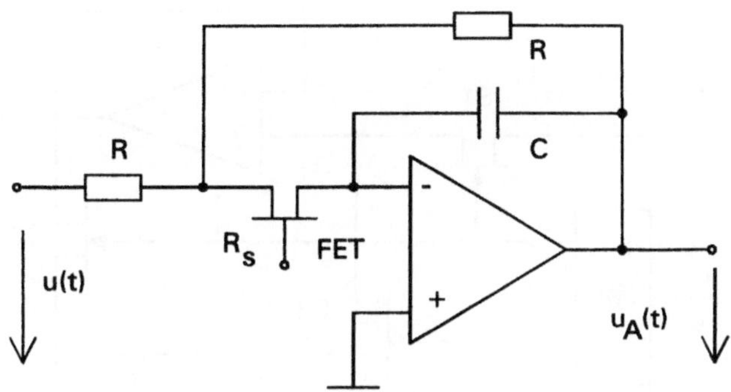

Bild 2.9 Schaltung eines Abtast-Halte-Gliedes

Eine praktische Realisierung des Prinzips der Abtast-Halte-Schaltung zeigt Bild
2.9. Der Haltekondensator C befindet sich im Gegenkopplungszweig eines Operationsverstärkers, und der Schalter wird durch einen Feldeffekttransistor verwirklicht, an dessen Gate zu den Abtastzeitpunkten ein schmaler Rechteckimpuls der Dauer τ_A gelegt wird. Mit dem Drain-Source-Widerstand R_s des Feld-
effekttransistors läßt sich die Differentialgleichung

$$\frac{du_a(t)}{dt} + \frac{1}{(R+2R_S)\,C}\,u_a(t) = \frac{1}{(R+2R_S)\,C}\,u(t) \tag{2.34}$$

aufstellen. Der Grenzübergang $R_S \rightarrow \infty$ ergibt $\dfrac{du_a(t)}{dt} = 0$, d.h. die Ausgangsspannung ändert sich nicht. Bei hochohmigem Feldeffekttransistor liegt also der
Haltezustand vor. Ist der Transistor niederohmig, so lädt sich der Kondensator
C auf den Zeitwert der abzutastenden Spannung u(t) auf. Die Abtastzeitspanne
τ_A muß so klein gewählt werden, daß die Spannung u(t) innerhalb dieser Zeit
als konstant angesehen werden kann.
Eine andere praktische Realisierung zeigt Bild 2.10. Die Schaltung enthält einen
gegengekoppelten Operationsverstärker mit niederohmigem Ausgang und hoch-
ohmigem Eingang. Drei durch Feldeffekttransistoren verwirklichte Schalter S1,
S2 und S3 werden über eine Impulsaufbereitung JMP angesteuert. Erscheint am
Eingang e der Impulsaufbereitung ein positiver Rechteckimpuls, so sind für die
Dauer des Impulses die Schalter S1 und S2 geschlossen und der Schalter S3
geöffnet.

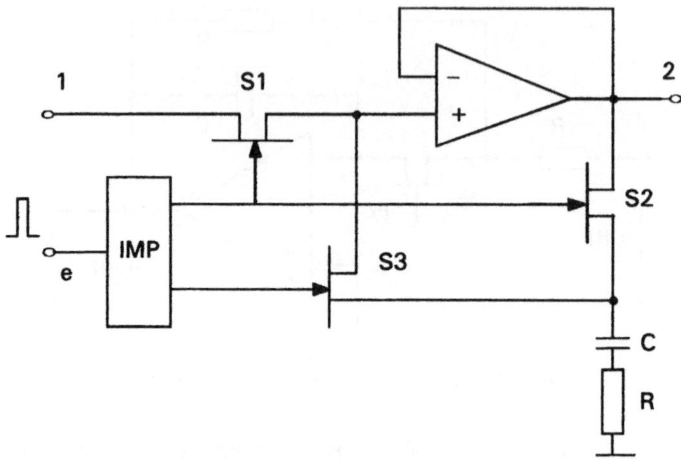

Bild 2.10 Schaltung eines anderen Abtast-Halte Gliedes

Der Kondensator C wird über den niederohmigen Ausgang des Operationsverstärkers auf den Augenblickswert der Spannung am Eingang 1 aufgeladen. Dabei bewirkt der Widerstand R eine Strombegrenzung. Nach dem Verschwinden des Impulses am Eingang e sind die Schalter S1 und S2 geöffnet und der Schalter S3 geschlossen. Somit kann die Spannung des Kondensators C, der jetzt am hochohmigen Eingang des Operationsverstärkers liegt, am Ausgang 2 niederohmig abgenommen werden.

2.3.1.9 Aufgaben

Für die Dimensionierung des Interpolationstiefpasses können folgende Aufgabenstellungen unterschieden werden:

1. Aufgabe:

Die höchste in einem bandbegrenzten Signal vorkommende Frequenz sei f_{gs}. Das Signal wird mit einer Frequenz f_A abgetastet, die um p Prozent oberhalb der mindestens erforderlichen Abtastfrequenz liegt. Die 3dB-Grenzfrequenz f_g und die Ordnungszahl n eines Butterworth-Tiefpasses sind so zu bestimmen, daß die maximale Signalfrequenz f_{gs} höchstens um a_1 dB und die nächste oberhalb des Signalbandes gelegene Frequenz um mindestens a_2 dB gedämpft wird.

Lösung:
Für die Abtastfrequenz gilt

$$f_A = 2 f_{gs} (1 + p) \, .$$

Aus Gl. (2.30) erhält man für die Dämpfung eines Butterworth-Tiefpasses

$$a = 10 \log \left[1 + \left[\frac{f}{f_{g3dB}} \right]^{2n} \right] \, . \qquad (2.35)$$

Die nächste oberhalb des Signalbandes gelegene Störfrequenz ist nach (2.21)

$$f_{stör} = f_A - f_{gs} = 2 f_{gs} (1 + p) - f_{gs} \, . \qquad (2.36)$$

Für die Dämpfung dieser Frequenz gilt mit Gl. (2.35)

$$10^{\frac{a_2}{10}} - 1 = \left[\frac{f_{gs} \, [2(1+p)-1]}{f_{g3dB}} \right]^{2n} \qquad (2.37)$$

und für die Dämpfung der höchsten Signalfrequenz f_{gs}

$$10^{\frac{a_1}{10}} - 1 = \left[\frac{f_{gs}}{f_{g3dB}} \right]^{2n} \, . \qquad (2.38)$$

Bildet man den Quotienten aus Gl. (2.37) und Gl. (2.38), so erhält man

$$\frac{10^{\frac{a_2}{10}} - 1}{10^{\frac{a_1}{10}} - 1} = (2p + 1)^{2n} \, . \qquad (2.39)$$

Dieser Ausdruck wird nach der Ordnungszahl n aufgelöst. Da diese immer ganzzahlig sein muß, wird jeweils der nächsthöhere ganzzahlige Wert gewählt. Man erhält

$$n = 1 + \text{Int}\left\{ \frac{1}{2} \frac{\ln\left[\frac{10^{a_2/10}-1}{10^{a_1/10}-1}\right]}{\ln(2p+1)} \right\} \qquad . \tag{2.40}$$

Die sich ergebende 3dB-Grenzfrequenz ist dann nach Gl. (2.38)

$$f_{g3dB} = f_{gs} \frac{1}{(10^{a_1/10} - 1)^{1/2n}} \qquad . \tag{2.41}$$

2. Aufgabe:
Ein bandbegrenztes Signal mit der höchsten Frequenz f_{gs} wird abgetastet. Die Interpolation wird mit einem Butterworth-Tiefpaß der Ordnung n durchgeführt. Die Abtastfrequenz f_A und die 3dB-Grenzfrequenz f_{g3dB} des Tiefpasses sind so zu bestimmen, daß die maximale Signalfrequenz um höchstens a_1 dB und die nächste oberhalb des Signalbandes gelegene Frequenz um mindestens a_2 dB gedämpft wird.
Lösung:
Für die maximale Signalfrequenz gilt

$$10^{\frac{a_1}{10}} - 1 = \left[\frac{f_{gs}}{f_{g3dB}}\right]^{2n} \tag{2.42}$$

und für die nächste oberhalb des Bandes gelegene Frequenz $f_A - f_{gs}$

$$10^{\frac{a_1}{10}} - 1 = \left[\frac{f_A - f_{gs}}{f_{g3dB}}\right]^{2n} \qquad . \tag{2.43}$$

Der Quotient aus Gl. (2.43) und Gl. (2.42) ergibt

$$\frac{10^{\frac{a_2}{10}} - 1}{10^{\frac{a_1}{10}} - 1} = \left(\frac{f_A}{f_{gs}} - 1\right)^{2n} . \tag{2.44}$$

Für die Abtastfrequenz erhält man somit aus Gl. (2.44)

$$f_A = f_{gs} \left[1 + \left(\frac{10^{\frac{a_2}{10}} - 1}{10^{\frac{a_1}{10}} - 1} \right)^{1/2n} \right] . \tag{2.45}$$

Aus Gl. (2.42) ergibt sich die 3dB-Grenzfrequenz

$$f_{g3dB} = f_{gs} \frac{1}{\left[10^{\frac{a_1}{10}} - 1 \right]^{1/2n}} . \tag{2.46}$$

3. Aufgabe:

Zusätzlich zum Interpolationstiefpaß wird auf der Empfangsseite noch ein Entzerrerfilter benötigt, dessen Frequenzgang von der Form der verwendeten Impulse abhängt. Es soll der Frequenzgang für einen Sinusimpuls der Dauer τ

$$g(t) = \begin{cases} \frac{\pi}{2\tau} \cos\left(\pi \frac{t}{\tau}\right) & \text{für} \quad |t| \leq \pi/2 \\ 0 & \text{für} \quad |t| > \pi/2 \end{cases} \tag{2.47}$$

ermittelt werden.

Lösung:

Dieser Impuls wird im theoretischen Modell des Abtasters durch lineare Filterung aus einem Dirac-Impuls gewonnen. Der Frequenzgang $F_F(f)$ dieses Formfilters ist also die Fourier-Transformierte des Impulses $g(t)$. Es gilt somit für den Frequenzgang

$$\underline{F}_F(f) = \int\limits_{-\infty}^{\infty} g(t)\, e^{-j\,2\pi f\,t}\, dt \ . \tag{2.48}$$

Durch Einsetzen von $g(t)$ und Ausführen der Integration wird daraus

$$\underline{F}_F(f) = \frac{\cos(\pi\, f\, \tau)}{1 - 4\,\tau^2\, f^2} \ . \tag{2.49}$$

Der erforderliche Frequenzgang des Entzerrerfilters ist somit

$$\underline{F}_F(f) = \frac{1 - 4\,\tau^2\, f^2}{\cos(\pi\, f\, \tau)} \ . \tag{2.50}$$

Er muß in dem Bereich, in dem das abgetastete Signal spektrale Komponenten hat, möglichst gut angenähert werden.

2.3.2 Lineare Amplitudenquantisierung

Neben der Zeitquantisierung ist die Amplitudenquantisierung der zweite Schritt auf dem Weg vom analogen zum digitalen Signal. Dabei wird die kontinuierliche Signalkoordinate in eine diskrete Koordinate mit einem endlichen Wertevorrat überführt. Jeder Wert kann durch eine Zahl dargestellt werden, so daß die Übertragung des analogen Signals zurückgeführt wird auf die Übermittlung einer Folge von Dualzahlen.

2.3.2.1 Quantisierungskennlinie

Der Wertebereich eines Signals $u(t)$ wird nach Bild 2.11 in Abschnitte Δu_i unterteilt, die mit einer Laufvariablen i numeriert werden. Die obere Abschnittsgrenze ist u_i, die untere u_{i-1}.

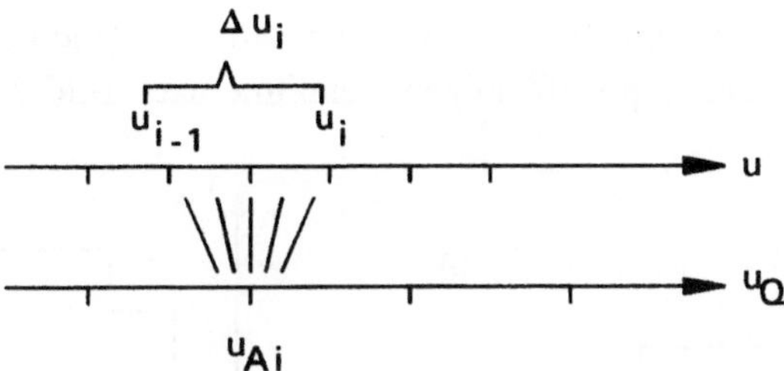

Bild 2.11 Aufteilung in Intervalle und Zuordnung zu quantisierten Werten

Alle innerhalb des Intervalls

$$\Delta u_i = u_i - u_{i-1} \tag{2.51}$$

liegenden Werte des Signals u(t) werden dem quantisierten Wert

$$u_{Ai} = \frac{u_i + u_{i-1}}{2} \tag{2.52}$$

als dem Wert in der Intervallmitte zugeordnet, wie es im Bild 2.11 dargestellt ist. Da die Quantisierungsschaltung einen begrenzten Aussteuerbereich hat, kann sie nur einen begrenzten Wertebereich der Signalkoordinate, der symmetrisch zur Nulllinie angenommen wird, verarbeiten. Hat die obere Aussteuergrenze den Wert u_{max} , so wird der Aussteuerbereich durch

$$-u_{max} < u < +u_{max} \tag{2.53}$$

gekennzeichnet. Zwischen der Intervallzahl q, der Intervallgröße Δu_i und dem Aussteuerbereich $2u_{max}$ gilt folgender Zusammenhang:

$$\sum_{i=1}^{q} \Delta u_i = 2u_{max} \tag{2.54}$$

Sind die Intervalle gleich groß, so erhält man für die Intervallgröße

$$\Delta u = \frac{2u_{max}}{q} \tag{2.55}$$

Die Quantisierung des Signals kann man sich durch ein nichtlineares Quantisierungszweitor mit einer treppenförmigen Kennlinie nach Bild 2.12,

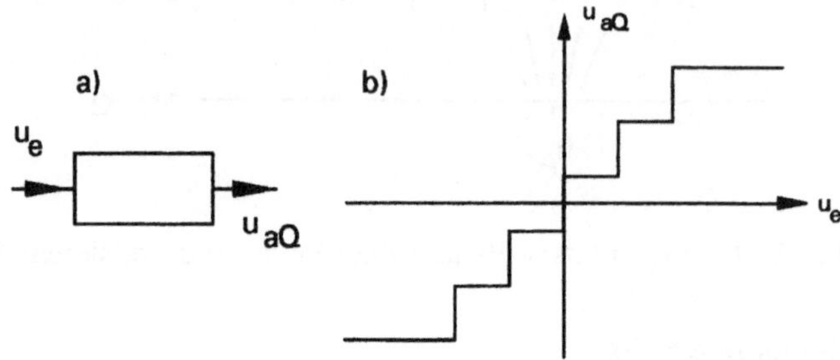

Bild 2.12 a) Quantisierungszweitor b) Quantisierungskennlinie

die die quantisierte Ausgangsspannung u_{aQ} des Zweitors in Abhängigkeit von der analogen Eingangsspannung u_e darstellt, zustandegekommen denken. Wenn auch bei der schaltungstechnischen Verwirklichung der Quantisierung andere Lösungen angewendet werden, ist bei der Beschreibung der übertragungstechnischen Eigenschaften eines quantisierten Kanals die Kennliniendarstellung sehr einleuchtend. Beim Durchgang eines Signals durch das Quantisierungszweitor entstehen Signalverzerrungen, die auf zwei Ursachen zurückgeführt werden können:

1. Quantisierung. Die Quantisierungsverzerrung ist eine komplizierte nichtlineare Verzerrung. Sie wird subjektiv als ein dem Signal überlagertes Quantisierungsgeräusch wahrgenommen.

2. Begrenzung. Alle elektronischen Schaltungen haben einen begrenzten Aussteuerbereich. Wird z.B. ein Sprachsignal, dessen Wahrscheinlichkeitsdichtefunktion (s. Anhang 13.3.1) mit dem Effektivwert U_{eff} durch

$$p(u) = \frac{1}{\sqrt{2}\,U_{eff}}\, e^{-\frac{\sqrt{2}}{U_{eff}}|u|} \qquad (2.56)$$

angenähert werden kann, durch elektronische Einrichtungen übertragen, so kommen nach Gl. (2.56) auch beliebige hohe Zeitwerte vor, so daß eine Begrenzung unvermeidlich ist. Die Begrenzungsverzerrungen werden ebenfalls subjektiv als ein dem Signal überlagertes Geräusch wahrgenommen.

Zur Berechnung des Quantisierungs- und Begrenzungsgeräusches wird die Quantisierungskennlinie in drei Einzelkennlinien zerlegt. Die einzelnen Kennlinien werden in Bild 2.13 wiedergegeben. Die gestrichelt gezeichnete Kennlinie

$$u_{aI} = f_I(u_e) \qquad\qquad (2.57)$$

stellt den Idealfall dar.

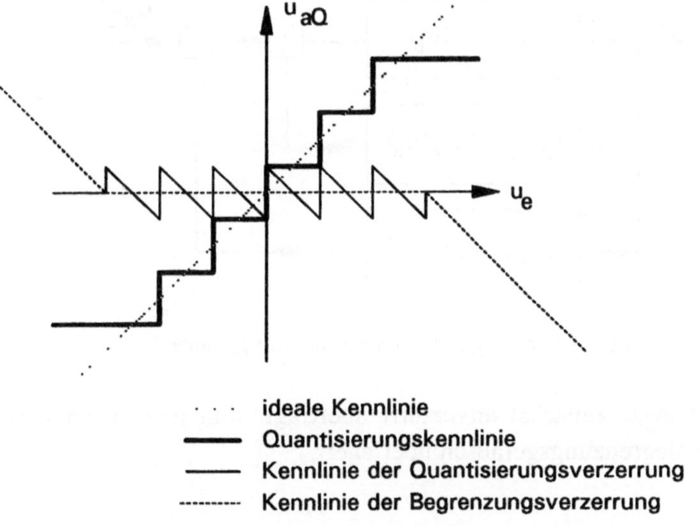

Bild 2.13 Zerlegung der Quantisierungskennlinie

Bei ihrer Aussteuerung entstehen keine Verzerrungen. Die Quantisierungskennlinie $u_{aQ}=f(u_e)$ entsteht nun, indem man zur idealen Kennlinie hinzuaddiert die Kennlinie

$$u_{aBV} = f_{BV}(u_e) \qquad , \qquad\qquad (2.58)$$

bei deren Aussteuerung die Begrenzungsverzerrungen entstehen, sowie die Kennlinie

$$u_{aQV} = f_{QV}(u_e) \tag{2.59}$$

bei deren Aussteuerung die Quantisierungsverzerrungen entstehen. Somit gilt für die Quantisierungskennlinie

$$u_{aQ} = u_{aI} + u_{aBV} + u_{aQV} \; . \tag{2.60}$$

Der Zerlegung der Quantisierungskennlinie in Teilkennlinien entspricht, wie in Bild 2.14 gezeigt, eine Zerlegung des Quantisierungszweitors in Teilzweitore. Dabei liegt die Vorstellung zugrunde, daß das Zweitor das

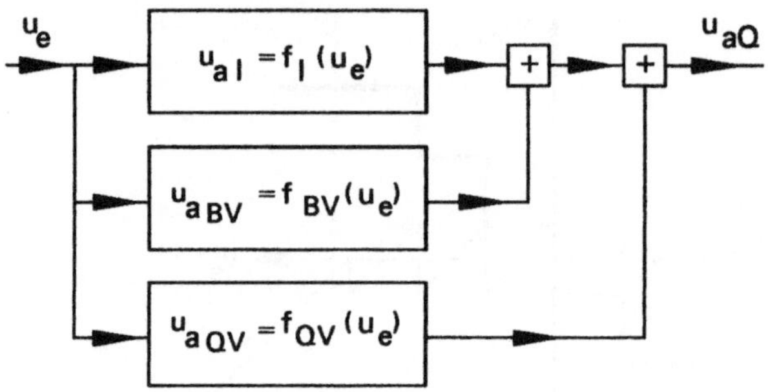

Bild 2.14 Zerlegung des Quantisierungsvierpols

Eingangssignal zwar zunächst unverzerrt überträgt, ihm jedoch ein Quantisierungs- und ein Begrenzungsgeräusch überlagert.

2.3.2.2 Wahrscheinlichkeitsdichtefunktion

Die Berechnung der in einem quantisierten Kanal entstehenden Geräusche ist nur praxisnah, wenn tatsächliche Signale zugrundegelegt werden. Solche Signale sind immer stochastischer Natur und werden durch ihre Wahrscheinlichkeitsdichtefunktion (s. Anhang 13.3.1) $p_e(u_e)$ gekennzeichnet. Daher muß untersucht werden, wie sich die Wahrscheinlichkeitsdichtefunktion beim Durchgang durch ein nichtlineares Zweitor mit der Kennlinie

$$u_a = f(u_e) \tag{2.61}$$

verändert. Die Wahrscheinlichkeitsverteilungsfunktion am Eingang sei $P_e(u_e)$ und am Ausgang $P_a(u_a)$. Immer dann, wenn das stochastische Eingangssignal eine Schranke u_e unterschreitet, liegt auch das Ausgangssignal unterhalb einer Schranke $u_a = f(u_e)$. Daher gilt für die Verteilungsfunktionen

$$P_e(u_e) = P_a(u_a) \qquad . \tag{2.62}$$

Durch Differentiation nach der Schranke u_e und Anwendung der Kettenregel wird aus Gl. (2.62) mit Gl. (2.61)

$$\frac{dP_e(u_e)}{du_e} = \frac{dP_a(u_a)}{du_a}\frac{du_a}{du_e} \qquad . \tag{2.63}$$

Da sich die Wahrscheinlichkeitsdichtefunktion als Differentialquotient der Wahrscheinlichkeitsverteilungsfunktion ergibt, erhält man für den Zusammenhang der Wahrscheinlichkeitsdichten am Eingang und am Ausgang

$$p_a(u_a) = p_e(u_e)\frac{du_e}{du_a} \tag{2.64}$$

Die Wahrscheinlichkeitsdichte am Ausgang ergibt sich also durch Multiplikation der Wahrscheinlichkeitsdichte am Eingang mit dem Differentialquotienten der Umkehrfunktion der Kennlinie.

2.3.2.3 Quantisierungsverzerrungen

Das Quantisierungsgeräusch kann man sich entstanden denken durch die Aussteuerung eines Zweitors mit der Kennlinie

$$u_{aQV} = f_{QV}(u_e) \tag{2.65}$$

nach Bild 2.12. Gekennzeichnet werden soll dieses Geräusch durch seinen Effektivwert bzw. seinen quadratischen Mittelwert. Ist die Wahrscheinlichkeitsdichtefunktion des Geräusches gegeben, so erhält man den quadratischen Mittelwert, wie im Anhang 13.3.2 gezeigt, durch den Integralausdruck

$$U_{effaQV}^2 = \int_{-\infty}^{\infty} u_{aQV}{}^2 p_{aQV}(u_{aQV})\, du_{aQV} \quad . \tag{2.66}$$

Die Wahrscheinlichkeitsdichtefunktion des Geräusches

$$p_{aQV}(u_{aQV}) = p_e(u_e)\,\frac{du_e}{du_{aQV}} \tag{2.67}$$

läßt sich nach Gl. (2.64) aus der Wahrscheinlichkeitsdichte des Signals berechnen. Mit Gl. (2.65), (2.66) und (2.67) ergibt sich somit für den quadratischen Mittelwert des Quantisierungsgeräusches

$$U_{effaQV}^2 = \int_{-\infty}^{\infty} f_{QV}{}^2(u_e)\, p_e(u_e)\, du_e \quad . \tag{2.68}$$

Eine Kennlinie der Quantisierungsverzerrungen ist für ungleichmäßige Quantisierung in Bild 2.15 dargestellt.

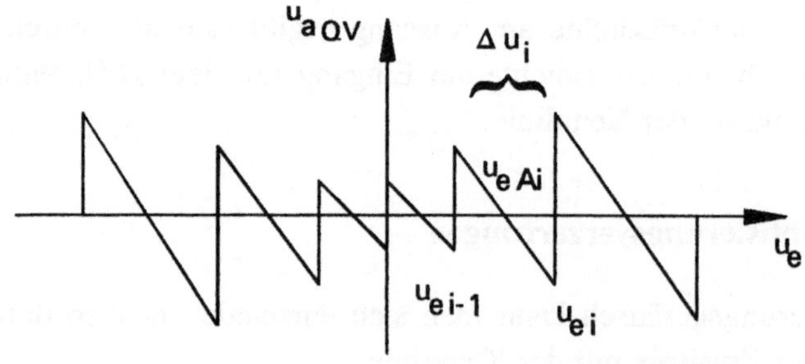

Bild 2.15 Kennlinie der Quantisierungsverzerrungen

Einen allgemeinen analytischen Ausdruck für diese Kennlinie

$$f_{QV}(u_e) = \sum_{i=1}^{q} f_{QVi}(u_e) \qquad (2.69)$$

erhält man, indem man die Funktion $f_{QV}(u_e)$ aus einzelnen für die Abschnitte gültigen Funktionen $f_{QVi}(u_e)$ zusammensetzt. Mit den Intervallgrenzen u_{ei} und u_{ei-1} sowie der Intervallmitte

$$u_{eAi} = \frac{u_{ei} + u_{ei-1}}{2} \qquad (2.70)$$

erhält man für die Teilfunktionen

$$f_{QVi}(u_e) = \begin{cases} 0 & \text{für} \quad -\infty < ue < u_{ei-1} \\ u_{eAi} - u_e & \text{für} \quad u_{ei-1} < u_e < u_{ei} \\ 0 & \text{für} \quad u_{ei} < u_e < \infty \end{cases} \qquad (2.71)$$

Durch Einsetzen von Gl. (2.69) und (2.70) in (2.68) ergibt sich für den quadratischen Mittelwert des Quantisierungsgeräusches

$$U_{effQV}^2 = \sum_{i=1}^{q} \int_{u_{ei-1}}^{u_{ei}} (u_{eAi}-u_e)^2 \, p_e(u_e) \, du_e \qquad (2.72)$$

wobei

$$U_{effQVi}^2 = \int_{u_{ei-1}}^{u_{ei}} (u_{eAi}-u_e)^2 \, p_e(u_e) \, du_e \qquad (2.73)$$

der Beitrag einer Quantisierungsstufe zum Geräusch ist.

Für die weitere Untersuchung werde die Anzahl der Amplitudenstufen bzw. Intervalle so groß angenommen, daß man die Wahrscheinlichkeitsdichte im Intervall näherungsweise gleich dem Wert in der Intervallmitte setzen kann.

Damit wird die Wahrscheinlichkeitsdichtefunktion durch eine Treppenkurve ersetzt. Der quadratische Mittelwert des Geräuschbeitrags eines Intervalls ist somit

$$U_{effQVi}^2 = p_e(u_{eAi}) \int_{u_{ei-1}}^{u_{ei}} (u_{eAi}-u_e)^2 \, du_e \qquad . \qquad (2.74)$$

Mit

$$u_{eAi} - u_{ei} = -\frac{\Delta u_i}{2} \qquad (2.75)$$

und

$$u_{eAi} - u_{ei-1} = \frac{\Delta u_i}{2} \qquad (2.76)$$

ergibt die Integration

$$U_{effQVi}^2 = \frac{\Delta u_i^3}{12} \, p_e(u_{eAi}) \qquad . \qquad (2.77)$$

Damit erhält man für den quadratischen Mittelwert des gesamten Quantisierungsgeräusches

$$U_{effQV}^2 = \sum_{i=1}^{q} \frac{\Delta u_i^3}{12} \, p_e(u_{eAi}) \, . \qquad (2.78)$$

Für den Sonderfall gleich großer Quantisierungsintervalle $\Delta u_i = \Delta u$, der zunächst betrachtet werden soll, gilt

$$U_{effQV}^2 = \frac{\Delta u^2}{12} \sum_{i=1}^{q} p_e(u_{eAi}) \, \Delta u \qquad . \qquad (2.79)$$

Ist

$$\int_{u_1}^{u_2} p(u)\, du \tag{2.80}$$

die Wahrscheinlichkeit dafür, daß sich der Wert des stochastischen Signals $u(t)$ zu einem bestimmten Zeitpunkt zwischen u_1 und u_2 befindet, so muß

$$\int_{-\infty}^{\infty} p(u)\, du = 1 \tag{2.81}$$

gelten, weil die stochastische Variable u mit Sicherheit irgendeinen Wert annehmen muß. Bei kleinen Begrenzungsverzerrungen ist also

$$\sum_{i=1}^{q} p_e(u_{eAi})\, \Delta u_i \approx 1 \; . \tag{2.82}$$

Daraus folgt mit Gl. (2.79), daß das Quantisierungsgeräusch für gleich große Quantisierungsintervalle von der Wahrscheinlichkeitsdichte des Signals unabhängig ist. Bei gegebener Wahrscheinlichkeitsdichte des Signals und bei gegebenem Aussteuerbereich u_{max} sowie bei gegebener Stufenzahl q läßt sich jedoch das Geräusch vermindern, indem bei häufigen Amplitudenwerten die Intervallbreite klein gewählt wird.

Aus Gl. (2.79) erhält man mit Gl. (2.82) und Gl. (2.55) für den Effektivwert des Quantisierungsgeräusches im Falle gleich großer Quantisierungsintervalle mit der Aussteuergrenze u_{max}

$$U_{effQV} = \frac{u_{max}}{q\sqrt{3}} \; . \tag{2.83}$$

Daraus berechnet sich der Signal-Geräusch-Abstand als Folge der Quantisierungsverzerrungen

$$\rho_{QV} = \frac{U_{effe}}{U_{effQV}} = \frac{U_{effe}}{u_{max}} \, q\sqrt{3} \qquad (2.84)$$

Man definiert einen absoluten Spannungspegel p_{ue} mit der Aussteuergrenze u_{max} als Bezugswert und erhält dann den Signal-Geräusch-Abstand in dB

$$\rho_{QV}{}^* = p_{ue} + 20 \log\left(q\sqrt{3}\right) . \qquad (2.85)$$

Stellt man den Signal-Geräusch-Abstand in dB in Abhängigkeit vom Eingangspegel in einem Diagramm dar, so ergibt sich eine Gerade mit der Steigung 1. Erhöht sich der Eingangspegel um 10 dB, so wächst auch der Signal-Geräusch-Abstand um 10 dB. Dies ist eine Folge des pegelunabhängigen Quantisierungsgeräusches. Bild 2.16 zeigt Gl. (2.85) in graphischer Darstellung.

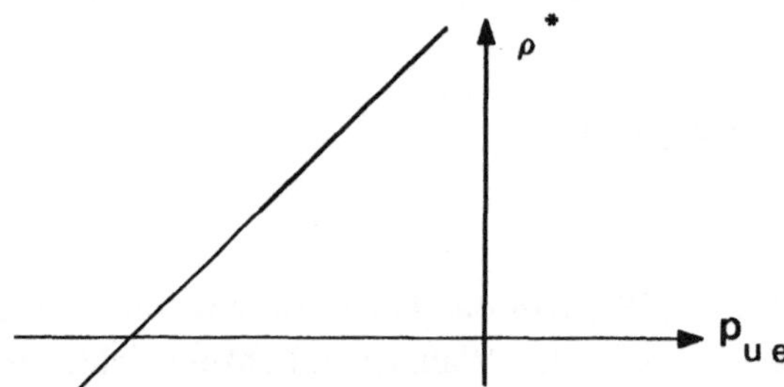

Bild 2.16 Signal-Geräusch-Abstand in Abhängigkeit vom Eingangspegel

Das Diagramm ist charakteristisch für einen Kanal mit Amplitudenquantisierung. Gl. (2.85) zeigt die Abhängigkeit des Signal-Geräusch-Abstandes von dem Eingangspegel mit der Stufenzahl als Parameter. Soll die Abhängigkeit von der Amplitudenstufenzahl bei konstantem Eingangspegel untersucht werden, ist eine Umformung von Gl. (2.85) sinnvoll. Der Zusammenhang zwischen der Stellenzahl n des Analog-Digital-Umsetzers und der Stufenzahl q ist durch

$$n = ld(q) \qquad (2.86)$$

gegeben. Daher wird der Signal-Geräusch-Abstand in Abhängigkeit vom Logarithmus Dualis der Stufenzahl dargestellt. Man erhält die Gleichung einer Geraden

$$\rho_{QV}{}^* = 20\,\log(2)\,\mathrm{ld}(q) + p_{ue} + 20\,\log(\sqrt{3}) \qquad . \tag{2.87}$$

Führt man außer dem Dezibel noch die Oktave als Pseudoeinheit für $\mathrm{ld}(q)$ ein, so ergibt sich für die Steigung der Geraden

$$S = 20\,\log(2)\,\frac{\mathrm{dB}}{\mathrm{Oktave}} = 6\,\frac{\mathrm{dB}}{\mathrm{Oktave}} \qquad . \tag{2.88}$$

Damit steigt der Signal-Geräusch-Abstand bei einer Verdoppelung der Stufenzahl um 6 dB.

2.3.2.4 Begrenzungsverzerrungen

Da grundsätzlich jeder Kanal einen begrenzten Aussteuerbereich hat, werden die zwar selten vorkommenden, aber doch vorhandenen hohen Zeitwerte der Spannungszeitfunktion des Signals abgeschnitten. Das so entstehende Begrenzungsgeräusch kann mit Hilfe der Kennlinie der Begrenzungsverzerrungen

$$u_{aBV} = f_{BV}(u_e) = \begin{cases} -u_{max}-u_e & \text{für} \quad -\infty < u_e < -u_{max} \\ 0 & \text{für} \quad -u_{max} < u_e < u_{max} \\ u_{max}-u_e & \text{für} \quad u_{max} < u_e < \infty \end{cases} \tag{2.89}$$

nach Bild 2.13 berechnet werden. Für den quadratischen Mittelwert erhält man

$$U_{effaBV}{}^2 = \int_{-\infty}^{\infty} u_{aBV}{}^2\, p_{BV}(u_{aBV})\, du_{uaBV} \qquad . \tag{2.90}$$

Dabei findet man die Wahrscheinlichkeitsdichte

$$p_{BV}(u_{aBV}) = p_e(u_e)\,\frac{du_e}{du_{aBV}} \tag{2.91}$$

aus derjenigen des Eingangssignals nach Gl. (2.64). Setzt man Gl. (2.89) und (2.91) in (2.90) ein, so ergibt sich

$$U_{effBV}{}^2 = 2 \int\limits_{u_{max}}^{\infty} (u_{max}-u_e)^2 \, p_e(u_e) \, du_e \qquad . \tag{2.92}$$

Mit der Wahrscheinlichkeitsdichtefunktion des Sprachsignals nach Gl. (2.56) erhält man nach Durchführung der Integration für den Effektivwert des Begrenzungsgeräusches

$$U_{effBV} = U_{effe} \; e^{-\dfrac{\sqrt{2}}{2U_{eff}} u_{max}} \qquad . \tag{2.93}$$

2.3.2.5 Kanal- und Signaldynamik

Die Ergebnisse von Abschn. 2.3.2.3 und 2.3.2.4 ermöglichen die Ermittlung der Dynamik eines Kanals mit Amplitudenquantisierung. Für jeden Kanal gibt es einen maximalen und einen minimalen Signaleffektivwert. Der maximale Wert darf mit Rücksicht auf die Begrenzungsverzerrungen nicht überschritten und der minimale Wert mit Rücksicht auf einen nicht zu unterschreitenden Signal-Geräusch-Abstand nicht unterschritten werden. Den Quotienten aus maximal und minimal zulässigem Signaleffektivwert im Kanal nennt man Kanaldynamik. Der Quotient aus den tatsächlich auftretenden maximalen und minimalen Signaleffektivwerten wird Signaldynamik genannt. Die Signaleffektivwerte werden üblicherweise als Pegel in dB und die Dynamik ebenfalls in dB als Pegeldifferenz angegeben.

In einem Kanal mit Zeit- und Amplitudenquantisierung treten grundsätzlich zwei Geräusche auf, das Begrenzungsgeräusch und das Quantisierungsgeräusch. Bei sehr hohen Signalpegeln überwiegt das Begrenzungsgeräusch und bei sehr kleinen das Quantisierungsgeräusch. Zur Kennzeichnung der Signalqualität definiert man mit dem Signaleffektivwert U_{eff} und dem Geräuscheffektivwert U_{effr} den Signal-Geräusch-Abstand

$$\rho^* = 20 \log \left[\frac{U_{eff}}{U_{effr}} \right] \qquad . \tag{2.94}$$

Mit Gl. (2.93) erhält man für den Signal-Geräusch-Abstand infolge der Begrenzungsverzerrungen

$$\rho_{BV}{}^* = 20 \log \left[e^{\frac{\sqrt{2}}{2U_{effe}} u_{max}} \right] . \tag{2.95}$$

Legt man einen Mindestabstand $\rho_{BV}{}^*$ fest, so ergibt sich aus Gl. (2.95) ein Maximalwert $U_{effemax}$ des Eingangssignals. Für den Signal-Geräusch-Abstand infolge der Quantisierungsverzerrungen erhält man für den Fall gleichmäßiger Quantisierung mit Gl. (2.55), (2.79) und (2.82)

$$\rho_{QV}{}^* = 20 \log \left[\frac{q\sqrt{3}U_{effe}}{u_{max}} \right] . \tag{2.96}$$

Legt man einen Mindestabstand $\rho_{QVmin}{}^*$ fest, so ergibt sich aus Gl. (2.96) ein Minimalwert $U_{effemin}$ des Eingangssignals. Die Kanaldynamik $D_k{}^*$ ergibt sich als das logarithmierte Verhältnis von maximaler zu minimaler Eingangsspannung in dB. Es gilt

$$D_k{}^* = 20 \log \left[\frac{U_{effemax}}{U_{effemin}} \right] . \tag{2.97}$$

Mit Gl. (2.95) und (2.96) wird daraus

$$D_k{}^* = 20 \log \left[\sqrt{\frac{3}{2}} \frac{q}{\ln\left[10^{\frac{\rho_{BVmin}{}^*}{20}} \right] 10^{\frac{\rho_{QVmin}{}^*}{20}}} \right] . \tag{2.98}$$

Die Kanaldynamik wird somit festgelegt durch die Stufenzahl q und die Mindest-Signal-Geräusch-Abstände $\rho_{BVmin}{}^*$ und $\rho_{QVmin}{}^*$ für die Begrenzungs- und Quantisierungsverzerrungen. Zur besseren Übersicht wird Gl. (2.98) in eine Summe

$$D_k^* = 1,76 + 20\log(q) - \rho_{QVmin}^* - 20\log\left[\ln\left[10^{\frac{\rho_{BV}^*}{20}}\right]\right] \qquad (2.99)$$

umgeformt. Es gilt somit die Kanaldynamik zu ermitteln und festzustellen, ob die Signaldynamik kleiner ist.

2.3.2.6 Quantisiertes Signal

Der quadratische Mittelwert des quantisierten Signals u_{aQ} ergibt sich mit der entsprechenden Wahrscheinlichkeitsdichtefunktion $p_{aQ}(u_{aQ})$, wie im Anhang gezeigt, aus dem Integralausdruck

$$U_{effaQ}^2 = \int_{-\infty}^{\infty} u_{aQ}^2 p_{aQ}(u_{aQ})\, du_{aQ} \quad . \qquad (2.100)$$

Mit der Quantisierungskennlinie $u_{aQ}=f_Q(u_e)$ und der Darstellung der Wahrscheinlichkeitsdichte p_{aQ} als Produkt aus der Ableitung der Umkehrfunktion der Quantisierungskennlinie und der Wahrscheinlichkeitsdichte $p_e(u_e)$ des Eingangssignals wird daraus

$$U_{effaQV}^2 = \int_{-\infty}^{\infty} f_Q^2(u_e)\, p_e(u_e)\, du_e \quad . \qquad (2.101)$$

Der analytische Ausdruck für die Quantisierungskennlinie ist

$$f_Q = \sum_{i=1}^{q} f_{Qi} \, , \qquad (2.102)$$

mit

$$f_{Qi}(u_e) = \begin{cases} 0 & \text{für } -\infty < u_e < u_{ei-1} \\[2mm] \dfrac{u_{ei} - u_{ei-1}}{2} & \text{für } u_{ei-1} < u_e < u_{ei} \\[2mm] 0 & \text{für } u_{ei} < u_e < \infty \end{cases} \qquad (2.103)$$

Setzt man Gl. (2.102) in Gl. (2.101) ein, so erhält man

$$U_{effQ}^2 = \sum_{i=1}^{q} \int_{u_{ei-1}}^{u_{ei}} \left[\frac{u_{ei}+u_{ei-1}}{2}\right]^2 p_e\left[\frac{u_{ei}+u_{ei-1}}{2}\right] du_e \ . \qquad (2.104)$$

Für den Fall gleich großer Quantisierungsintervalle läßt sich die Integration auf einfache Weise durchführen. Berücksichtigt man, daß die Wahrscheinlichkeitsdichtefunktion in der Regel eine gerade Funktion ist, so ergibt sich mit

$$u_{ei} = i\,\Delta u \qquad (2.105)$$

der quadratische Mittelwert

$$U_{effQ}^2 = 2\,\Delta u^3 \sum_{i=1}^{q/2} \left[\frac{2i-1}{2}\right]^2 p_e\left[\frac{2i-1}{2}\Delta u\right] \ . \qquad (2.106)$$

Für den Fall gleichwahrscheinlicher Amplitudenstufen wird daraus mit der Summenformel

$$\sum_{i=1}^{q/2} (2i-1)^2 = \frac{q(q^2-1)}{6} \qquad (2.107)$$

und

$$q\,\Delta u\,p_e = 1 \ , \qquad (2.108)$$

was beinhaltet, daß die gesamte Fläche unter der Wahrscheinlichkeitsdichtefunktion eins sein muß, der quadratische Mittelwert

$$U_{effQ}^2 = \frac{q^2 - 1}{12} \Delta u^2 \ . \tag{2.109}$$

2.3.2.7 Klirrfaktor

Zur Kennzeichnung des Quantisierungsgeräusches wird gelegentlich der Klirrfaktor herangezogen. Man verallgemeinert diesen Begriff, indem man ihn als Verhältnis des Effektivwertes des Störgeräusches zum Gesamteffektivwert definiert. Mit dem Effektivwert des quantisierten Signals nach Gl. (2.109) erhält man den Klirrfaktor

$$k = \frac{1}{\sqrt{q^2 - 1}} \ . \tag{2.110}$$

Dieses Ergebnis überrascht insofern, als der Klirrfaktor von der Höhe des Eingangssignals unabhängig ist.

2.3.3 Nichtlineare Amplitudenquantisierung

Bild 2.16 zeigt, daß der Signal-Geräusch-Abstand mit abnehmendem Eingangspegel immer kleiner wird. Da bei Nachrichtenübertragungen ein Mindest-Signal-Geräusch-Abstand gewährleistet werden muß, ergibt sich ein kleinstzulässiger Eingangspegel und damit eine kleine Dynamik. Wünschenswert wäre ein pegelunabhängiger Signal-Geräusch-Abstand; er sollte bei hohen Pegeln verkleinert, um dafür bei kleinen Pegeln vergrößert zu werden. Dies ist möglich durch die Kompandertechnik (s. Anhang 13.5).

2.3.3.1 Kompandierung

Ebenso wie die Dynamik (s. Abschn. 2.3.2) eines Kanals mit Zeit- und Amplitudenquantisierung steigt auch der technische Aufwand zu seiner Realisierung mit der Amplitudenstufenzahl. Um den Aufwand in Grenzen zu halten, wird eine relativ kleine Dynamik verwirklicht und dafür die Kompandertechnik eingesetzt. Dabei befindet sich am Eingang des Kanals ein Dynamikkompressor, dessen Wirkung durch einen Dynamikexpander am Kanalausgang wieder aufgehoben wird. Die Dynamikkompression bewirkt, daß auch für niedrigere Signalpegel ein ausreichender Signal-Stör-Abstand eingehalten werden kann. Verwirklicht wird die Dynamikkompression durch eine S-förmige nichtlineare Kennlinie. Die gegenläufige Kennlinie des Expanders verhindert, daß bei der Übertragung nichtlineare Verzerrungen auftreten. Bei der Sprach- und Musikübertragung werden Störungen der leisen Anteile stärker empfunden als Störungen der lauten Anteile. Die Kompressorkennlinie wird daher so gestaltet, daß das Signal-Stör-Verhältnis am Ausgang des Expanders über einen möglichst großen Aussteuerbereich konstant gehalten wird. Bild 2.17 zeigt das Blockschaltbild eines mit nichtlinearen Kennlinien arbeitenden Momentankompanders. Mit der Eingangsspannung des

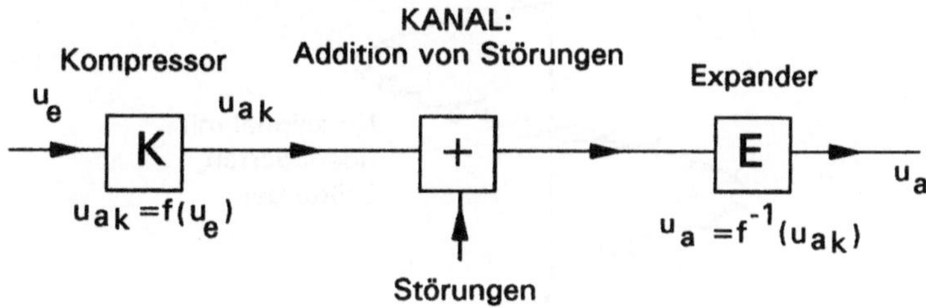

Bild 2.17 Blockschaltbild eines Momentankompanders

Kompressors u_e, der Ausgangsspannung des Kompressors u_{ak} und der Ausgangsspannung des Expanders u_a läßt sich für die Kompressorkennlinie schreiben

$$u_{ak} = f(u_e) \quad . \tag{2.111}$$

und für die Expanderkennlinie, da die Ausgangsspannung des Kompressors die Eingangsspannung des Expanders ist,

$$u_a = f^{-1}(u_{ak}) \tag{2.112}$$

Dabei soll f^{-1} die Umkehrfunktion der Funktion f sein. Dann gilt nämlich bei Abwesenheit von Störungen $u_a = u_e$. Ist die dem Kanal zugeführte Störung relativ klein zum Signal, so findet eine parametrische Aussteuerung der Expanderkennlinie statt (s. Bild 2.18), d.h. der Kennlinienarbeitspunkt für das Geräusch wird durch das Signal festgelegt. Der Verstärkungsfaktor

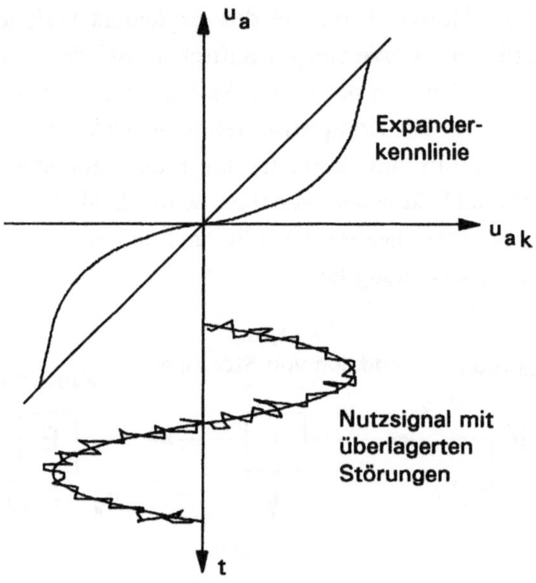

Bild 2.18 Aussteuerung der Expanderkennlinie mit einer Sinusspannung, der eine Störspannung überlagert ist.

des Expanders für das Geräusch ist die Steigung der Kennlinie im jeweiligen Arbeitspunkt. Somit wird das Geräusch für kleine Signalpegel gedämpft und für große Signalpegel verstärkt, so daß über einen weiten Bereich ein konstanter Signal-Stör-Abstand möglich ist. Bei der Berechnung des quadratischen Mittelwertes der Störungen am Ausgang des Expanders muß jeder Wert der Störspannung u_r mit der von der Signalspannung $u_e = u_a$ abhängigen Steigung der Expanderkennlinie

$$\frac{du_a}{du_{ak}}(u_e)$$

multipliziert und das Produkt quadriert werden. Hat die Störspannung die Wahrscheinlichkeitsdichte $p_r(u_r)$ und die Signalspannung die Wahrscheinlichkeitsdichte $p_e(u_e)$, so muß das Produkt mit der Wahrscheinlichkeit dafür multipliziert werden, daß sich die Störspannung zwischen u_r und $u_r + du_r$ und die Signalspannung zwischen u_e und $u_e + du_e$ befindet. Da die Wahrscheinlichkeit für das gleichzeitige Eintreten zweier unabhängiger Ereignisse gleich dem Produkt der Einzelwahrscheinlichkeiten ist, erhält man somit durch Integration für den quadratischen Mittelwert der Störung

$$U_{effstör}^2 = \int\limits_{-\infty}^{\infty} \int\limits_{-\infty}^{\infty} \left(u_r \frac{du_e}{du_{ak}} \right)^2 p_r(u_r)\ du_r\ p_e(u_e)\ du_e \quad . \tag{2.113}$$

Dieses Doppelintegral läßt sich als Produkt zweier Integrale

$$U_{effstör}^2 = \int\limits_{-\infty}^{\infty} u_r^2\, p_r(u_r)\ du_r \int\limits_{-\infty}^{\infty} \left(\frac{du_e}{du_{ak}} \right)^2 p_e(u_e)\ du_e \tag{2.114}$$

schreiben. Das erste Integral ist der quadratische Mittelwert der Störungen im Kanal, also im Falle der Quantisierungsverzerrungen U_{effQV}. Mit dem Signal-Geräusch-Abstand

$$\rho^* = 10 \log \left[\frac{U_{effa}^2}{U_{effstör}^2} \right] \tag{2.115}$$

am Ausgang des Expanders und dem quadratischen Mittelwert des Signals

$$U_{effa}^2 = \int\limits_{-\infty}^{\infty} u_e^2\, p_e(u_e)\ du_e \tag{2.116}$$

erhält man

$$\int\limits_{-\infty}^{\infty} u_e^2\, p_e(u_e)\, du_e = 10^{\rho^*/10}\, U_{effQV}^2 \int\limits_{-\infty}^{\infty} \left[\frac{du_e}{du_{ak}}\right]^2 p_e(u_e)\, du_e \qquad (2.117)$$

Aus Gl. (2.117) gewinnt man mit der Abkürzung

$$K = U_{effQV}\, 10^{\rho^*/20} \qquad (2.118)$$

die Differentialgleichung der Kompressorkennlinie

$$du_{ak} = K\,\frac{du_e}{u_e} \qquad (2.119)$$

Mit der Integrationskonstanten u_{e0} ergibt die Integration

$$u_{ak} = K \ln\left[\frac{u_e}{u_{e0}}\right] \qquad (2.120)$$

Diese logarithmische Kennlinie für den Kompressor, die für einen pegelunabhängigen Signal-Geräusch-Abstand am Ausgang der Strecke sorgt, hat bei der digitalen Übertragung analoger Signale weite Verbreitung gefunden. Allerdings besteht das Problem, daß die Logarithmusfunktion nicht durch den Nullpunkt geht. Hierfür gibt es zwei Lösungen:

1. A-Kennlinie: In der Umgebung des Nullpunktes wird der Kennlinienverlauf durch einen Geradenabschnitt ersetzt. Diese Lösung wird vorzugsweise in der PCM-Technik in Europa eingesetzt.
2. μ-Kennlinie: Die logarithmische Kennlinie wird so weit parallel verschoben, bis sie durch den Nullpunkt geht. Diese Lösung wird vorzugsweise in den USA eingesetzt.

Die Bezeichnung der Kennlinien hat ihren Ursprung in den bei ihrer Beschreibung verwendeten Parametern. Im folgenden soll die A-Kennlinie näher betrachtet werden, bei der der Kennlinienanfang durch ein Geradenstück ersetzt (s. Bild 2.19) wird. Die Kompressorkennlinie ist eine im 1. und 3. Quadranten

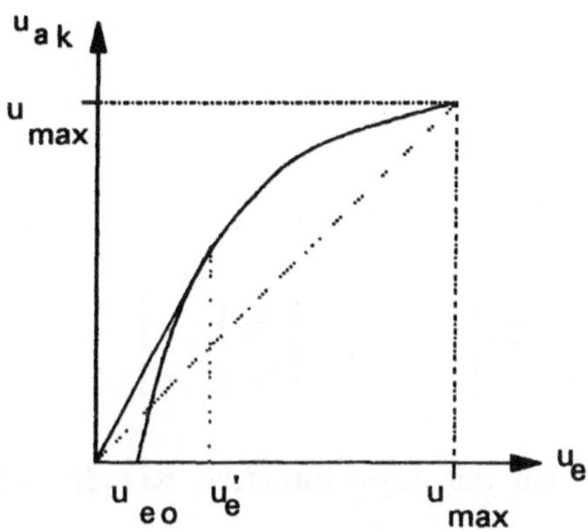

Bild 2.19 Kompressorkennlinie

verlaufende ungerade Funktion, von der wegen der Quadrate in Gl. (2.117) nur der Teil im 1. Quadranten gewonnen wird. Da der Kennlinienanfang durch ein Geradenstück dargestellt werden muß, kann die Konstanz des Signal-Rausch-Verhältnisses nicht bis zu beliebig kleinen Pegeln aufrecht erhalten werden. Das Geradenstück wird so bestimmt, daß es ohne Knick in den logarithmischen Verlauf übergeht. Aus dem Differentialquotienten

$$\frac{du_{ak}}{du_e} = K\,\frac{1}{u_e} \tag{2.121}$$

der Kennlinie nach Gl. (2.120) gewinnt man, wenn der Übergangspunkt durch den Abszissenwert u_e' gekennzeichnet wird, die Geradengleichung

$$u_{ak} = K\,\frac{1}{u_e'}\,u_e \tag{2.122}$$

Da die Funktionswerte der Kennlinienabschnitte nach Gl. (2.122) und (2.120) an der Stelle $u_e = u_e'$ übereinstimmen müssen, gilt

$$K \ln\left[\frac{u_e{}'}{u_{e0}}\right] = K \qquad\qquad (2.123)$$

bzw.

$$\ln\left[\frac{u_e{}'}{u_{e0}}\right] = 1 \qquad\qquad (2.124)$$

Damit läßt sich Gl. (2.120) umformen in

$$u_{ak} = K \ln\left[\frac{u_e}{u_e{}'}\frac{u_e{}'}{u_{e0}}\right] = K\left[\ln\left[\frac{u_e}{u_e{}'}\right]+1\right] \qquad\qquad (2.125)$$

Mit der Festlegung, daß der logarithmische Kennlinienteil durch den Punkt [u_{max};u_{max}] geht, gilt

$$K = \frac{u_{max}}{1+\ln\left[\dfrac{u_{max}}{u_e{}'}\right]} \qquad . \qquad\qquad (2.126)$$

Die vollständige Beschreibung der Kompressorkennlinie im 1. Quadranten ist somit gegeben durch

$$u_{ak} = \frac{u_{max}}{1+\ln\left[\dfrac{u_{max}}{u_e{}'}\right]}
\begin{cases}
\dfrac{u_e}{u_e{}'} & \text{für } 0 \le u_e < u_e{}' \\[2ex]
1+\ln\dfrac{u_e}{u_e{}'} & \text{für } u_e{}' \le u_e < u_{max}
\end{cases} \qquad . \ (2.127)$$

Mit den üblichen Normierungen

$$y = \frac{u_{ak}}{u_{max}}, \quad x = \frac{u_e}{u_{max}}, \quad A = \frac{u_{max}}{u_e{}'} \qquad\qquad (2.128)$$

wird aus Gl. (2.127)

$$y = \begin{cases} \dfrac{Ax}{1+\ln A} & \text{für } 0 \le x < \dfrac{1}{A} \\[2ex] \dfrac{1+\ln(Ax)}{1+\ln A} & \text{für } \dfrac{1}{A} \le x < 1 \end{cases} \quad . \tag{2.129}$$

2.3.3.2 Kompandergewinn

Zur Vereinfachung der Berechnung soll im Kanal ein Rechtecksignal angenommen werden. In diesem Fall ist der Effektivwert gleich dem Zeitwert. Der Signal-Geräusch-Abstand am Ausgang des Kanals als Folge der Quantisierungsverzerrungen ist nach Gl. (2.85) ohne Kompandierung

$$\rho_{QV}{}^* = p_{ue} + 20 \log (q\sqrt{3}) \quad . \tag{2.130}$$

Bei der Berechnung des Signal-Geräusch-Abstandes im Falle der Kompandierung muß der Effektivwert des im Kanal entstehenden Quantisierungsgeräusches nach Gl. (2.83)

$$U_{effQV} = \frac{u_{max}}{q\sqrt{3}} \tag{2.131}$$

mit der Steigung der Expanderkennlinie

$$\frac{du_e}{du_{ak}} = (1+\ln A) \begin{cases} \dfrac{1}{A} & \text{für } 0 \le u_e \le u_e{}' \\[2ex] \dfrac{u_e}{u_{max}} & \text{für } u_e{}' < u_e < \infty \end{cases} \tag{2.132}$$

multipliziert werden. Man erhält für den Signal-Geräusch-Abstand bei Kompandierung

$$\rho_{QVk}{}^* = \begin{cases} p_{ue} + 20\log(q\sqrt{3}) + 20\log\dfrac{A}{1+\ln A} & \text{für } 0 \le u_e \le u_e{}' \\[2ex] 20\log\dfrac{q\sqrt{3}}{1+\ln A} & \text{für } u_e{}' < u_e < \infty \end{cases} \tag{2.133}$$

Bild 2.20 zeigt ein Diagramm, in dem der Signal-Geräusch-Abstand mit und ohne Kompandierung als Funktion des Eingangspegel p_{ue}

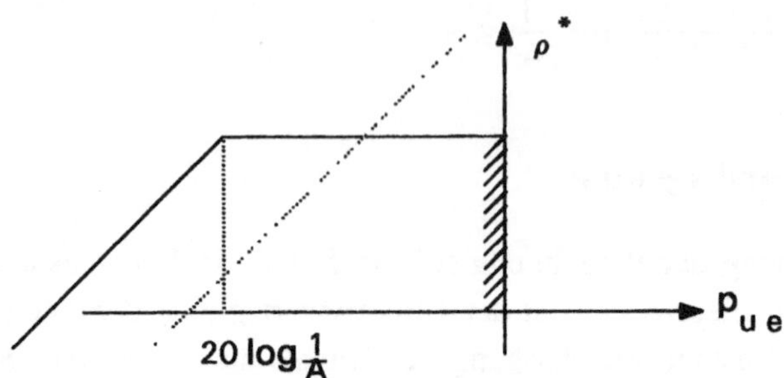

Bild 2.20 Signal-Geräusch-Abstand als Funktion
der logarithmischen Eingangsspannung

dargestellt ist. Die ausgezogene Kurve ist der Verlauf des Signal-Geräusch-Abstandes mit Kompandierung. Man erkennt den Bereich konstanten Signal-Geräusch-Abstandes. Ist der Pegel

$$p_{ue} < 20 \log\frac{1}{A} \tag{2.134}$$

bzw. die Eingangsspannung ue < ue', so kann die Konstanz des Signal-Geräusch-Abstandes nicht mehr aufrechterhalten werden, weil die Kompressorkennlinie nach Bild 2.19 vom logarithmischen in den geraden Teil übergeht. Die gestrichelte Kurve ist der Verlauf des Signal-Geräusch-Abstandes ohne Kompandierung. Der durch Schraffieren gekennzeichnete Teil der Ordinatenachse ist der Verlauf des Signal-Geräusch-Abstandes infolge der bei $u_e = u_{max}$ einsetzenden Begrenzungsverzerrungen. Legt man einen minimalen Signal-Geräusch-Abstand fest, so läßt sich aus dem Diagramm nach Bild 2.20 die Dynamik mit und ohne Kompandierung und insbesondere der Kompandergewinn als Differenz der Dynamik mit und ohne Kompandierung ablesen. Mit Gl. (2.130) und (2.133) erhält man für den Kompandergewinn

$$G_k{}^* = 20\log\left[\frac{A}{1+\ln A}\right] \quad . \tag{2.135}$$

Für Signale, bei denen die Wahrscheinlichkeit für Zeitwerte $u_e < u_e{}'$ sehr groß ist, kommt der Kompandergewinn fast vollständig zur Geltung.

2.3.3.3 Zusammenfassung von Kompressor und Quantisierer

In jedem Kanal mit Zeit- und Amplitudenquantisierung entsteht ein Quantisierungsgeräusch. Durch Erhöhung der Amplitudenstufenzahl q läßt es sich beliebig klein machen. Allerdings ist damit eine erhebliche Vergrößerung des Aufwandes verbunden. Somit sind Verfahren zur Verringerung des Quantisierungsgeräusches wichtig. Sie wurden in den Abschn. 2.3.2.3 und 2.3.3.1 bereits angesprochen und sollen hier einander gegenübergestellt werden. In der Regel geht der Amplitudenquantisierung eine Zeitquantisierung voraus; sie soll jedoch bei dieser Betrachtung ausgeklammert werden.

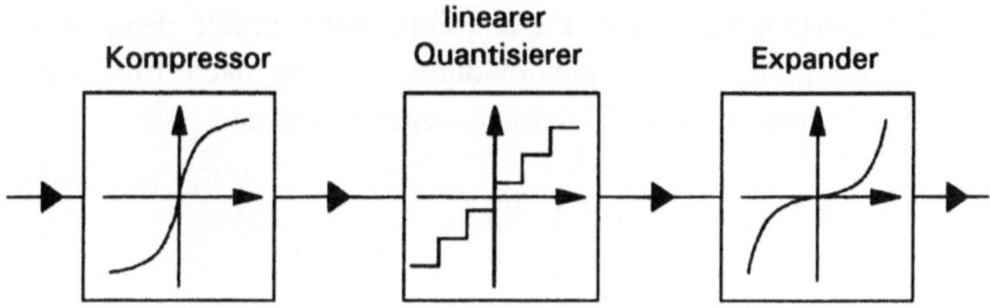

Bild 2.21 Quantisierter Kanal mit Kompander

Bei der Kompandierung wird entsprechend Bild 2.21 der quantisierte Kanal eingebettet zwischen Kompressor und Expander. Es wird eine erhebliche Reduzierung des Quantisierungsgeräusches erreicht (s. Abschn. 2.3.3.1). Der Kompressor und der lineare Quantisierer in Bild 2.21 lassen sich zu einer resultierenden Kennlinie zusammenfassen (s. Bild 2.22) Sie stellt die komprimierte und quantisierte Spannung am Ausgang des Quantisierers als Funktion der Eingangsspannung dar. Man erhält eine ungleichmäßige Stufung der Eingangsspannung. Die innerhalb einer Stufe liegenden Werte der Eingangsspannung werden gleichmäßig gestuften Werten der Ausgangsspannung zugeordnet.
Die zweite Möglichkeit der Verringerung des Quantisierungsgeräusches durch ungleichmäßige Quantisierung geht von der Wahrscheinlichkeitsdichtefunktion (s. Anhang 13.3.1) des Signals aus.

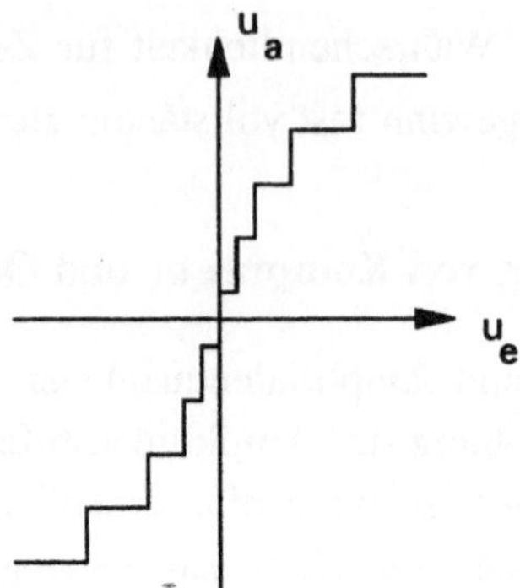

Bild 2.22 Kennlinie zur gleichzeitigen Komprimierung und Quantisierung

Der quadratische Mittelwert des Quantisierungsgeräusches nach Gl. (2.78) läßt sich minimieren, wenn man die Stufenbreite im Bereich häufig vorkommender Zeitwerte der Eingangsspannung klein wählt. Man erhält dann eine lineare Quantisierungskennlinie mit ungleichmäßiger Stufung nach Bild 2.23. Beide Verfahren der Verringerung des Quantisierungsgeräusches

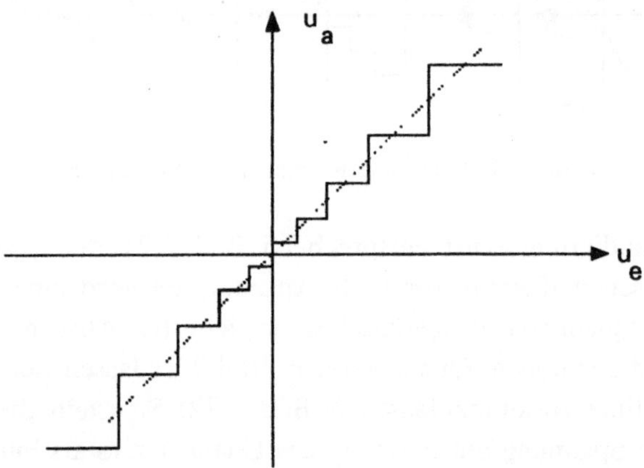

Bild 2.23 Lineare Quantisierungskennlinie mit ungleichmäßiger Stufung

verwenden eine ungleichmäßige Quantisierung; jedoch ist beim zweiten Verfahren eine Expandierung auf der Empfängerseite nicht erforderlich.

2.3.4 Verfahren der Amplitudenquantisierung

Während bisher die Amplitudenquantisierung unter dem Gesichtspunkt der Beschreibung und der Auswirkungen auf das Übertragungssignal betrachtet wurde, sollen in diesem Abschnitt Fragen der Realisierung angesprochen werden. Insbesondere geht es dabei um die Darstellung der Amplitudenwerte, die Methoden der Quantisierung und mögliche Schaltungsrealisierungen.

2.3.4.1 Darstellung der Amplitudenwerte

Die Stufenwerte bei der Amplitudenquantisierung lassen sich durch einen Code ausdrücken. Man versteht darunter die Darstellung der Stufenwerte mit der Anzahl q durch eine Kombination von r Zeichen aus einer Menge von b verschiedenen Zeichen. Die Anzahl der möglichen Zeichen heißt die Stufenzahl und die Anzahl der zu einer Kombination zusammengestellten Zeichen Stellenzahl des Codes. Die Anordnung von r Zeichen bzw. Codeelementen ist ein Codewort. Zur Kennzeichnung der Stufenzahl verwendet man die Adjektive

$$
\begin{array}{ll}
b = 2 \text{ binär} & b = 7 \text{ septenär} \\
b = 3 \text{ ternär} & b = 8 \text{ octonär} \\
b = 4 \text{ quaternär} & b = 9 \text{ novenär} \\
b = 5 \text{ quinär} & b = 10 \text{ denär} \\
b = 6 \text{ senär} & b = 16 \text{ sedenär}
\end{array}
$$

Mit einem b-stufigen und r-stelligen Code lassen sich

$$q = b^{\,r} \tag{2.136}$$

verschiedene Codewörter bilden. Die Zuordnung der Codewörter zu den Stufenwerten wird durch den Code festgelegt. Spezielle Codes sind die Zahlensysteme. Bei ihnen ergibt sich der Wert y einer r-stelligen Zahl in einem System mit b verschiedenen Ziffern a_i und mit der ganzen Zahl i zur Numerierung der Ziffern sowie der ganzen Zahl ρ zur Numerierung der Stellen aus

$$y = \sum_{\rho=1}^{r} a_i(\rho)\, b^{\rho-1} \; . \tag{2.137}$$

Es werden also den einzelnen Codeelementen Stellenwertigkeiten zugeordnet, die Potenzen einer Basis b sind. Dabei ist die Basis gleich der Anzahl der verschiedenen Ziffern. Zur Kennzeichnung der Basis verwendet man die folgenden Adjektive:

$b = 2$ dual		$b = 7$ septimal
$b = 3$ trial		$b = 8$ oktal
$b = 4$ quattoral		$b = 9$ nonal
$b = 5$ quintal		$b = 10$ dezimal
$b = 6$ sextal		$b = 16$ sedezimal

Bei der Codierung eines analogen Signals, die man auch Analog-Digital-Wandlung nennt, werden meist binäre Codes verwendet. Sie werden von der gesamten Digitaltechnik bevorzugt, weil zwei verschiedene Zustände elektrisch gut unterschieden werden können und vergleichsweise geringe Anforderungen an die Bauelemente gestellt werden müssen. Unter den verschiedenen Binärcodes ist der auf dem Zahlensystem mit der Basis 2 beruhende Dualcode von Bedeutung. Bei ihm kann sich beim Übergang von einem Amplitudenwert zum benachbarten mehr als ein Codeelement ändern. Diese Eigenschaft ist ungünstig, weil die Verfälschung eines Codeelements bei der Übertragung große Amplitudenfehler im Empfänger zur Folge haben würde. Daher sind die einschrittigen Codes, bei denen sich beim Übergang von einem Amplitudenwert zum benachbarten immer nur ein Codeelement ändert, wichtig. Ein bekannter Vertreter der einschrittigen Codes ist der Gray-Code.

2.3.4.2 Methoden

Es lassen sich bei den üblichen Verfahren drei Prinzipien unterscheiden: Bei der **Zählmethode** wird festgestellt, wie oft man ein Normal von der Größe eines Quantisierungsintervalls übereinanderstapeln muß, um den Wert einer Abtastprobe zu erreichen. Ist die Anzahl der Amplitudenstufen bzw. der Quantisierungsintervalle q, so müssen bei Codierung mit einer Stufenzahl b nach (2.136) Codeworte mit einer Stellenzahl

$$r = \frac{\log(q)}{\log(b)} \tag{2.138}$$

entstehen. Die Dauer der Umsetzung ist dadurch bestimmt, daß maximal 2^r-Schritte erforderlich sind. Durch Zählung der einzelnen Schritte mit einem Zähler entstehen die einzelnen Codeworte in einer durch den Zähler festgelegten Codierung.

Bei der **Iterationsmethode** werden r Normale verwendet, deren Größen sich im Falle des Dualcodes wie $2^0 : 2^1 : 2^2 : \ldots 2^{r-1}$ verhalten. Nacheinander werden die Normale, mit dem größten beginnend, mit dem zu codierenden Wert verglichen und jeweils angenommen, wenn sie kleiner als der zu codierende Wert sind, jedoch zurückgestellt, wenn durch ihre Hinzunahme der Wert überstiegen wird. Die Kombination der am Ende verbleibenden Normale ergibt das entsprechende Codewort. Es sind also bei der Iterationsmethode nur r Schritte zur Umsetzung erforderlich.

Bei der **direkten Methode** wird mit Hilfe von 2^{r-1} Normalen, deren Größen gleich den Amplitudenstufenwerten sind, in einem Schritt durch Vergleich festgestellt, welches Normal dem zu codierenden Wert entspricht und das zugehörige Codewort ausgelöst.

Da die Anzahl der Normale ein Maß für den gerätetechnischen Aufwand und die Anzahl der Schritte ein Maß für die Umsetzungsgeschwindigkeit sind, ist die Wahl der Codiermethode von den jeweiligen Forderungen abhängig. Hierbei spielen auch die relativen Fehler der Normale eine wesentliche Rolle.

Will man sowohl die Schrittzahl als auch die Anzahl der Normale gering halten, so ist die Iterationsmethode ein guter Kompromiß.

Im Gegensatz zur Codierung findet bei der Decodierung, die ein durch ein binäres Signal dargestelltes Codewort in ein Abtastsignal verwandelt, nur ein Prinzip Anwendung.

2.3.4.3 Schaltungen

Die Schaltung nach Bild 2.24 decodiert ein im Dualcode codiertes Codewort. Dabei wird das binäre Signal in ein Schieberegister eingelesen, von dem aus die Schalter eines Netzwerkes betätigt werden, dessen Widerstände

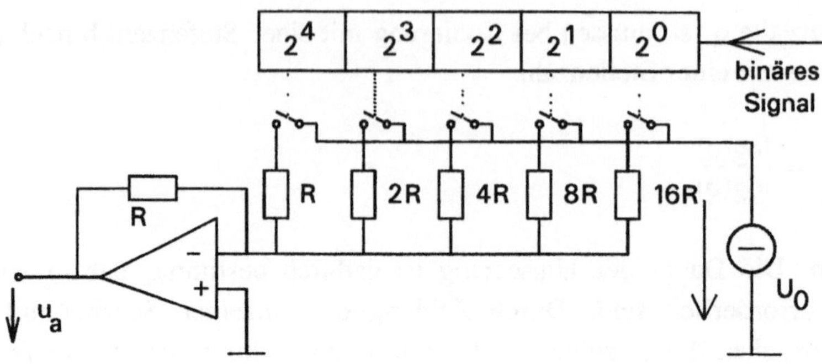

Bild 2.24. Decodierung

nach Potenzen zur Basis 2 gestuft sind. Mit der Stellenzahl r des Codewortes, der Speisespannung U_o , der Laufvariablen ρ und der Dualziffer $a_i(\rho)$, die entweder 0 oder 1 sein kann, ist die Ausgangsspannung

$$U_a = -U_0 \frac{1}{2^r} \sum_{\rho=1}^{r} a_i(\rho)\, 2^{\rho-1} \qquad . \qquad (2.139)$$

Die Laufvariable ρ kennzeichnet die Stelle der Ziffer innerhalb des Codewortes. Gl. (2.139) stimmt überein mit der allgemeinen Darstellung einer Zahl mit Basis b nach Gl. (2.137). Das in Bild 2.24 dargestellte Decodierverfahren läßt sich zum Aufbau eines Codierers nach der Iterationsmethode verwenden (s. Bild 2.25). Dabei stellt die Steuerschaltung an den Schaltern des Widerstandsnetzwerks eine Dualzahl ein, die in einen proportionalen Spannungswert nach (2.139) verwandelt wird. Dieser Spannungswert wird in einem Differenzverstärker mit der zu codierenden Spannung U_e verglichen. Die Schalter des Widerstandsnetzwerks werden, von links beginnend, betätigt und umgeschaltet gelassen, wenn die zu codierende Spannung größer als die Ausgangsspannung des Operationsverstärkers (s. Bild 2.25) ist.
Nach Betätigung des letzten Schalters repräsentieren die Schalterstellungen die dem zu codierenden Spannungswert U_e entsprechende Dualzahl.

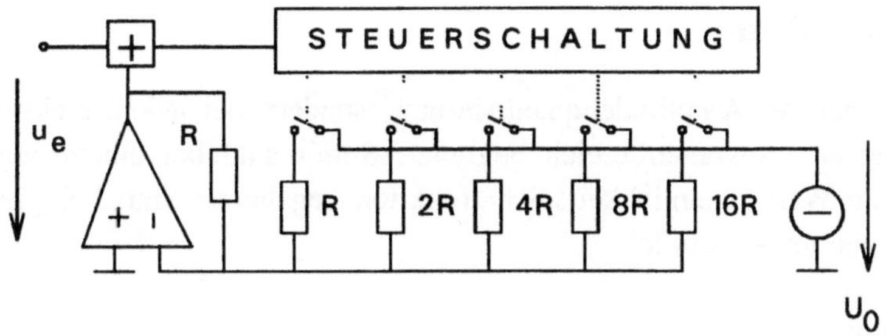

Bild 2.25. Codierer nach der Iterationsmethode

Bei der Betrachtung der Codierungsverfahren ist auch die evtl. vorzunehmende Kompression zu berücksichtigen. Sie wird zur Verringerung der Kanaldynamik und damit der erforderlichen Amplitudenstufenzahl im Rahmen eines Kompandersystems vorgesehen. Es gibt im Prinzip drei Realisierungsmöglichkeiten:

a) Momentanwertkompression mit Hilfe einer nichtlinearen Kennlinie und anschließender gleichmäßiger Quantisierung.

b) Ungleichmäßige Quantisierung, die die gleiche Wirkung hat wie die Momentanwertkompression mit gleichmäßiger Quantisierung. Allerdings kann hier nur das Codierungsverfahren nach der direkten Methode angewendet werden.

c) Codeumsetzung. Hier wird zunächst eine gleichmäßige Quantisierung vorgenommen, wobei alle Quantisierungsintervalle gleich dem bei ungleichmäßiger Quantisierung notwendig kleinsten gewählt werden. Das ergibt eine wesentlich größere Stufen- und damit auch Stellenzahl bei der anschließenden Codierung, als für die Übertragung vorgesehen ist. In einem Codeumsetzer wird mehreren benachbarten Codewörtern des Eingangscodes jeweils nur ein Codewort des Ausgangscodes zugeordnet. Auf der Empfangsseite wird vor der Decodierung ein Coderückumsetzer eingesetzt.

Es ist möglich, jedes der drei Verfahren auf der Sendeseite mit jedem der entsprechenden Verfahren auf der Empfangsseite zu kombinieren.

2.3.5 Aufgaben

Nicht nur bei der Amplitudenquantisierung, sondern bei jedem elektronischen System ist der Aussteuerbereich begrenzt. Somit sind bei einem regellosen, durch seine Wahrscheinlichkeitsdichtefunktion gegebenen Signal Begrenzungsverzerrungen unvermeidlich.

4. Aufgabe:
Ein Signal mit der Wahrscheinlichkeitsdichtefunktion

$$p(u) = \frac{1}{\sqrt{2}\ U_{eff}}\ e^{-\frac{\sqrt{2}}{U_{eff}}|u|} \tag{2.140}$$

durchläuft einen linearen Verstärker mit dem Aussteuerbereich u_{max}. Man berechne für einen gegebenen Signal-Geräusch-Abstand, wieviel mal so groß der Aussteuerbereich als der Effektivwert des Signals sein muß.
Lösung:
Aus Gl. (2.93) erhält man den Signal-Geräusch-Abstand

$$\rho_{BV}{}^* = 20 \log\left[e^{\frac{\sqrt{2}}{2U_{effe}}\,u_{max}} \right] \tag{2.141}$$

infolge des Begrenzungsgeräusches. Die Auflösung der Gl. (2.141) ergibt

$$\frac{u_{max}}{U_{effe}} = \frac{2}{\sqrt{2}} \ln\left[10^{\rho_{BV}{}^*/20} \right] \tag{2.142}$$

So zeigt sich, daß für einen Signal-Geräusch-Abstand von 60 dB der Aussteuerbereich ca. 10 mal so groß sein muß wie der Effektivwert. Bei einem Sinussignal ergibt sich lediglich der Faktor $\sqrt{2}$.

5. Aufgabe:
Bei einem Kanal mit Zeit- und Amplitudenquantisierung kann man für eine gegebene Wahrscheinlichkeitsdichtefunktion des Signals den durch Begrenzungs-

und Quantisierungsverzerrungen hervorgerufenen Signal-Geräusch-Abstand als Funktion des Eingangspegels berechnen.

Lösung:

Mit einer Wahrscheinlichkeitsdichtefunktion nach Gl. (2.56) gilt für den quadratischen Mittelwert des Begrenzungsgeräusches nach Gl. (2.93)

$$U_{effBV}^2 = U_{effe}^2 \, e^{-\frac{\sqrt{2}}{U_{eff}} u_{max}} \tag{2.143}$$

und mit Gl. (2.79) und Gl. (2.55) für den quadratischen Mittelwert des Quantisierungsgeräusches

$$U_{effQV}^2 = \frac{u_{max}^2}{3 \, q^2} \tag{2.144}$$

Den quadratischen Mittelwert des gesamten Geräusches erhält man durch Addition der einzelnen quadratischen Mittelwerte.

$$U_{effges}^2 = U_{effe}^2 \, e^{-\frac{\sqrt{2}}{U_{eff}} u_{max}} + \frac{u_{max}^2}{3 \, q^2} \tag{2.145}$$

Für den logarithmischen Signal-Geräusch-Abstand ergibt sich somit

$$\rho^* = 10\log \left[\frac{1}{e^{-\frac{\sqrt{2}}{U_{eff}} u_{max}} + \frac{u_{max}^2}{3 \, q^2 \, U_{effe}^2}} \right] . \tag{2.146}$$

6. Aufgabe:

Ein gleichmäßig und linear amplitudenquantisierter Kanal wird zur Erhöhung der Dynamik in ein Kompandersystem mit einer Kennlinie nach Gl. (2.127) eingebettet. Man ermittle mit den Vereinfachungen von Abschn. 2.3.3.2 die Dynamik mit und ohne Kompandierung.

Lösung:

Bei gegebenem Signal-Geräusch-Abstand ρ^* gilt mit Gl. (2.85) für die Dynamik ohne Kompandierung

$$D_k^* = 20 \log (q \sqrt{3}) - \rho_{QV}^* \qquad (2.147)$$

und mit Gl. (2.133) für die Dynamik mit Kompandierung

$$D_k^* = 20 \log (q \sqrt{3}) + 20 \log \left[\frac{A}{1 + \ln A} \right] - \rho_{QV}^* . \qquad (2.148)$$

2.4 Codierungsverfahren

Am Anfang der Quellencodierung analoger Signale steht in der Regel die Digitalisierung des Signals. Die Zeitquantisierung des Signals bedeutet eine Redundanzreduktion; durch die Amplitudenquantisierung wird eine Irrelevanzreduktion durchgeführt. Auf der Grundlage der so erfolgten Digitalisierung des analogen Signals, d.h., seiner Darstellung durch eine Zahlenfolge, können durch digitale Signalverarbeitung (s. Abschn. 12) weitere Verfahren der Redundanz- und Irrelevanzreduktion durchgeführt werden.

2.4.1 Differenzcodierung

Bei diesem Verfahren der Quellencodierung wird die Redundanz beseitigt, die darin liegt, daß aufeinanderfolgende Abtastwerte eines stochastischen Signals nicht von einander unabhängig sind. Das bedeutet, daß ein Abtastwert auf Grund der vergangenen Abtastwerte in gewissem Maße vorhersagbar ist. Damit genügt es, nur die Differenz zwischen einem Abtastwert und dem Vorhersagewert, zu übertragen. Diese Differenzcodierung wird meist nur mit digitalisierten Signalen vorgenommen; da die Digitalisierung auch als Puls-Code-Modulation bezeichnet wird, spricht man von einer Differenz-Puls-Code-Modulation, abgekürzt DPCM. Kernstück des Verfahrens ist die Bestimmung des Vorhersagewertes mit Hilfe eines Prädiktors, der für seine Vorhersage die statistischen Eigenschaften des stochastischen Signals in Form der Autokorrelationsfunktion (s. Anhang 13.3.3) benötigt. Wird der Prädiktor bei einer sich verändernden Autokorrelationsfunktion automatisch den neuen statistischen Gegebenheiten angepaßt, so spricht man von einer Adaptiven Differenz-Puls-Code-Modulation, abgekürzt ADPCM.

Das bei der DPCM zu übertragende Differenzsignal, das als Differenz zwischen dem Eingangssignal und einem Vorhersagewert entsteht, hat eine umso kleinere Signaldynamik je genauer der Prädiktor arbeitet. Auf Grund der kleineren Signaldynamik kann auch die Kanaldynamik reduziert werden. Diese Kanaldynamik ist aber bestimmt durch die Anzahl der Bits pro Codewort. Damit wird der Informationsfluß in bit/s durch die Differenzcodierung reduziert.

Die Datenreduktion durch adaptive Differenzcodierung für den Fernsprechkanal wurde international in CCITT G721 genormt. Die Norm ermöglicht eine Reduktion um den Faktor 2.

2.4.1.1 Prädiktionsverfahren

Grundlage für die Prädiktion, d.h. für die Bildung eines Schätzwertes ist ein Transversalfilter, bei dem der Koeffizient c_0 gleich null gesetzt wird. Dieser Filtertyp, der in Abschn. 5.3.2 ausführlich beschrieben wird, gehört in die Klasse der digitalen Filter und besteht aus Verzögerungsgliedern, Koeffizientengliedern und einem Additionsglied. Bild 2.26 zeigt das Blockschaltbild

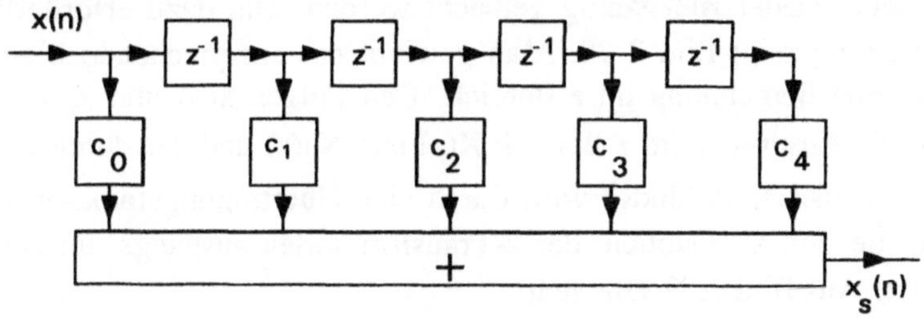

Bild 2.26 Blockschaltbild eines Transversalfilters

eines Transversalfilters mit vier Verzögerungsgliedern, die durch ihre Übertragungsfunktion z^{-1} im z-Bereich gekennzeichnet werden. Die folgende Herleitung stützt sich teilweise auf die z-Transformation (s. Anhang 13.2.3) von Zahlenfolgen ab. Bezeichnet man mit x(n) die Folge der Abtastwerte, für die durch das Transversalfilter als Prädiktor eine Folge von Schätzwerten $x_s(n)$ zu bestimmen ist, so gilt

$$x_s(n) = \sum_{i=1}^{M} c_i\, x(n-i) \; . \tag{2.149}$$

Die Bildung des Differenzwertes $x_d(n)$ zeigt Bild 2.27. Der Schätzvorgang mit Hilfe eines Transversalfilters wird oft mit "Linearer Prädiktion" oder mit "Linearer Prädiktionscodierung", bzw. engl. "linear predictive coding" bezeichnet. Diese Prädiktion ist nicht nur für die Datenreduktion von Bedeutung, sondern auch für die Sprachsignalverarbeitung.

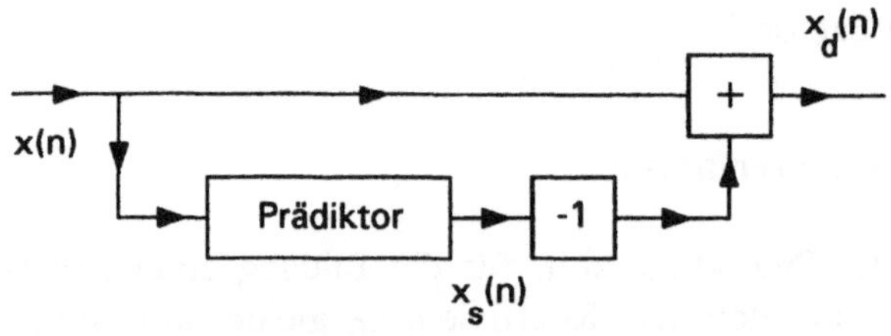

Bild 2.27 Bildung des Differenzsignals

Die Bildung des zu übertragenden Differenzsignals nach Bild 2.27 muß auf der Empfangsseite wieder rückgängig gemacht werden. Die dazu erforderliche Signalverarbeitung zeigt Bild 2.28. Man gewinnt das entsprechende Blockschaltbild durch eine Berechnung im z-Bereich. Den Folgen $x(n)$ und $x_d(n)$ entsprechen dann die Ausdrücke im z-Bereich $X(z)$ und $X_d(z)$ und der durch ein Transversalfilter realisierte Prädiktor wird durch eine Übertragungsfunktion $H(z)$ beschrieben, die sich als Quotient der z-Transformierten ausgangs- und eingangsseitig ergibt. Aus Bild 2.27 läßt sich

$$X_d(z) = X(z)\,[1 - H(z)] \tag{2.150}$$

ablesen. Schreibt man diese Gleichung in der Form

$$X(z) = X_d(z) + H(z)\,X(z) \tag{2.151}$$

so erhält man Bild 2.28. Enthält der Prädiktor vier Verzögerungsglieder, so stehen für die Bildung eines neuen Schätzwertes

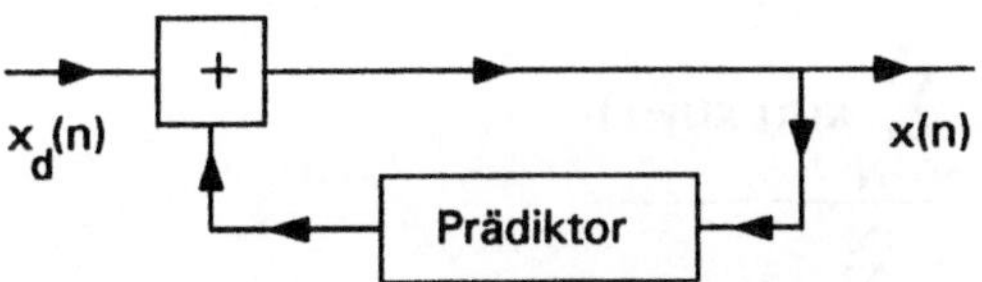

Bild 2.28 Wiedergewinnung der Folge x(n)

jeweils die letzten vier vergangenen Elemente der Folge x(n) zur Verfügung. Die Eignung des Transversalfilters zeigt sich, wenn es möglich ist, die Koeffizienten so einzustellen, daß sich für den quadratischen Mittelwert des Differenzsignals ein Minimum ergibt. Für das Differenzsignal erhält man mit der Ordnungszahl M des Transversalfilters

$$x_d(n) = x(n) - \sum_{i=1}^{M} c_i\, x(n-i) \; . \qquad (2.152)$$

Bildet man den quadratischen Mittelwert über 2N+1 Folgenelemente, so gilt

$$\frac{1}{2N+1} \sum_{n=-N}^{N} \left[x(n) - \sum_{i=1}^{M} c_i\, x(n-i) \right]^2 = \text{MIN}\,. \qquad (2.153)$$

Das Minimum findet man, wenn man die partiellen Differentialquotienten des quadratischen Mittelwertes nach den Koeffizienten c_j bildet; so ergibt sich

$$\frac{\partial}{\partial c_j} \left\{ \frac{1}{2N+1} \sum_{n=-N}^{N} \left[x(n) - \sum_{i=1}^{M} c_i\, x(n-i) \right]^2 \right\} = 0 \qquad (2.154)$$

Der Einfachheit halber werde der Fall betrachtet, daß nur der Koeffizient c_1 von null verschieden ist. Dann berechnet sich dieser zu

$$c_1 = \frac{\dfrac{1}{2N+1} \displaystyle\sum_{n=-N}^{N} x(n)\,x(n-1)}{\dfrac{1}{2N+1} \displaystyle\sum_{n=-N}^{N} x^2(n-1)} \quad . \tag{2.155}$$

Darin ist der Zähler das Element der Autokorrelationsfolge für eine Verschiebung um ein Element und der Nenner der quadratische Mittelwert der Eingangsfolge $x(n)$.

2.4.1.2 Reduktionsgewinn

Für den betrachteten Sonderfall, daß nur der Koeffizient c_1 von null verschieden ist, wird jetzt der quadratische Mittelwert des Differenzsignals

$$X_{\text{deff}}^2 = \frac{1}{2N+1} \sum_{n=-N}^{N} \big[x(n) - c_1\,x(n-1)\big]^2 \tag{2.156}$$

berechnet. Durch Ausmultiplizieren der Klammer wird daraus

$$X_{\text{deff}}^2 = \frac{1}{2N+1}\left\{ \sum_{n=-N}^{N} x^2(n) + c_1^2 \sum_{n=-N}^{N} x^2(n-1) - 2c_1 \sum_{n=-N}^{N} x(n)x(n-1) \right\}. \tag{2.157}$$

Berücksichtigt man, daß der 3. Summand in Gl. (2.157) mit Gl. (2.155) den Wert $2c_1^2$, der 2. den Wert $c_1^2 X_{\text{eff}}^2$ und der der 3. den Wert X_{eff}^2 haben, so erhält man

$$X_{\text{deff}}^2 = (1-c_1^2)\,X_{\text{eff}}^2 \quad . \tag{2.158}$$

Ist keine statistische Bindung in die Vergangenheit gegeben, so wird der Koeffizient $c_1 = 0$ und es ergibt sich keine Reduzierung des Effektivwertes und damit der Signaldynamik.

Aus Gl. (2.96) erhält man ohne Differenzcodierung für die Dynamik eines Kanals, bei dem eine Amplitudenquantisierung durchgeführt wurde, mit der Amplitudenstufenzahl q_0 und dem zulässigen Signal-Geräusch-Verhältnis ρ_{QV}

$$D_{k0} = \frac{q_0 \sqrt{3}}{\rho_{QV}} \ . \tag{2.159}$$

Durch die Differenzcodierung wird die Signaldynamik entsprechend der Herabsetzung der Effektivwerte reduziert. Die Signaldynamik nach der Codierung D_{sm} berechnet sich aus der Signaldynamik D_{so} vor der Codierung nach

$$D_{sm} = D_{ko} \, (1\text{-}c_1{}^2) \ . \tag{2.160}$$

Da die Signaldynamik gleich der Kanaldynamik gemacht wird, ergibt sich dann für die kleinere Amplitudenstufenzahl bei Einsatz der Differenzcodierung

$$q_m = q_0 \, (1\text{-}c_1{}^2) \ . \tag{2.161}$$

Mit dem Zusammenhang zwischen der Amplitudenstufenzahl q und der Stellenzahl n der A/D-Umsetzer bzw. der Codeworte

$$q = 2^n \tag{2.162}$$

erhält man für die erforderliche Stellenzahl n_m bei Differenzcodierung unter Einsatz nur eines Prädiktorkoeffizienten mit der Stellenzahl n_0 ohne Differenzcodierung

$$n_m = n_0 - \mathrm{ld}\left[\frac{1}{1\text{-}c_1}\right] \ . \tag{2.163}$$

2.4.2 Optimalcodierung

Wird ein stochastisches Signal, wie z.B. ein Sprachsignal, digitalisiert, so haben die einzelnen Abtastwerte eine sehr unterschiedliche Häufigkeit. Durch die

Wahrscheinlichkeitsdichtefunktion des Sprachsignals, die mit guter Näherung durch den Ausdruck

$$p(u) = \frac{1}{\sqrt{2}\, U_{eff}}\, e^{-\frac{\sqrt{2}}{U_{eff}}|u|} \tag{2.164}$$

beschrieben wird, lassen sich die Wahrscheinlichkeiten der Abtastwerte berechnen. Wird mit der Stufenbreite Δu quantisiert, so erhält man mit $u=n\Delta u$ die Auftrittswahrscheinlichkeit der Stufe n

$$P(n) = \int_{(n-1)\Delta u}^{n\Delta u} p(u)\, du \ . \tag{2.165}$$

Die Integration ergibt mit der Wahrscheinlichkeitsdichte nach Gl. (2.164) die Wahrscheinlichkeiten

$$P(n) = \frac{1}{2}\, e^{-\sqrt{2}\frac{\Delta u\,|n|}{U_{eff}}} \left[e^{\sqrt{2}\frac{\Delta u}{U_{eff}}} - 1 \right] \ . \tag{2.166}$$

In der Informationstheorie (s. Anhang 13.6) wird gezeigt, daß eine Quelle mit unterschiedlichen Symbolwahrscheinlichkeiten Redundanz enthält. Die Entropie genannte mittlere Informationsmenge pro Symbol, für die man mit der Symbolanzahl q

$$H = \sum_{i=1}^{q} P(n)\, ld\left[\frac{1}{P(n)}\right] \tag{2.167}$$

erhält, wird maximal, wenn alle Symbole gleichwahrscheinlich sind. Die Beseitigung der Redundanz erfordert dann die Bildung einer Ersatzquelle, deren Symbole eine Gleichverteilung haben. An diesem Punkt setzt die Optimalcodierung ein.

Die Informationsmenge eines Abtastwertes n mit der Wahrscheinlichkeit P(n) ist

$$I(n) = ld\left[\frac{1}{P(n)}\right] \qquad . \tag{2.168}$$

Werden den Abtastwerten in der Weise Codeworte als Kombinationen von Nullen und Einsen zugeordnet, daß in der entstehenden Null-Eins-Folge die Nullen und Einsen gleich wahrscheinlich sind, dann muß die Länge eines Codewortes gleich der Informationsmenge des Abtastwertes gemacht werden. Natürlich kann man nur Codeworte mit ganzzahliger Stellenzahl realisieren. Daher sind besondere Algorithmen erforderlich, mit denen sich die Codeworte finden lassen. Angegeben wurden solche Algorithmen von Huffman und Fano. Das Hauptmerkmal der optimalen Codes, die unterschiedliche Codewortlänge, hat Komplizierungen bei der Realisierung zur Folge, weshalb die Optimalcodierung relativ selten durchgeführt wird. Eingesetzt wird die Optimalcodierung z.B. bei der Datenreduktion, die in der digitalen Fernsehübertragung nach dem MPEG-Verfahren Anwendung findet.

2.4.3 Vocoder-Verfahren

Die Verfahren der Differenz- und Optimalcodierung erzielen eine Verringerung der Übertragungsrate durch Beseitigung der im Signal liegenden Redundanz. Dabei wird das Ziel verfolgt, die Abweichungen zwischen dem gesendeten Signal und dem Empfängerausgangssignal möglichst gering zu halten. Wesentlich höhere Datenreduktionsfaktoren können erreicht werden, wenn eine Beschränkung auf Sprache erfolgt und die Entstehung der Sprache im menschlichen Sprechapparat berücksichtigt wird. Dies führt zu einem gänzlich andersartigen Konzept der Übertragung von Sprache.

Der menschliche Sprechapparat wird vom Gehirn aus über Nervenbahnen gesteuert. Über diese Nervenbahnen fließt die gesamte Sprachinformation. Da der Sprechapparat eine mechanisch-biologische Konstruktion bestimmter körperlicher Abmessungen ist, muß die Bandbreite der über die Nervenbahnen fließenden Signale auf ca. 15 Hz geschätzt werden. Tatsächlich wird aber im Fernsprechkanal mit einer Bandbreite von 300 Hz bis 3400 Hz übertragen. Somit sollten zumindest theoretisch Datenreduktionsfaktoren in der Größenordnung von 100 möglich sein.

Bild 2.29 zeigt das Prinzip der Sprachübertragung nach dem Vocoder- Verfahren. Die Bezeichnung ist aus der Zusammenziehung der Worte "voice" und "coder" entstanden. Das von einem Mikrophon stammende Signal wird dabei zunächst einer Sprachsignalanalyse zur Exstraktion von Steuersignalen unterzogen.

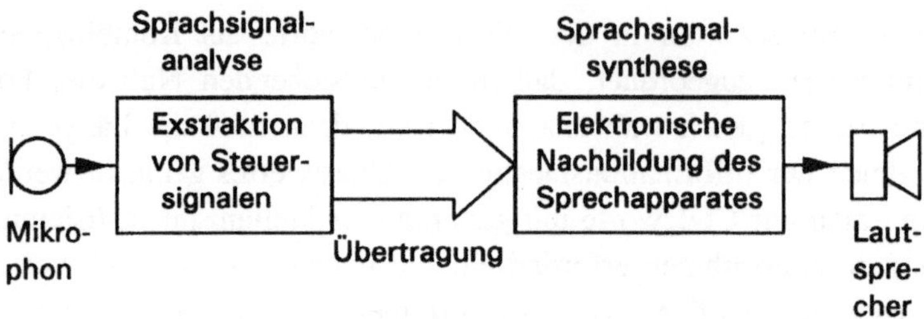

Bild 2.29 Prinzip der Sprachübertragung nach dem Vocoder-Verfahren

Diese Steuersignale können mit einer relativ niedrigen Bandbreite bzw. einer niedrigen Datenrate übertragen werden. Mit ihrer Hilfe wird dann eine elektronische Nachbildung des Sprechapparates gesteuert und so das Sprachsignal neu erzeugt. Übertragen wird also nicht das Sprachsignal selbst, sondern nur Steuersignale für einen elektronischen Sprechapparat. Die Sprachsignalanalyse ist allgemein in mehrfacher Hinsicht von großer Bedeutung:

1. Sprachübertragung nach dem Vocoder-Verfahren: Hier geht es um die Ableitung von Steuersignalen für eine Einrichtung zur künstlichen Spracherzeugung.
2. Spracherkennung: Ziel der Analyse ist hier, die semantische Bedeutung zu extrahieren; nichtsemantische Merkmale wie z.B. Lautstärke, Sprechgeschwindigkeit, emotionale Färbung und Mann, Frau oder Kind sind zu unterdrücken.
3. Sprecheridentifikation: Die Sprache eines Menschen enthält ganz spezifische Merkmale, die so charakteristisch sind wie ein Fingerabdruck und deshalb eine Sprecheridentifikation ermöglichen.
4. Lügendetektor: Diese Anwendung beruht darauf, daß der emotionale Spannungszustand eines Menschen im Sprachsignal unverwechselbare Spuren hinterläßt. Diese Spuren können durch eine Analyse isoliert werden.

An dieser Stelle soll nur die Sprachübertragung näher beschrieben werden.
Dazu ist zunächst ein Modell für den elektronischen Sprechapparat zu entwikkeln. Bild 2.30 zeigt ein Modell für eine künstliche Spracherzeugung, das

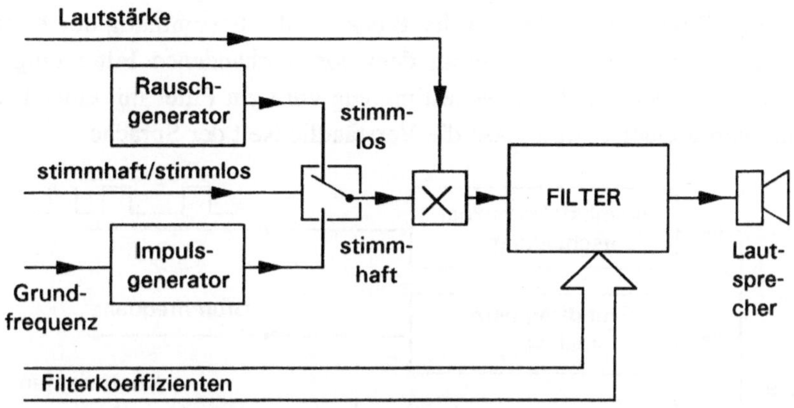

Bild 2.30 Modell der Spracherzeugung

den akustisch-physiologischen Gegebenheiten nachempfunden wurde. Das quasiperiodische, aus sehr kurzen Impulsen bestehende Anregungssignal zur Erzeugung stimmhafter Laute entsteht beim Menschen im Kehlkopf. Es wird durch die drei miteinander gekoppelten Hohlraumresonatoren Rachenhöhle, Nasenhöhle und Mundhöhle gefiltert. Das Modell der Spracherzeugung enthält dementsprechend einen Impulsgenerator und ein Filter. Zu übertragen sind dann die Pulsfrequenz und die Filterkoeffizienten, die beide durch Signalanalyse zu bestimmen sind. Die menschliche Sprache enthält außerdem stimmlose Laute, die durch Anregung der Resonatoren mit einem Rauschsignal entstehen. Dementsprechend enthält das Spracherzeugungsmodell einen Rauschgenerator; zu übertragen ist somit ein binäres Signal, das durch Signalanalyse zu bestimmen ist, welches den Anregungsgenerator festlegt. Zu übertragen sind also vier Parameter:

1. bei stimmhaften Lauten die Grundfrequenz,
2. die binäre stimmhaft/stimmlos-Entscheidung,
3. der Signalpegel und
4. die Filterkoeffizienten.

Bild 2.31 zeigt das Blockschaltbild der Signalanalyse. Dieser Teil eines Vocodersystems enthält den überwiegenden Anteil des Realisierungsaufwandes. Entsprechend den vier angeführten Parametern finden sich dort die Blöcke für die stimmhaft/stimmlos-Entscheidung, die Grundfrequenzanalyse und für die Pegelbestimmung. Besonders wichtig ist der Block für die Bestimmung der Koeffizienten, die bei der Sprachsynthese an dem dort vorhandenen Filter eingestellt werden müssen. Der Koeffizientenbestimmung wird ein Filter mit einer Höhenanhebung vorgeschaltet, weil diese die Verständlichkeit der Sprache

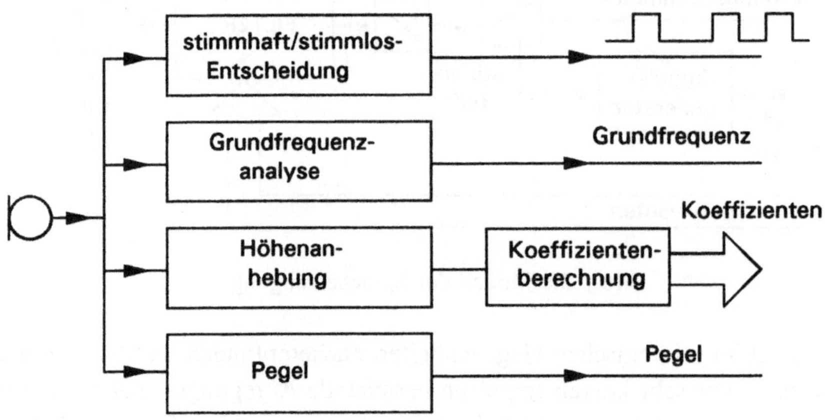

Bild 2.31 Blockschaltbild der Signalanalyse

wesentlich verbessert. Im Folgenden wird auf die Koeffizientenbestimmung und auf das Filter bei der Synthese eingegangen, die beide für die Funktionsfähigkeit von entscheidender Bedeutung sind.

Ausgangspunkt der Überlegung ist die Differenzcodierung nach Abschn. 2.4.1, bei der mit Hilfe eines Prädiktors ein Schätzwert und dann die Differenz aus dem Signalwert und dem Schätzwert gebildet wird. Möglich ist die Bildung eines Schätzwertes, weil ein gegenwertiger Signalwert in einem gewissen Maße durch die bereits vergangenen Signalwerte vorher bestimmt ist; es besteht eine Korrelation bzw. eine innere Verwandtschaft zwischen den Signalwerten. Bild 2.32 zeigt das Innere des Blocks Koeffizientenberechnung.

Mit Hilfe des Prädiktionsfilters wird ein Differenzsignal gebildet. Dabei werden die Koeffizienten adaptiv so eingestellt, daß der Effektivwert des Differenzsignals ein Minimum wird. Die so ermittelten Koeffizienten werden als Ergebnis der Signalanalyse übertragen.

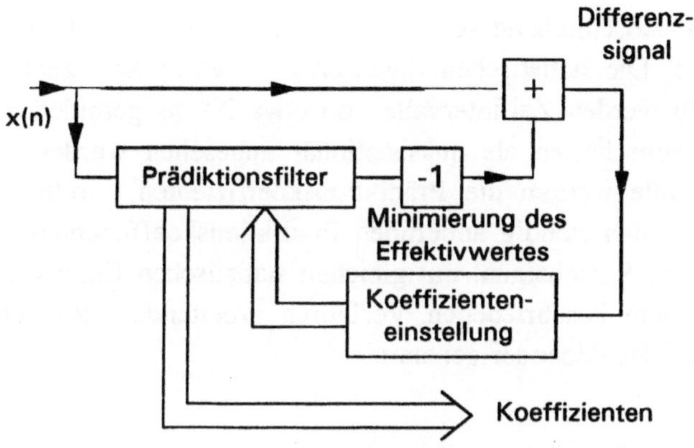

Bild 2.32 Block Koeffizientenberechnung

Die Bildung des Differenzsignals ist ein dekorrelierender Vorgang; im Idealfall hat das Differenzsignal als Autokorrelationsfolge eine Dirac-Folge. Dem entspricht aber ein kontinuierliches, konstantes Spektrum, das im Zeitbereich ein Rauschvorgang ist. In Abschn. 2.4.1.1 wird gezeigt, wie auf der Empfängerseite bei einer Übertragung mit Differenzcodierung mit dem gleichen Filter, das auf der Sendeseite für die Prädiktion benutzt wurde, aus dem Differenzsignal das Originalsignal wiedergewonnen wird (s. Bild 2.28). Damit ist ein Filter gefunden, das bei einer rauschartigen Anregung wieder das Sprachsignal entstehen läßt.

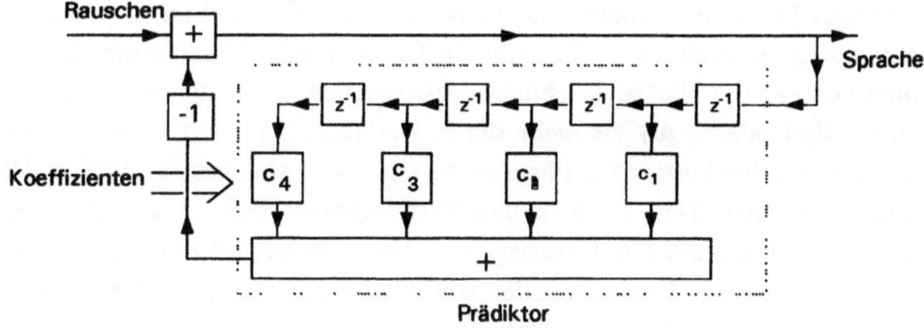

Bild 2.33 Rekonstruktionsfilter

Bild 2.33 zeigt in Anlehnung an Bild 2.28 ein solches Filter mit vier Prädiktionskoeffizienten. Diese Koeffizienten werden bei der Signalanalyse berechnet und übertragen. Abschließend sei zum Verständnis des Verfahrens auf folgendes hingewiesen. Die statistischen Eigenschaften des Sprachsignals ändern sich ständig; deshalb werden Zeitintervalle von etwa 20 ms gebildet, in denen die statistischen Eigenschaften als quasistationär angesehen werden können. Für diese Zeitintervalle werden die Prädiktionskoeffizienten ermittelt. Durch die Übertragung der sich ständig ändernden Prädiktionskoeffizienten wird auf der Empfangsseite ein Sprachsignal mit gleichen statistischen Eigenschaften rekonstruiert. Nach dem beschriebenen Verfahren arbeitende Sprachübertragungssysteme werden LPC-Vocoder genannt.

2.4.4 Musicam-Verfahren

Die Digitalisierung akustischer Signale für das menschliche Ohr erfordert eine Abtastfrequenz von ca. 48 KHz und eine Amplitudenauflösung von 16 bit. Diese Werte ergeben sich, weil das Ohr noch spektrale Komponenten über 15 KHz hinaus wahrnimmt und Geräusche auch noch bei Signal-Geräusch-Abständen von über 60 dB wahrnimmt. So ergibt sich ein Informationsfluß bzw. eine Datenrate von 768 Kbit/s je Monokanal bzw. 1536 Kbit/s für eine Stereoübertragung in HiFi-Qualität. Angesichts dieser hohen Datenraten sind effektive Reduktionsverfahren für alle Systeme von Bedeutung, die mit begrenzter Speicher- oder Übertragungskapazität auskommen müssen.
Musicam ist ein Kunstwort, das aus **Masking-pattern Universal Subband Integrated Coding And Multiplexing** entstanden ist. Das Verfahren ist das Ergebnis mehrjähriger Forschungsarbeiten aus Holland, Frankreich und Deutschland. Die Quellencodierung nach dem Musicam-Verfahren ermöglicht Datenreduktionsfaktoren von ca. 6-7. Diese erhebliche Verringerung der Datenrate wird weniger durch Redundanz- als vielmehr durch Irrelevanzreduktion erreicht. Dabei werden die psychoakustischen Phänomene der spektralen und zeitlichen Verdeckung ausgenutzt. Der Verdeckungseffekt bedeutet, daß ein Schallereignis, das in ruhiger Umgebung gut hörbar ist, in der Gegenwart eines Störschalles unhörbar wird. Diese Mithörschwellen sind frequenzabhängig; zudem spielt die Zeitstruktur des Störschalles eine Rolle.
Die International Standardization Organisation, abgekürzt ISO, hat die Quellencodierung von Bild- und Audiosignalen für die digitale Speicherung und Übertragung durchgeführt. Das Musicam-Verfahren ist Bestandteil dieser Normung. Ausgearbeitet wurde diese Norm von der **Moving Pictures Expert**

Group, abgekürzt MPEG. Gebräuchlich ist auch der Begriff "MPEG-Norm". Beispiele für Anwendungsgebiete dieser Quellencodierung sind:

1. DAB, Digital Audio Broadcasting, ein digitales Rundfunksystem, welches im herkömmlichen UKW-Band mit dem normalen Kanalraster arbeitet. Dies macht eine Datenreduktion notwendig.
2. DVB, Digital Video Broadcasting, ein digitales Fernsehsystem, das nicht die digitale Verarbeitung analoger Signale nutzt, sondern auf dem ganzen Übertragungsweg mit digitaler Übertragungstechnik arbeitet. Eine konsequente Anwendung von Datenreduktionsverfahren ist u. a. wegen der begrenzten, zur Verfügung stehenden Bandbreite erforderlich.
3. Nutzung von ISDN-Kanälen für Übertragungen in HiFi-Qualität.

Prinzipielle Arbeitsweise:
Grundlage des Verfahrens, dessen Prinzip in Bild 2.28 dargestellt wird, ist der Verdeckungseffekt, der vom Frequenzbereich und von Schallereignissen in anderen Frequenzbereichen abhängt. Daher wird das zu codierende Audiosignal zunächst einer Filterbank zugeführt, die dieses in 32 Frequenzbänder gleicher Breite zerlegt. Entsprechend der geringeren Bandbreite wird darauf eine Dezimation der Abtastrate vorgenommen.

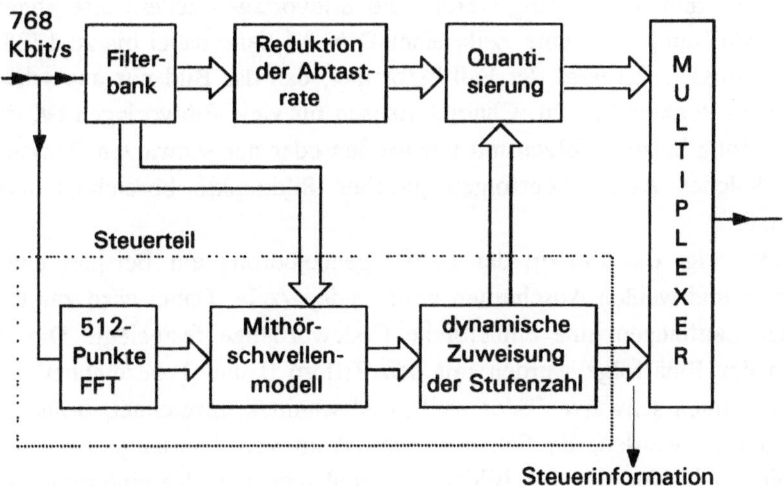

Bild 2.34 Prinzip der Quellencodierung nach dem Musicam-Verfahren

Die eigentliche Datenreduktion findet dann in dem Block Quantisierung statt; die einzelnen Kanäle werden mit der niedrigst möglichen Anzahl an Bits quantisiert.Der Block Quantisierung erhält seine Daten aus einem Block Dynamische Zuweisung der Stufenzahl, dessen Daten an Hand eines psychoakustischen Mithörschwellenmodells ermittelt werden.Die Quantisierung eines Teilbands muß gerade eben so fein sein, daß das Quantisierungsgeräusch unterhalb der Hörschwelle liegt. Dabei hängt die Hörschwelle wieder von der Intensität der Schallereignisse in anderen Kanälen ab. Um die spektrale Position eines Schallereignisses ausreichend genau bestimmen zu können, ist parallel zur Filterbank eine 512-Punkte FFT vorgesehen. Die 32 Kanäle sowie die für die Decodierung erforderlichen Daten der dynamischen Zuweisung der Stufenzahl werden im Multiplexer zu einem Signal zusammengefaßt.

2.4.5 Lauflängencodierung

Bei der Lauflängencodierung (engl. run length coding, RLC) werden nicht, wie bei der Optimalcodierung, Symbole codiert, sondern Symbolfolgen. Ein wichtiges Anwendungsgebiet dieses Verfahrens ist die Übertragung von Festbildern. Diese Übertragungsmöglichkeit wird von der Telekom als Dienst angeboten und als Telefax bezeichnet. Telefax leitet sich von Faksimile her; gelegentlich wird die Übertragung auch fernkopieren genannt.

In der Faksimile-Übertragung werden die Bildvorlagen zeilenweise abgetastet. Je nach Auflösung kann eine Zeile einer DIN-A4-Seite dabei bis zu 1728 Bildpunkte umfassen. Es wird der Fall betrachtet, daß das Bild nur aus schwarzen und weißen Punkten besteht. Charakteristisch für viele Bildvorlagen ist, daß bei der Abtastung längere Folgen mit nur weißen oder nur schwarzen Punkten auftreten. Solches Aufeinanderfolgen gleicher Bildpunkte bezeichnet man als Lauflänge.

Bild 2.35 zeigt das Prinzip der Lauflängencodierung am Beispiel einer aus schwarzen und weißen Abschnitten bestehenden Zeile. Dabei wird zur Darstellung der Lauflängen eine einheitliche Codewortlänge festgelegt. Die beiden Zeichen der Binärfolge werden mit den Ziffern 0 und 1 bezeichnet. Ob die Lauflänge einen schwarzen oder weißen Abschnitt kennzeichnet, braucht nicht übertragen zu werden, da Schwarz oder Weiß von Lauflänge zu Lauflänge wechseln muß. Nur für den Bildanfang muß man eine Vereinbarung treffen. Ferner muß festgelegt werden, wie eine Lauflänge codiert werden soll, die länger ist, als die Darstellung durch die Codewortlänge es zuläßt.

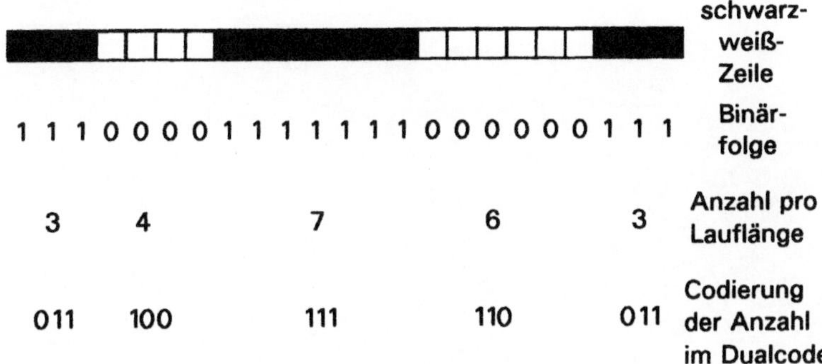

Bild 2.35 Lauflängencodierung

Die Lauflängencodierung hat zwar gleichlange Codewörter, ergibt aber trotzdem einen ungleichmäßigen Fluß an Binärzeichen und erfordert daher zur Übertragung einen Speicher. Bild 2.35 zeigt, daß die zur Darstellung der Zeile erforderlichen Binärzeichen von 23 auf 15 reduziert werden. Allerdings ist der Reduktionsfaktor je nach Bildinhalt unterschiedlich.

3 Basisband-Übertragung

Bei der Übertragung von elektrischen Signalen über Nachrichtenkanäle unterscheidet man

1. die Basisbandübertragung, bei der das Digitalsignal ohne Frequenzverschiebung durch Modulation übertragen wird, und
2. die trägerfrequente Übertragung, bei der die Basisbandsignale einem Sinusträger in Amplituden-, Phasen- oder Frequenzmodulation aufgebürdet werden.

Die Überlegungen dieses Abschnitts beziehen sich auf die Basisbandsignale. Eine gewisse Veränderung der Signale bei der Übertragung ist unvermeidlich. Es gibt keine idealen Kanäle. Die Ursachen für die Signalveränderungen sind die linearen und nichtlinearen Verzerrungen des Kanals und die von außen in den Kanal eindringenden Störungen. Dementsprechend werden in Abschn. 3.3 die Impulsverzerrungen auf der Grundlage des 1. Nyquist-Kriteriums und die Störungen in Abschn. 3.4 auf der Grundlage der Tiefpaßfilterung und der Korrelation (s. Anhang 13.3.3) behandelt. Bei der Entwicklung eines Übertragungskonzepts werden analoge und digitale Übertragungssysteme einander gegenübergestellt.

3.1 Analoge Übertragungssysteme

Hier liegen die zu übertragenden Informationen im zeitlichen Verlauf $u_e(t)$ der Eingangsspannung eines Übertragungskanals. Die an den Kanal zu stellenden Bedingungen für eine Übertragung ohne Informationsverlust werden zunächst im Zeitbereich formuliert. Dabei muß angegeben werden, welche Signalveränderungen zulässig sind, ohne daß ein Informationsverlust vorliegt. Bei analogen Signalen sind in der Regel zulässig

* eine zeitliche Verzögerung τ und

* eine Multiplikation des Signals mit einem konstanten Faktor v.

In mathematischer Formulierung muß für die Ausgangsspannung $u_a(t)$ des Kanals gelten

$$u_a(t) = v\, u_e(t - \tau) \qquad . \tag{3.1}$$

Für nachrichtentechnische Überlegungen und Planungen muß diese Gleichung in den Frequenzbereich transponiert werden, d.h., es ist der komplexe Frequenzgang des Kanals zu bestimmen. Man findet den komplexen Frequenzgang als Quotient der Fourier-Transformierten am Ausgang und am Eingang. Unterzieht man Gl. (3.1) der Fourier-Transformation (s. Anhang 13.2.3), so erhält man

$$\underline{U}_a(f) = \int\limits_{-\infty}^{\infty} u_a(t)\, e^{-j\, 2\pi f\, t}\, dt = v \int\limits_{-\infty}^{\infty} u_e(t - \tau)\, e^{-j\, 2\pi f\, t}\, dt \tag{3.2}$$

Substituiert man auf der rechten Seite $\Theta = t - \tau$, so wird daraus

$$\int\limits_{-\infty}^{\infty} u_a(t)\, e^{-j\, 2\pi f\, t}\, dt = v\, e^{-j\, 2\pi f\, \tau} \int\limits_{-\infty}^{\infty} u_e(\Theta)\, e^{-j\, 2\pi f\, \Theta}\, d\Theta \tag{3.3}$$

Somit ist der komplexe Frequenzgang des Kanals

$$\underline{F}_k(f) = v\, e^{-j\, 2\pi f\, \tau} \tag{3.4}$$

Es genügt, wenn dieser Frequenzgang in dem Bereich, in dem das zu übertragende Signal spektrale Komponenten hat, gewährleistet werden kann. Im einzelnen bedeutet es, daß der Amplitudengang im Übertragungsbereich konstant ist, und daß der Phasengang linear bzw. die Gruppenlaufzeit im Übertragungsbereich konstant ist.

3.2 Digitales Übertragungssystem: Überblick

Gegenüber den analogen Übertragungssystemen liegen hier vollkommen andere Verhältnisse vor. Es geht nicht um die originalgetreue Übertragung der Kurvenform einer Spannungs-Zeit-Funktion, sondern um die unverfälschte Übertragung einer Zahlenfolge. Die Zahlen werden durch Impulse dargestellt; somit geht es auch um die Übertragung von Impulsen. Für die Anforderungen an den Kanal ergeben sich naturgemäß vollkommen andere Bedingungen, als dies bei einer analogen Übertragung der Fall ist. Sind die übertragenen Zahlen wertkontinuierlich, so ergeben sich Signale der Klasse 2 (s. Abschn. 1.1), wie dies z.B. bei den Abtastsignalen der Fall ist. Weitaus häufiger ist jedoch in der modernen Nachrichtentechnik die Übertragung wertdiskreter Zahlenfolgen, die auf Digitalsignale führen.

3.2.1 Sender: Isochrone Signale

Die Entwicklung einer Übertragungstechnik für zeitdiskrete Signale erfordert zunächst die Festlegung der Charakteristika des Senders. Dabei wird dieser in Form eines Modells beschrieben. Bei der Übertragung der Zahlenfolgen bzw. der entsprechenden Impulsfolgen sind 2 Betriebsweisen möglich:

1. synchroner Betrieb, bei dem sich die Impulse in einem festen Zeitraster befinden, und
2. asynchroner Betrieb, bei dem kein festes Zeitraster vorliegt.

Die Signale bei synchronem Betrieb werden **isochrone Signale** genannt. Sie ermöglichen hohe Übertragungsgeschwindigkeiten und werden im folgenden vorausgesetzt. Bild 3.1 zeigt die Modellbeschreibung eines Senders für isochrone Signale mit Hilfe eines Formfilters, welches dazu dient, den Einfluß der Impulsform auf die Übertragung zu erfassen. Die zu übertragende Information liegt in der Zahlenfolge $\{a_m(n)\}$. Zur Beschreibung des Sendesignals wird noch die Impulsform $g_s(t)$ und der Abstand zwischen den Impulsen T_0 benötigt. Dabei entsteht die Impulsform als Antwort des Formfilters auf einen Dirac-Impuls.

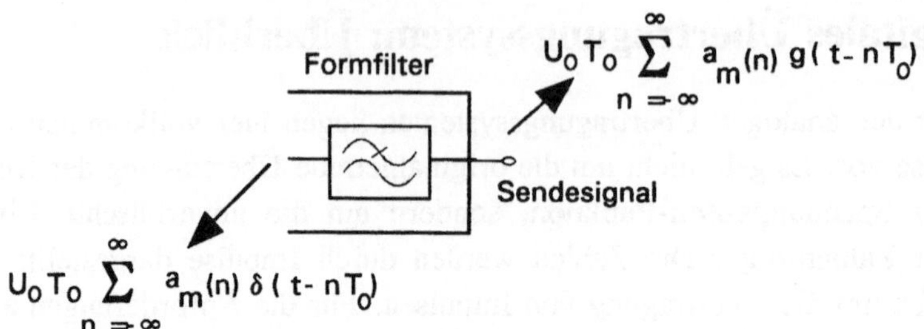

Bild 3.1 Modell eines Senders für isochrone Signale

Mit der Spannungszeitfläche eines Impulses $U_0 T_0$ und der Folge reiner Zahlen $a_m(n)$ erhält man für das isochrone Sendesignal

$$u_s(t) = U_0\, T_0 \sum_{n=-\infty}^{\infty} a_m(n)\, g_s(t - nT_0) \tag{3.5}$$

Die Charakteristika des isochronen Sendesignals sind

1. das feste Zeitraster mit der Taktfrequenz $f_0 = 1/T_0$,
2. der feste Grundimpuls $g_s(t)$ und
3. die Zahlenfolge $a_m(n)$.

Es wird im Folgenden immer der Fall betrachtet, daß die Zahlenfolge $a_m(n)$ wertdiskret ist, wobei der Index m eine Laufvariable zum Durchlaufen des Wertebereichs der Zahlenfolge ist. Allerdings gelten die Ausführungen des Abschn. 3.3 auch für wertkontinuierliche Zahlenfolgen $a(n)$.

3.2.2 Kanal: Impulsverzerrungen und Störungen

Der Übertragungskanal umfaßt alle Einrichtungen, die zwischen dem Sender und dem Empfänger liegen. Sein Hauptbestandteil ist das Übertragungsmedium, das z.B.

* eine symmetrische Doppelleitung,
* ein Koaxialkabel,
* ein Lichtwellenleiter oder
* ein Funkfeld

sein kann. Darüberhinaus beinhaltet der Übertragungskanal verschiedene Einrichtungen, die aus Betriebsgründen notwendig sind, z.B.

* Stromversorgung,
* Blitzschutzeinrichtungen,
* Fehlerortung.

Im folgenden sollen Übertragungskanäle mit einem Tiefpaß-Amplitudengang
betrachtet werden. Die Einflüsse, die der Kanal auf ein durch ihn hindurch lau-
fendes Signal ausübt, können vereinfachend durch die zwei Effekte

* der Impulsverzerrungen und
* der Überlagerung von Störungen

beschrieben werden. Bild 3.2 zeigt das entsprechende Kanalmodell. Es enthält

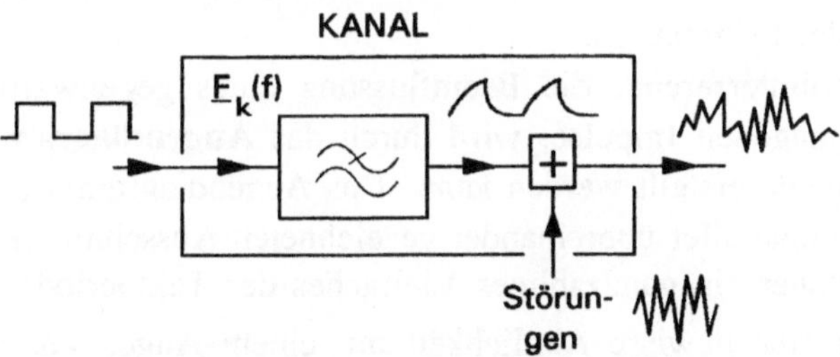

Bild 3.2 Modell eines Tiefpaßkanals

einen Tiefpaß mit dem komplexen Frequenzgang $\underline{E}_k(f)$ und eine Additionsstelle
für die Überlagerung der Störungen. Es wird hier ein linearer, zeitinvarianter
Kanal angenommen. Grundsätzlich sind jedoch die Übertragungseigenschaften
auch amplituden- und zeitabhängig; das einfache Modell gibt die Vorgänge jedoch genügend genau wieder. Hinsichtlich der Störungen, die dem Signal im
Kanal überlagert werden, lassen sich zwei Gruppen unterscheiden:

1. natürliche Störungen:
   a. Rauschen der elektronischen Bauelemente
   b. atmosphärische Störungen
2. Störungen durch elektrische Anlagen
   a. Sinusstörungen
   b. Impulsstörungen
   c. Nebensprechen

Zur quantitativen Erfassung der Impulsverzerrungen gibt es zwei Möglichkeiten:

1. die Antwort des Kanals auf einen Sendeimpuls und
2. das Augendiagramm.

Die unzureichende Übertragung der höheren Frequenzanteile im Spektrum eines Impulses hat zur Folge, daß der Impuls am Kanalausgang breiter als eine Taktperiode ist und darüber hinaus Ausläufer hat, die sich über mehrere Taktperioden erstrecken. Dadurch wird ein gegenwärtiger Impuls überlagert durch den über eine Taktperiode hinausgehenden Anteil des vorhergehenden Impulses und durch die Ausläufer vergangener Impulse. Man nennt diese Erscheinung **Intersymbolinterferenz**. Sie führt zur **Nachbarzeichenbeeinflussung** und damit zur Verfälschung der Information.

Die Intersymbolinterferenz, die Beeinflussung eines gegenwärtigen Impulses durch die vergangenen Impulse, wird durch das **Augendiagramm** erfaßt, das für digitale Signale erstellt werden kann. Das Augendiagramm (engl.: eye pattern) ist die Summe aller übereinander gezeichneten Ausschnitte eines Digitalsignals, deren Dauer ein ganzzahliges Vielfaches der Taktperiode T_0 ist. Dieses Diagramm hat eine gewisse Ähnlichkeit mit einem Auge, was zu seiner Namensgebung geführt hat (s. Abschn. 10.3.1).

3.2.3 Empfängerkonzept: Regenerativverstärker

Zunächst gilt es ein geeignetes Konzept zum Empfang der verzerrten und gestörten Impulse zu entwickeln. Die übertragene Information liegt in der Zahlenfolge a(n) vor, die in der Form eines isochronen Signals dargestellt wird. Also geht es um die Erkennung der Zahlen dieser Zahlenfolge. Diese Erkennung wird durch Abtasten eines Impulses innerhalb der Taktperiode durchgeführt.

Um eine richtige Erkennung zu gewährleisten, wird dem Abtaster ein Filter zur Kanalentzerrung vorgeschaltet. Diese Entzerrung hat also nicht die Aufgabe, die ursprüngliche Form der Impulse wiederherzustellen, sondern dafür zu sorgen, daß zum Abtastzeitpunkt der richtige Funktionswert vorhanden ist. Die Wiederherstellung der ursprünglichen Impulsform ist schon deshalb nicht erforderlich, weil sie keine Information enthält. Der Abtaster entnimmt von dem Signal am Entzerrerausgang nur die Funktionswerte zu diskreten Zeitpunkten zur Kenntnis. Im nächsten Schritt wird dann das isochrone Signal aus der Zahlenfolge neu erzeugt. Das damit beschriebene Empfangsprinzip ist in Bild 3.3 modellhaft dargestellt.

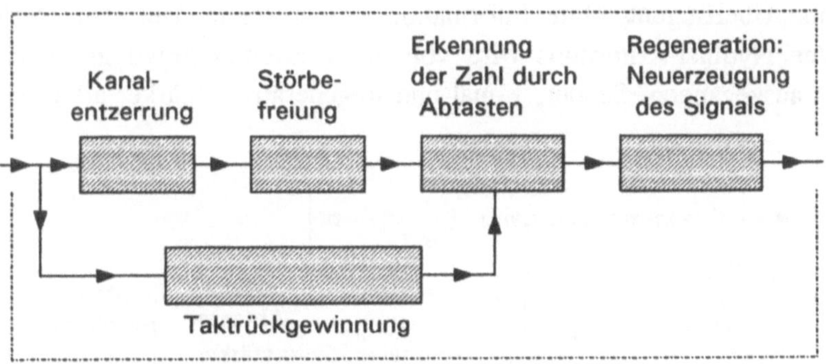

Bild 3.3 Empfangsblöcke zur Regeneration

Die Erkennung der Zahlenwerte durch Abtasten setzt voraus, daß die Taktfrequenz des Signals zur Verfügung steht; denn die Abtastzeitpunkte müssen in einem Zeitraster liegen, das durch die ganzzahligen Vielfachen der Taktperiode bestimmt ist. Somit ist die Taktrückgewinnungseinheit (s. Abschn. 6) ein wichtiger Bestandteil des Empfängers. Da das Digitalsignal auf dem Wege durch den Kanal nicht nur verzerrt, sondern auch gestört wird, ordnet man vor dem Abtaster ein weiteres Filter zur Störbefreiung an (s. Abschn. 3.4).

Man nennt einen nach diesem Prinzip konstruierten Empfänger auch einen Regenerativverstärker (engl.: repeater). Er hat in der digitalen Übertragungstechnik die gleiche Bedeutung wie der klassische Verstärker in der analogen Übertragungstechnik. Bei dem Konzept der Signalregeneration muß unterschieden werden zwischen nur zeitquantisierten und zusätzlich amplitudenquantisierten, d. h. digitalen Signalen. Während im ersten Fall in der Regel rechteckige Sendeimpulse erzeugt werden, deren Höhe dem Abtastwert proportional ist, wird im zweiten Fall mit Hilfe von Komparatoren festgestellt, in welchem Quantisierungsintervall sich der Abtastwert befindet.

3.3 Impulsverzerrungen: Erstes Nyquist-Kriterium

Obwohl bereits seit über 100 Jahren zeitdiskrete elektrische Nachrichtenübertragungen durchgeführt wurden, sind erst im Jahre 1928 von Nyquist [91] die Bedingungen für eine verzerrungsfreie Übertragung von Impulsen formuliert worden. Eine wesentliche Verallgemeinerung dieser Bedingungen wurde 1965 von Gibby und Smith [69] angegeben. Dabei wird unter verzerrungsfreier Übertragung eine Übertragung ohne Informationsverlust verstanden. Zur Herleitung des ersten Nyquist-Kriteriums wird von der Gesamtübertragungsstrecke nach Bild 3.4 ausgegangen. Sender, Kanal und Regenerativverstärker als Empfänger sind im

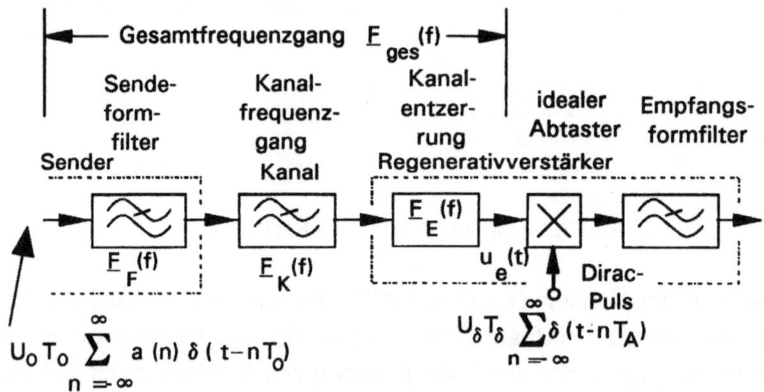

Bild 3.4 Zeitdiskretes Übertragungssystem

Zusammenhang zu sehen. Für den Sender findet das Modell nach Bild 3.1 Anwendung. Von den Auswirkungen des Kanals werden nur die Impulsverzerrungen berücksichtigt; die Untersuchung der Störungen erfolgt in Abschn. 3.4. Der Regenerativverstärker wird modellartig durch 3 Blöcke dargestellt: Kanalentzerrerfilter, idealer Abtaster und Empfangsformfilter. Die Kettenschaltung aus Sendeformfilter, Kanaltiefpaß und Entzerrerfilter mit dem Gesamtfrequenzgang $\underline{F}_{ges}(f)$, der sich als Produkt der Einzelfrequenzgänge $\underline{F}_F(f)$, $\underline{F}_k(f)$ unf $\underline{F}_E(f)$ ergibt, bestimmt das Signal am Eingang des Abtasters. Der Entzerrerfilterfrequenzgang $\underline{F}_E(f)$ muß so bestimmt werden, daß sich ein bestimmter Gesamtfrequenzgang $\underline{F}_{ges}(f)$ ergibt, der eine fehlerfreie Erkennung der Zahlenfolge ermöglicht; die Sendeimpulsform, die das Sendeformfilter bestimmt, und der Kanalfrequenzgang sind in der Regel vorgegeben. Der Abtaster gibt die Zahlenfolge in Form von Dirac-Impulsen unterschiedlichen Flächeninhalts an das Empfangsformfilter ab, das diese wieder in die Sendeimpulsform verwandelt.

3.3.1 Impulsantwort der Strecke

Zur Formulierung des ersten Nyquist-Kriteriums im Zeitbereich werde von Bild 3.4 ausgegangen. Ist die Eingangsspannung des Formfilters im Sender

$$u_s(t) = U_0 T_0 \sum_{n=-\infty}^{\infty} a(n)\, \delta(t - nT_0) \qquad (3.6)$$

und $g_e(t)$ die Impulsantwortfunktion der Kettenschaltung aus Sendeformfilter, Kanal und Entzerrerfilter, so erhält man für die Ausgangsspannung des Entzerrerfilters im Regenerativverstärker

$$u_e(t) = U_0 T_0 \sum_{n=-\infty}^{\infty} a(n)\, g_e(t - nT_0) \ . \qquad (3.7)$$

Bei dem Sendesignal nach Gl. (3.6) liegt die Information in den Spannungszeitflächen der Dirac-Impulse, die man durch Integration erhält. Mit dem Kronekker-Symbol

$$\delta_{nk} = \begin{cases} 1 & \text{für } n=k \\ 0 & \text{für } n \neq k \end{cases} \qquad (3.8)$$

gilt für die Spannungszeitflächen der Dirac-Impulse an den Stellen $t = kT_0$ mit dem Integrationsintervall 2Θ

$$u_e(kT_0) = \int\limits_{kT_0 - \Theta}^{kT_0 + \Theta} u_s(t)\, dt = U_0\, T_0 \sum_{n=-\infty}^{\infty} a(nT_0)\, \delta_{nk} \qquad (3.9)$$

Eine verzerrungsfreie Übertragung ist gegeben, wenn auf der Strecke die Ausgangsspannung des Entzerrerfilters $u_e(t)$ zu den Zeiten $t=kT_0$ den Spannungszeitflächen der Dirac-Impulse des Sendesignals zu den Zeiten $t=kT_0$ proportional ist ,d.h., wenn

$$u_e(kT_0) = K\, u_s(kT_0) \qquad (3.10)$$

gilt. Setzt man in Gl. (3.7) $t = kT_0$, so erhält man

$$u_e(kT_0) = U_0\, T_0 \sum_{n=-\infty}^{\infty} a(nT_0)\, g_e(\,[k - n]T_0\,) \qquad (3.11)$$

Aus Gl. (3.10) für die verzerrungsfreie Übertragung erhält man mit Gl. (3.9) und (3.11) die mathematische Formulierung des 1. Nyquist-Kriteriums im Zeitbereich

$$\delta_{nk} = K\, g(\,[k - n]T_0\,)\ . \qquad (3.12)$$

Die Antwort des Übertragungssystems auf einen senderseitigen Dirac-Impuls $\delta(nT_0)$ zur Zeit $t=nT_0$ muß zu den Zeiten $t=(k-n)T_0$ für $k=n$ einen von Null verschiedenen Wert haben und für $k \neq n$ verschwinden. In Worten läßt sich das 1. Nyquist-Kriterium folgendermaßen zusammenfassen:

> Ein senderseitiger Impuls darf im Regenerativverstärker nur einen von Null verschiedenen Abtastwert hervorrufen. Der Impuls darf bei der Übertragung soweit verzerrt werden, daß er sich zeitlich über viele Taktperioden erstreckt. Erforderlich ist nur, daß die Vor- und Nachläufer des Impulses in Abständen von einer Taktperiode Nullstellen haben. Damit hat der Nyquist-Impuls abgesehen von den Vor- und Nachläufern eine Breite von zwei Taktperioden.

Bild 3.5 zeigt den grundsätzlichen Verlauf eines Empfangsimpulses am Ausgang des Kanalentzerrerfilters.

Bild 3.5 Empfangsimpuls nach dem 1. Nyquist-Kriterium

Das Nyquist-Kriterium erfordert eine genaue Abstimmung von Gesamtfrequenzgang der Strecke und Taktfrequenz des Signals.

3.3.2 Frequenzgang der Strecke

Den komplexen Frequenzgang $\underline{F}_{ges}(f)$ der gesamten Übertragungsstrecke erhält man als Fourier-Transformierte einer Gl. (3.12) erfüllenden Impulsantwortfunktion $g_e(t)$. Von dieser sind die Funktionswerte zu den Zeiten $t = nT_0$ bekannt. Zur Berechnung des vollständigen Zeitverlaufs kann die in Abschn. 2.3.1.5 über das Abtasttheorem hergeleitete Darstellung einer bandbegrenzten Funktion

$$g_e(t) = \sum_{n=-\infty}^{+\infty} g_e(nT_0) \; \frac{\sin \pi \dfrac{t - nT_0}{T_0}}{\pi \dfrac{t - nT_0}{T_0}} \tag{3.13}$$

herangezogen werden, die als Interpolationsformel die Berechnung einer Zeitfunktion aus diskreten Funktionswerten zu den Zeiten $t = nT_0$ gestattet, wenn die Zeitfunktion oberhalb einer Grenzfrequenz $f_{gs} = 1/2T_0$ keine spektralen Komponenten hat und somit bandbegrenzt ist. Mit den Funktionswerten der Impulsantwortfunktion

$$g_e(nT_0) = \begin{cases} \dfrac{1}{T_0} & \text{für} \quad n = 0 \\[2mm] 0 & \text{für} \quad n \neq 0 \end{cases} \qquad (3.14)$$

erhält man

$$g_e(t) = \frac{1}{T_0} \frac{\sin\left[\pi\dfrac{t}{T_0}\right]}{\pi\dfrac{t}{T_0}} \qquad (3.15)$$

Dies ist dann eine für Impulse am Ausgang des Entzerrerfilters der Übertragungsstrecke zulässige Impulsform, die die Forderung von Gl. (3.12) erfüllt. Die Fourier-Transformation (s. Anhang 13.2.3) des Impulses nach Gl. (3.15) ergibt

$$\underline{F}_{ges}(f) = \int\limits_{-\infty}^{\infty} \frac{1}{T_0} \frac{\sin\left[\pi\dfrac{t}{T_0}\right]}{\pi\dfrac{t}{T_0}} e^{-j\,2\pi f\,t}\, dt = \text{rect}\left[\frac{f}{2f_g}\right] \qquad (3.16)$$

mit $f_g = 1/2T_0$. Damit ist ein Gesamtfrequenzgang $\underline{F}_{ges}(f)$ gefunden, der eine verzerrungsfreie Übertragung, d.h. eine Übertragung ohne Nachbarzeichenbeeinflussung zeitdiskreter Signale ermöglicht. Allerdings ist die Steilheit der Nulldurchgänge der Funktion $g_e(t)$ so groß, daß bereits geringe Abweichungen von den Abtastzeitpunkten im Regenerativverstärker eine erhebliche Intersymbolinterferenz zur Folge haben. Daher finden in der Praxis modifizierte Frequenzgänge Anwendung. Transformiert man Gl. (3.13), die den Empfangsimpuls $g_e(t)$ unter der Voraussetzung der Bandbegrenztheit aus äquidistanten Funktionswerten interpoliert, in den Frequenzbereich, so erhält man

$$\underline{F}_{ges}(f) = \text{rect}\left[\frac{f}{2f_g}\right] \sum_{n=-\infty}^{\infty} g(nT_0)\, e^{-j\,2\pi\,f\,nT_0} \qquad . \qquad (3.17)$$

Werden die Funktionswerte der Impulsantwortfunktion nach Gl. (3.14) durch weitere Werte ergänzt, so kann man die Steilheit in den Nulldurchgängen erheblich verringern, ohne daß das 1. Nyquist-Kriterium verletzt wird. Man legt jeweils in der Mitte zwischen zwei Funktionswerten einen weiteren Wert fest. Für die Funktionswerte der Gewichtsfunktion $g_e(t)$ erhält man somit

$$g_e(nT_0/2) = \frac{1}{T_0} \begin{cases} 1 & \text{für } n = 0 \\ 1/2 & \text{für } n = \pm 1 \\ 0 & \text{für } n = \pm 1,\ \pm 2,\ \pm 3,\dots \end{cases} \tag{3.18}$$

Der Gesamtfrequenzgang ist dann mit Gl. (3.17)

$$\underline{F}_{ges}(f) = \frac{1}{2}\,\text{rect}(f\,T_0)\left[1 + \frac{e^{j\,\pi f\,T_0} + e^{j\,\pi f\,T_0}}{2} \right]$$

$$= \frac{1}{2}\,\text{rect}(fT_0)\,[\, 1 + \cos(\pi\,f\,T_0)\,] \tag{3.19}$$

In Bild 3.6 ist der Frequenzgang graphisch

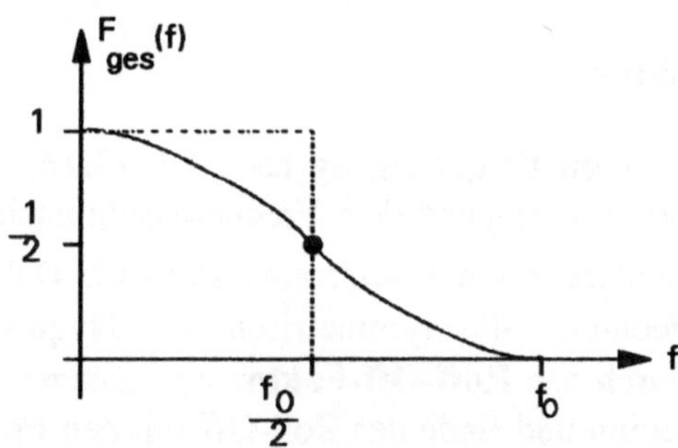

Bild 3.6 Modifizierter Gesamtfrequenzgang

dargestellt. Gestrichelt ist der Frequenzgang nach Gl. (3.16) eingezeichnet, der ein Minimum an Bandbreite erfordert. Die Frequenz an der Flanke dieses Frequenzgangs wird Nyquistfrequenz $f_N = 1/f_0$ genannt. Man erhält bei dem modifizierten Frequenzgang eine cosinusförmige Abflachung der Flanke und den doppelten Bandbreitebedarf. Die zusätzlichen Nullstellen zwischen den Abtastzeitpunkten bewirken eine wesentlich geringere Steilheit der Nulldurchgänge bei den Abtastzeitpunkten. Die modifizierte Impulsantwortfunktion

$$g_e(t) = \frac{1}{T_0} \frac{\sin \pi \frac{t}{T_0}}{\pi \frac{t}{T_0}} \frac{\cos \pi \frac{t}{T_0}}{1 - 4 \left[\frac{t}{T_0}\right]^2} \tag{3.20}$$

erhält man durch inverse Fourier-Transformation der Gl. (3.19).

3.3.3 Parameter der Strecke

Bei der Übertragung eines zeitdiskreten, isochronen Signals auf der Grundlage des 1. Nyquist-Kriteriums unter Einsatz von Regenerativverstärkern spielen zwei wichtige Streckenparameter eine Rolle:

1. der Roll Off Faktor und
2. die Bandbreiteausnutzung.

3.3.3.1 Roll-Off-Faktor

Häufig wird zwischen dem Frequenzgang nach Gl. (3.16) mit der mindestens erforderlichen Bandbreite $1/2T_0$ und dem Frequenzgang nach Gl. (3.19) mit der doppelt so großen Bandbreite ein Kompromiß gewählt. Dabei bezieht sich die cosinusförmige Abflachung, die symmetrisch zur Nyquistfrequenz erfolgen muß, nur auf einen durch den **Roff-Off-Faktor** r gekennzeichneten Teilbereich. Kennzeichnet man Beginn und Ende des Roll-Off mit den Frequenzen f_1 und f_2, so gilt

$$f_1 = f_N(1+r) \quad \text{und} \quad f_2 = f_N(1-r) \quad \text{mit } 0 \leq r \leq 1 \,. \tag{3.21}$$

Man setzt

$$\underline{F}_{ges}(f) = \begin{cases} 1 & \text{für } 0 \leq f \leq f_N(1\text{-}r) \\[2em] \dfrac{1}{2}\left[\, 1 - \sin2\pi\,\dfrac{f-\frac{1}{2T_0}}{r\frac{2}{T_0}}\,\right] & \text{für } f_N(1\text{-}r) < f < f_N(1+r) \\[2em] 0 & \text{für } f_N(1+r) \leq f < \infty \end{cases} \qquad (3.22)$$

Der Betrag dieses Frequenzgangs ist in Bild 3.7 dargestellt.

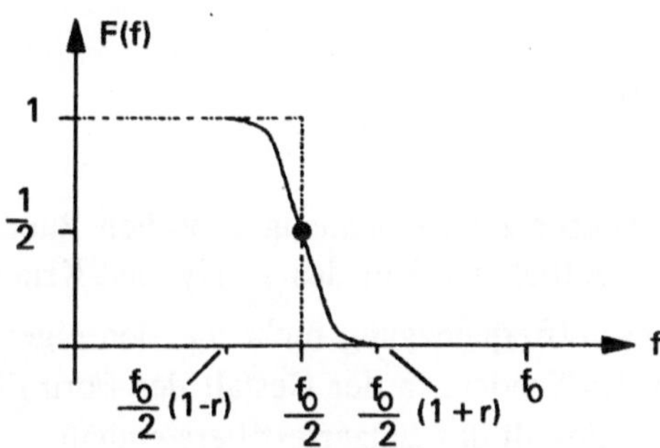

Bild 3.7 Gesamtfrequenzgang mit Roll-Off

Unterzieht man den Gesamtfrequenzgang nach Gl. (3.22) der inversen Fourier-Transformation, so erhält man die Impulsantwortfunktion

$$g_e(t) = \frac{1}{T_0}\,\frac{\sin \pi\frac{t}{T_0}}{\pi\frac{t}{T_0}}\,\frac{\cos r\,\pi\frac{t}{T_0}}{1 - 4\left[r\frac{t}{T_0}\right]^2} \qquad . \qquad (3.23)$$

Sie stellt einen Impuls dar, der dem 1. Kriterium im Zeitbereich genügen muß. Dies ist der Fall, weil Gl. (3.23) die Impulsantwortfunktion nach Gl. (3.15) als Faktor enthält. Zusätzlich treten noch Nullstellen auf zu den Zeitpunkten

$$t_k = \frac{2k+1}{2r}\,T_0\,, \quad k = 1, 2, 3 \dots \qquad (3.24)$$

Der Wert des Roll-Off-Faktors liegt im Bereich $0 \leq r \leq 1$. Für $r = 1$ hat man den Frequenzgang mit abgeflachter Flanke und für $r = 0$ den Frequenzgang mit unendlich steiler Flanke.

3.3.3.2 Bandbreiteausnutzung

Dem Gesamtfrequenzgang mit Roll-Off nach Bild 3.7 kann die Grenzfrequenz bzw. Bandbreite

$$f_g = \frac{f_0}{2} (1 + r) \qquad (3.25)$$

entnommen werden. Dieser Zusammenhang zwischen Bandbreite f_g und Taktfrequenz f_0 ist ein wesentlicher Inhalt des 1. Nyquist-Kriteriums. Dabei ist zu beachten, daß der Gesamtfrequenzgang nicht nur den eigentlichen Kanal, sondern auch einen Teil des Senders in der Gestalt des Formfilters und einen Teil des Empfängers in der Gestalt des Entzerrerfilters enthält.

Formt man Gl. (3.25) um, indem man die Taktfrequenz auf die Bandbreite bezieht, so erhält man die Bandbreiteausnutzung

$$BA = \frac{f_0}{f_g} = \frac{2}{1 + r} \qquad . \qquad (3.26)$$

Die Taktfrequenz f_0 gibt die Anzahl der übertragenen Impulse pro Sekunde an. Damit erhält die Bandbreiteausnutzung die Einheit "Impulse pro Sekunde je Hertz Bandbreite". Statt "Impulse pro Sekunde" findet man auch die Einheit "Baud" nach dem französischen Ingenieur Baudot. Das theoretische Maximum der Bandbreiteausnutzung ergibt sich für $r = 0$.

Allerdings ist dieser Wert wegen der hohen Steilheit der Nulldurchgänge der Nyquistimpulse praktisch nicht zu erreichen. Erreicht und sogar überschritten werden kann dieser Wert der Bandbreiteausnutzung durch eine Partial Response Codierung nach Abschn. 4.3.3. Wird ein binäres Digitalsignal übertragen, bei dem die beiden Zeichen mit gleicher Wahrscheinlichkeit auftreten, so erhält die Bandbreiteausnutzung die Einheit "Bit pro Sekunde je Hertz Bandbreite".

3.3.4 Abtasttheorem und Nyquist-Kriterium

Zur Verdeutlichung sollen das in Abschn. 2.3.1.5 hergeleitete Abtasttheorem und das Nyquist-Kriterium aus den Abschn. 3.3.1 und 3.3.2 einander gegenübergestellt werden [84].

Das 1. Nyquist-Kriterium gibt die Bedingungen an, die zwischen der Taktfrequenz und der Tiefpaßcharakteristik eines Kanals erfüllt sein müssen, damit eine verzerrungsfreie Übertragung von Impulsen, die mit dem zeitlichen Abstand T_0 aufeinanderfolgen, ohne Nachbarzeichenbeeinflussung möglich ist. Mit der Schrittfrequenz $f_0 = 1/T_0$ und dem Roll-Off-Faktor r gilt für die erforderliche Grenzfrequenz des Kanals

$$fg = \frac{f_0}{2}(1+r) \qquad (3.27)$$

Das Abtasttheorem gibt an, wie häufig ein bandbegrenztes Signal abgetastet werden muß, damit es im Empfänger fehlerfrei zurückgewonnen werden kann. Die Abtastfrequenz muß im Grenzfall doppelt so groß sein wie die Grenzfrequenz des Signals. Beim Nyquist-Kriterium muß im Grenzfall (r=0) die Schrittfrequenz doppelt so groß sein wie die Grenzfrequenz des Kanals. Trotz der formalen Ähnlichkeit der beiden Aussagen beschreiben die beiden Gesetze unterschiedliche Sachverhalte.

3.3.5 Aufgaben

Das zentrale Problem bei der verzerrungsfreien Übertragung von Impulsen ist die Beseitigung der Intersymbolinterferenz. Mit der Impulsantwortfunktion $g_e(t)$ des Gesamtfrequenzgangs $\underline{F}_{ges}(f)$ gilt für die Spannung am Ausgang des Entzerrerfilters im Regenerativverstärker

$$u_e(t) = U_0T_0 \sum_{n=-\infty}^{\infty} a(n)\, g_e(t-nT_0)\,. \qquad (3.28)$$

Grundsätzlich kann die Intersymbolinterferenz im Regenerativverstärker auf zwei verschiedene Weisen entstehen, entsprechend den beiden Möglichkeiten das erste Nyquist-Kriterium zu verletzen.

1. Der Impuls $g_e(t)$ ist kein Nyquist-Impuls. Er ist nicht exakt doppelt so groß wie eine Taktperiode und seine Vor- und Nachläufer haben bei ganzzahligen Vielfachen der Taktperiode keine Nullstellen.
2. Die Phase des in der Taktrückgewinnungseinheit wiedergewonnenen Taktsignals weicht vom Sollwert ab; damit kann eine erhebliche Intersymbolinterferenz entstehen.

7. Aufgabe:

Der Gesamtfrequenzgang einer Übertragungsstrecke erfüllt das 1. Nyquist-Kriterium. Im Regenerativverstärker sind die Taktzeitpunkte gegenüber den Sollzeitpunkten um einen Wert Δt verschoben. Man ermittle den Abtastwert im Regenerativverstärker zur Zeit $t = 0$ als Summe von 2 Anteilen, dem Hauptwert, der ohne Intersymbolinterferenz vorhanden wäre, und dem Beitrag der Nachbarzeichenbeeinflussung.

Lösung:

Das Empfangssignal am Entzerrerfilterausgang nach Gl. (3.28) wird zu den Zeiten

$$t_k = k\, T_0 + \Delta t \tag{3.29}$$

abgetastet. Damit erhält man

$$u_e(kT_0 + \Delta t) = U_0 T_0 \sum_{n=-\infty}^{\infty} a(n)\, ge(\,[k\text{-}n]T_0 + \Delta t\,) \tag{3.30}$$

Zur Bestimmung des Abtastwertes im Zeitnullpunkt wird $k=0$ gesetzt. Somit ergibt sich

$$u_e(\Delta t) = U_0 T_0 \sum_{n=-\infty}^{\infty} a(n)\, g_e(\Delta t - nT_0) \tag{3.31}$$

Als nächstes wird Gl. (3.31) in zwei Summanden zerlegt. Man erhält

$$u_e(\Delta t) = U_0 T_0 \, a(0) \, g_e(\Delta t) + U_0 T_0 \sum_{n=\pm 1}^{\infty} a(n) \, g_e(\Delta t - nT_0) \qquad (3.32)$$

In diesem Ausdruck stellt der erste Summand den Hauptwert und der zweite Summand den Fehler dar, der für $\Delta t=0$ verschwinden würde; denn da $g_e(t)$ voraussetzungsgemäß ein Nyquist-Impuls ist, müssen die Werte $g_e(nT_0)$ für $n \neq 0$ verschwinden. Entscheidend ist, daß die unendliche Summe einen endlichen, möglichst kleinen Wert hat. In der Umgebung ihrer Nullstellen soll die Impulsantwortfunktion $g_e(t)$ durch ihre Tangenten ersetzt werden. Das ergibt

$$g_e(t) = g_e(nT_0) + \frac{d\,g_e(t)}{dt}(nT_0)\,(t - nT_0) \quad . \qquad (3.33)$$

Der Beitrag der Intersymbolinterferenz zum Abtastwert ist somit

$$u_{Int}(\Delta t) = U_0 T_0 \, \Delta t \sum_{n=\pm 1}^{\infty} a(n) \, \frac{d\,g_e(t)}{dt}(nT_0) \qquad (3.34)$$

und damit zum Zeitintervall und zur Steigung im Nullpunkt proportional.

8. Aufgabe:
Die Berechnung des Differentialquotienten der Impulsantwortfunktion nach Gl. (3.23) zu den Zeiten $t_n=nT_0$ ergibt

$$\frac{d\,g(t)}{dt} = \frac{g_0}{T_0^2} \, \frac{(-1)^n \cos(r\pi n)}{n(1-4r^2n^2)} \quad . \qquad (3.35)$$

Die auf den Faktor g_0/T_0^2 bezogene Steigung S der Impulsantwortfunktion in Abhängigkeit vom Roll-Off-Faktor r ist für $n=1$ in Bild 3.8 dargestellt. Man erkennt, daß die Steigung

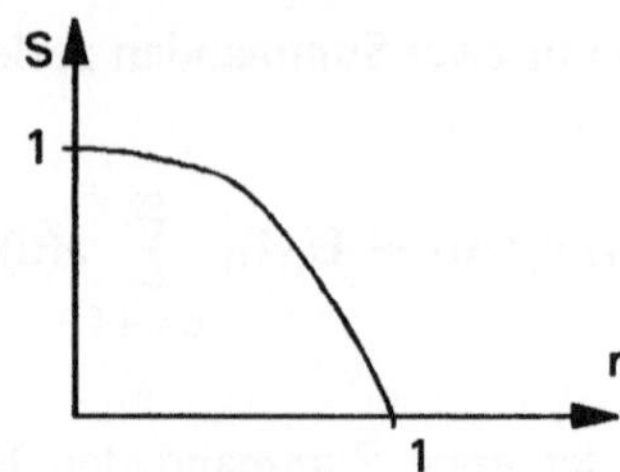

Bild 3.8 Steigung S im Nulldurchgang als Funktion des Roll-Off-Faktors r

mit zunehmendem Roll-Off-Faktor kleiner wird.

3.4 Störungen

Während im Abschn. 3.3 die Beseitigung der Auswirkung der Impulsverzerrungen, die das Digitalsignal auf dem Wege durch den Übertragungskanal erleidet, Gegenstand der Betrachtung war, soll jetzt die Behandlung der dem Digitalsignal im Kanal überlagerten Störungen untersucht werden.

Auf dem Wege durch den Übertragungskanal wird dem digitalen Signal $u_N(t)$ ein stochastisches Störsignal $u_{St}(t)$ überlagert, dessen Zeitwert zum Zeitpunkt der Entscheidung im Signalbereich so groß sein kann, daß eine Fehlentscheidung erfolgt. Bild 3.9 zeigt die aus der Überlagerung von Nutz- und Störsignal entstehende Spannung $u(t) = u_N(t) + u_{St}(t)$. Verläuft die Spannung $u(t)$ bei einer über dem Schwellwert liegenden Nutzspannung $u_N(t)$ zeitweilig unterhalb der

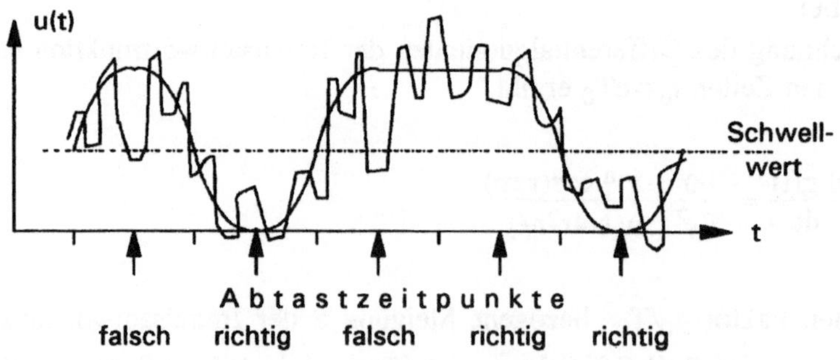

Bild 3.9 Überlagerung von digitalem Signal und Störsignal

Schwellspannung, so verursacht dies nicht unbedingt eine Fehlentscheidung. Ein Fehler entsteht erst, wenn zum Zeitpunkt der Entscheidung im Signalbereich die Spannung u(t) unterhalb des Schwellwertes verläuft.

3.4.1 Störbefreiung: Tiefpaßfilterung

Der einfachste Weg, den Einfluß der dem Digitalsignal überlagerten Störungen zu verringern, ist die Filterung mit einem Tiefpaß. Störsignale haben auf Grund ihrer stochastischen Natur ein kontinuierliches Spektrum, das sich über ein breites Frequenzband erstreckt. Die Kanäle übertragen häufig noch in einem Frequenzbereich, der weit oberhalb der entsprechend dem Nyquist-Kriterium maximalen Frequenz

$$f_g = f_N(1+r) \tag{3.36}$$

liegt. Daher kann eine Bandbegrenzung den Einfluß der Störungen erheblich herabsetzen; denn der Effektivwert des Störsignals am Ausgang des Tiefpaß ist der Grenzfrequenz proportional.

3.4.2 Störbefreiung: Korrelation

Um den Einfluß des Störsignals zu vermindern, wird zwischen das Entzerrerfilter und den Schaltungen zur Entscheidung im Signalbereich ein Optimalfilter angeordnet. Dieser Filtertyp wird eingesetzt, wenn zwei stochastische Signale getrennt werden sollen, obwohl ihre Leistungsdichtespektren (s. Anhang 13.4.3) im gleichen Frequenzbereich liegen. Je nach der praktischen Anwendung gibt es verschiedene Ansätze zur Ermittlung eines Optimalfilterfrequenzgangs $\underline{F}_{opt}(f)$, der das Nutzsignal gegenüber dem Störsignal optimal hervorhebt:

1. **Wiener-Kolmogoroff-Filter.** Hier wird das Filter so dimensioniert, daß die Spannungszeitfunktion des Signals am Ausgang möglichst gut mit dem Zeitverlauf des ungestörten Nutzsignals am Eingang übereinstimmt.

2. **Signalangepaßtes Filter.** Dies ist die Anwendung des Optimalfilter in der digitalen Übertragungstechnik. Hier wird das Filter so dimensio-

niert, daß sich zum Abtastzeitpunkt im Regenerativverstärker ein möglichst hoher Signal-Geräusch-Abstand ergibt.

3.4.2.1 Signalangepaßtes Filter

In Abschn. 3.2.3 wurde das Konzept des Regenerativverstärkers entwickelt und an Hand von Bild 3.3 erläutert. Entsprechend den beiden Kanaleinflüssen der Impulsverzerrungen und der überlagerten Störungen wurden zwei Filter am Eingang des Regenerativverstärkers vorgesehen: das Kanalentzerrerfilter und ein weiteres Filter zur Reduzierung des Störeinflusses. Der Frequenzgang und die Impulsantwortfunktion dieses Filters sind Ziel der folgenen Herleitung.

Das stochastische Nutzsignal der digitalen Übertragungstechnik ist eine regellose Folge von Signalelementen gleicher Dauer. Die Wiederherstellung des Zeitverlaufs der Signalelemente ist nicht erforderlich, sondern es muß nur erkannt werden, ob ein bestimmter Signalverlauf vorhanden war oder nicht. Für den Erkennungsvorgang ist wichtig, daß dem Empfänger der ungestörte Zeitverlauf der möglichen Signalelemente bekannt ist. Zur Ermittlung einer evtl. vorhandenen Ähnlichkeit wird mit dem Signal $u(t)=u_N(t)+u_{St}(t)$ am Ausgang des Entzerrerfilters und einem Signal $u_N(t)$ im Empfänger die Kreuzkorrelationsfunktion

$$K_{12}(\tau) = \lim_{T \to \infty} \frac{1}{T} \int_{-T/2}^{T/2} [u_N(t)+u_{St}(t)]\, u_N(t+\tau)\ dt \qquad (3.37)$$

gebildet. Da das Integral einer Summe gleich der Summe der Integrale ist, gilt

$$K_{12}(\tau) = \lim_{T \to \infty} \frac{1}{T} \int_{-T/2}^{T/2} u_N(t)u_N(t+\tau)dt + \lim_{T \to \infty} \frac{1}{T} \int_{-T/2}^{T/2} u_{St}(t)u_N(t+\tau)\ dt \qquad (3.38)$$

Zwischen dem Nutzsignal $u_N(t)$ und dem Störsignal $u_{St}(t)$ besteht keine Verwandtschaft. Daher ist das 2. Integral in Gl. (3.38) Null. Somit ergibt die Kreuzkorrelation die Autokorrelationsfunktion des

$$K(\tau)=\lim_{T \to \infty} \frac{1}{T} \int_{-T/2}^{T/2} u_N(t)u_N(t+\tau)dt \qquad (3.39)$$

Nutzsignals $u_N(t)$. Diese Autokorrelationsfunktion wird einer Umformung unterworfen. Ist $\underline{U}_N(f)$ die Fourier-Transformierte der Funktion $u_N(t)$, so läßt sich diese mit der inversen Fourier-Transformation durch $\underline{U}_N(f)$ ausdrücken. Es gilt

$$u_N(t) = \int_{-\infty}^{\infty} \underline{U}_N(f)\, e^{j\, 2\pi f\, t}\, df \;. \qquad (3.40)$$

Nach der Substitution von t durch $t+\tau$ in Gl. (3.40) wird diese in Gl. (3.39) eingesetzt. Man erhält dann

$$K(\tau)=\lim_{T \to \infty} \frac{1}{T} \int_{-T/2}^{T/2} \int_{-\infty}^{\infty} \underline{U}_N(f)\, e^{j\, 2\pi f\, (t+\tau)}\, df\, u_N(t)\, dt \qquad (3.41)$$

Durch Vertauschung der Reihenfolge der Integrationen wird daraus

$$K(\tau)=\lim_{T \to \infty} \frac{1}{T} \int_{-T/2}^{T/2} \underline{U}_N(f) \int_{-\infty}^{\infty} u_N(t)\, e^{j\, 2\pi f\, t}\, dt\; e^{j\, 2\pi f\, \tau}df \qquad (3.42)$$

Ersetzt man das Integral im Integranden entsprechend Gl. (3.43)

$$\underline{U}_N{}^*(f) = \int_{-\infty}^{\infty} u_N(t)\, e^{j\, 2\pi f\, t}\, dt \qquad (3.43)$$

so erhält man für die Autokorrelationsfunktion

$$K(\tau)=\lim_{T \to \infty} \frac{1}{T} \int_{-T/2}^{T/2} \underline{U}_N(f)\, \underline{U}_N^*(f)\, e^{j\, 2\pi f\, \tau}\, df \qquad (3.44)$$

Hat das Optimalfilter den komplexen Frequenzgang $\underline{F}_{opt}(f)$, so ist im störungsfreien Fall das Ausgangssignal

$$u_{aopt}(t) = \int_{-\infty}^{\infty} \underline{U}_N(f)\, \underline{F}_{opt}(f)\, e^{j\, 2\pi f\, t}\, df \qquad (3.45)$$

die inverse Fourier-Transformierte des Produktes aus der Frequenzfunktion $\underline{U}_N(f)$ des Eingangssignals und dem Frequenzgang $\underline{F}_{opt}(f)$. Vergleicht man Gl. (3.44) und (3.45), so zeigt sich, daß ein Filter, dessen Frequenzgang

$$\underline{F}_{opt}(f) = C\, \underline{U}_N^*(f) \qquad (3.46)$$

bis auf eine Proportionalitätskonstante C gleich dem konjugiert komplexen Wert der Frequenzfunktion $\underline{U}_N(f)$ des Eingangssignals $u_N(t)$ ist, an seinem Ausgang die Autokorrelationsfunktion des Eingangssignals bildet. Allerdings sind dabei in der Autokorrelationsfunktion nach Gl. (3.39) die reale Zeit t und die künstliche Verschiebungszeit τ vertauscht. Somit ist das Ausgangssignal des Filters mit Gl. (3.45), (3.44) und (3.39)

$$u_{aopt}(t) = C \int_{-\infty}^{\infty} u_N(\tau)\, u_N(t+\tau)\, d\tau \qquad (3.47)$$

Ein solches Filter ist also auf ein spezielles Signal $u_N(t)$ besonders zugeschnitten und wird daher signalangepaßtes Filter (engl.: matched filter) genannt. Zur weiteren Kennzeichnung des Filters wird die Impulsantwortfunktion

$$g_{opt}(t) = C \int_{-\infty}^{\infty} \underline{U}_N^*(f)\, e^{j\, 2\pi f\, t}\, df \qquad (3.48)$$

als inverse Fourier-Transformierte des Frequenzgangs ermittelt. Ist $u_N(t)$ die inverse Fourier-Transformierte von $\underline{U}_N(f)$, so gehört zum konjugiert komplexen Wert $\underline{U}_N^*(f)$ die Zeitfunktion $u_N(-t)$. Somit gilt

$$g_{opt}(t) = C\, u_N(-t) \qquad . \tag{3.49}$$

Bei einem Dirac-Impuls am Eingang erscheint also am Ausgang das Signal, an das das Filter angepaßt ist, jedoch mit umgekehrtem Zeitverlauf. Betrachtet man nur ein Signalelement $u_{NE}(t)$ der Dauer T_0 des digitalen Nutzsignals $u_N(t)$, so erhält man die Impulsantwortfunktion $g_{Eopt}(t)$ nach Bild 3.10. Sie liegt zeitlich vor dem sie verursachenden Dirac-Impuls.

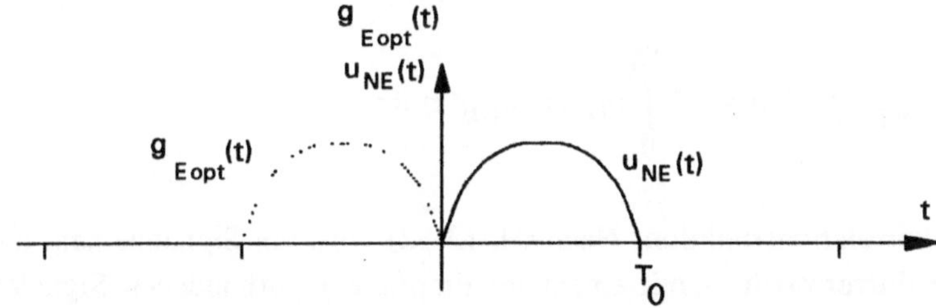

Bild 3.10 Impulsantwortfunktion des signalangepaßten Filters

Das Filter ist daher nur realisierbar, wenn der Frequenzgang nach Gl. (3.46) ergänzt wird durch ein Verzögerungsglied mit der Verzögerungszeit T_0. Somit erhält man für den Frequenzgang des signalangepaßten Filters

$$\underline{E}_{opt}'(f) = C\, \underline{U}_{NE}^*(f)\, e^{-j\,2\pi\,fT_0} \tag{3.50}$$

mit der Frequenzfunktion $\underline{U}_{NE}(f)$ eines Signalelementes. Die Ausgangsspannung des Filters ist somit nach Gl. (3.47) für ein Signalelement

$$u_{aopt}'(t) = C \int\limits_{-\infty}^{\infty} u_{NE}(\tau)\, u_{NE}(t-T_0+\tau)\, d\tau \tag{3.51}$$

also die um die Verzögerungszeit T_0 verschobene Autokorrelationsfunktion eines Signalelementes.

Auf das signalangepaßte Filter folgt in einem Regenerativverstärker die Entscheidung im Signalbereich mit der Abtastung. Das Maximum der Autokorrelationsfunktion liegt an der Stelle $t=T_0$. Daher wird hier abgetastet und eine Entscheidung im Signalbereich durchgeführt.

3.4.2.2 Realisierung: Integrationsmethode

Bei dem signalangepaßten Filter wird am Ausgang die Autokorrelationsfunktion des Eingangssignals gebildet. Durch Abtastung zur Zeit $t=T_0$ erhält man nach Gl. (3.51) das Maximum

$$u_{aopt}{}'(t=T_0) = C \int\limits_0^{T_0} u_{NE}(\tau)\, u_{NE}(\tau)\, d\tau \tag{3.52}$$

der Autokorrelationsfunktion. Nach Gl. (3.52) wird ein Signalelement am Ausgang des Entzerrerfilters mit einem im Empfänger vorhandenen Signalelement multipliziert, integriert, mit einem Schwellwert verglichen und abgetastet. Eine mögliche

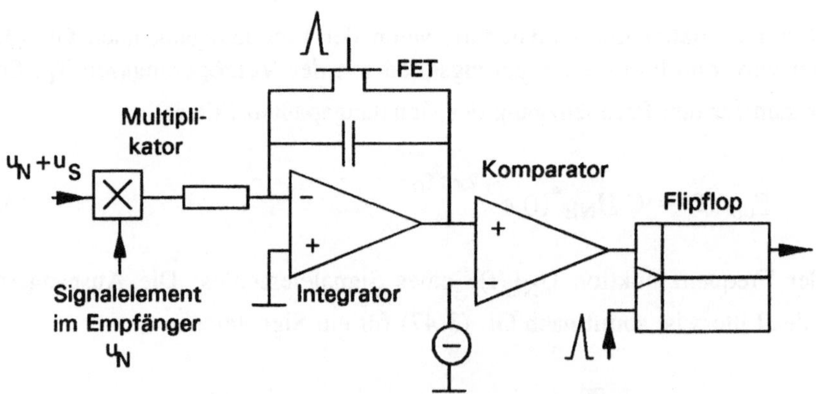

Bild 3.11 Verwirklichung des signalangepaßten Filters
mit Multiplikator und rücksetzbarem Integrator

Realisierung dieser Vorgänge zeigt Bild 3.11. Multiplikator und Integrator bilden das signalangepaßte Optimalfilter, während Komparator und Flipflop die Entscheidung im Signalbereich, Abtastung und Impulsformung verwirklichen. Nach Bildung des Maximums der Autokorrelationsfunktion durch Integration muß der Kondensator C des Integrators entladen werden, um den Anfangszustand wieder herzustellen.

Man kann die verschiedenen Zeichen eines Alphabets entweder durch verschiedene Höhen eines Impulses oder durch verschiedene Formen eines Impulses darstellen. Bei verschiedenen Höhen eines Impulses werden am Ausgang des Integrators mehrere Komparatoren mit verschiedenen Schwellwerten angeschlossen. Jeder Höhe ist ein Komparator und ein Flipflop zugeordnet.

Bei verschiedenen Formen eines Impulses müssen so viele Anordnungen nach Bild 3.11 aufgebaut werden, wie Impulsformen vorhanden sind. Dabei wird das ankommende Signal jeweils mit einer anderen Impulsform im Empfänger korreliert. In beiden Fällen ergeben sich so viele Flipflopausgänge mit Rechteckimpulsen wie Zeichen im Alphabet vorhanden sind. Die Signale an den Flipflop-Ausgängen können entweder zur Decodierung eines nach Abschn. 4.3.3 kanalcodierten binären Signals oder direkt zur Wiederherstellung des Sendesignals verwendet werden.

Wird nur eine Impulsform verwendet, so muß dem Multiplikator der Schaltung nach Bild 3.11 der ungestörte Impuls am Entzerrerausgang zugeführt werden. Bei rechteckigen Impulsen kann der Multiplikator entfallen, weil mit einer Konstanten multipliziert wird.

In diesem Fall wird durch den Integrator die Spannungszeitfläche der Impulse gemessen. Der lineare Langzeitmittelwert eines Störsignals ist Null. Somit wird die die Spannungszeitfläche des Impulses darstellende Integratorausgangsspannung bei genügend langer Integrationszeit durch die Störspannung nicht verändert. Häufig ist jedoch die Schrittdauer T_0 als Integrationszeit nicht ausreichend. Fehler durch kurzzeitige Impulseinbrüche bei dem in Abschn. 3.5.2 beschriebenen Verfahren können durch die Integrationsmethode vermieden werden.

3.4.3 Fehlerwahrscheinlichkeit

In der elektrischen Nachrichtentechnik ist ein Maß für die Qualität einer Übertragung wünschenswert. Jedoch gibt es in der analogen Nachrichtentechnik kein

eindeutiges Qualitätsmaß. Man hat hier drei verschiedene, die Übertragungsqualität beeinträchtigende Einflüsse:

1. **Lineare Verzerrungen**: Sie entstehen, wenn der Kanalfrequenzgang
   nicht den Anforderungen für eine verzerrungsfreie Übertragung (s. Abschn. 3.1) entspricht. In vielen Fällen können die linearen Verzerrungen jedoch durch den Einsatz von Entzerrerfiltern vermieden werden.
   Ein Maß zur Kennzeichnung dieser Verzerrungen gibt es nicht.
2. **Nichtlineare Verzerrungen**: Sie entstehen hauptsächlich an den nichtlinearen Kennlinien von Verstärkern und Mischern. Das Ausgangssignal enthält spektrale Komponenten, die im Eingangssignal einer Übertragungsstrecke nicht vorhanden sind und somit vom Kanal als Störung
   hinzugefügt werden. Es ist nicht möglich, die nichtlinearen Verzerrungen auf der Empfangsseite zu verringern oder gar zu beseitigen. Bekannte Maße zur Kennzeichnung dieser Verzerrungen sind der Klirrfaktor und der Intermodulationsfaktor.
3. **Störungen**: Die Überlagerung von Störungen, die auf das Rauschen
   der Bauelemente oder auf durch induktive, galvanische oder kapazitive
   Kopplung in den Kanal eindringende fremde Signalquellen zurückzuführen sind, kann grundsätzlich nicht vermieden werden. Verschiedene
   Maßnahmen können die Störungen jedoch klein halten. Sind aber Störungen überlagert, so ist ihre Beseitigung am Empfangsort nicht mehr
   möglich. Ein Maß zur Kennzeichnung der Störwirkung ist der Signal-
   Geräusch-Abstand.

Grundsätzlich anders als in der analogen Nachrichtentechnik sind die Gegebenheiten hinsichtlich der Übertragungsqualität in der digitalen Übertragungstechnik. Aufgrund der Zeit- und Amplitudenquantisierung besteht hier die Signalübertragung in der Übermittlung von einzelnen Zeichen aus einem begrenzten
Zeichenvorrat. Für jedes übermittelte Zeichen besteht somit nur die Möglichkeit
falscher oder richtiger Übertragung. Daher ist die Fehlerhäufigkeit (s. Anhang
13.1) ein eindeutiges Qualitätsmaß für eine digitale Übertragung. Die Fehlerhäufigkeit wird definiert als Quotient der falsch übertragenen Symbole zur Gesamtzahl der übertragenen Symbole. Bei theoretischen Untersuchungen wird die
Fehlerwahrscheinlichkeit berechnet. Sie ergibt sich als Grenzfall der Fehlerhäufigkeit, wenn die Anzahl der übertragenen Symbole unendlich groß wird.

Ein digitales Signal unterliegt im Übertragungskanal den gleichen Einflüssen wie ein analoges Signal. Solange jedoch lineare und nichtlineare Verzerrungen sowie Störungen nicht die Verfälschung zu übertragender Symbole bewirken, bleiben sie wirkungslos. Wenn auch Fehlerhäufigkeiten weitaus häufiger gemessen (s. Abschn. 10) als berechnet werden, so eröffnet eine theoretische Untersuchung doch wichtige Einsichten in Gesetzmäßigkeiten einer digitalen Übertragung.

3.4.3.1 Einfluß des Regenerativverstärkers

Bei gegebenem Kanal und gegebenen Störungen im Kanal wird die Fehlerhäufigkeit bestimmt durch die Qualität des Regenerativverstärkers. Dabei sind zu unterscheiden

- das Entzerrerfilter,
- das Optimalfilter,
- die Amplitudenentscheidung,
- die Zeitentscheidung.

Während das Entzerrerfilter für die Kompensation eines nichtidealen Kanalfrequenzganges verantwortlich ist, soll das Optimalfilter die Wirkung der Kanalstörungen herabsetzen. Nichtlineare Verzerrungen können bei der Übertragung von Impulsen in der Regel vernachlässigt werden. Die einzelnen Einflüsse des

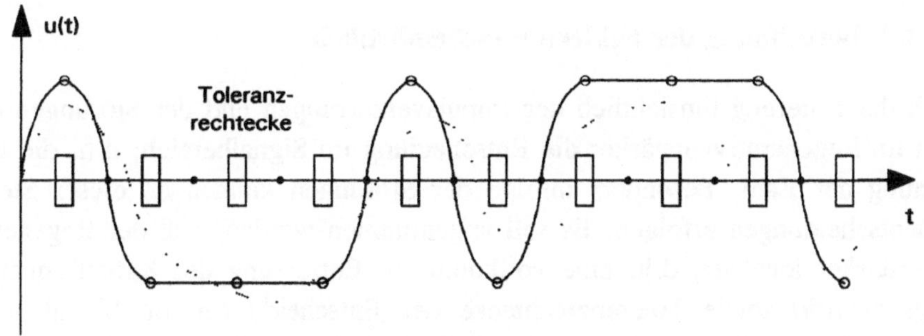

Bild 3.12 Einfluß des Regenerativverstärkers

Regenerativverstärkers werden in Bild 3.12 veranschaulicht. Dargestellt wird die Spannung u(t) eines bipolaren digitalen Signals als Funktion der Zeit t. Die ausgezogene Linie zeigt den Signalverlauf bei optimaler Entzerrung nach dem ersten und zweiten Nyquist-Kriterium. Für die Darstellung eines Zeichens durch einen Impuls stehen Zeitabschnitte von der Länge einer Taktperiode zur Verfügung. Sie werden durch Punkte auf der Zeitachse gekennzeichnet. Bei einem Zeichenwechsel muß der Signalverlauf diese Punkte passieren. In der Mitte jedes Zeitabschnittes gibt es einen positiven oder negativen Funktionswert, der im Idealfall vom Signal angenommen werden muß (s. Abschn. 3.3) und der in Bild 3.12 durch kleine Kreise gekennzeichnet ist. Kleine Toleranzrechtecke in der Mitte der Zeitabschnitte kennzeichnen die Qualität der Amplituden- und Zeitentscheidung; denn der Abtastzeitpunkt und die Komparatorschwelle unterliegen Exemplarstreuungen und Ungenauigkeiten. Beim idealen Regenerativverstärker schrumpft das Toleranzrechteck zu einem in dessen Mitte liegenden Punkt zusammen. Die gestrichelt gezeichnete Linie in Bild 3.12 kennzeichnet einen Signalverlauf bei unvollkommener Entzerrung. Damit keine Fehler entstehen, müssen die Rechtecke in der gleichen Weise umschlungen werden wie vom ursprünglichen Signal. Wie Bild 3.12 zeigt, kann eine unvollkommene Entzerrung auch bei völliger Abwesenheit von Störungen Fehler verursachen. Aber auch wenn alle Toleranzrechtecke in richtiger Weise umschlungen werden, hat man bei gegebenem Signal-Geräusch-Abstand mit wesentlich höherer Fehlerhäufigkeit zu rechnen, als dies bei idealer Entzerrung der Fall wäre.

3.4.3.2 Berechnung der Fehlerwahrscheinlichkeit

Nach der Filterung hinsichtlich der Impulsverzerrungen und der Störungen erfolgt im Regenerativverstärker die Entscheidung im Signalbereich, d.h. die Erkennung der Zahl. Besonders infolge der Störungen können an dieser Stelle Fehlentscheidungen erfolgen. Es soll angenommen werden, daß der Regenerativverstärker ideal ist, d.h. eine vollkommene Entzerrung des Kanalfrequenzgangs bewirkt sowie Toleranzrechtecke der Entscheidungen im Signal- und Zeitbereich hat, die unendlich klein sind. Dann hängt die Wahrscheinlichkeit von Fehlentscheidungen im Signalbereich ausschließlich von den dem Signal überlagerten Geräuschen und somit vom Signal-Geräusch-Abstand ab.
Über das Signal und das überlagerte Geräusch müssen bestimmte Annahmen gemacht werden. Zu dem eine digitale Übertragung beeinträchtigenden Ge-

räusch tragen verschiedene Störquellen bei, z.B. Übersprechen aus anderen Kanälen, stochastisch variierende Übergangswiderstände von Kontakten, aber auch thermisches Rauschen.

Der Einfluß dieser Störquellen läßt sich mit vernünftigem Aufwand nur abschätzen, wenn man ein Störmodell aufstellt. Da die Störungen stochastischer Natur sind, müssen sie durch eine Wahrscheinlichkeitsdichtefunktion (s. Anhang 13.3.1) beschrieben werden. Nach dem zentralen Grenzwertsatz der Wahrscheinlichkeitslehre ist eine Summe von sehr vielen voneinander unabhängigen Zufallsgrößen, die alle die gleiche Wahrscheinlichkeitsdichtefunktion besitzen, näherungsweise normal verteilt. Daher soll angenommen werden, daß die bei einer digitalen Übertragung die Fehler hervorrufenden Störungen eine Wahrscheinlichkeitsdichtefunktion haben, für die mit dem Effektivwert des Geräusches U_{effr} gilt

$$p_r(u_r) = \frac{1}{\sqrt{2\,\pi}\,U_{effr}}\; e^{-\dfrac{u^2}{2\,U_{effr}^2}} . \tag{3.53}$$

Für die folgende Herleitung wird zunächst davon ausgegangen, daß ein signalangepaßtes Filter nicht eingesetzt wird. Die Herleitung ergibt dann die Fehlerwahrscheinlichkeit als Funktion des Signal-Geräusch-Abstandes und der Stufenzahl. Bei Einsatz eines signalangepaßten Filters muß dann von einem infolge der durch dieses Filter hervorgerufenen Korrelation erhöhten Signal-Geräusch-Abstand ausgegangen werden.

Bei dem digitalen Signal soll angenommen werden, daß es aus Rechteckimpulsen besteht, deren Dauer gleich der für ein Signalelement zur Verfügung stehenden Zeit ist. Die verschiedenen Signalelemente unterscheiden sich durch die Höhe der Impulse. Sind die verschiedenen Impulse alle gleich wahrscheinlich und die Impulshöhen gleichmäßig gestuft, so erhält man in Analogie zu Gl. (2.109) mit der Wertigkeit bzw. der Stufenzahl q des Signals und der Stufenhöhe Δu für den Effektivwert des Signals

$$U_{effs} = \sqrt{\frac{q^2-1}{12}}\,\Delta u . \tag{3.54}$$

In Bild 3.13 wird das Zustandekommen der Fehler infolge einer überlagerten Geräuschspannung u_r mit der Wahrscheinlichkeitsdichte $p_r(u_r)$ veranschaulicht.

Einem ternären digitalen Signal sei eine Geräuschspannung überlagert. Ist zum Abtastzeitpunkt der Momentanwert der Geräuschspannung bei der oberen Stufe in negativer und bei der unteren Stufe

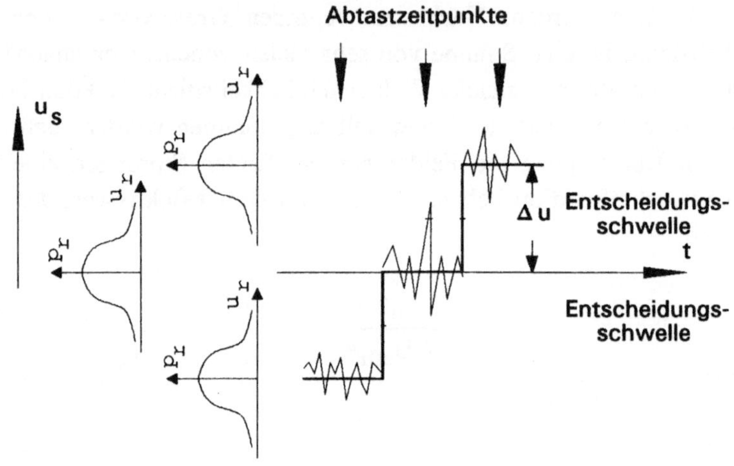

Bild 3.13 Entstehung der Fehler infolge einer überlagerten Geräuschspannung

in positiver Richtung dem Betrage nach größer als die halbe Stufenbreite, so leistet jede der beiden Stufen einen Beitrag zur Fehlerwahrscheinlichkeit von der Größe

$$\int_{\Delta u/2}^{\infty} p_r(u_r)\, du_r \qquad . \tag{3.55}$$

Überschreitet die der mittleren Stufe überlagerte Geräuschspannung zum Abtastzeitpunkt in positiver oder negativer Richtung die halbe Stufenbreite, so entsteht ein Fehler mit der Wahrscheinlichkeit

$$2 \int_{\Delta u/2}^{\infty} p_r(u_r)\, du_r \qquad . \tag{3.56}$$

Der Beitrag der obersten und untersten Stufe zur Fehlerwahrscheinlichkeit ist also halb so groß wie der Beitrag der mittleren Stufen. Die mittlere Fehlerwahrscheinlichkeit bei q Stufen beträgt somit

$$P_F = 2\,\frac{q-1}{q}\ \int\limits_{\Delta u/2}^{\infty} p_r(u_r)\,du_r \ . \tag{3.57}$$

Der Signal-Geräusch-Abstand ρ_r als Quotient der Quadrate der Effektivwerte der Signalspannung und Geräuschspannung ist mit Gl. (3.54)

$$\rho_r = \frac{q^2-1}{12}\,\frac{\Delta u^2}{U_{effr}^2}\ . \tag{3.58}$$

Für die Fehlerwahrscheinlichkeit als Funktion des Signal-Geräusch-Abstandes ergibt sich mit Gl. (3.53), (3.57) und (3.58) somit

$$P_F = 2\,\frac{q-1}{q}\,\frac{1}{\sqrt{2\,\pi}\,U_{effr}} \int\limits_{U_{effr}\sqrt{\frac{3\rho}{q^2-1}}}^{\infty} e^{-\frac{u^2}{2\,U_{effr}^2}}\,du_r. \tag{3.59}$$

Es ist üblich, diesen Ausdruck umzuformen. Für die Wahrscheinlichkeitsdichte gilt

$$\int\limits_{-\infty}^{\infty} p_r(u_r)\,du_r = 1 \tag{3.60}$$

bzw. da die Wahrscheinlichkeitsdichte eine gerade Funktion ist

$$2 \int\limits_{-\infty}^{0} p_r(u_r)\,du_r = 1 \ . \tag{3.61}$$

Mit einer Integrationsgrenze u_0 läßt sich der Integrationsweg in Abschnitte unterteilen. Es gilt

$$\int\limits_{-\infty}^{0} p_r(u_r)\,du_r + \int\limits_{0}^{u_0} p_r(u_r)\,du_r + \int\limits_{u_0}^{\infty} p_r(u_r)\,du_r = 1 \quad . \tag{3.62}$$

Mit Gl. (3.61) und (3.62) erhält man somit

$$\int\limits_{u_0}^{\infty} p_r(u_r)\,du_r = \frac{1}{2} - \int\limits_{0}^{u_0} p_r(u_r)\,du_r \quad . \tag{3.63}$$

Macht man die Substitution

$$\frac{u_r}{\sqrt{2}\,\underline{U}_{\text{reff}}} = \xi \tag{3.64}$$

so wird mit Gl. (3.63) aus Gl. (3.59)

$$P_F = \frac{q-1}{q}\left\{ 1 - \frac{2}{\sqrt{\pi}} \int\limits_{0}^{\sqrt{\frac{3}{2}\frac{\rho}{q^2-1}}} e^{\xi^2}\,d\xi \right\} \quad . \tag{3.65}$$

Damit ist die berechnete Fehlerwahrscheinlichkeit zurückgeführt auf die Fehlerfunktion (engl.: error function)

$$\text{erf}(x) = \frac{2}{\sqrt{\pi}} \int\limits_{0}^{x} e^{\xi^2}\,d\xi \quad . \tag{3.66}$$

Weiter wird als komplementäre Fehlerfunktion (engl.: error function complement)

$$erfc(x) = 1 - erf(x) \tag{3.67}$$

definiert. Bild 3.14 zeigt den Verlauf der Funktionen erf(x) und erfc(x)

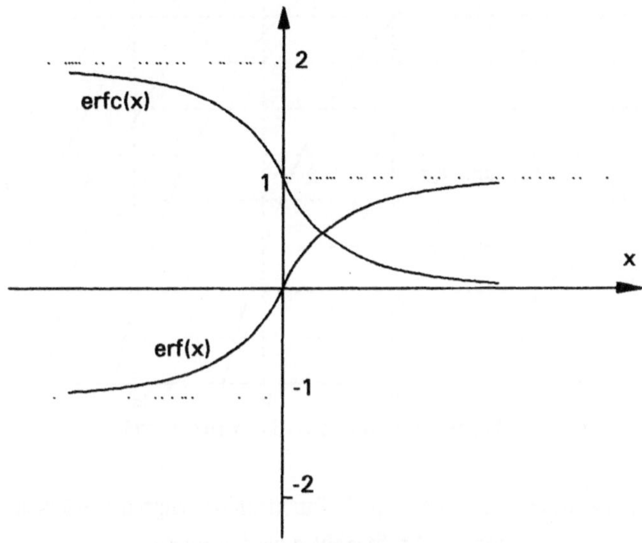

Bild 3.14 Fehlerfunktion erf(x) und komplementäre Fehlerfunktion erfc(x)

Man erhält also die Fehlerwahrscheinlichkeit [22] in der Form

$$P_F(\rho,q) = \frac{q-1}{q} \; erfc\left[\sqrt{\frac{3}{2}\frac{\rho}{q^2-1}} \; \right] \tag{3.68}$$

Ein übersichtliches Diagramm der Gl. (3.68) gewinnt man durch eine doppelt-logarithmische Darstellung in der Form

$$log(P_F) = f(\; 10 \; log(\rho) \;) \tag{3.69}$$

wie sie Bild 3.15 zeigt. Man erkennt, daß eine Erhöhung des

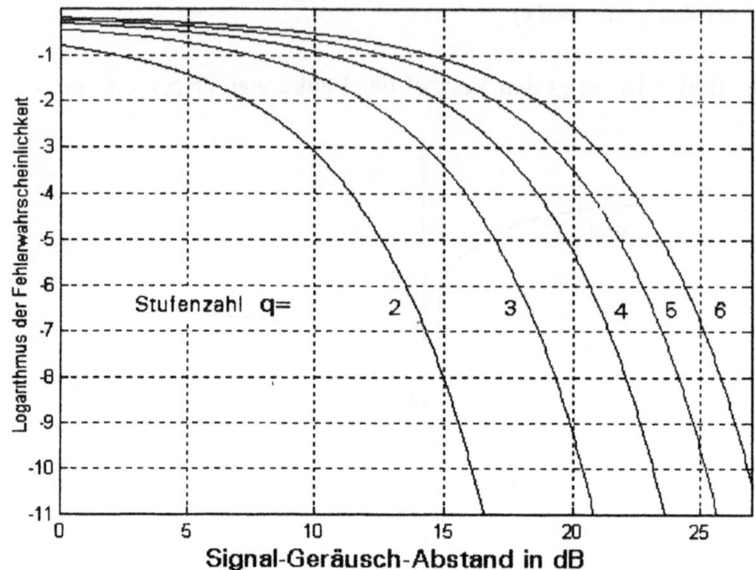

Bild 3.15 Fehlerwahrscheinlichkeit P_F als Funktion des Signal-Geräusch-Abstandes ρ^*
mit der Stufenzahl q als Parameter

Signal-Geräusch-Abstandes um wenige dB bereits eine Verringerung der Fehlerwahrscheinlichkeit um mehrere Zehnerpotenzen zur Folge hat. Ebenfalls zeigt sich eine erhebliche Zunahme der Fehlerwahrscheinlichkeit bei Erhöhung der Stufenzahl q und gleichem Signal-Geräusch-Abstand. Dies spielt eine wichtige Rolle bei den in Abschn. 4.3.3 hergeleiteten Partial Response Codes, die Redundanz durch Erhöhung der Stufenzahl hinzufügen.

3.5 Aufbau des Regenerativ-Verstärkers

Der folgende Abschnitt gibt einige Hinweise zum Aufbau eines Regenerativverstärkers und insbesondere Verweise zu den Abschnitten des Buches, in denen einzelne Blöcke ausführlicher behandelt werden.

3.5.1 Blockschaltbild des Regenerativverstärkers

Wenn das digitale Signal durch Frequenzgang und Störungen verändert wird, müssen im Regenerativverstärker zwei Einrichtungen vorhanden sein, die diese Einflüsse verringern:

- die Entzerrung für die Impulsverzerrungen und
- das Optimalfilter für die überlagerten Geräusche

Die Entzerrung (s. Abschn. 5) wird durch ein lineares Filter bewirkt, das für einen optimalen Gesamtfrequenzgang sorgt. Dieser entsteht durch das senderseitige Formfilter, den Kanal und das Entzerrerfilter. Bei nicht korrelativen Codes muß der Gesamtfrequenzgang das erste Nyquist-Kriterium erfüllen. Das dann in der Regel folgende Optimalfilter verringert in der Form des signalangepaßten Filters den Einfluß der Störungen. Dabei handelt es sich um eine Filterklasse, bei der man stochastische Signale zu trennen versucht, deren Leistungsdichtespektren sich überlappen. Stochastischer Natur sind sowohl der Nachrichtensignalanteil als auch der Störanteil. Im Regenerativverstärker nennt man das Optimalfilter auch signalangepaßtes Filter (engl.: matched filter), weil die Impulsantwortfunktion des Filters von der Form des Nutzsignalanteils abhängt, der gegenüber dem Störanteil hervorgehoben werden soll. Zwischen dem signalangepaßten Filter und dem Korrelationsempfang zur Verringerung von Störungen besteht ein enger Zusammenhang.

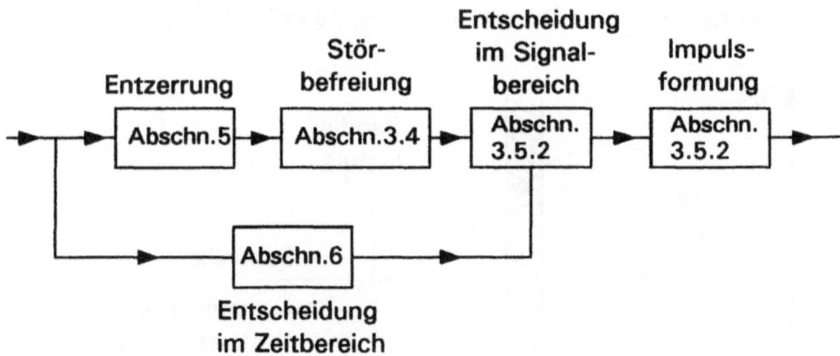

Bild 3.16 Blockschaltbild eines Regenerativverstärkers

Nach Entzerrung und Optimalfilterung erfolgt die eigentliche Erkennung. Hierzu sind notwendig eine Entscheidung im Signalbereich und eine Entscheidung im Zeitbereich. Bei einem binären isochronen Signal muß entschieden werden, ob eine Null oder eine Eins gesendet wurde und zu welchem Zeitpunkt die Entscheidung getroffen werden muß. So entsteht das Blockschaltbild eines Regenerativverstärkers nach Bild 3.16, das eine Zuordnung zu den entsprechenden Abschnitten enthält. Während die Probleme der Entzerrung (s. Abschn. 5) und der Entscheidung im Zeitbereich (s. Abschn. 6) in besonderen Abschnitten ausführlich beleuchtet werden, sind die schaltungstechnisch oft nicht ganz zu trennenden Blöcke Störbefreiung, Entscheidung im Signalbereich und Impulsformung Gegenstand dieses Abschnittes.

3.5.2 Entscheidung im Signal- und Zeitbereich

Bei der Übertragung eines z. B. binären isochronen Signals ohne Nachbarzeichenbeeinflussung wird eine Entzerrung nach dem 1. Nyquist-Kriterium durchgeführt. Danach ist eine beliebige Zerstörung der nicht nachrichtenhaltigen Impulsform zulässig; lediglich müssen die senderseitigen Funktionswerte zu den jeweils im Abstand der Taktperiode T_0 wiederkehrenden Zeitpunkten den entsprechenden empfängerseitigen Funktionswerten proportional sein.

Die Information darüber, welches Zeichen gesendet wird, liegt in der Regel in der Höhe eines rechteckigen Impulses. Damit das Zeichen erkannt werden kann, muß dem Empfänger die Zuordnung zwischen Zeichen und Impulshöhe bekannt sein. Beträgt die Impulshöhe für das Zeichen Eins U_0 und für das Zeichen Null 0V, so bewertet der Empfänger mit Rücksicht auf überlagerte Störungen Signalwerte $> U_0/2$ mit Eins und Signalwerte $< U_0/2$ mit Null.

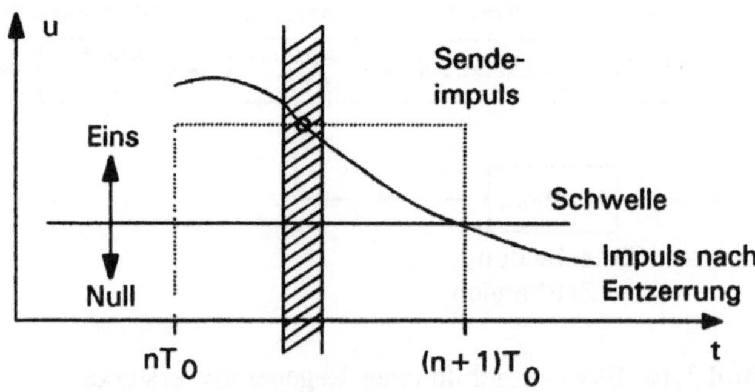

Bild 3.17 Entscheidung im Zeit- und Signalbereich

In Bild 3.17 sind der gesendete Rechteckimpuls, der Signalverlauf nach der Entzerrung und die Entscheidungsschwelle eingezeichnet. Die Entscheidung im Signalbereich wird in der Mitte des Impulses durchgeführt.

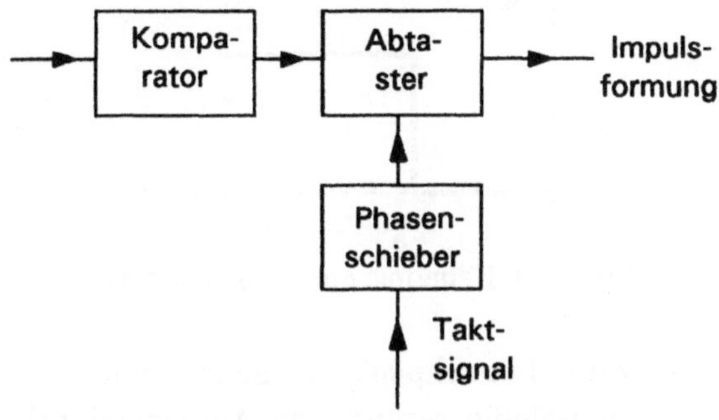

Bild 3.18 Blockschaltbild für die Entscheidung
im Signalbereich und im Zeitbereich

Damit erhält man für die Entscheidung im Signalbereich das Blockschaltbild nach Bild 3.18. Das Signal gelangt zunächst auf einen Komparator und wird darauf mit einem kurzen Impuls abgetastet. Die zeitliche Lage dieses Impulses kann mit einem Phasenschieber auf den Zeitpunkt gelegt werden, wo sender- und empfangsseitige Funktionswerte einander proportional sind. Praktisch wird die Einstellung der Phasenlage an Hand eines Augendiagramms durchgeführt; Abtastung und Impulsformung lassen sich, wie in Bild 3.19 gezeigt, schaltungstechnisch zusammenfassen

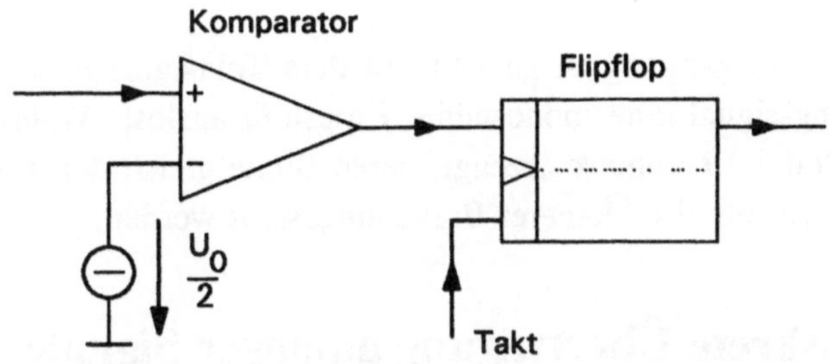

Bild 3.19 Zusammenfassung von Abtastung und Impulsformung

Das entzerrte Signal wird in einem Komparator mit der Entscheidungsschwelle $U_0/2$ verglichen. Man kann den Komparator, der im allgemeinen ein Operationsverstärker ist, durch eine Kennlinie nach Bild 3.20 kennzeichnen. Das Ausgangssingal des Komparators gelangt an den Vorbereitungseingang

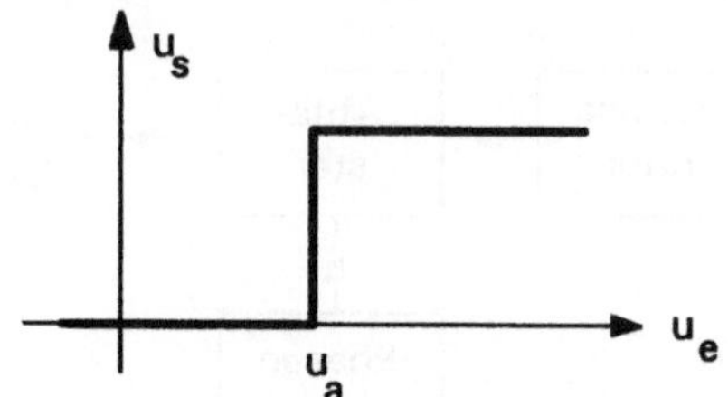

Bild 3.20 Kennlinie eines Komparators

eines Flipflops, das zum Taktzeitpunkt ausgelöst wird. Am Ausgang des Flipflops entsteht das vollständig regenerierte Ausgangssignal. Abtastung und Impulsformung lassen sich jedoch auch getrennt durchführen, wie dies in Bild 3.21 dargestellt ist.

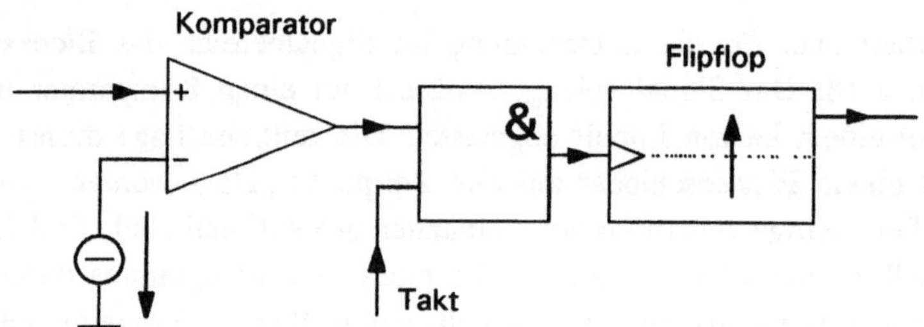

Bild 3.21 Getrennte Durchführung von Abtastung und Impulsformung

Das Komparatorausgangssignal gelangt mit dem Taktsignal an ein und-Gatter, dessen Ausgangssignal eine monostabile Kippstufe auslöst. Während das Verfahren nach Bild 3.19 Impulse erzeugt, deren Breite gleich der Taktperiode ist, können hier auch Impulse kleinerer Breite eingestellt werden.

3.6 Zeitdiskrete Übertragung analoger Signale

Abschließend sollen komplette Übertragungsstrecken für analoge Signale, die eine Zeitquantisierung als Grundlage haben, betrachtet werden. Dabei wird eine Übertragungsstrecke ausgehend von einer idealen Abtastung schrittweise erweitert.

3.6.1 Ideale Abtastung

Das im Abschn. 2.3.1 beschriebene Abtasttheorem sagt aus, daß eine bandbegrenzte Spannungs-Zeit-Funktion u(t) durch die Folge äquidistanter Abtastwerte vollständig beschrieben ist. Die Folge dieser Abtastwerte wird durch das ideale Abtastsignal dargestellt. Das Spektrum dieses Signals entsteht durch die periodische Wiederholung des Spektrums des nicht abgetasteten Signals mit der Periode f_A. Somit kann das Originalspektrum mit Hilfe eines Tiefpasses

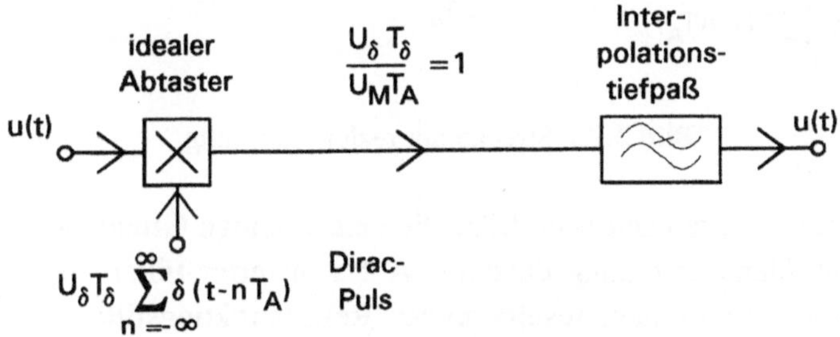

Bild 3.22 Strecke mit idealer Abtastung

wiedergewonnen werden. Dem Originalspektrum entspricht dann auch die Originalzeitfunktion. Dieser Sachverhalt wird durch die Übertragungsstrecke nach Bild 3.22 ausgedrückt. Sind der Abtaster und der Interpolationstiefpaß ideal und auch die Bedingungen des Abtasttheorems erfüllt, so sind die Signale am Ausgang und am Eingang identisch. Wenn es möglich ist, aus der Folge der Abtastwerte das Originalsignal wiederherzustellen, dann stellen die Abtastwerte eine vollständige Beschreibung des Signals dar.

3.6.2 Reale Abtastung

Die Übertragungsstrecke nach Bild 3.22 ermöglicht zwar eine absolut ideale Signalübertragung, sie ist jedoch nicht realisierbar, weil zur Darstellung der abgetasteten Funktionswerte Dirac-Impulse verwendet werden. Wird der ideale Abtaster durch ein Formfilter ergänzt, das die Dirac-Impulse des idealen Abtasters in reale Impulse umformt, so erhält man die Modelldarstellung eines realen Abtasters. Damit die idealen Übertragungseigenschaften der Strecke nach Bild 3.22 erhalten bleiben, muß bei der Interpolation der Einfluß des Formfilters auf die Übertragung durch ein Abtast-Entzerrerfilter kompensiert werden. Der Frequenzgang dieses Filters ist der Kehrwert des Formfilterfrequenzgangs.

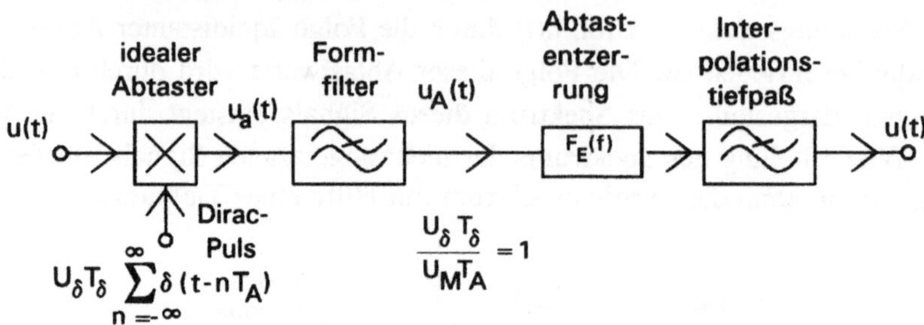

Bild 3.23 Strecke mit realer Abtastung

So entsteht die Strecke nach Bild 3.23, die eine wichtige Grundlage der zeitdiskreten Nachrichtenübertragung darstellt. Abtastentzerrer-Filter und Interpolationstiefpaß können zu einem resultierenden Rekonstruktionsfilter zusammengefaßt werden. Abweichungen vom idealen Übertragungsverhalten ergeben sich auf drei verschiedenen Wegen:

1. **Abtastentzerrung**: Der Frequenzgang dieses Filters kann nur approximiert werden. Zwar ist dies nur im Bereich bis zur halben Abtastfrequenz erforderlich, aber eine je nach Aufwand verbleibende Abweichung ist unvermeidlich. Dabei ist die Forderung nach einem linearen Phasengang nur mit großem Aufwand zu erfüllen. Die Konsequenzen sind dann Amplituden- und Phasengangfehler.

2. **Interpolation**: Bei der Realisierung dieses Filters spielen zwei Gesichtspunkte eine wichtige Rolle. Die Forderung nach einem linearen Phasengang ist nur mit größerem Aufwand zu erfüllen, so daß in der Regel ein Beitrag zu einem resultierenden Phasengangfehler der Strecke entsteht. Die durch die Ordnungszahl bestimmte endliche Steilheit der Filterflanke hat zur Folge, daß dem Ausgangssignal ein Geräusch überlagert ist, weil die durch den Abtastvorgang zusätzlich in das Signal hineinkommenden spektralen Anteile nur unvollkommen unterdrückt werden.

3. **Bandbegrenzung**: Das Abtasttheorem fordert, daß das abzutastende Signal bandbegrenzt ist. Enthält das Signal jedoch oberhalb der halben Abtastfrequenz noch spektrale Komponenten, so entsteht am Ausgang

der Übertragungsstrecke ein überlagertes Geräusch. Um eine definierte Signalgrenzfrequenz zu haben, wird daher am Anfang der Strecke ein Bandbegrenzungstiefpaß eingesetzt.

Abtastentzerrer-Filter, Interpolationstiefpaß und Bandbegrenzungstiefpaß sind entscheidend für die Qualität der Übertragung. Soll die Strecke über alles einen linearen Phasengang haben, so ist auf der Empfangsseite zusätzlich ein Allpaß zur Gruppenlaufzeitentzerrung einzusetzen. Der Idealfall der Übertragung kann durch eine Erhöhung des Aufwandes beliebig gut angenähert werden.

3.6.3 Übertragungskanal

Die Übertragungsstrecke nach Bild 3.23 hat zur Voraussetzung, daß die den Abtaster verlassenenden Impulse das Rekonstruktionsfilter am Ende der Strecke unverzerrt erreichen. Sie durchlaufen in der Regel jedoch einen Kanal mit einem Tiefpaß-Amplitudengang und erscheinen

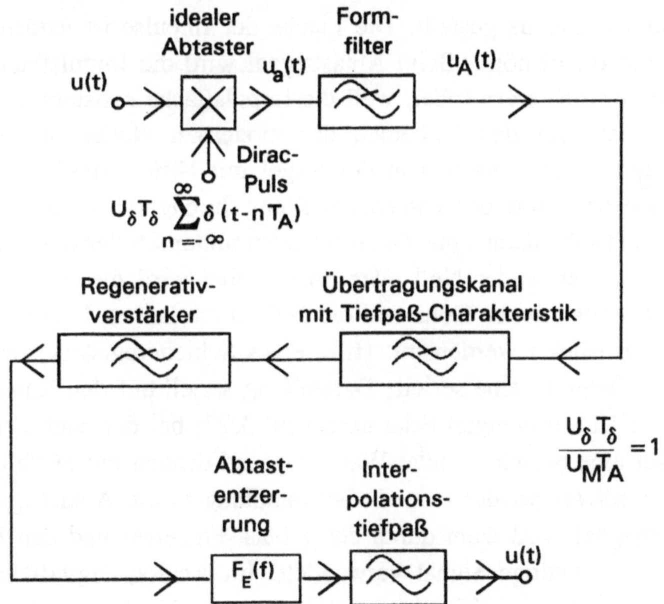

Bild 3.24. Strecke mit realer Abtastung und Übertragungskanal

dementsprechend verzerrt am Rekonstruktionsfilter. Die Lösung dieses Problems führt auf die Übertragungsstrecke nach Bild 3.24, die am Kanalausgang einen Regenerativverstärker enthält.

Das vom Abtaster erzeugte Abtastsignal, das aus Impulsen gleicher Form und Dauer besteht, ist die physikalische Darstellung einer Zahlenfolge. Der Regenerativverstärker entnimmt daher zunächst dem verzerrten Abtastsignal mit Hilfe einer Erkennungsschaltung die Zahlenfolge. Da das Bauprinzip zur Umsetzung der Zahlenfolge in ein Abtastsignal festliegt, wird das Abtastsignal im Regenerativverstärker neu erzeugt. Eine Wiederherstellung der ursprünglichen Impulsform mit Hilfe eines linearen Entzerrerfilters wird nicht versucht und wäre auch nur unvollkommen möglich.

3.6.4 Zahlendarstellung

Die bisher betrachteten zeitdiskreten Strecken verwenden Abtastsignale zur Übertragung. Diese Abtastsignale sind die physikalische Darstellung einer Zahlenfolge. Dabei werden die Zahlen durch den Flächeninhalt von Impulsen gleicher Form und Dauer dargestellt. Die Fläche der Impulse ist natürlich nur änderbar über die Impulshöhe. Beim Abtastsignal wird die Impulsfläche als Maß für die Höhe der Zahl verwendet, weil die Impulsfläche resistent gegen lineare Verzerrungen ist. Bei den Systemen der modernen Nachrichtenübertragung wird am Ausgang des Abtasters in der Regel mit Hilfe eines Analog-Digital-Umsetzers eine Änderung der Zahlendarstellung durchgeführt. Im Analog-Digital-Umsetzer entsteht dann eine Dualzahl bestimmter Stellenzahl. Die Ziffern der Dualzahl sind entweder Null oder Eins. Dabei wird die Eins durch einen Rechteckimpuls bestimmter Höhe und die Null durch keinen Impuls dargestellt. Die Nullen und Einsen werden mit Hilfe eines Schieberegisters zur Umwandlung einer parallelen in eine serielle Darstellung seriell auf den Kanal gegeben. So entsteht die Übertragungsstrecke nach Bild 3.25, bei der nach dem Regenerativverstärker eine Seriell-Parallel-Wandlung und danach mit Hilfe eines Digital-Analog-Umsetzers wieder eine Zurückwandlung in ein Abtastsignal erfolgt. Dieses Abtastsignal wird dann durch den Abtast-Entzerrer und den Interpolationstiefpaß in das analoge Signal verwandelt. Im Analog-Digital-Umsetzer erfolgt eine Amplitudenquantisierung und Codierung. Die Dualzahlen sind nicht mehr wertkontinuierlich, sondern wertdiskret. Damit wird dem analogen Signal, das zeitdiskret übertragen wird, ein Geräusch zugefügt, das sich im Signal am Ausgang der Strecke in der Überlagerung eines Quantisierungs-Geräusches äußert.

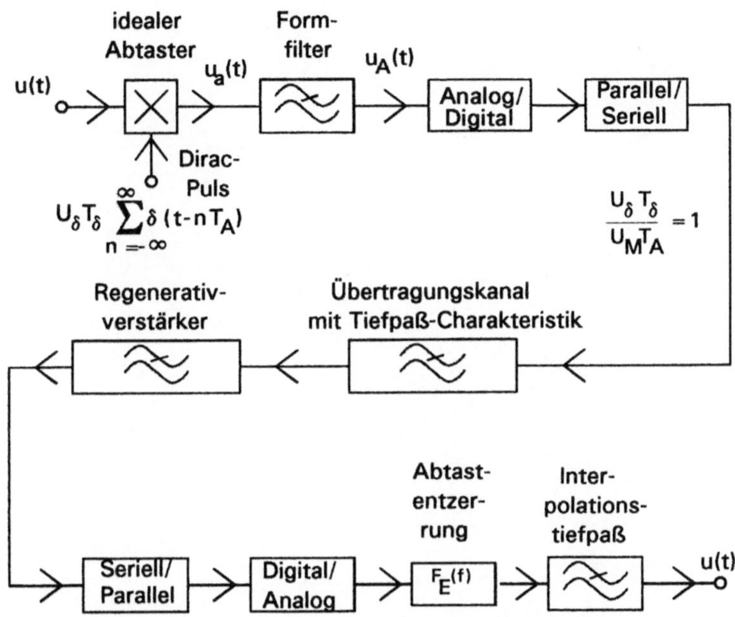

Bild 3.25 Strecke nach Bild 3.24 mit Amplitudenquantisierung und Codierung

Die übertragungstechnischen Vorteile liegen in der Resistenz gegen Störungen; denn im Regenerativverstärker ist nur noch zwischen zwei Signalwerten zu unterscheiden. Das Quantisierungsgeräusch kann durch Erhöhung der Stellenzahl beliebig klein gemacht werden.

4 Kanalcodierung I: Leitungscodierung

Wurde durch Quellencodierung ein gegebener Symbolvorrat unter Reduktion von Redundanz und Irrelevanz in zweckmäßiger Weise in ein binäres Signal überführt, so soll die Kanalcodierung dieses binäre Signal am Ausgang des Quellencodierers an den Kanal anpassen, was in der Regel durch Zufügung von Redundanz geschieht.

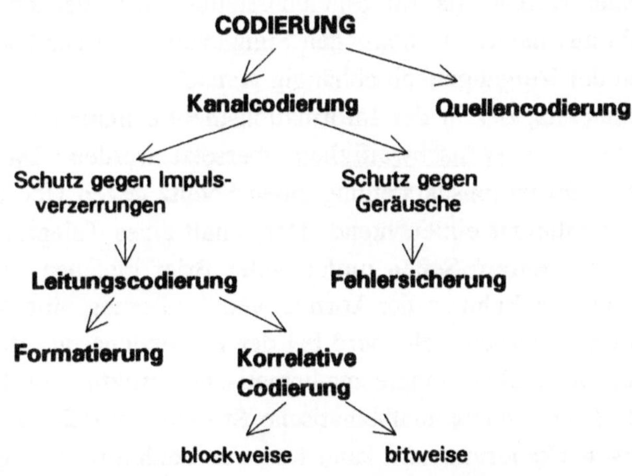

Bild 4.1 Übersicht zur Kanalcodierung

Bild 4.1 zeigt eine Übersicht zu Inhalt und Einordnung des Begriffes Kanalcodierung. Im Rahmen der digitalen Nachrichtenübertragung umfaßt Codierung sowohl die Quellen- als auch die Kanalcodierung. Während die Quellencodierung ihre Blickrichtung auf die Signalquelle hat, fallen unter Kanalcodierung alle Maßnahmen, die erforderlich sind, um durch Anpassung des Signals an die Kanaleigenschaften eine Übertragung ohne Informationsverlust zu ermöglichen. Bei der Übertragung durch den Kanal entstehen Impulsverzerrungen und werden Geräusche überlagert. Dementsprechend können zwei Formen der Kanalcodierung unterschieden werden. Durch Leitungscodierung wird das Digitalsignal gegen Impulsverzerrungen geschützt. Die Geräusche können Fehler bei der Symbolerkennung im Regenerativverstärker verursachen. Durch Fehlersicherungsmaßnahmen erhalten die übertragenen Informationsblöcke eine innere mathematische Struktur, die es ermöglicht, Fehler zu erkennen und evtl. zu korrigieren.

Die Leitungscodierung umfaßt die <u>Formatierung</u> und die <u>korrelative Codierung</u>. Werden bei einer digitalen Übertragung Zeichen aus einem gegebenen Zeichenvorrat übertragen, so ist es Aufgabe der Formatierung, diese Zeichen durch geeignete Signalelemente darzustellen, wobei diese Darstellung ohne Redundanzzufügung erfolgt. Anders ist dies bei der korrelativen Codierung. Hier wird Redundanz zugefügt, um eine spektrale Verformung des Signals zur Anpassung an den Kanal zu erreichen. Die Redundanz entsteht dadurch, daß mehr Signalelemente aufgewendet werden als zur Signaldarstellung erforderlich sind; dabei wird die Auswahl aus mehreren möglichen Signalelementen zur Darstellung eines Zeichens von der Vergangenheit abhängig gemacht.

Der Begriff Redundanz, der in der Informationstheorie mathematisch definiert ist, kann allgemein mit <u>Weitschweifigkeit</u> übersetzt werden. Daß die Weitschweifigkeit der Informationsdarstellung einen Schutz gegen Übertragungsfehler darstellt, ist unmittelbar einleuchtend. Der Inhalt eines Telegramms ist fehleranfälliger als ein mehrere Seiten umfassender Brief gleichen Inhalts. Während die Redundanz im Rahmen der korrelativen Codierung eine Veränderung des Signalspektrums bewirken soll, wird bei der Fehlersicherung die durch Redundanzzufügung entstandene innere mathematische Struktur zur Fehlererkennung ausgenutzt. Diese innere mathematische Struktur entsteht natürlich auch bei der korrelativen Codierung und kann hier zur Fehlererkennung ausgenutzt werden.

4.1 Aufgabe der Leitungscodierung

Die Leitungscodierung soll durch gezielte Verformung des Signalspektrums durch Zufügung von Redundanz das Digitalsignal an den Kanal anpassen. Enthält das Signal in Bereichen, in den der Übertragungskanal nicht gut überträgt, keine spektralen Komponenten, dann können sich auch keine Impulsverzerrungen ergeben.

Die Redundanzeinfügung zur Formung des Leistungsdichtespektrums (s. 13.4.3) erfolgt bei einem durch Stufen- und Stellenzahl charakterisierten Code in der Regel durch Erhöhung der Stufenzahl bei gleichbleibender Taktfrequenz. Soll die Redundanz als Grundlage für eine Fehlersicherung dienen, so wird in der Regel die Stellenzahl des Codes erhöht. Diese Maßnahme hat eine Erhöhung der Taktfrequenz zur Folge.

Für die Formung des Leistungsdichtespektrums gelten folgende Gesichtspunkte:

1. Im Spektrum des Digitalsignals ist häufig bei der Frequenz $f=0$ eine Nullstelle wünschenswert. Damit wird nämlich der Mittelwert des Signals unabhängig vom Nachrichteninhalt. Dies ermöglicht die Übertragung des Signals über Strecken, die Trenn-Transformatoren zur galvanischen Trennung und Koppelkondensatoren enthalten.

2. Findet bei der Übertragung die Modulation eines Sinusträgers Anwendung, so entsteht im Empfänger häufig die Aufgabe der Trägerrückgewinnung. Herausfiltern läßt sich der Träger leichter, wenn das Basisband-Signal im Spektrum bei $f=0$ eine Nullstelle enthält.

3. Die spektrale Energie des Signals soll sich wegen des kapazitiven Nebensprechens bei niedrigen Frequenzen konzentrieren, da die Nebensprechdämpfung zwischen den Leitungen mit zunehmender Frequenz abnimmt.

4. Eine Nullstelle in der Mitte des Leistungsdichtespektrums ermöglicht es, durch Überlagerung einer Sinusspannung z.B. mit halber Taktfrequenz, dort eine Spektrallinie zur Taktrückgewinnung auf der Empfängerseite einzufügen. Die Nullstelle ist erforderlich, um die Spektrallinie aus dem Spektrum des Digitalsignals entfernen zu können, ohne das Digitalsignal merklich zu beeinflussen.

5. Soll zur Bandbreitenersparnis, die nach dem ersten Nyquist-Kriterium kleinstmögliche Bandbreite erreicht oder unterschritten werden, so müssen höherstufige korrelative Codes zur Anwendung kommen, die die spektrale Energie des Signals bei niedrigen Frequenzen konzentrieren.

6. Wird durch höherstufige Codes die spektrale Energie bei tiefen Frequenzen konzentriert, so kann bei gegebenen Kanal u.U. auf eine Entzerrung im Regenerativverstärker verzichtet werden.

Zusammenfassend kann gesagt werden, daß die Maßnahmen zur Verformung des Leistungsdichtespektrums der Signale am Ausgang des Quellencodierers und die Maßnahmen zur Fehlersicherung beide das Ziel haben, bei gegebenen Kanalstörungen das Minimum der Fehlerhäufigkeit zu erreichen.

4.2 Formatierung

Bei einer digitalen Übertragung werden Folgen von Zeichen aus einem gegebenen Zeichenvorrat über einen Kanal geleitet. Am Anfang der Kanalcodierung, die das digitale Signal an den Kanal anpassen soll, steht die elektrische Darstellung der zu übertragenden Zeichen. Man nennt diesen Vorgang Formatierung und die verschiedenen Darstellungen Formate. Die folgenden Betrachtungen sollen sich auf binäre Signale beziehen, die Folgen von Zeichen aus einem Wertevorrat von zwei Zeichen darstellen. Kennzeichnet man die Zeichen durch Nullen und Einsen, so stellt das binäre Signal eine regellose Null-Eins-Folge dar. Die wichtigsten Formate sind das NRZ-Format (engl.: Non Return to Zero), das RZ-Format (engl.: Return to Zero) und das Bi-Phase-Format. Dabei stellt das NRZ-Format das Grundformat dar, in dem die binären Digitalsignale bei ihrer Entstehung bzw. Erzeugung zunächst vorliegen.

4.2.1 Prinzip

Ein binäres Digitalsignal ist die physikalische Darstellung einer Zeichenfolge mit dem Zeichenvorrat 2 in Form einer Spannungszeitfunktion. Dabei werden den beiden Zeichen je nach Format zwei verschiedene Signalelemente zugeordnet. Am häufigsten treten die Digitalsignale als isochrone Signale in der Form

$$u(t) = U_0 T_0 \sum_{n=-\infty}^{\infty} a(n)\, g(t - nT_0) \tag{4.1}$$

auf. Darin ist die Zahlenfolge $a(n)$ Träger der Information, $g(t)$ der Grundimpuls und T_0 die Taktperiode. Somit ist das isochrone Signal gekennzeichnet durch

1. ein festes Zeitraster und
2. einen festen Grundimpuls.

Der Grundimpuls $g(t)$ ist in Gl. (4.1) als Impulsantwortfunktion definiert. Die Zahlenfolge $a(n)$ ist binär; es gilt $a(n) \in \{a_1; a_2\}$. Hinsichtlich der beiden Werte a_1 und a_2 können zwei Fälle unterschieden werden:

1. Es wird festgelegt: $a_1 = 1$ und $a_2 = 0$. Das eine Zeichen wird dann durch einen Grundimpuls und das andere durch keinen Impuls dargestellt. Damit sind die beiden erforderlichen Signalelemente festgelegt. Formate dieser Gruppe werden unipolar genannt.

2. Es wird festgelegt: $a_1 = +1$ und $a_2 = -1$. Das eine Zeichen wird durch einen positiven Impuls und das andere durch einen negativen Impuls dargestellt. Formate dieser Gruppe werden bipolar genannt.

Zur Beurteilung von Formaten können herangezogen werden:

a) die Möglichkeiten der Übertragung der Schritt- oder Taktfrequenz, insbesondere bei längeren Null- oder Einsfolgen,
b) das Leistungsdichtespektrum (s. Anhang 13.4.3) des digitalen Signals, insbesondere deren spektrale Ausdehnung,
c) die Möglichkeit der Unterscheidung zwischen der Übertragung einer Folge von Nullen und dem Fall, daß keine Übertragung vorliegt.

Wie in Abschn. 3 ausgeführt, benötigt der Regenerativverstärker eines Empfängers von digitalen Signalen die Taktfrequenz, die aus dem empfangenen Signal gewonnen werden muß. Sowohl beim NRZ- als auch beim RZ-Format kann zwischen der Übertragung einer Null-Folge und keiner Übertragung nicht unterschieden werden. Somit wird bei einer Null-Folge auch keine Taktinformation übertragen. Eine Eins-Folge liefert beim NRZ-Format eine Gleichspannung und somit ebenfalls keine Taktinformation, während beim RZ-Format Impulsflanken und damit auch Informationen über den Takt vorhanden sind. Das Leistungsdichtespektrum eines digitalen Signals mit RZ-Format ist in einem größeren Frequenzbereich von Null verschieden als beim NRZ-Format, weil der zur Darstellung der Eins verwendete schmalere Impuls eine größere spektrale Ausdehnung hat. Die Nachteile des NRZ- und des RZ-Formates lassen sich zum Teil vermeiden durch das Bi-Phase-Format.

4.2.2 Differentialtransformation

Zusammen mit der Formatierung wird häufig auch eine Umcodierung der ankommenden Null-Eins-Folge {a(n)} in eine andere Null-Eins-Folge {b(n)} vorgenommen. Bei der Differentialtransformation nach Bild 4.2

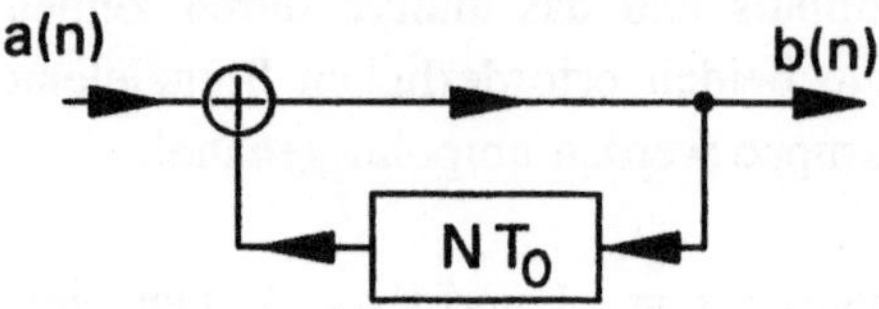

Bild 4.2 Differentialtransformation einer binären Folge

geschieht dies nach der Codierungsvorschrift

$$b(n) = a(n) + b(n\text{-}N) \qquad \mathrm{mod}\ 2 \ , \qquad\qquad (4.2)$$

wobei die Addition in der Rechnung modulo 2 (s. Anhang 13.7.1) durchgeführt wird. Schaltungstechnisch wird diese Addition durch ein exclusiv-oder-Gatter verwirklicht. Die Elemente der Folge b(n) entstehen durch Addition der um N Schritte verzögerten Folge b(n-N) mit der Folge a(n). Zur Verzögerung der Folge b(n) um ein ganzzahliges Vielfaches der Schrittdauer T_0 wird ein Schieberegister eingesetzt. Da in der Rechnung modulo 2 Addition und Subtraktion identisch sind, läßt sich Gl. (4.2) auch in der Form

$$a(n) = b(n) + b(n\text{-}N) \qquad \mathrm{mod}\ 2 \qquad\qquad (4.3)$$

schreiben. Somit wird für N=1 eine Eins der Folge a(n) dargestellt durch einen Elementewechsel der Folge b(n), während eine Null in der Folge a(n) bei der Folge b(n) keinen Elementewechsel hervorruft.

4.2.3 Integraltransformation

Die Differentialtransformation läßt sich durch eine Integraltransformation nach Bild 4.3 rückgängig machen, die aus einer Eingangsfolge b(n)

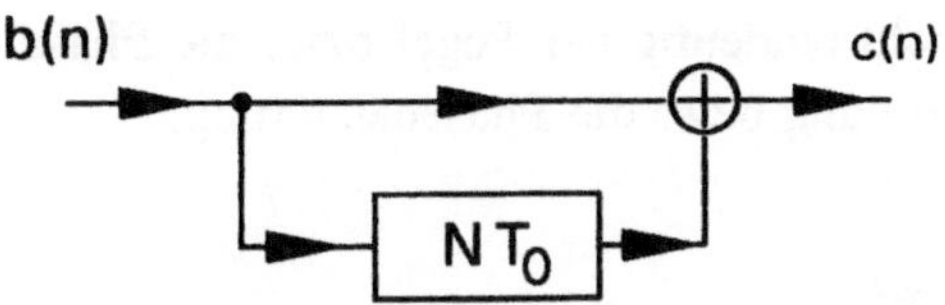

Bild 4.3 Integraltransformation

eine Ausgangsfolge c(n) nach der Vorschrift

$$c(n) = b(n) + b(n\text{-}N) \qquad \mathrm{mod}\ 2 \qquad\qquad (4.4)$$

bildet. Der Vergleich von Gl. (4.3) und (4.4) zeigt, daß bei einer Kettenschaltung der beiden Transformationsschaltungen die Folgen c(n) und a(n) übereinstimmen.

4.2.4 Level, Mark und Space

Der Einsatz der Differentialtransformation

$$b(n) = a(n) + b(n\text{-}1) \qquad \mathrm{mod}\ 2 \qquad\qquad (4.5)$$

mit einer Verzögerung um einen Schritt führt zu drei verschiedenen Ausführungsformen der Formate. Im Falle des NRZ-Formates, bei dem das Signalelement ein Rechteckimpuls von der Dauer einer Taktperiode ist, spricht man von NRZ-Level, wenn die Differentialtransformation nicht eingesetzt wird. Bei Einsatz von Gl. (4.5) entsteht das Format NRZ-Mark. Das bedeutet, eine Eins wird dargestellt durch eine Pegeländerung am Beginn der Taktperiode und eine Null durch keine Pegeländerung.

Wird die Folge a(n) vor der Differentialtransformation durch Vertauschen von Nullen und Einsen in eine invertierte Folge $\overline{a(n)}$ umgewandelt, so wird eine Eins der Folge a(n) dargestellt durch keinen Elementwechsel in der Folge b(n), während eine Null in der Folge a(n) bei der Folge b(n) einen Elementewechsel hervorruft. Auf diese Weise entsteht das Format NRZ-Space.

Die Mark- oder Space-Differenzcodierung wird angewendet, weil bei der Übertragung mit moduliertem Sinusträger (s. Abschn. 8) durch manche Demodulationsverfahren nicht eindeutig der Pegel bzw. die Phase erkannt wird, sondern nur die Pegeländerung bzw. die Phasenänderung.

4.2.5 NRZ-Format

Die Bezeichnung leitet sich von **Non Return to Zero** her, d.h., der Signalpegel kehrt nicht innerhalb einer Taktperiode auf Null zurück. Zur Darstellung der Zeichen wird also ein Rechteckimpuls benutzt, dessen Breite gleich der Taktperiode bzw. gleich dem Abstand der einzelnen Zeichen ist. Das Vorhandensein des Impulses kennzeichnet eine Eins und sein Fehlen eine Null. Das NRZ-Format ist die übliche Darstellung der Nullen und Einsen in der Digitaltechnik.

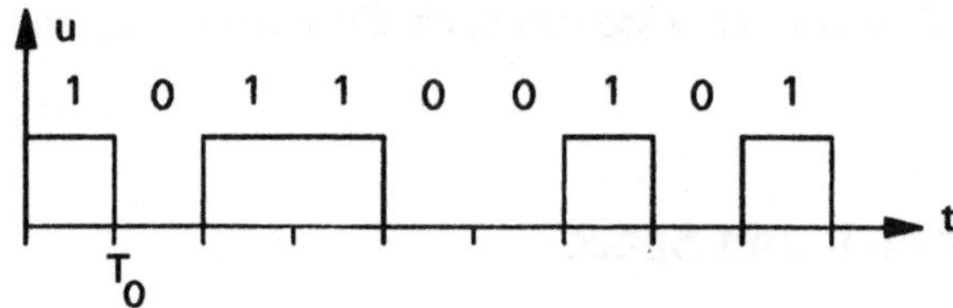

Bild 4.4 Digitalsignal im NRZ-Format Level

Das NRZ-Format wird mit und ohne Differentialtransformation durchgeführt. Zur Unterscheidung wird daher die Formatbezeichnung durch den Zusatz Mark bzw. Level oder Space ergänzt. Ohne besondere Kennzeichnung ist das NRZ-Format unipolar; allerdings kommt es auch in der bipolaren Form vor. Bild 4.4 zeigt ein Digitalsignal im Format NRZ Level.
Ein Digitalsignal im NRZ-Format enthält keine Spektrallinie bei der Taktfrequenz (s. Abschn. 6.1.1), was für die Taktrückgewinnung von Bedeutung ist. Für NRZ-Mark gilt: Es gibt keine Unterscheidung zwischen einer Nullfolge und keiner Übertragung und bei einer Einsfolge entsteht eine Gleichspannung; es können keine Bitgrenzen erkannt werden.

4.2.6 RZ-Format

Die Bezeichnung leitet sich von **Return to Zero** her, d.h., der Signalpegel kehrt in der Mitte der Taktperiode auf Null zurück. Zur Darstellung der Zeichen wird also ein Rechteckimpuls benutzt, dessen Breite gleich der halben Dauer einer

Taktperiode gemacht wird. Das Vorhandensein des Impulses kennzeichnet eine Eins und sein Fehlen eine Null.

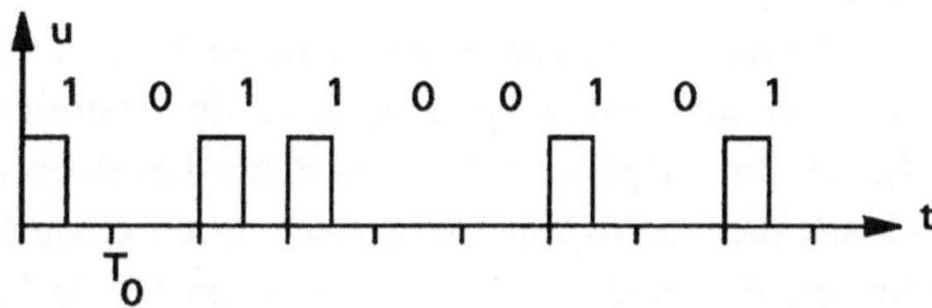

Bild 4.5 Digitalsignal im Format RZ Level

Das RZ-Format wird mit und ohne Differentialtransformation durchgeführt. Zur Unterscheidung wird daher die Formatbezeichnung durch den Zusatz Mark bzw. Level oder Space ergänzt. Ohne besondere Kennzeichnung ist das RZ-Format unipolar; allerdings kommt es auch in der bipolaren Form vor. Bild 4.5 zeigt ein Digitalsignal im Format RZ Level.

Im Gegensatz zum NRZ-Format gibt es beim RZ-Format eine ausgeprägte Spektrallinie bei der Taktfrequenz. Andererseits bewirkt das RZ-Format eine größere spektrale Ausdehnung.

4.2.7 Bi-Phase-Format

Gelegentlich findet sich auch die Bezeichnung Manchester-Format. Hier werden zur Darstellung der Nullen und Einsen zwei verschiedene Impulse benutzt. Eine Eins wird dargestellt durch einen Rechteckimpuls der halben Schrittdauer, der in der ersten Hälfte des für die Darstellung eines Zeichens zur Verfügung stehenden Zeitabschnitts liegt. Zur Darstellung der Null wird der gleiche Impuls verwendet, der dabei in der zweiten Hälfte des Zeitabschnitts liegt.

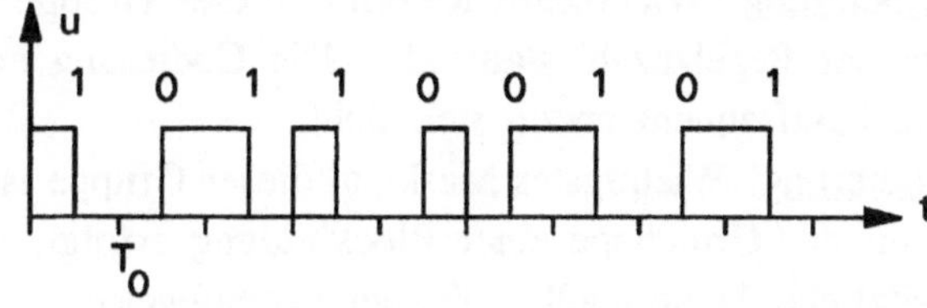

Bild 4.6 Digitalsignal im Format Bi-Phase Level

Damit ist beim Bi-Phase-Format bei Null- und Eins-Folgen die Übertragung der Taktinformation gesichert und auch eine Unterscheidung zwischen Übertragung und keiner Übertragung gegeben.

Eine Unterteilung in Level, Mark und Space wird auch beim Bi-Phase-Format vorgenommen. Bild 4.6 zeigt ein Digitalsignal in dem bereits beschriebenen Format Biphase Level. Im Gegensatz zum Bi-Phase-Level-Format wird beim Format Bi-Phase-Mark die binäre Eins dargestellt durch einen Rechteckimpuls der halben Schrittdauer, der in der ersten oder zweiten Hälfte des Zeitrasterabschnittes liegt, und die binäre Null durch einen Rechteckimpuls mit der Dauer eines Schrittes oder durch keinen Impuls. Die Wahl der beiden Möglichkeiten zur Darstellung der Null oder der Eins erfolgt so, daß immer zu Beginn eines Zeitrasterabschnittes eine Pegeländerung stattfindet. Somit ist das Signalelement in einem Zeitrasterabschnitt wie bei der Differentialtransformation abhängig von dem vorhergehenden Signalelement.

4.3 Korrelative Codierung

Bei der Leitungscodierung ist zunächst zu unterscheiden zwischen Formatierung und korrelativer Codierung. Die Formatierung als Zuordnung von Zeichen einer Zeichenfolge zu bestimmten Signalelementen bringt keine Redundanz in das Signal hinein. Bei den korrelativen Codes wird durch die zugefügte Redundanz das Signalspektrum zur Anpassung an die Gegebenheiten des Kanals verändert. Die Redundanz entsteht dadurch, daß mehr Signalelemente aufgewendet werden als Zeichen vorhanden sind. Korrelativ wird die Codierung genannt, weil die Auswahl eines von mehreren Signalelementen zur Darstellung eines Zeichens von der Vergangenheit abhängig gemacht wird. Bei den korrelativen Codes sollen hier drei Gruppen unterschieden werden:

1. <u>Binäre Codierung</u>. Wichtigstes Merkmal dieser Gruppe ist, daß keine Erhöhung der Pegelanzahl stattfindet. Die Codierung erfolgt symbolweise; die Taktfrequenz ändert sich nicht.

2. <u>Block-Codierung</u>. Wichtigstes Merkmal dieser Gruppe ist, daß die Codierung auf der Grundlage einer Blockbildung erfolgt. Damit entsteht eine zusätzliche Fehlerquelle, die bei symbolweiser Codierung nicht vorhanden ist; denn eine richtige Decodierung setzt eine fehlerfreie Er-

kennung der Blockgrenzen voraus. Weiter ist wichtig, daß die Taktfrequenz herabgesetzt wird. Es entsteht in der Regel ein ternäres Signal.

3. <u>Partial Response Codierung</u>. Dabei handelt es sich um eine symbolweise Codierung mit Erhöhung der Pegelanzahl bei gleicher Taktfrequenz. Größte Verbreitung haben die ternären Codes, die auch "pseudoternär" genannt werden, weil sie nicht mehr Information, sondern Redundanz enthalten.

4.3.1 Binäre Codierung

Als Vertreter dieser Gruppe werde der Miller-Code beschrieben. Charakteristisch für den Code ist, daß er mit vier Signalelementen, die in Bild 4.7 wiedergegeben sind, arbeitet: zwei Signalelemente für die Darstellung der Null und zwei für die Eins. Dabei sind die Signalelemente so gewählt, daß wieder ein binäres Signal entsteht. Die Auswahl der Signalelemente erfolgt so, daß sich folgende Merkmale ergeben:

1. Die spektrale Energie wird durch den Codierungsvorgang bei tiefen Frequenzen im Bereich bis zur halben Taktfrequenz konzentriert.
2. Der Code erzeugt zwar keine Nullstelle bei $f=0$, jedoch ist der Wert bei $f=0$ außerordentlich klein.

Diese beiden Eigenschaften bestimmen auch die Anwendungen des Codes. So findet man ihn häufiger bei der Aufzeichnung von Digitalsignalen auf Magnetband. Die Übertragung über den Luftspalt des Magnetkopfes erfordert einen sehr kleinen Gleichanteil des Signals.

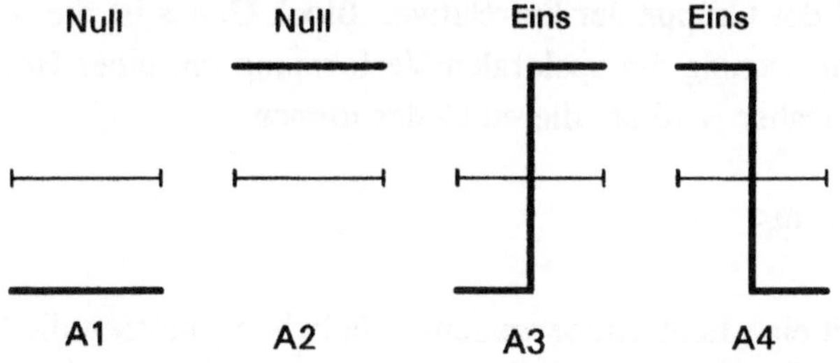

Bild 4.7 Signalelemente für binäre korrelative Codierung

Daß die spektrale Energie bei tiefen Frequenzen konzentriert wird, hat bei einer Übertragung u. U. vernachlässigbar kleine Impulsverzerrungen zur Folge. Die Zuordnung der Signalelemente zu den Nullen und Einsen der Null-Eins-Folge ist an Hand der folgenden Tabelle festgelegt. Wurde im n-ten Schritt eine Null durch das Signalelement A1 dargestellt, so muß eine im nächsten Schritt folgende Null durch das Signalelement A2 dargestellt werden. Wäre eine Eins gefolgt, so fordert die Tabelle dafür die Darstellung durch das Element A3.

Tabelle: Miller-Code

n-ter Schritt		(n+1)-ter Schritt	
		Null	Eins
A1	Null	A2	A3
A2	Null	A1	A4
A3	Eins	A2	A4
A4	Eins	A1	A3

Gelegentlich wird die Miller-Codierung auch als Delay Modulation bezeichnet.

4.3.2 Block-Codierung

Bei diesem Verfahren wird zunächst eine Blockbildung vorgenommen. Dann wird jeweils eine Folge von m_q Binärsymbolen eines Blockes am Eingang des Codierers zu einem Block mit einer Folge von m_c Codesymbolen mit einer höheren Pegelanzahl auf dem Übertragungskanal umcodiert. Dabei bilden die ternären Codes die größte Gruppe.

Hauptmerkmal der Gruppe der korrelativen Block-Codes ist die Verbindung der allgemeinen Zielsetzung der spektralen Verformung mit einer Herabsetzung der Taktfrequenz. Daher wird bei diesen Codes immer

$$m_q > m_c \qquad (4.6)$$

gewählt. Damit eine Echtzeitübertragung möglich ist, müssen die Symboldauern T_q und T_c von Quellsignal und Coderausgangssignal unterschiedlich sein, wobei gilt:

$$m_q T_q = m_c T_c \qquad . \tag{4.7}$$

Bei Blockcodes wird meist ternär codiert, d.h. das Ausgangssignal besteht aus 3 Zuständen 0, + und –. Der Code wird in der Form "m_qBm$_c$T" bezeichnet. Weit verbreitet sind der 3B2T- und der 4B3T-Code. Bei ersterem werden je 3 Binärsymbole durch 2 Ternärsymbole ersetzt. Die Umcodierung geschieht, wie Bild 4.8 zeigt, mit Hilfe einer Zuordnungstabelle.

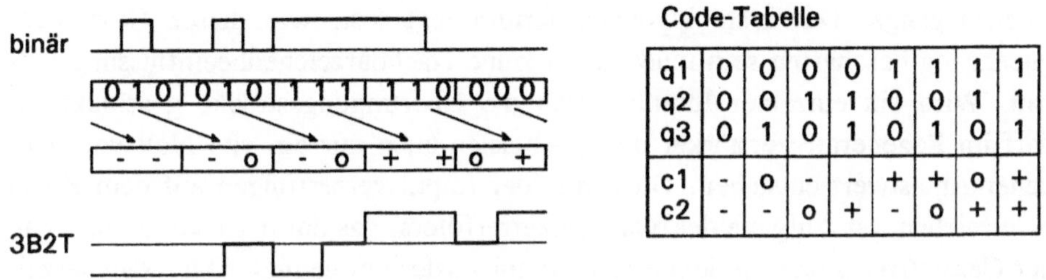

q1	0	0	0	0	1	1	1	1
q2	0	0	1	1	0	0	1	1
q3	0	1	0	1	0	1	0	1
c1	-	o	-	-	+	+	o	+
c2	-	-	o	+	-	o	+	+

Bild 4.8 Blockcodierung 3B2T-Code ($m_q = 3$; $m_c = 2$)

Bei dem 3B2T-Code ist also die Symbolrate $1/T_c$ des Codierers gegenüber der Symbolrate $1/T_q$ des Quellsignals um 1/3 niedriger. Je kleiner das Verhältnis T_q/T_c ist, desto höher kann bei einem Kanal mit gegebener Bandbreite die Übertragungsgeschwindigkeit $v_ü$ bezogen auf das binäre Quellsignal sein. Allerdings wirkt sich ein zu kleines Verhältnis ungünstig auf die Fehleranfälligkeit des Codes aus.

4.3.3 Partial Response Codierung

Bei diesem Verfahren, das eine große Gruppe verschiedener Codes umfaßt, wird eine Umcodierung einer binären Zahlenfolge mit den folgenden Merkmalen durchgeführt: Erhöhung der Pegelanzahl, keine Blockbildung, keine Änderung der Taktfrequenz. Die Partial Response Codierung bietet eine große Freizügigkeit bei der spektralen Verformung des Digitalsignals und ermöglicht eine Überwachung der Übertragungsqualität durch Prüfung der empfangenen Zahlenfolge auf Codeverletzung. Bei der Herleitung wird von der Erscheinung der Nachbarzeichenbeeinflussung ausgegangen.

4.3.3.1 Nachbarzeichenbeeinflussung

Betrachtet wird die Übertragungsstrecke nach Bild 3.4 aus Abschn. 3.3 zur Herleitung des ersten Nyquistkriteriums. Dabei spielt der Gesamtfrequenzgang $\underline{F}_{ges}(f)$ der Strecke, der in den Sender und in den Regenerativverstärker hineinragt, eine wichtige Rolle. Die Impulsform des Senders wird durch den Formfilterfrequenzgang $\underline{F}_F(f)$ berücksichtigt, und der Kanalentzerrer mit dem Frequenzgang $\underline{F}_E(f)$ im Regenerativverstärker ist ebenfalls Bestandteil des Gesamtfrequenzgangs. Das erste Nyquistkriterium legt fest, wie dieser Gesamtfrequenzgang beschaffen sein muß, damit keine Nachbarzeichenbeeinflussung auftritt. Wird ein einzelner Impuls durch die Übertragungsstrecke geschickt, so darf im Regenerativverstärker durch Abtasten auch nur ein von Null verschiedener Abtastwert entstehen. Dies trotz der Impulsverzerrungen auf dem Kanal zu erreichen, ist Aufgabe des Kanalentzerrerfilters, das dafür zu sorgen hat, daß der Gesamtfrequenzgang dem ersten Nyquistkriterium genügt. Die Nachbarzeichenbeeinflussung veranschaulicht Bild 4.9, das zeigt, wie auf

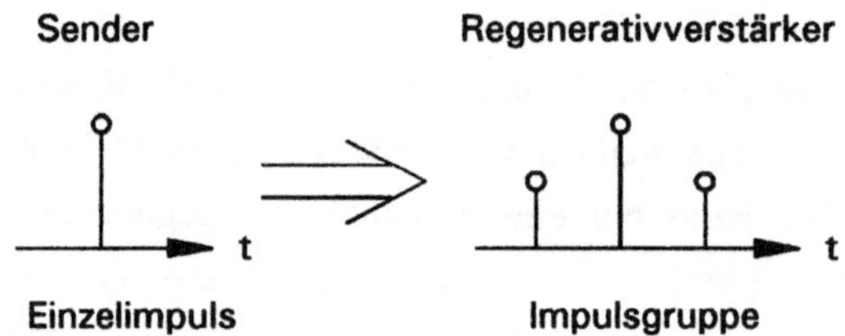

Bild 4.9 Nachbarzeichenbeeinflussung

einen senderseitigen Impuls hin im Regenerativverstärker eine Impulsgruppe identifiziert wird. Wird jetzt statt eines Einzelimpulses eine stochastische Null-Eins-Folge darstellende Folge von Impulsen gesendet, so entsteht im Regenerativerstärker durch Intersymbolinterferenz bzw. Nachbarzeichenbeeinflussung statt eines Zwei-Pegel- ein Mehrpegelsignal. Der Effekt der Nachbarzeichenbeeinflussung läßt sich auch anhand eines Zahlenbeispiels verdeutlichen; denn jeder Impuls ist ja Träger einer Zahl. Der Sender überträgt eine binäre Zahlenfolge b(n). Das entsprechende binäre Digitalsignal stellt diese Zahlenfolge im NRZ-Format dar: Die Eins wird dargestellt durch einen Impuls und die Null durch keinen Impuls. Jeder eine Eins darstellende Impuls ruft im Regenerativ-

verstärker 3 Abtastwerte hervor, von denen der mittlere doppelt so groß wie die
beiden gleich großen benachbarten ist. So entsteht Bild 4.10, das die

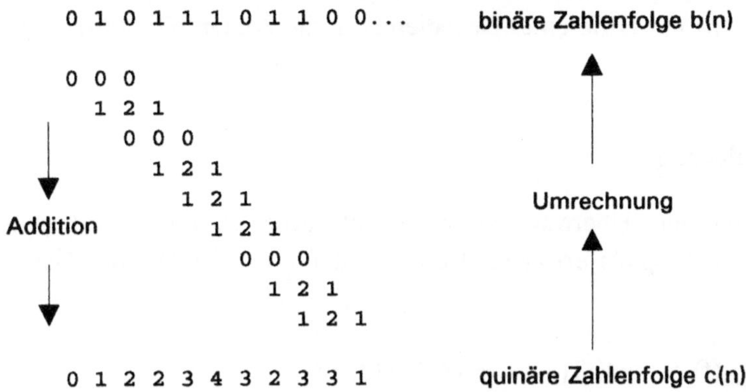

Bild 4.10 Nachbarzeichenbeeinflussung in Zahlendarstellung

Nachbarzeichenbeeinflussung anhand der übertragenen Zahlen darstellt. In dem
Beispiel wird aus der binären Zahlenfolge b(n) eine quinäre Zahlenfolge c(n).
Jede gesendete Zahl "1" wird am Kanalausgang durch eine Zahlengruppe "1 2
1" dargestellt. Diese einfache Gesetzmäßigkeit legt es nahe, die ankommende
quinäre Zahlenfolge c(n) nach der Regeneration in die ursprüngliche binäre
Zahlenfolge b(n) umzurechnen. Voraussetzung dafür ist, daß sich die Nachbarzeichenbeeinflussung in einfacher Weise, wie im Beispiel beschrieben, zusammensetzt. Damit lassen sich zwei verschiedene Übertragungen unterscheiden:

1. Übertragung ohne Nachbarzeichenbeeinflussung. In diesem Fall wird
   das Entzerrerfilter im Regenerativverstärker so eingestellt, daß der Gesamtfrequenzgang der Strecke das erste Nyquistkriterium erfüllt.

2. Übertragung mit kontrollierter Nachbarzeichenbeeinflussung. Dieser
   Fall ist gegeben, wenn z.B. die Einhaltung des ersten Nyquistkriteriums nicht möglich ist und das Entzerrerfilter so eingestellt wird, daß
   die Nachbarzeichenbeeinflussung kontrollierbar ist.

Die Möglichkeit der Übertragung mit kontrollierter Nachbarzeichenbeeinflussung wird überwiegend so ausgenutzt, daß die Umsetzung in ein Mehrpegelsignal bereits im Sender durch einen Codierer erfolgt. Diese Umsetzung ist mit

einer spektralen Verformung des Digitalsignals verbunden. Die Umcodierung der binären Zahlenfolge in eine mehrwertige Zahlenfolge c(n) wird Partial Response Codierung genannt. Nach der Regeneration im Empfänger wird die Zahlenfolge c(n) mit Hilfe eines Decodierers in die Zahlenfolge b(n) umgerechnet.

4.3.3.2 Codierung

Die Herleitung einer Übertragungsstrecke mit Partial Response Codierung soll an Hand eines Beispiels erfolgen. Dabei wird für die Strecke der Gesamtfrequenzgang

$$\underline{F}_{ges}(f) = rect(fT_0) \, [\, 1 + cos(2\pi fT_0) \,] \tag{4.8}$$

zugrundegelegt. Wie im Abschn. 3.3 dargelegt, entspricht dieser Gesamtfrequenzgang nicht dem ersten Nyquist-Kriterium. Daraus resultiert eine massive Nachbarzeichenbeeinflussung, die aber, wie sich zeigt, kontrollierbar ist. Die Herleitung erfolgt in einer Reihe von Einzelschritten:

1. Schritt: Auf den Gesamtfrequenzgang nach Gl. (4.8) wird die Euler'sche Formel

$$cos\,\alpha = \frac{e^{j\,\alpha} + e^{-j\,\alpha}}{2} \tag{4.9}$$

angewendet. Man erhält

$$\underline{F}_{ges}(f) = rect(fT_0) \left[1 + \frac{1}{2} e^{j\,2\pi\,fT_0} + \frac{1}{2} e^{-j\,2\pi\,fT_0} \right] \tag{4.10}$$

2. Schritt: Die e-Funktionen in Gl. (4.10) können bei negativem Exponenten als Verzögerungsglieder interpretiert werden. Daher wird Gl. (4.10) mit exp(-j $2\pi fT_0$) multipliziert. Ferner sollen die Terme mit den e-Funktionen ganzzahlige Koeffizienten erhalten. So erhält man

$$\underline{F}_{ges}(f)\, e^{-j\,2\pi\, fT_0} = \frac{1}{2}\, \text{rect}(fT_0) \left[1 + 2\, e^{-j\,2\pi\, fT_0} + e^{-j\,2\pi\, f\,2T_0} \right] \qquad (4.11)$$

3. Schritt: Der Gesamtfrequenzgang nach Gl. (4.11) unterscheidet sich von dem nach Gl. (4.10) nur durch den Faktor $\exp(-j\,2\pi fT_0)$. Das bedeutet eine Verzögerung um T_0. Mit den Abkürzungen

$$\underline{F}_{ges}{}'(f) = \underline{F}_{ges}(f)\, e^{-j\,2\pi\, fT_0} \qquad (4.12)$$

$$\underline{F}_1(f) = \frac{1}{2}\, \text{rect}(fT_0) \qquad (4.13)$$

$$\underline{F}_2(f) = \left[1 + 2\, e^{-j\,2\pi\, fT_0} + e^{-j\,2\pi\, f\,2T_0} \right] \qquad (4.14)$$

erhält man

$$\underline{F}_{ges}{}'(f) = \underline{F}_1(f)\, \underline{F}_2(f) \;. \qquad (4.15)$$

4. Schritt: Entsprechend der Definition des Gesamtfrequenzgangs enthält dieser Anteile des Senders, des Kanals und des Empfängers. Daher wird der Gesamtfrequenzgang $\underline{F}_{ges}{}'(f)$ aufgeteilt. Dabei sind der Formfilterfrequenzgang $\underline{F}_F(f)$ zur Berücksichtigung der Impulsform der binären Quelle und der Kanalfrequenzgang $\underline{F}_K(f)$ feste Gegebenheiten. Der Frequenzgang $\underline{F}_2(f)$ wird zur Sendeseite und der Frequenzgang $\underline{F}_1(f)$ zur Empfängerseite geschlagen. Dann wird auf der Empfängerseite der Kehrwert des Formfilterfrequenzgangs und des Kanalfrequenzgangs benötigt. So erhält man

$$\underline{F}_{ges}{}'(f) = \underline{F}_F(f)\, \underline{F}_2(f)\, \underline{F}_K(f)\, \underline{F}_1(f)\, \frac{1}{\underline{F}_F(f)}\, \frac{1}{\underline{F}_K(f)} \qquad . \qquad (4.16)$$

Damit ist eine eine Übertragungsstrecke gegeben, die einen neuen Block auf der Sendeseite mit dem Frequenzgang $\underline{F}_2(f)$ enthält; denn der Frequenzgang

$$\underline{F}_E(f) = \underline{F}_1(f)\, \frac{1}{\underline{F}_F(f)}\, \frac{1}{\underline{F}_K(f)} \qquad (4.17)$$

ist dem Entzerrerfilter des Regenerativverstärkers zuzuordnen. So entsteht

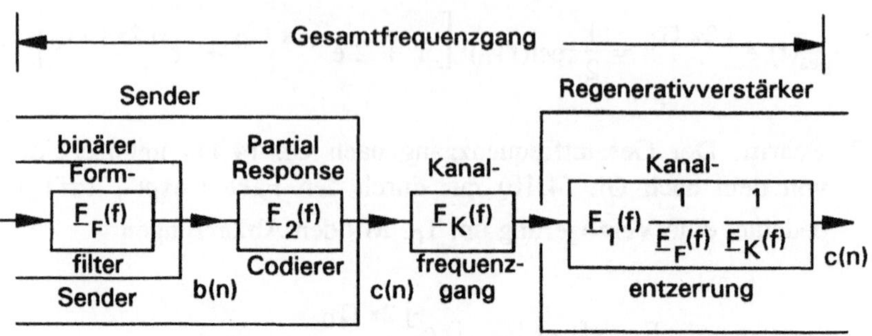

Bild 4.11 Strecke mit Partial Response Codierer

Bild 4.11, das auf der Sendeseite der Übertragungsstrecke einen binären Sender zeigt, dem ein Partial Response Codierer nachgeschaltet ist. Der binäre Sender erzeugt ein die Null-Eins-Folge b(n) darstellendes Digitalsignal im NRZ-Format. Der nachfolgende Block $\underline{F}_2(f)$ zeigt ein Doppelgesicht: Betrachtet man die Signale, so stellt er ein Filter dar; im Zeitbereich findet eine Umsetzung auf ein Mehrpegelsignal statt und im Frequenzbereich eine spektrale Verformung. Lenkt man den Blick auf die durch die Signale dargestellten Zahlenfolgen, so hat man es mit einem Codierer zu tun, der aus einer binären Zahlenfolge b(n) eine mehrwertige Zahlenfolge c(n) macht. Nach dem Kanal findet eine Regeneration statt, die das Signal am Kanaleingang wiederherstellt.
Als nächstes soll das Innere des Codierers $\underline{F}_2(f)$ dargestellt werden. Ausgehend vom Frequenzgang wird das Verhalten im Zeitbereich erläutert. Das Eingangssignal sei $u_e(t)$ mit der Fourier-Transformierten $\underline{U}_e(f)$ und das Ausgangssignal $u_a(t)$ mit der Fourier-Transformierten $\underline{U}_a(f)$. Da der Frequenzgang das Verhältnis der Fourier-Transformierten von Ausgangs- und Eingangssignal ist, gilt für das obige Beispiel

$$\frac{\underline{U}_a(f)}{\underline{U}_e(f)} = 1 + 2\,e^{-j\,2\pi\,fT_0} + e^{-j\,2\pi\,f\,2T_0} \quad . \tag{4.18}$$

Nach der Multiplikation mit $\underline{U}_e(f)$ und Transformation in den Zeitbereich, erhält man

$$u_a(t) = u_e(t) + 2\,u_e(t - T_0) + u_e(t - 2T_0) \quad . \tag{4.19}$$

Aus Gl. (4.19) läßt sich das Blockschaltbild des Partial Response Codierers ablesen. Das Ausgangssignal $u_a(t)$ ergibt sich als Summe aus dem Eingangssignal $u_e(t)$ und um ganzzahlige Vielfache der Taktperiodendauer T_0 verzögerten Eingangssignalen, wobei die Summanden mit ganzzahligen Koeffizienten bewertet sind. So entsteht das Systemdiagramm nach Bild 4.12, das aus

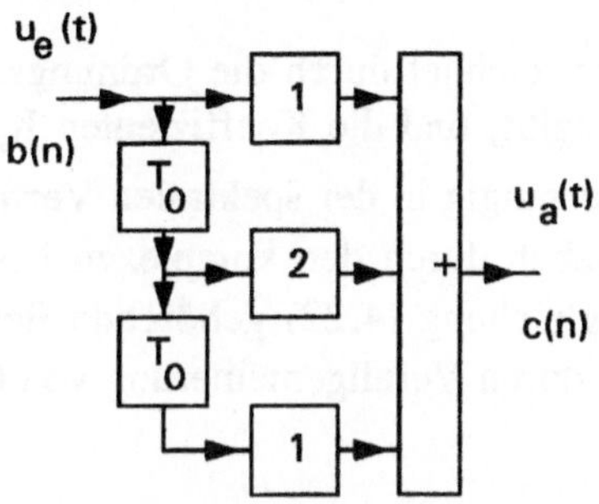

Bild 4.12 Systemdiagramm eines Partial Response Codierers

Verzögerungsgliedern, Koeffizientengliedern und einer Additionsstelle besteht. Die Anordnung ist also ein Transversalfilter (s. Abschn. 5.3.2).

Als nächstes soll der Übergang von den Signalen zu den Zahlenfolgen vollzogen werden. Dazu werden die Signale zu den Zeitpunkten $t=nT_0$ abgetastet, wobei k die Folge der ganzen Zahlen durchläuft. Aus Gl. (4.19) entsteht dann die Gleichung

$$u_a(nT_0) = u_e(nT_0) + 2\,u_e([n-1]T_0) + u_e([n-2]T_0) \quad , \qquad (4.20)$$

die den gegenwärtigen Abtastwert des Ausgangssignals aus dem gegenwärtigen und vergangenen Abtastwerten des Eingangssignals berechnet. Diese Abtastwerte stehen für die Elemente der eingangs- und ausgangsseitigen Zahlenfolgen. Die binäre Zahlenfolge am Codierereingang wird b(n) und die mehrwertige Zahlenfolge am Codiererausgang c(n) genannt. Damit erhält man aus Gl. (4.20) die Codierungsgleichung

$$c(n) = b(n) + 2\,b(n-1) + b(n-2) \, , \qquad (4.21)$$

die für das der Herleitung zugrundeliegende Beispiel gilt. Verallgemeinert man
Gl. (4.21), so ergibt sich die Codierer-Gleichung in der Form

$$c(n) = \sum_{m=0}^{N} K_m \, b(n-m) \quad .$$
(4.22)

Ein Code wird also gekennzeichnet durch die Ordnungszahl N, die die Anzahl
der Verzögerungsstufen angibt, und die Koeffizienten K_m. Die Zielsetzung der
Leitungscodierung liegt vorrangig in der spektralen Verformung eines Digitalsignals. Diese wird beschrieben durch den komplexen Frequenzgang des Codierers. Die zur Codierungsgleichung (4.22) gehörende Beschreibung der Signale
im Zeitbereich ergibt sich durch Verallgemeinerung von (4.19) zu

$$u_a(t) = \sum_{m=0}^{N} K_m \, u_e(t - mT_0) \, .$$
(4.23)

Durch Fourier-Transformation (s. Anhang 13.2.3) und Bildung des Quotienten
$\underline{U}_a(f)/\underline{U}_e(f)$ erhält man den komplexen Frequenzgang des Codierers

$$\underline{F}_2(f) = \sum_{m=0}^{N} K_m \, e^{-j\,2\pi f\, mT_0} \quad .$$
(4.24)

Wie im Abschn. 5.3.2 gezeigt wird, läßt sich durch solche Filteranordnungen
ein fast beliebiger Frequenzgang einstellen, was gleichbedeutend mit einer fast
beliebigen spektralen Verformung des Eingangssignals ist.

4.3.3.3 Decodierung

Im Empfänger entsteht nun bei dieser Mehrpegelübertragung die Aufgabe, aus
der Folge c(n), die Folge b(n) wiederzugewinnen. Hierbei sind die folgenden
Gesichtspunkte wichtig.

1. Ausgangspunkt für die Decodierung ist die Codierungsgleichung, die
   nach b(n) aufgelöst wird. So erhält man aus Gl. (4.21)

$$b(n) = c(n) - 2\,b(-1) - b(n-2) \ . \qquad (4.25)$$

Damit führt die Rückgewinnung der Folge b(n) auf ein rekursives System. Die Decodierung erfordert außer dem gegenwärtigen Wert der Folge c(n) auch vergangene Werte der Folge b(n).

2. Daraus folgt, daß Übertragungsfehler sich unbegrenzt fortpflanzen können, weil ein Wert der Folge b(n) nur dann richtig erkannt werden kann, wenn auch die vorangegangenen Werte von b(n) richtig identifiziert wurden.

Um die unbegrenzte Fehlerfortpflanzung zu verhindern, wird das Eingangssignal des Codierers so vorcodiert, daß aus jedem Wert c(n) des mehrstufigen Empfangssignals ein Wert des ursprünglichen, binären Signals ohne Kenntnis vorangegangener Werte abgeleitet werden kann. Man erhält das Blockschaltbild nach Bild 4.13. Aus der binären Folge a(n) entsteht durch Vorcodierung

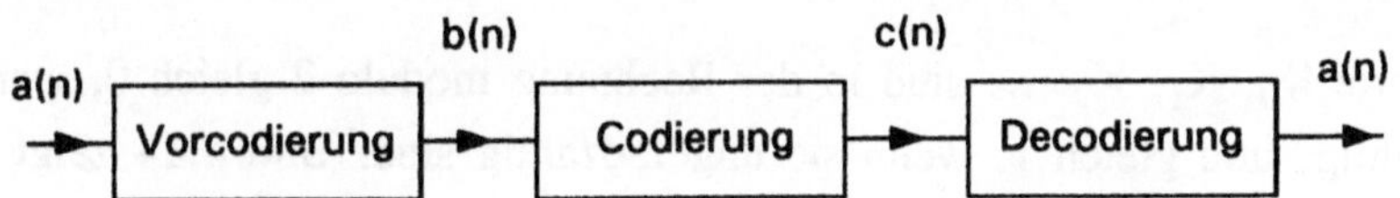

Bild 4.13 Mehrpegelübertragung mit Vorcodierung

zunächst die binäre Folge b(n), die dann auf die mehrstufige Folge c(n) umcodiert wird. Auf der Empfangsseite ist dann eine einfache Wiedergewinnung der Folge a(n) ohne Fehlerfortpflanzung möglich. Gilt für die Vorcodierung in der Rechnung modulo 2 (s. Anhang 13.7.1)

$$a(n) = \sum_{m=0}^{N} K_m\, b(n-m) \quad \mathrm{mod}\,2 \quad , \qquad (4.26)$$

so muß, wenn man Gl. (4.26) mit Gl. (4.22) vergleicht,

$$a(n) = c(n) \quad \mathrm{mod}\,2 \qquad (4.27)$$

sein. Dies bedeutet

$$a(n) = \begin{cases} 0 & \text{für } c(n) \text{ geradzahlig} \\ 1 & \text{für } c(n) \text{ ungeradzahlig} \end{cases} \qquad (4.28)$$

Zur Berechnung der b(n) aus den a(n), wird Gl. (4.26) umgeformt. Man erhält zunächst

$$K_0\, b(n) = a(n) - \sum_{m=1}^{N} K_m\, b(n\text{-}m) \quad \text{mod } 2 \qquad (4.29)$$

und, weil in der Rechnung modulo 2 Addition und Subtraktion identisch sind, mit K_0 ungeradzahlig

$$b(n) = a(n) + \sum_{m=1}^{N} K_m\, b(n\text{-}m) \quad \text{mod } 2 \quad . \qquad (4.30)$$

Die Werte K_0, K_1, K_2, ... sind in der Rechnung modulo 2 gleich 0, wenn sie geradzahlig, und gleich 1, wenn sie ungeradzahlig sind. Bild 4.14 zeigt einen Partial Response Codierer mit N=4 und Vorcodierung.

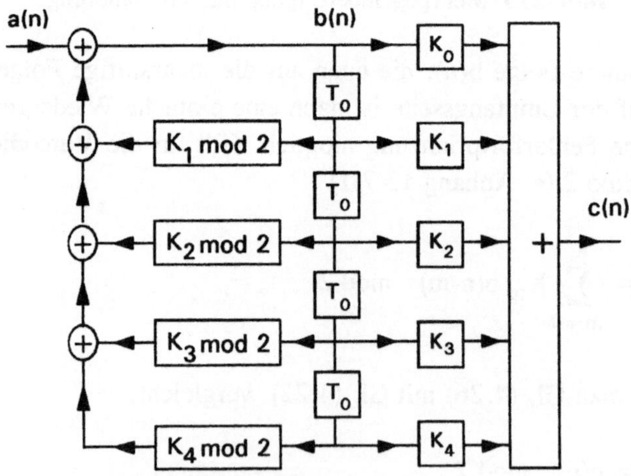

Bild 4.14 Codierer mit Vorcodierung

Die für die Vorcodierung und die Umcodierung auf ein Mehrpegelsignal erforderlichen Schieberegister wurden zu einem zusammengefaßt. Die modulo-2-Addierer werden durch exclusiv-oder-Gatter verwirklicht. Geradzahlige Koeffizienten ergeben modulo 2 den Wert Null, so daß die entsprechenden Leitungen wegfallen.

4.3.3.4 Spezielle Codes

Ein Partial Response Code wird gekennzeichnet durch die Anzahl N der Verzögerungsstufen und die Angabe der Koeffizienten K_m. Es soll zunächst der Fall $K_1 = K_2 = \ldots = K_{N-1} = 0$ und $K_0 = 1$, $K_N = \pm 1$ behandelt werden. Man erhält dann den Codierer nach Bild 4.15, der die Umcodierung eines binären in ein ternäres Signal bewirkt. Für $N = 1$ und $K_N = +1$ entsteht der **Biternär-Code**, der im Prinzip bereits 1898 bekannt war. Setzt man $N = 1$ und $K_N = -1$, so erhält man den **Twinned-Binary-Code**. Der Codierer nach Bild 4.15 kann zum Zwecke einfacherer Decodierung

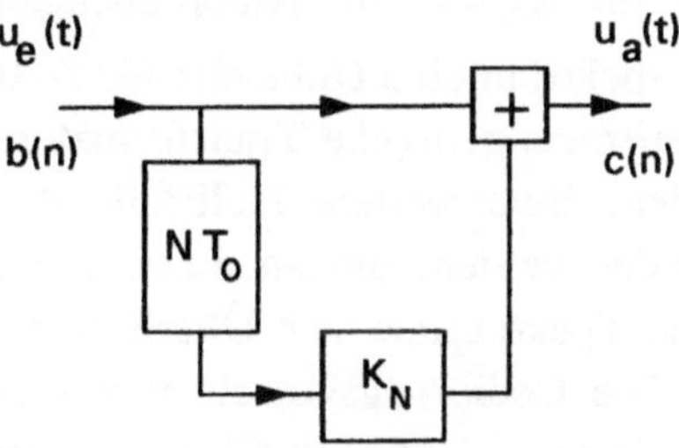

Bild 4.15 Codierer zur Umcodierung eines binären in ein ternäres Signal

durch die in Abschn. 4.3.3.3 beschriebene Vorcodierung ergänzt werden. So entsteht dann der Codierer nach Bild 4.16. Für $K_N = +1$ erhält man dann den **Duobinär-Code** N-ter Ordnung und für $K_N = -1$ den **Bipolar-Code** N-ter Ordnung. Der Bipolar-Code 1. Ordnung wird auch AMI-Code genannt. Die Abkürzung ergibt sich aus der englischen Bezeichnung Alternating Mark Inversion; denn es müssen sich bei diesen Codes immer eine +1 und eine -1 abwechseln.

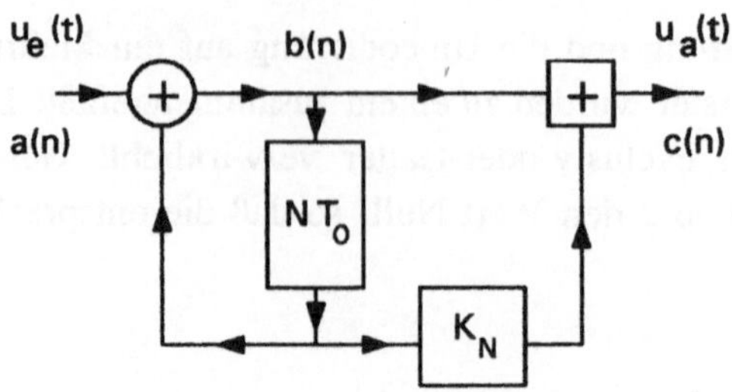

Bild 4.16 Codierer mit Vorcodierung zur Umwandlung
eines binären in ein ternäres Signal

Der Amplitudengang des Codiers nach Bild 4.15 ist mit Gl. (4.24)

$$|\underline{F}_2(f)| = \begin{cases} 2\,\bigl|\cos(\pi fNT_0)\bigr| & \text{für}\quad K_N = 1 \\[2mm] 2\,\bigl|\sin(\pi fNT_0)\bigr| & \text{für}\quad K_N = -1 \end{cases} \qquad\qquad (4.31)$$

Bemerkenswert ist, daß für $K_N=-1$ im Amplitudengang des Codierers und damit im Leistungsdichtespektrum eine Nullstelle für $f=0$ entsteht. Dies ist von Vorteil, wenn in der Übertragungsstrecke Transformatoren und Koppelkondensatoren verwendet werden. Eine weitere Nullstelle des Leistungsdichtespektrums kann dazu verwendet werden, um an dieser Stelle durch Überlagerung einer Sinusspannung eine Spektrallinie zur Übertragung der Taktfrequenz (s. Abschn. 6) einzufügen. Die Codierungsvorschrift zur Umsetzung der binären Folge b(n) in die ternäre Folge c(n) ist nach Gl. (4.22) bzw. Bild 4.15

$$c(n) = b(n) + K_N\,b(n-N) \qquad . \qquad\qquad (4.32)$$

Für $K_N=-1$ kann die Folge c(n) die Werte $+1,0,-1$ annehmen. Bei Anwendung der Vorcodierung gehört nach Gl. (4.27) zu geradzahligen c(n)-Werten $a(n)=0$ und zu ungeradzahligen c(n)-Werten $a(n)=1$. Somit kann die Folge a(n) aus der Folge c(n) durch Doppelweggleichrichtung gewonnen werden. Ist jedoch $K_N=+1$, so kann c(n) die Werte 0, 1, 2 annehmen. In diesem Fall erfolgt die Decodierung, sofern eine Vorcodierung vorgenommen wurde, ebenfalls nach Gl. (4.27). Allerdings ergibt sich die Folge c(n) nicht durch einfache Doppelweggleichrichtung. Ohne Veränderung des Frequenzgangs läßt sich die Codierungsvorschrift nach Gl. (4.32) in

$$c(n) = b(n) + K_N \, b(n-N) - 1 \tag{4.33}$$

abändern. Dann nimmt c(n) die Werte $+1, 0, -1$ an. Damit in diesem Fall die Decodierung nach Gl. (4.27) und somit wieder durch Doppelweggleichrichtung erfolgen kann, muß die Vorcodierungsvorschrift entsprechend Gl. (4.26)

$$a(n) = b(n) + b(n-N) \quad \text{mod } 2 \quad , \tag{4.34}$$

die dem Codierer nach Bild 4.16 zugrunde liegt, abgeändert werden in

$$a(n) = b(n) + b(n-N) - 1 \quad \text{mod } 2 \quad . \tag{4.35}$$

Die Subtraktion einer Konstanten 1 bedeutet die Inversion der Folge a(n). Wird also vor den Codierer nach Bild 4.16 ein Inverter geschaltet, der aus jeder Eins eine Null und umgekehrt macht, so wird die Folge c(n) durch Doppelweggleichrichtung in die Folge a(n) verwandelt.

4.3.3.5 Fehlerwahrscheinlichkeit

Die Partial Response Codierung mit der Redundanzzufügung durch Erhöhung der Pegelanzahl ermöglicht, wie gezeigt wurde, eine sehr flexible Anpassung des Spektrums des Digitalsignals an die Eigenschaften des Kanals. Allerdings muß dieser Vorteil mit dem Nachteil einer erhöhten Fehlerhäufigkeit erkauft werden. Dies trifft auf jede Leitungscodierung zu, bei der die Anzahl der Pegel erhöht wird. Somit bilden die ternären Codes die weitaus größte Gruppe unter den Leitungscodes. Quinäre Codes sind seltener zu finden und setzen sehr störungsarme Kanäle voraus.
Wird ein Mehrpegelsignal empfangen, so erfolgt nach einer Entzerrung im Regenerativverstärker eine Amplitudenentscheidung, bei der die einzelnen Pegel erkannt werden müssen. Bei diesem Erkennungsvorgang können in Anwesenheit von Störungen Fehlentscheidungen vorkommen, die sich umso häufiger ereignen je höher die Anzahl der Pegel ist. In Abschn. 3.4.3.2 wurde die Fehlerhäufigkeit in Abhängigkeit vom Signal-Geräusch-Abstand ρ^* und von der Anzahl der Pegel bzw. Stufen berechnet und in Bild 3.15 dargestellt. Man erkennt, daß bei einem Signal-Geräusch-Abstand von 15 dB der Übergang von einem binären auf ein ternäres Signal eine Erhöhung der Fehlerhäufigkeit von 10^{-8} auf etwa 10^{-4} bedeutet.

4.3.3.6 Fehlererkennung

Es werden wieder nicht die Signale, sondern die durch sie dargestellten Zahlenfolgen betrachtet. Eine zufällige, binäre Zahlenfolge a(n), die im Sender den Vorcodierer und den Codierer durchläuft und diesen als Zahlenfolge c(n) verläßt, erhält durch den Codierungsvorgang eine mathematische Prägung. Die Elemente der Folge c(n) sind nicht mehr ganz zufällig, sondern von einander abhängig; sie müssen die Codierungsgleichung erfüllen. Dieser Sachverhalt läßt sich dazu benutzen, auf der Empfängerseite Übertragungsfehler zu erkennen. Die empfangene Zahlenfolge wird auf Codeverletzung geprüft; es kann eine Codeverletzungshäufigkeit gemessen werden (s. Bild 4.17). Besonders bemerkenswert ist dabei die Tatsache, daß diese Messung während einer laufenden Übertragung erfolgen kann.

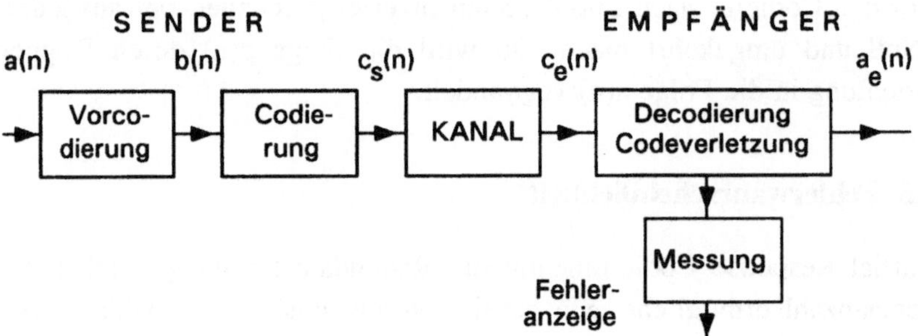

Bild 4.17 Übertragungsstrecke mit Partial Response Codierung:
Prüfung auf Codeverletzung

Das Verfahren ist in Bild 4.18 dargestellt. Die empfangene Zahlenfolge c_e(n) wird zunächst decodiert; die Decodierung erfolgt nach a_e(n)$=$ c_e(n) mod 2. Danach wird die senderseitige Vorcodierung und Codierung wiederholt. Durch Vorcodierung bildet man die binäre Folge

$$b_e(n) = a_e(n) + \sum_{i=1}^{N} K_i\, b_e(n\text{-}i) \quad \text{mod}\, 2 \quad , \tag{4.36}$$

aus denen dann durch Codierung die mehrwertige Folge

$$c'_e(n) = \sum_{i=0}^{N} K_i\, b_e(n-i) \qquad\qquad (4.37)$$

entsteht.

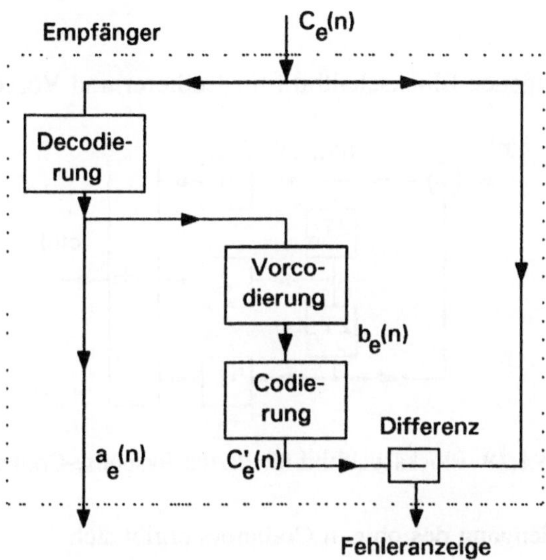

Bild 4.18 Prüfung auf Codeverletzung

Die empfangenen Werte $c_e(n)$ und die nach der Decodierung neu aufgebauten Werte $c_e'(n)$ können nur übereinstimmen, wenn die empfangene Folge $c_e(n)$ fehlerfrei ist.

4.4 Aufgaben

In Anlehnung an die Ausführungen des Abschnitts über die Leitungscodierung werden im Folgenden einige Übungsaufgaben formuliert.

9. Aufgabe:
Für eine Partial-Response-Codierung soll ein Codierer mit einer Vorcodierung entworfen werden. Zugrundegelegt werden soll die Codierungsgleichung

$$c(n) = 2b(n-2) - b(n-4) - b(n) \qquad . \tag{4.38}$$

Dann können das Blockschaltbild für Codierung und Vorcodierung sowie Vorcodierungsgleichung ermittelt werden. Die Frage nach den Eigenschaften dieser
Partial-Response-Codierung muß durch die Angabe des Amplitudengangs be-
antwortet werden.

Lösung:

Man erhält das folgende Blockschaltbild für Codierer und Vorcodierer:

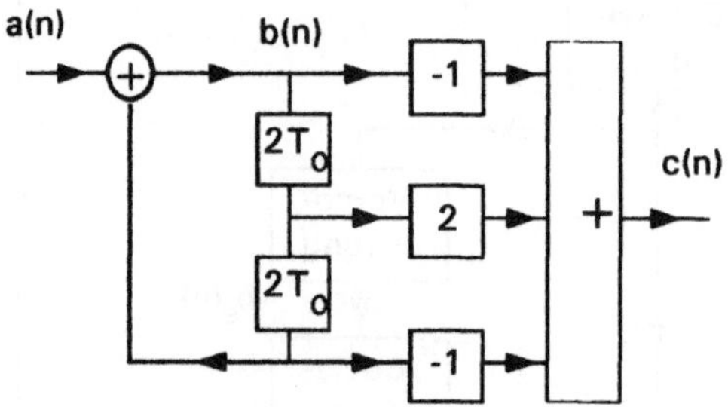

Bild 4.19 Blockschaltbild für Partial-Response-Codierer

Für den Amplitudengang des obigen Codierers ergibt sich

$$\left|\underline{F}(f)\right| = 2(1 - \cos[4\pi f T_0]) \tag{4.39}$$

10. Aufgabe:

Für eine digitale Übertragung wird zur Anpassung an den Kanal auf der
Grundlage der Codierungsgleichung

$$c(n) = b(n) + 2b(n-1) + b(n-2) \tag{4.40}$$

eine Partial-Response-Codierung mit Vorcodierung durchgeführt. Gegeben ist
die Zahlenfolge $c_e(n)$, die zur Ermittlung möglicher Übertragungsfehler auf
Verletzung der Codierungsgleichung zu überprüfen ist.

Lösung:

Zunächst ist die Vorcodierungsgleichung zu ermitteln. Man erhält

$$b(n) = a(n) \oplus b(n-2) \tag{4.41}$$

Die Lösung vollzieht sich an Hand von Bild 4.18 mit Hilfe einer Tabelle:

$c_e(k)$	$a_e(k)$	$b_e(k)$	$c_e'(k)$	$c_e(k)-c_e'(k)$
1	1	1	1	0
3	1	1	3	0
4	0	1	4	0
3	1	0	3	0
2	0	1	2	0
3	1	1	3	0
4	0	1	4	0
1	1	0	3	-2
0	0	1	2	-2
0	0	0	2	-2
1	1	0	1	0
3	1	1	1	2
4	0	0	2	2
3	1	0	1	2

In der ersten Spalte sind die Elemente der empfangenen Folge $c_e(k)$ eingetragen. Man erkennt, daß vom 8. Element an die empfangenen $c_e(k)$ und die neuberechneten $c_e'(k)$ von einander abweichen. Obwohl die Folge $c_e(k)$ nur einen Fehler enthält, bleibt die Abweichung zunächst bestehen; daher muß nach Festellung einer Codeverletzung das Register des Codierers auf Null gesetzt werden.

11. Aufgabe:
Gegeben ist die Codierungsgleichung

$$c(n) = b(n) + 2b(n-1) + b(n-2) \tag{4.42}$$

eines Partial-Response-Codes. Zu ermitteln ist die Anzahl der Pegel des durch diese Codierung entstehenden Mehrpegelsignals.
Lösung:
Durch Untersuchung der verschiedenen Kombinationen der Werte für die Folgen b(n), b(n-1) und b(n-2) findet man an Hand einer Tabelle eine Anzahl von 5 Pegeln. Es handelt sich also um ein quinäres Signal.

5 Entzerrung: Basisbandsignale

Digitalsignale werden beim Durchgang durch die Kanäle eines Nachrichtennetzes gestört und verzerrt. Das hat Auswirkungen auf die mögliche Übertragungsgeschwindigkeit und auf die Fehlerhäufigkeit. Daher kommt der Entzerrung der empfangenen Signale hinsichtlich der Wirtschaftlichkeit und der Betriebssicherheit große Bedeutung zu. Bild 5.1 zeigt eine Übersicht zur Entzerrung, die

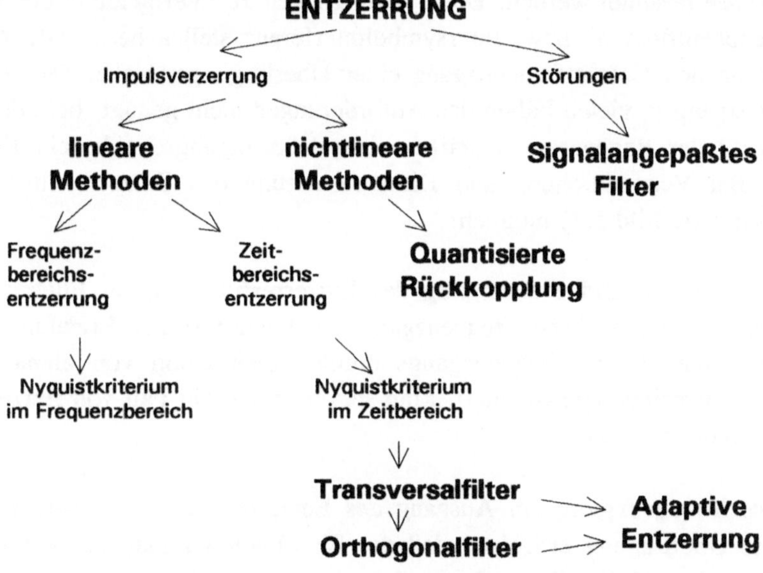

Bild 5.1 Übersicht zur Entzerrung

von der Vorstellung ausgeht, daß dem Signal im Übertragungskanal Impulsverzerrungen zugefügt und Störungen überlagert werden. Dabei soll dieser Abschnitt sich ausschließlich mit den Impulsverzerrungen beschäftigen. Hinsichtlich der überlagerten Störungen sei auf Abschn. 3.4 verwiesen, wo die Verminderung des Einflusses der Störungen durch Korrelation beschrieben wird.

Bei der Einführung des ISDN, des Integrated Services Digital Network, werden dem Teilnehmer zwei 64 Kbit/s - Kanäle zur Verfügung gestellt. Die Übertragung der Digitalsignale erfolgt dabei über die Teilnehmeranschlußleitungen, die, für die analoge Sprachübertragung ausgelegt, nur eine entsprechend kleine Bandbreite besitzen. Möglich ist dies nur über eine leistungsfähige Entzerrertechnik.

5.1 Aufgaben der Entzerrung

Sowohl bei der Übertragung nur zeitquantisierter als auch bei der Übertragung von zeit- und amplitudenquantisierten, d. h. digitalen Signalen müssen die in Abschn. 3.3 formulierten Bedingungen für eine verzerrungsfreie Übertragung von Impulsen beachtet werden. Diese Bedingungen zur Vermeidung der Nachbarzeichenbeeinflussung bzw. Intersymbolinterferenz stellen bestimmte Anforderungen an den Gesamtfrequenzgang einer Übertragungsstrecke. Da der Kanalfrequenzgang in vielen Fällen den Anforderungen nicht genügt, befindet sich am Eingang der Regenerativverstärker einer Übertragungsstrecke ein Entzerrerfilter. Bei Verwirklichung und Dimensionierung des Entzerrerfilters sind zwei Ansätze (s. Bild 5.1) möglich:

Amplituden- und Phasengang des Entzerrerfilters. Beim Filterentwurf wird der erforderliche Frequenzgang des Entzerrers zur Erzielung eines bestimmten Gesamtfrequenzgangs durch Kombination von elementaren Filterbausteinen approximiert. Man spricht in diesem Fall von Entzerrung im Frequenzbereich.

Einschwingvorgang am Ausgang des Entzerrerfilters. Die verzerrungsfreie Übertragung erfordert, daß der Einschwingvorgang zu bestimmten Zeitpunkten Nullstellen aufweist. Dies kann auf einfache Weise durch den Einsatz eines Transversalfilters erreicht werden. Man spricht in diesem Fall von Entzerrung im Zeitbereich.

Im Abschn. 3.3 wurde dargelegt, daß in der Form der Impulse keine Information enthalten ist. Eine Beeinflussung der Impulsform ist zulässig, wenn das entzerrte Signal im Empfänger zu bestimmten Zeitpunkten abgetastet wird. Die in diesem Abschnitt zu behandelnde Entzerrung soll unter dieser Voraussetzung eine verzerrungsfreie Übertragung ermöglichen. Eine in der Regel andersartige Entzerrung ist erforderlich, um im Empfänger die richtigen Abtastzeitpunkte zu ermitteln. Diese Zeitregeneration wird im Abschn. 6 dargestellt. Somit enthält ein Regenerativverstärker im allgemeinen Fall zwei Entzerrerfilter.

5.2 Entzerrung im Frequenzbereich

Das Verfahren der Entzerrung im Zeitbereich und besonders die darauf aufbauenden Methoden der adaptiven Entzerrung erfordern eine Realisierung durch digitale Signalverarbeitung. In Frequenzbereichen, in denen diese Art der Realisierung nicht durchführbar ist, findet das Verfahren der Entzerrung im Frequenzbereich Anwendung.

5.2.1 Prinzip

Eine Übertragung ohne Nachbarzeichenbeeinfussung erfordert einen Gesamtfrequenzgang $\underline{F}_{ges}(f)$, der das erste Nyquist-Kriterium erfüllt. Der Gesamtfrequenzgang

$$\underline{F}_{ges}(f) = \underline{F}_F(f)\,\underline{F}_k(f)\,\underline{F}_E(f) \tag{5.1}$$

ergibt sich als Produkt des Formfilterfrequenzgangs $\underline{F}_F(f)$, des Kanalfrequenzgangs $\underline{F}_k(f)$ und des Entzerrerfilterfrequenzgangs $\underline{F}_E(f)$. Der Formfilterfrequenzgang $\underline{F}_F(f)$ berücksichtigt die Form des Sendeimpulses und ist in der Regel vorgegeben. Ebenfalls ist der Kanalfrequenzgang eine feste Größe. Somit muß das Entzerrerfilter so dimensioniert werden, daß sich für einen bestimmten Sendeimpuls und einen vorgegebenen Kanal ein Gesamtfrequenzgang ergibt, der das erste Nyquistkriterium erfüllt. Damit ergibt sich für das Entzerrerfilter der Frequenzgang

$$\underline{F}_E(f) = \frac{\underline{F}_{ges}(f)}{\underline{F}_F(f)\,\underline{F}_k(f)}\;. \tag{5.2}$$

Bei der Realisierung kann man den Entzerrerfilterfrequenzgang nach Gl. (5.2) in 3 Faktoren zerlegen. Dem entspricht, wie in Bild 5.2 dargestellt, die Kettenschaltung von 3 Einzelfiltern, die einzeln zu realisieren sind. Diese Realisierung kann natürlich nur eine Approximation sein; denn es gibt keine Schaltung, mit der man den Gesamtfrequenzgang exakt darstellen kann.

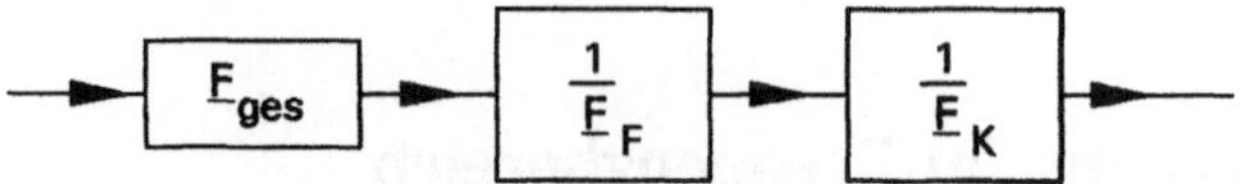

Bild 5.2 Zerlegung des Entzerrerfilters

5.2.2 Anpassung an den Kanal

Damit nicht beim Einsatz des Regenerativverstärkers auf verschiedenen Übertragungsstrecken das Entzerrerfilter ausgewechselt werden muß, ist beim Schaltungsentwurf darauf zu achten, daß der Entzerrer an den jeweiligen Kanal angepaßt werden kann. Der Frequenzgang des Entzerrers muß einstellbar sein und sollte sich automatisch an den Kanal anpassen. Diese beiden Forderungen lassen sich mit einer Entzerrung im Zeitbereich sehr gut lösen, während bei der hier besprochenen Entzerrung im Frequenzbereich nur eine grobe Näherung möglich ist.

Das Problem der Einstellung des variablen Entzerrerfilters läßt sich dadurch lösen, daß das Entzerrerfilter nach Bild 5.3 in die Kettenschaltung eines Festentzerrers mit dem Frequenzgang $\underline{F}_{EF}(f)$ und eines variablen Entzerrers nach Bode mit dem Frequenzgang $\underline{F}_{EV}(f)$ zerlegt wird. Dabei wird der variable Entzerrer über einen Ohmschen Widerstand R_V

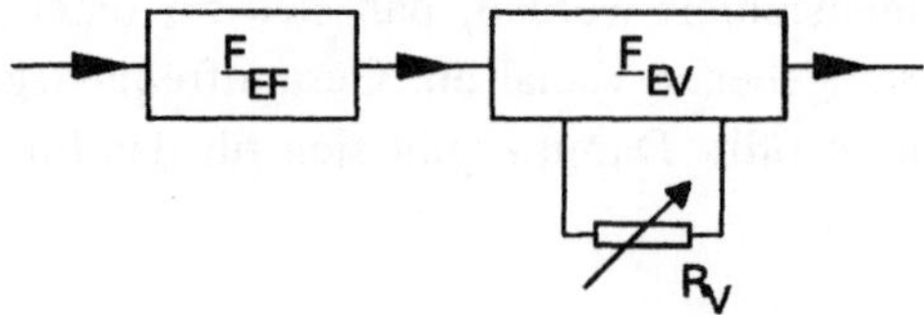

Bild 5.3 Zerlegung des Entzerrers in einen Festentzerrer und einen variablen Entzerrer

eingestellt. Soll ein Regenerativverstärker auf verschiedenen Übertragungsstrekken eingesetzt werden, so ist ein Amplitudenregelkreis (s. Bild 5.4) erforderlich, um für die Signalregeneration (s. Abschn. 3.5.2) einen definierten Spannungspegel des digitalen Signals zu garantieren. Auf den Festentzerrer 1 und den variablen Entzerrer 2 folgt (s. Bild 5.4) ein Verstärker 3 mit elektronisch einstellbarer Verstärkung, der mit einem Gleichrichter 4, einem Differenzverstärker 5 und einem Gleichspannungsverstärker 6 zu einem Amplitudenregelkreis ergänzt wird. Der Widerstand Rv des variablen Entzerrers kann als Feldeffekttransistor realisiert werden, dessen Drain-Source-Widerstand über die Gate-Source-Spannung eingestellt wird. Führt man die Ausgangsspannung des Verstärkers 6 nicht nur dem Verstärker 3,

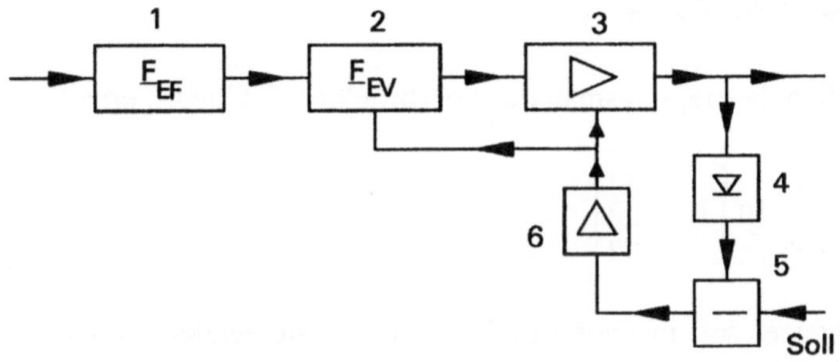

Bild 5.4 Eingangsstufe eines Regenerativverstärkers
mit Entzerrer und Amplitudenregelkreis

sondern auch dem Feldeffekttransistor zu, so ist ein automatischer Abgleich des variablen Entzerrers möglich.

5.2.3 Realisierung

Eine wichtige Entzerrerschaltung ist das überbrückte T-Glied nach Bild 5.5 mit einem frequenzunabhängigen Wellenwiderstand. Gilt für die beiden

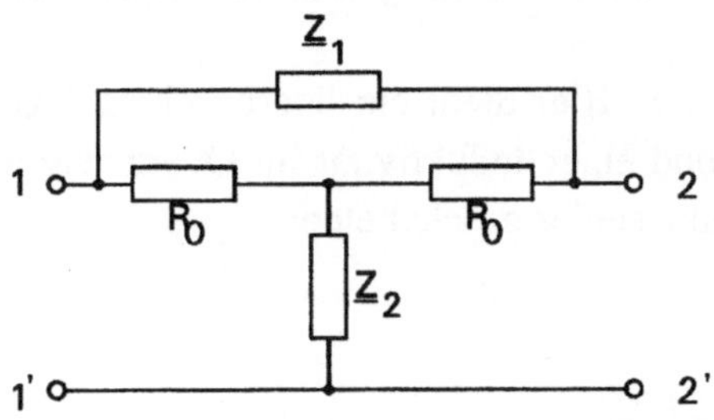

Bild 5.5 Überbrücktes T-Glied zur Entzerrung

Impedanzen $\underline{Z}_1$ und $\underline{Z}_2$ die Beziehung

$$\underline{Z}_1\,\underline{Z}_2 = R_0{}^2 \ , \tag{5.3}$$

so ist der Wellenwiderstand $Z_w{=}R_0$. Mit der Wellendämpfung a_w und dem Wellenphasenmaß b_w gilt für das Wellenübertragungsmaß

$$\underline{g}_w = a_w + j\,b_w \qquad . \tag{5.4}$$

Für das Wellenübertragungsmaß des überbrückten T-Gliedes erhält man

$$\underline{g}_w = \ln\left[1 + \frac{\underline{Z}_1}{R_0}\right] \quad . \tag{5.5}$$

Der Festentzerrer soll in vielen Fällen eine mit steigender Frequenz abfallende Dämpfung haben und eine Bandbegrenzung bewirken. Daher wird in manchen Fällen das überbrückte T-Glied nach Bild 5.5 mit einem Tiefpaß 3. Ordnung kombiniert, wobei die Impedanz Z_1 als Kapazität und die Impedanz Z_2 als Induktivität ausgeführt werden (s. Bild 5.6). Die Schaltung eines variablen Bode-

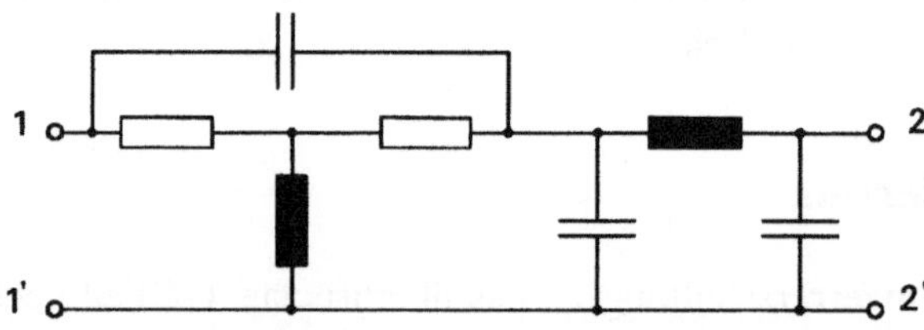

Bild 5.6 Schaltung eines Festentzerrers

Entzerrers zeigt Bild 5.7. Hier dient ein überbrücktes T-Glied mit einer Kapazität im Längszweig und einer Induktivität im Querzweig als Hilfsvierpol beim Aufbau des als Spannungsteiler geschalteten

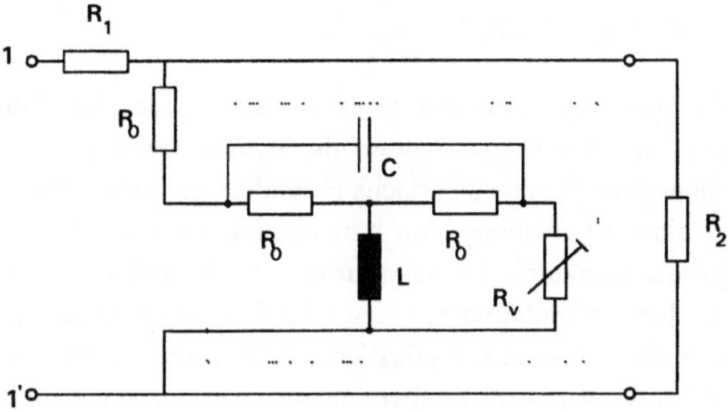

Bild 5.7 Bode-Entzerrer

Entzerrers. Hat der Hilfsvierpol das Wellenübertragungsmaß g_{wH}, den Wellenwiderstand R_0 und den Abschlußwiderstand R_v, so erhält man mit dem Reflexionsfaktor

$$\underline{r}_v = \frac{R_v - R_0}{R_v + R_0} \tag{5.6}$$

die Eingangsimpedanz

$$\underline{Z}_{inH} = R_0 \frac{1 - e^{-2g_w}\, r_v}{1 + e^{-2g_w}\, r_v} \tag{5.7}$$

des Hilfsvierpols. Da der Reflexionsfaktor r_v positive und negative Werte annehmen kann, läßt sich mit dem Abschlußwiderstand R_v zu jedem Wert der be-
zogenen Abschlußimpedanz Z_{in}/R_0 auch der Kehrwert einstellen. Der mit den
Widerständen R_1, R_2, R_0 und dem Hilfsvierpol gebildete Bode-Entzerrer hat
somit einen Übertragungsfaktor, der einstellbar durch den Abschlußwiderstand
Rv mit steigender Frequenz zunimmt, abnimmt oder konstant bleibt.

5.3 Entzerrung im Zeitbereich

Der ideale Frequenzgang kann bei einer Entzerrung des Empfangssignals im Frequenzbereich nur näherungsweise erfüllt werden. Welcher Teil des für die Übertragung benutzten Frequenzbereichs besonders gut entzerrt werden muß, in welchem Teil eine Abweichung von den theoretischen Forderungen auftreten und wie groß diese sein darf, läßt sich nur durch sehr umfangreiche theoretische Berechnungen, durch Simulation mit einem Rechner oder durch Messung ermitteln. In vielen Fällen ist es daher günstiger, nicht Forderungen im Frequenzbereich, sondern Forderungen im Zeitbereich zum Ausgangspunkt für eine Entzerrung zu machen, besonders dann, wenn sich bei hoher Ausnutzung der zur Verfügung stehenden Bandbreite besondere Anforderungen an die Güte der Entzerrung ergeben.

5.3.1 Entzerrer als Impulsformer

Die Formulierung des 1. Nyquist-Kriteriums im Zeitbereich besagt, daß die Vor- und Ausläufer eines Impulses nach der Entzerrung zu den Abtastzeitpunkten verschwinden sollen. Erfüllt wird das 1. Nyquist-Kriterium von einem Gesamtfrequenzgang mit der Taktfrequenz f_0

$$\underline{F}_{ges}(f) = \text{rect}\left[\frac{f}{f_0}\right] , \tag{5.8}$$

dessen in Bild 5.8 dargestellte Impulsantwortfunktion

$$g(t) = \frac{1}{T_0} \frac{\sin\left[\dfrac{\pi\,t}{T_0}\right]}{\dfrac{\pi\,t}{T_0}} \tag{5.9}$$

eine am Entzerrerausgang zulässige Impulsform darstellt.

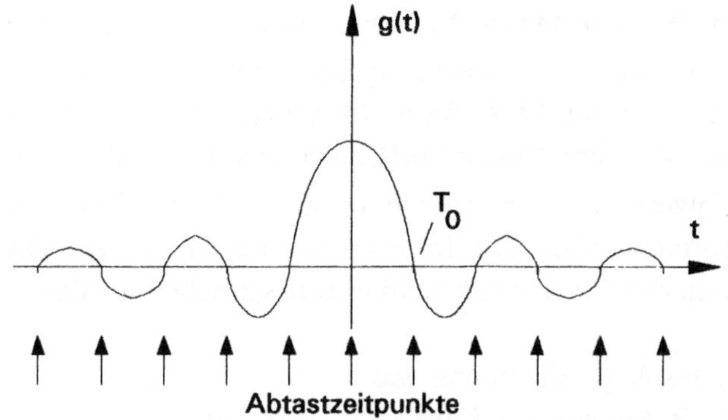

Bild 5.8 Impulsform, die das 1. Nyquist-Kriterium erfüllt

Eine Verbreiterung des Impulses durch den Gesamtfrequenzgang auf die doppelte Schrittdauer T_0 ist zulässig. Bild 5.9 zeigt im Teil a.) das Blockschaltbild einer Strecke und im Teil b.) die Ausgangssignale von Sender, Kanal und Entzerrer. Ist z.B. die Antwort $u_e(t)$ eines Kanals auf einen rechteckigen Sendeimpuls $u_s(t)$ bekannt, so läßt sich das erforderliche Entzerrerausgangssignal $u_a(t)$ entsprechend Bild 5.9 b.) festlegen. Bei einer durch den Kanal bewirkten Verbreiterung des Sendeimpulses auf die doppelte Schrittdauer müssen die empfängerseitigen Abtastzeitpunkte

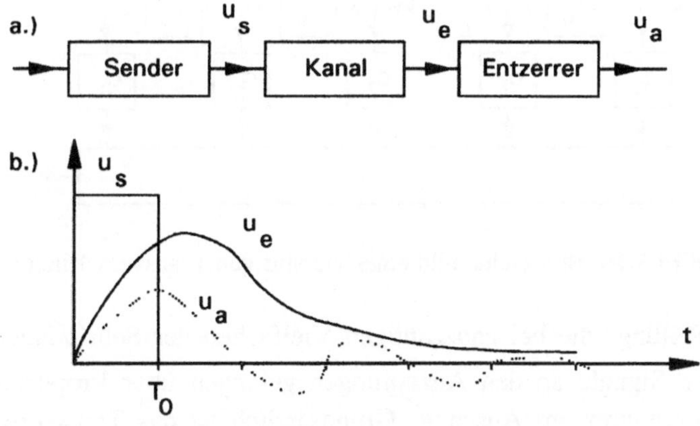

Bild 5.9 a.) Blockschaltbild einer Strecke
b.) Eingangs- und Ausgangssignal des Entzerrers für einen Sendeimpuls

bei Vielfachen der Schrittdauer T_0 liegen. Somit ist das Entzerrerfilter festgelegt durch die zu einer bestimmten Eingangszeitfunktion gewünschte Ausgangszeitfunktion. Damit kann die Aufgabe des Entzerrerfilters aufgefaßt werden als Impulsformung. Ein Sendeimpuls $u_S(t)$, der den Kanal durchläuft, taucht am Eingang des Entzerrers in verzerrter Form auf und muß dann in einen Nyquistimpuls umgeformt werden. Die Impulsverzerrungen, die ein Digitalsignal auf dem Wege durch den Kanal erfährt, können beschrieben werden

1. durch das Augendiagramm und
2. durch die Antwort des Kanals auf einen Sendeimpuls.

Als Grundlage für den Entwurf und die Dimensionierung eines Entzerrerfilters im Zeitbereich ist die Kanalantwort auf einen Sendeimpuls besonders geeignet.

5.3.2 Transversalfilter

Die Erzwingung der Nulldurchgänge bei dem Ausgangssignal des Entzerrers und damit die Impulsformung ist auf besonders einfache Weise durch ein Transversalfilter möglich. Das Blockschaltbild dieses Filters ist in Bild 5.10 dargestellt. Der wichtigste Baustein des Filters ist

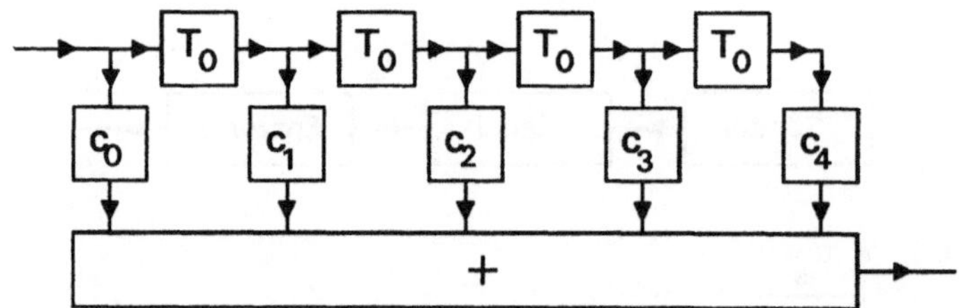

Bild 5.10 Blockschaltbild eines vierstufigen Transversalfilters

die Laufzeitleitung, die bei ganzzahligen Vielfachen der Schrittdauer T_0 angezapft ist. Die Signale an den Anzapfungen gelangen über Proportionalglieder auf einen Summierer am Ausgang. Grundsätzlich ist das Transversalfilter auf Grund seiner Eigenschaften für Entzerreraufgaben besonders geeignet. Bei diesen Eigenschaften sind die folgenden hervorzuheben:

1. Das Filter ermöglicht es, bei der Dimensionierung Amplituden- und Phasengang unabhängig voneinander vorzugeben.
2. Der Frequenzgang wird nicht durch die Filterkonfiguration, sondern nur durch die Koeffizienten festgelegt.

Erfunden wurde das Transversalfilter von Wiener und Lee im Jahre 1936 und in der Literatur zum ersten Mal beschrieben von Kalmann.

5.3.2.1 Theoretische Grundlagen des Transversalfilters

Ein bandbegrenztes Signal u(t) mit dem Spektrum $\underline{U}(f)$ hat eine Grenzfrequenz f_g, oberhalb derer das Signal keine spektralen Komponenten mehr besitzt. Soll nun dieses Signal durch ein Filter mit dem komplexen Frequenzgang $\underline{G}(f)$ beeinflußt werden, so ist dafür nur der Frequenzgang im Bereich $-f_g < f < f_g$ maßgebend. Außerhalb dieses Bereiches ist ein beliebiger Verlauf des Frequenzganges zulässig, also auch die periodische Fortsetzung des Verlaufs im Bereich $-f_g < f < f_g$. Man erhält somit eine in der Frequenz periodische Funktion, die nach Fourier in eine unendliche Reihe entwickelt werden kann. Allgemein gilt für eine periodische Funktion f(x) mit der Periode x_0 die Fourier-Reihe

$$f(x) = \sum_{n=-\infty}^{\infty} \underline{c}_n \, e^{j\,n2\pi\frac{x}{x_0}} \tag{5.10}$$

wobei die Fourier-Koeffizienten $\underline{c}_n$ nach

$$\underline{c}_n = \frac{1}{x_0} \int_{-\frac{x_0}{2}}^{\frac{x_0}{2}} f(x) \, e^{-j\,n2\pi\frac{x}{x_0}} \, dx \tag{5.11}$$

berechnet werden. Für den periodischen Frequenzgang $\underline{G}(f)$ mit der Periode $2f_g$ gilt somit

$$\underline{G}(f) = \sum_{n=-\infty}^{\infty} \underline{c}_n\, e^{j\,n\pi\frac{f}{f_g}} \qquad (5.12)$$

mit den Fourier-Koeffizienten

$$\underline{c}_n = \frac{1}{2f_g} \int_{-f_g}^{f_g} \underline{G}(f)\, e^{-j\,n\pi\frac{f}{f_g}}\, df \ . \qquad (5.13)$$

Auf dem Wege zur Realisierung eines Filters mit dem Frequenzgang $\underline{G}(f)$ muß die unendliche Fourier-Reihe nach Gl. (5.12) durch endlich viele Glieder angenähert werden. Für den angenäherten Frequenzgang $\underline{G}_N(f)$ gilt mit der Grenze N und der Laufvariablen n

$$\underline{G}_N(f) = \sum_{n=-N}^{N} \underline{c}_n\, e^{j\,n\pi\frac{f}{f_g}} \ . \qquad (5.14)$$

Mit der Umformung

$$\underline{G}_N(f) = e^{j\,N\pi\frac{f}{f_g}} \sum_{n=-N}^{N} \underline{c}_n\, e^{j\,(n-N)\,\pi\frac{f}{f_g}} \qquad (5.15)$$

und der Substitution n - N = -k entsteht der Ausdruck

$$\underline{G}_N(f) = e^{j\,N\pi\frac{f}{f_g}} \sum_{k=0}^{2N} \underline{c}_{N-k}\, e^{-j\,k\,\pi\frac{f}{f_g}} \ , \qquad (5.16)$$

der als Grundlage für die Realisierung eines Filters dient. Der Term $e^{-j\,k\,\pi\frac{f}{f_g}}$ ist als Übertragungsfaktor eines Verzögerungsgliedes mit der Verzögerungszeit $k(1/2f_g)$ realisierbar. Da der Ausdruck $e^{+j\,N\,\pi\frac{f}{f_g}}$ eine negative Verzögerungszeit bedeutet, ist nur der Frequenzgang

$$\underline{G}_N{}'(f) = e^{-j\,N\,\pi\frac{f}{f_g}}\,\underline{G}_N(f) \tag{5.17}$$

realisierbar. Die Ausgangsspannung $\underline{U}_2$ eines Filters mit der Eingangsspannung $\underline{U}_1$ und dem Frequenzgang

$$\underline{G}_N{}'(f) = \sum_{k=0}^{2N} \underline{c}_{N-k}\,e^{-j\,k\,\pi\frac{f}{f_g}} \tag{5.18}$$

entsteht somit durch Summation von $2N+1$ Einzelspannungen, die sich jeweils aus der Multiplikation der Eingangsspannung $\underline{U}_1$ mit einem ein Proportionalglied darstellenden Faktor c_n und einem ein Verzögerungsglied darstellenden Faktor $e^{-j\,k\,\pi\frac{f}{f_g}}$ ergeben. So erhält man das in Bild 5.11 dargestellte Blockschaltbild

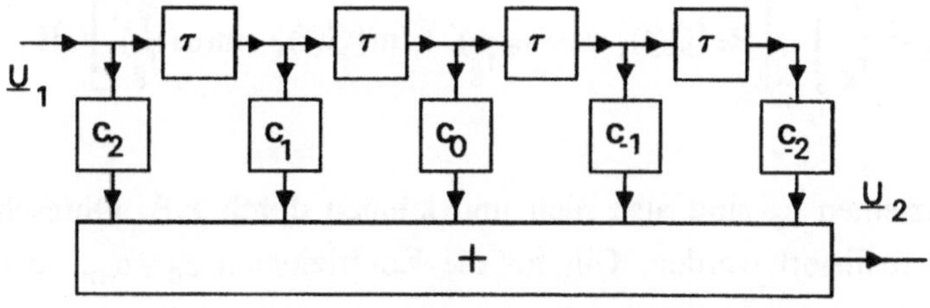

Bild 5.11 Blockschaltbild eines Transversalfilters
mit dem Frequenzgang $\underline{G}_N{}'(f)$ für $N=2$

eines Transversalfilters. Es enthält 2N Verzögerungsglieder mit der Verzögerungszeit $\tau = 1/2f_g$ und $2N+1$ Proportionalglieder. Der Frequenzgang $\underline{G}_N(f)$ des Transversalfilters nach Bild 5.11 ist eine Näherung für den Frequenzgang $G(f)$ nach Gl. (5.12). Es gilt

$$\underline{G}(f) = \lim_{N \to \infty} e^{+j N \pi \tau \frac{f}{f_g}} \, \underline{G}_N{}'(f) \tag{5.19}$$

Das Integral nach Gl. (5.13) zur Berechnung der Koeffizienten c_n läßt sich durch die Darstellung des Frequenzganges $\underline{G}(f)$ in Komponentenform und durch Anwendung der Euler'schen Formel für die e-Funktion umformen in

$$\underline{c}_n = \frac{1}{2f_g} \int\limits_{-f_g}^{f_g} \left\{ \left[\text{Re}\{\underline{G}(f)\} \cos(n\pi \tfrac{f}{f_g}) + \text{Im}\{\underline{G}(f)\} \sin(n\pi \tfrac{f}{f_g}) \right] \right.$$

$$\left. + j \left[\text{Im}\{\underline{G}(f)\} \cos(n\pi \tfrac{f}{f_g}) - \text{Re}\{\underline{G}(f)\} \sin(n\pi \tfrac{f}{f_g}) \right] \right\} df. \tag{5.20}$$

Die Integration des Imaginärteils des Integranden ergibt Null, weil der Imaginärteil eines Frequenzganges eine ungerade und der Realteil eines Frequenzganges eine gerade Funktion der Frequenz ist. Zur Berechnung der Koeffizienten erhält man somit den Ausdruck

$$\underline{c}_n = \frac{1}{f_g} \int\limits_{0}^{f_g} \left[\text{Re}\{\underline{G}(f)\} \cos(n\pi \tfrac{f}{f_g}) + \text{Im}\{\underline{G}(f)\} \sin(n\pi \tfrac{f}{f_g}) \right] df. \tag{5.21}$$

Die Koeffizienten $\underline{c}_n$ sind also reell und können durch z.B. Ohmsche Spannungsteiler realisiert werden. Gilt für die Koeffizienten $c_n = c_{-n}$, so muß nach Gl. (5.12) der Imaginärteil des Frequenzganges $\underline{G}(f)$ Null sein. Erfüllen die Koeffizienten die Bedingung $c_n = -c_{-n}$, so muß nach Gl. (5.12) der Realteil des Frequenzganges verschwinden. In diesem Fall hat man also eine für alle Frequenzen konstante Phasendrehung von $90°$. Mit dem Betrag $|G(f)|$ und dem

Phasenwinkel arc[G(f)] des Frequenzganges läßt sich der Ausdruck nach Gl. (5.21) unter Verwendung des Additionstheorems für den Cosinus der Summe zweier Winkel umformen in

$$c_n = \frac{1}{f_g} \int\limits_0^{f_g} \left\{ |\underline{G}(f)| \left[\cos\left(n\pi \frac{f}{f_g} \right) + \text{arc}[\,\underline{G}(f)\,] \right] \right\} \, df \; . \tag{5.22}$$

Gl. (5.22) zeigt, daß Amplituden- und Phasengang des Transversalfilters bei der Bestimmung der Koeffizienten unabhängig von einander vorgegeben werden können.

5.3.2.2 Zeitbereichsentzerrer

Grundlage für eine Entzerrung im Zeitbereich ist

1. die Beschreibung des Transversalfilters im Zeitbereich und
2. die Formulierung des Nyquistkriteriums im Zeitbereich.

Nach Bild 5.10 gilt mit den Koeffizienten c_n der Proportionalglieder, der Schrittdauer T_0, der Anzahl N der Verzögerungsglieder und der Eingangsspannung $u_e(t)$ für die Ausgangsspannung

$$u_a(t) = \sum_{n=0}^{N} c_n \, u_e(t - nT_0) \quad . \tag{5.23}$$

Bei der Signalregeneration wird dieses Signal zu den Zeitpunkten $t = kT_0$ abgetastet. Man erhält für die Abtastwerte

$$u_a(kT_0) = \sum_{n=0}^{N} c_n \, u_e([k-n]T_0) \quad . \tag{5.24}$$

Diese Gleichung berechnet die Abtastwerte des Ausgangssignals aus den Abtastwerten des Eingangssignals. Die Abtastwerte bilden Zahlenfolgen; deshalb kann Gl. (5.24) auch in der Form

$$u_a(k) = \sum_{n=0}^{N} c_n \, u_e(k\text{-}n) \tag{5.25}$$

geschrieben werden. Bei einer Übertragung ohne Nachbarzeichenbeeinflussung muß für die Abtastwerte des Ausgangssignals

$$u_a(k) = \begin{cases} U_0 & \text{für } k=1 \\ 0 & \text{für } k \neq 1 \end{cases} \tag{5.26}$$

gelten. Die Gl. (5.25) zusammen mit Gl. (5.26) kann auf zwei verschiedene Weisen betrachtet werden:

1. Gl. (5.25) ist die Kurzschreibweise eines Gleichungssystems zur Berechnung der Koeffizienten des Transversalfilters.
2. Gl. (5.25) ist eine Differenzengleichung, die z.B. mit Hilfe der z-Transformation (s. Anhang 13.2.3) gelöst werden kann.

Beschreibt man die durch den Kanal hervorgerufenen Verzerrungen durch die Antwort des Kanals auf einen Sendeimpuls, so lassen sich die Koeffizienten eines Transversalfilters zur Entzerrung aus den Abtastwerten der Kanalantwort berechnen. Als Beispiel werde ein Transversalfilter mit $N=5$ zugrundegelegt; dann müssen zur Ermittlung der $N+1$ Koeffizienten $N+1$ Gleichungen aufgestellt werden. Läßt man in den Gl. (5.25) und (5.26) die Laufvariable k von 1 bis $N+1$ laufen, so erhält man die erforderlichen Gleichungen in Form eines dreieckförmigen Gleichungssystems, wie es in Gl. (5.27) dargestellt ist.

$$
\begin{aligned}
U_0 &= c_0\, ue(1) \\
0 &= c_0\, ue(2) + c_1\, ue(1) \\
0 &= c_0\, ue(3) + c_1\, ue(2) + c_2\, ue(1) \\
0 &= c_0\, ue(4) + c_1\, ue(3) + c_2\, ue(2) + c_3\, ue(1) \\
0 &= c_0\, ue(5) + c_1\, ue(4) + c_2\, ue(3) + c_3\, ue(2) + c_4\, ue(1) \\
0 &= c_0\, ue(6) + c_1\, ue(5) + c_2\, ue(4) + c_3\, ue(3) + c_4\, ue(2) + c_5\, ue(1)
\end{aligned}
\tag{5.27}
$$

Dieses Gleichungssystem läßt sich einfach rekursiv lösen. Als allgemeine Lösung erhält man

$$c_0 = \frac{U_0}{u_e(1)} \qquad \text{für } n = 0 \text{ und}$$

$$c_n = \frac{\sum\limits_{i=0}^{n-1} c_i\, u_e(n+1-i)}{u_e(1)} \qquad \text{für } 1 \leq n \leq N+1 \tag{5.28}$$

Allerdings werden dabei nur $N+1$ Abtastwerte der Kanalantwort berücksichtigt. Daraus folgt, daß mit einem Transversalfilter der Ordnung N eine vollständige Entzerrung nur erreicht werden kann, wenn die Abtastwerte $u_e(k)$ der Kanalantwort für $k > N+1$ vernachlässigbar klein sind.

5.3.2.3 Realisierung

Ein Transversalfilter besteht aus einer angezapften Verzögerungsleitung, Proportionalgliedern und einem Summationsglied. Zur Verwirklichung der Elemente des Transversalfilters können verschiedene Verfahren angewendet werden.

<u>Verzögerungsleitung</u>. Der Gesamtfrequenzgang der Übertragungsstrecke ergibt sich als Produkt der Einzelfrequenzgänge. Da ein algebraisches Produkt kommutativ ist, kann die Reihenfolge der Glieder der Übertragungsstrecke geändert werden. Somit ist auch die Anordnung des Entzerrerfilters vor dem Kanal auf der Sendeseite zulässig. In diesem Fall hat das Filter die Wirkung einer Vorverzerrung. Die Sendeimpulse werden nicht direkt auf den Kanal gegeben, sondern so verzerrt, daß am Kanalausgang keine Nachbarzeichenbeeinflussung auftritt. Der Vorteil dieses Verfahrens liegt darin, daß die Verzögerungsleitung im Falle rechteckiger Sendeimpulse durch ein Schieberegister verwirklicht werden kann. Wird das Entzerrerfilter am Eingang des Empfängers angeordnet, so muß die Verzögerungsleitung ein analoges Signal verzögern. Das kann entweder durch eine Kombination von Allpässen geschehen, die im interessierenden Frequenzbereich die gewünschte Verzögerungszeit erzeugt, oder durch ein Analogwertschieberegister. Man verwirklicht es durch eine Kettenschaltung von Abtast-Halte-Gliedern, die in Abschn. 2.3.1.8 beschrieben werden. Zwei Abtast-Halte-

Glieder bilden ein Verzögerungsglied (s. Bild 5.12). Wird der Schalter S_1 zur Zeit $t=t_0$ kurzzeitig geschlossen, so lädt sich der Kondensator C

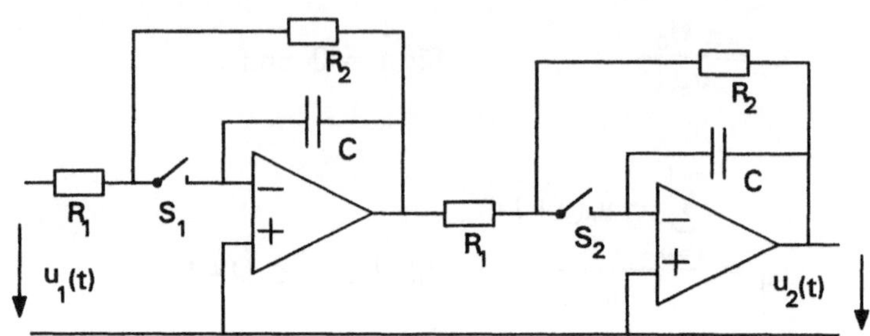

Bild 5.12 Verzögerungsglied mit zwei Abtast-Halte-Gliedern

auf den Abtastwert $u_1(t_0)$ auf. Nach dem Öffnen des Schalters wird der Abtastwert im Kondensator gespeichert. Die beiden Schalter S_1 und S_2 der Abtast-Halte-Glieder nach Bild 5.12 haben jeweils entgegengesetzten Schaltzustand. Ist der Schalter S_1 geöffnet, so befindet sich im Kondensator C des 1. Gliedes ein gespeicherter Abtastwert, der gleichzeitig in das 2. Glied übernommen wird, da der Schalter S_2 während der Öffnungszeit des Schalters S_1 geschlossen ist. Schließt der Schalter S_2, so wird vom 1. Glied ein neuer Abtastwert übernommen, während der vorhergehende im 2. Glied gespeicherte Abtastwert vom nächsten Verzögerungsglied übernommen werden kann. Wird der Vorgang periodisch wiederholt, so ist die Periodendauer gleich der Verzögerungszeit einer aus 2 Abtast-Halte-Gliedern bestehenden Stufe. Aufgrund dieses Weiterreichens von Abtastwerten nennt man das Analogwert-Schieberegister auch Eimerkettenleitung (engl: bucket brigade).

<u>Proportionalglieder</u>. Im einfachsten Fall werden Spannungsteiler verwendet, die mit einem Potentiometer eingestellt werden. Für einen automatischen Abgleich eines Entzerrers werden elektronisch steuerbare Proportionalglieder verwendet, die nach dem Prinzip des in Abschn. 2.3.4.3 behandelten Analog-Digital-Umsetzers verwirklicht werden. Solche Umsetzer multiplizieren die an den Referenzeingang gelegte Spannung mit dem Wert einer Dualzahl, die in das Eingangsregister geschrieben wurde.

<u>Summationsglieder</u>. Sie können am einfachsten durch einen Summierverstärker realisiert werden. Die Schaltung, die einen Operationsverstärker verwendet, ist in Bild 5.13 wiedergegeben.

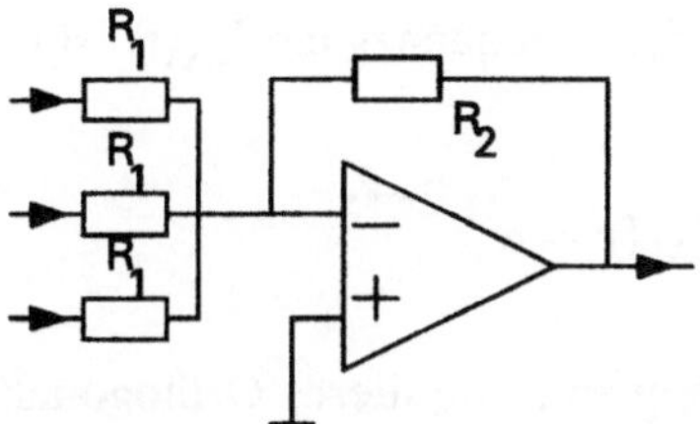

Bild 5.13 Summierverstärker

5.3.3 Orthogonalfilter

In [41] wird gezeigt, daß das aus Verzögerungsgliedern, Koeffizientengliedern und einem Summationsglied bestehende Transversalfilter ein Sonderfall einer Klasse von Filtern ist, die Verzweigungsfilter genannt werden.

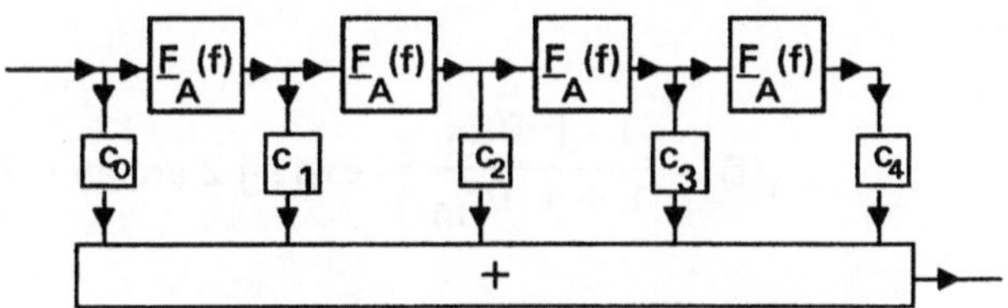

Bild 5.14 Verzweigungsfilter

Für den komplexen Frequenzgang des Verzweigungsfilters nach Bild 5.14 erhält man bei einer Ordnungszahl N den Ausdruck

$$\underline{F}(f) = \sum_{i=0}^{N} c_i \left[\underline{F}_A(f) \right]^{i} \ .$$

(5.29)

Der Frequenzgang des Verzweigungsfilters ist also eine gewichtete Summe von Teilfrequenzgängen $\left[\underline{F}_A(f) \right]^{i}$. Sind diese zu einander orthogonal, so nennt man das Verzweigungsfilter ein Orthogonalfilter. Diese Orthogonalität ist z.B. in folgenden beiden Fällen gegeben:

1. Der Block mit dem Frequenzgang $\underline{F}_A(f)$ ist ein Verzögerungsglied. Es gilt

$$\underline{F}_A(f) = e^{-j\,2\pi f\tau} \qquad (5.30)$$

und für den Frequenzgang dieses Orthogonalfilters ergibt sich

$$\underline{F}(f) = \sum_{n=0}^{N} c_n\, e^{-j\,2\pi fn\tau}. \qquad (5.31)$$

Es liegt der Fall des Transversalfilters vor.

2. Der Block mit dem Frequenzgang $\underline{F}_A(f)$ ist ein Allpaß 1. Ordnung. Es gilt

$$\underline{F}_A(f) = \frac{1 - j\ f/f_m}{1 + j\ f/f_m} = \exp\left[-j\,2\,\arctan\left(f/f_m\right)\right] \qquad (5.32)$$

mit der Kennfrequenz $f_m = 1/2\pi\tau$ und für den Frequenzgang dieses Orthogonalfilters ergibt sich

$$\underline{F}(f) = \sum_{n=0}^{N} c_n\, e^{-j\,2n\,\arctan(2\pi f\tau)}. \qquad (5.33)$$

5.3.3.1 Theoretische Grundlagen des Orthogonalfilters

Im Abschn. 5.3.2.1 wird die Theorie des Transversalfilters erläutert. Dieser Filtertyp ist für Entzerreraufgaben ganz besonders geeignet. Der Grund für diese Eignung liegt in folgenden Merkmalen.

1. Der Frequenzgang des Transversalfilters ist periodisch. Innerhalb der Periode ist jeder beliebige Verlauf einstellbar. Dies zeigt besonders Gl.

(5.22), mit deren Hilfe man die Koeffizienten für einen vorgegebenen Frequenzgang berechnen kann.

2. Der Frequenzgang wird festgelegt durch die Wahl der Koeffizienten. Bei gleicher Konfiguration können über die Koeffizienten die unterschiedlichsten Frequenzgänge eingestellt werden. Demgegenüber ist aus der analogen Schaltungstechnik bekannt, daß aus einer Tiefpaßschaltung durch Umdimensionierung niemals z.B. ein Bandpaß werden kann.

3. Das Transversalfilter ist nicht minimalphasig; Amplituden- und Phasengang können unabhängig voneinander vorgegeben werden; dies zeigt besonders Gl. (5.22). Demgegenüber liefert die analoge Schaltungstechnik in der Regel Lösungen, bei denen der Phasengang durch den Amplitudengang bereits festgelegt ist.

Die Verzögerungsabschnitte des Transversalfilters sind Allpässe mit linearem Phasengang. Ersetzt man diese Verzögerungsabschnitte durch Allpässe 1. Ordnung mit ihrem nichtlinearen Phasengang, so bleiben die hervorragenden Entzerrereigenschaften im wesentlichen erhalten.

Beim Einsatz des Transversalfilters als Zeitbereichsentzerrer ist die Taktfrequenz die wichtigste Orientierungsgröße. Man macht die Verzögerungszeit gleich der Taktperiodendauer. Die der Verzögerungszeit entsprechende Gruppenlaufzeit

$$t_{gr} = 2\tau \frac{1}{1 + \left[\dfrac{f}{f_m}\right]^2} \tag{5.34}$$

der Allpässe des Orthogonalfilters nimmt mit der Frequenz ab. Es bietet sich an, die Zeitkonstante τ der Allpässe gleich der Taktperiodendauer zu machen. Setzt man in Gl. (5.33)

$$x = 2\arctan(2\pi f\tau) \quad , \tag{5.35}$$

so wird aus Gl. (5.33)

$$\underline{F}(f) = \sum_{n=0}^{N} c_n \, e^{-j\,n\,x} \qquad . \qquad\qquad (5.36)$$

Gl. (5.36) stimmt mit dem Ausdruck für den Frequenzgang eines Transversalfilters überein. Daher läßt sich in gleicher Weise wie für das Transversalfilter die Formel

$$\underline{c}_n = \frac{1}{\pi} \int_0^{\pi} \left\{ \, \left| \underline{F}(f) \right| \, [\cos(nx) + \text{arc}[\, \underline{F}(x) \,]] \, \right\} dx \qquad\qquad (5.37)$$

zur Berechnung der Koeffizienten aus gegebenem Frequenzgang herleiten.

5.3.3.2 Dimensionierung

Die Wirkung des Orthogonalfilters mit Allpässen 1. Ordnung kann für bestimmte Kanalfrequenzgänge untersucht werden, wie im folgenden an einem Beispiel erläutert wird. Ein Kanal habe den Frequenzgang

$$\underline{F}_k(f) = \frac{1}{(1 + j\,f/f_1)\,(1 + j\,f/f_2)} = \frac{1}{1 + A\,j\,f/f_g + B\,(\,j\,f/f_g\,)^2} \qquad (5.38)$$

mit den charakteristischen Frequenzen f_1 und f_2, den Koeffizienten A und B sowie der Kanalgrenzfrequenz f_g. Es gilt

$$A = 1 \qquad B = \frac{f_1\,f_2}{(f_1 + f_2)^2} \qquad f_g = \frac{f_1\,f_2}{f_1 + f_2} \, . \qquad\qquad (5.39)$$

Eine Entzerrung ist mit einem Orthogonalfilter 2. Ordnung möglich, für dessen Frequenzgang man

$$\underline{F}(f) = c_0 + c_1 \frac{1 - j\,f/f_m}{1 + j\,f/f_m} + c_2 \left[\frac{1 - j\,f/f_m}{1 + j\,f/f_m} \right]^2$$

$$= \frac{(c_0 + c_1 + c_2) + 2(c_0 - c_2)\, j\, f/f_m + (c_0 - c_1 + c_2)\, (\, j\, f/f_m\,)^2}{(1 + j\, f/f_m)^2} \qquad (5.40)$$

erhält. Den Gesamtfrequenzgang als Produkt aus Kanal- und Entzerrerfrequenzgang wählt man in der Form

$$\underline{F}_{ges}(f) = \underline{F}_k(f)\ \underline{F}(f) = \frac{1}{(1 + j\, f/f_m\,)^2} \qquad (5.41)$$

mit $f_m >> f_g$, der Grenzfrequenz des Kanals. Dazu muß man die Koeffizienten-
gleichungen

$$
\begin{aligned}
c_0 + c_1 + c_2 &= 1 \\
2\,(\,c_0 - c_2\,) &= A\, f_m/f_g \\
c_0 - c_1 + c_2 &= B\,(\,f_m/f_g\,)^2
\end{aligned}
\qquad (5.42)
$$

erfüllen. Die Berechnung der Koeffizienten aus diesen Gleichungen ergibt

$$
\begin{aligned}
c_0 &= \tfrac{1}{4}\,[\,1 + A\, f_m/f_g + B\,(\,f_m/f_g\,)^2\,] \\
c_1 &= \tfrac{1}{2}\,[\,1 - B\,(\,f_m/f_g\,)^2\,] \\
c_2 &= \tfrac{1}{4}\,[\,1 - A\, f_m/f_g + B\,(\,f_m/f_g\,)^2\,]
\end{aligned}
\qquad (5.43)
$$

Der Gesamtfrequenzgang nach Gl. (5.41) enhält also eine Grenzfrequenz, die
durch Wahl der Allpaß-Frequenz f_m so hoch gelegt werden kann, daß die
verbleibende Verzerrung vernachlässigbar ist.

5.4 Quantisierte Rückkopplung

Bei den Verfahren zur Entzerrung von Datenkanälen lassen sich lineare und
nichtlineare Methoden unterscheiden. Die linearen Methoden verwenden Filter,
während die quantisierte Rückkopplung genannten nichtlinearen Methoden das
regenerierte Signal wieder auf den Eingang zurückführen. Hinsichtlich des Ein-

satzes dieser beiden Methoden sind bei den Frequenzgängen der Basisbandkanäle zwei Fälle zu unterscheiden:

1. Befinden sich zwischen den Leitungsabschnitten eines Kanals Trenn - transformatoren oder Koppelkondensatoren, so hat die Übertragungsstrecke Hochpaßverhalten. Der Gleichanteil und die tiefen Frequenzen eines digitalen Signals werden somit nicht übertragen.
2. Grundsätzlich zeigen viele Kanäle Tiefpaßverhalten. Die oberen Anteile des Frequenzbandes eines Signals werden ungenügend übertragen.

Während die Methode der quantisierten Rückkopplung in beiden Fällen zur Entzerrung eingesetzt werden kann, sind die linearen Entzerrer nur für Tiefpaß-Kanäle geeignet; fehlt der Gleichanteil des Signals, so können sie ihn nicht wieder hinzusetzen, wie dies bei der quantisierten Rückkopplung der Fall ist. Aber auch bei Tiefpaßkanälen kann die Methode der quantisierten Rückkopplung gegenüber der linearen Filterung vorteilhaft sein.

Das Prinzip des linearen Entzerrer-Filters besteht darin, daß diejenigen Frequenzanteile, die bei der Übertragung über den Kanal besonders starken Dämpfungen unterliegen, wieder angehoben werden. Dabei werden dann nicht nur die oberen Frequenzen des Signals, sondern auch die Störungen in diesem Frequenzbereich verstärkt. Hier liegt der Vorteil des Prinzips der quantisierten Rückkopplung; durch die Entzerrung des Nutzsignals wird die Störleistung vor der Symbolerkennung nicht vergrößert.

5.4.1 Prinzip

Der Grundgedanke besteht darin, die Differenz zwischen dem verzerrten und dem unverzerrten Signal über ein Addititionsglied dem verzerrten vom Kanal kommenden Digitalsignal hinzuzufügen. Dabei wird diese Differenz durch lineare Filterung aus dem regenerierten Ausgangssignal gewonnen. Das Verfahren soll für ein binäres digitales Signal erläutert werden. In Bild 5.15 bilden der Komparator und das Flipflop eine Anordnung zur Signalregeneration. Die Ausgangsspannung des Komparators ist entweder 5 V oder 0 V, je nachdem die Signalspannung größer oder kleiner als die Referenzspannung U_{ref} ist. Beim Erscheinen eines Triggerimpulses übernimmt das Flipflop die an seinem Vorbereitungseingang liegende Ausgangsspannung des Komparators.

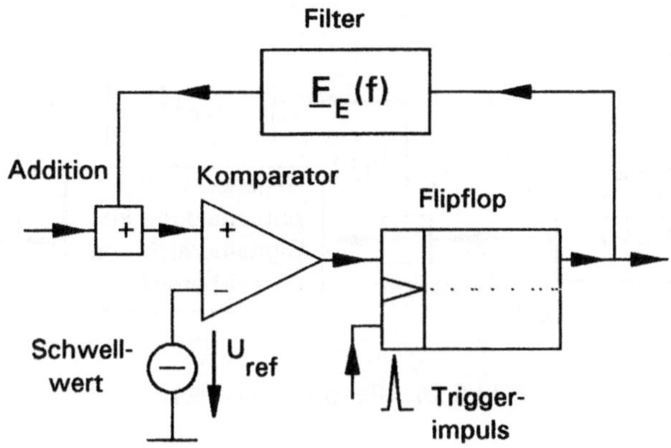

Bild 5.15 Quantisierte Rückkopplung

Am Ausgang des Flipflops entsteht somit das Eingangssignal mit regenerierten Impulsen. Die Referenzspannung des Komparators soll sich in der Mitte zwischen den einer Null und einer Eins entsprecherden Spannungswerten befinden. Entscheidend ist das Filter, das aus den regenerierten Impulsen des Ausgangs das Differenzsignal erzeugen soll. Häufig wird dem Blockschaltbild 5.15 ein lineares Entzerrerfilter vorgeschaltet, das eine Störleistungsbegrenzung und eine gewisse Vorentzerrung bewirken soll.

5.4.2 Entzerrerfilter

Zur Untersuchung des erforderlichen Entzerrerfrequenzganges im Rückkopplungszweig wird eine ganze Übertragungsstrecke, wie sie in Bild 5.16 dargestellt ist, betrachtet. Das unverzerrte Digitalsignal des Senders $u_s(t)$ durchläuft den Kanal mit dem Frequenzgang $\underline{F}_K(f)$ und gelangt als verzerrtes Ausgangssignal $u_{sv}(t)$ an die Additionsstelle des Regenerativverstärkers mit quantisierter Rückkopplung. Zur Ermittlung des erforderlichen Frequenzgangs des Entzerrerfilters läßt sich folgende Untersuchung im Frequenzbereich anstellen.

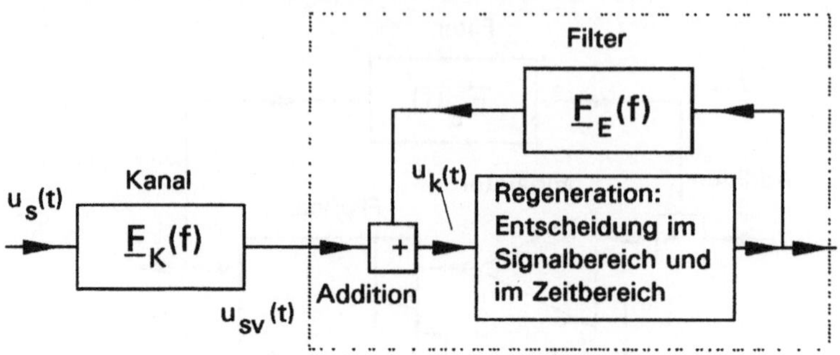

Bild 5.16 Übertragungsstrecke

Mit der Frequenzfunktion $\underline{U}_s(f)$ des unverzerrten Signals $u_s(t)$ am Kanaleingang ist die Frequenzfunktion der verzerrten Signalspannung am Eingang des Addierers

$$\underline{U}_{sv}(f) = \underline{U}_s(f)\,\underline{F}_K(f)\;. \tag{5.44}$$

Am Ausgang des Regenerators erscheint das um eine Zeitspanne τ verzögerte unverzerrte Digitalsignal $u_s(t-\tau)$. Mit der Fourier-Transformierten dieses Signals

$$\underline{U}_s(f)\,e^{-j\,2\pi\,\tau} \tag{5.45}$$

läßt sich dann die Frequenzfunktion der Spannung $u_K(t)$ am Addiererausgang

$$\underline{U}_K(f) = \underline{U}_s(f)\,\underline{F}_K(f) + \underline{U}_s(f)\,e^{-j\,2\pi\,\tau}\,\underline{F}_E(f) \tag{5.46}$$

berechnen. Soll die Spannung $u_K(t)$ am Addiererausgang verzerrungsfrei sein, so erhält man mit $\underline{U}_K(f) = \underline{U}_s(f)$ für den Frequenzgangs des Entzerrerfilters

$$\underline{F}_E(f) = [\,1 - \underline{F}_K(f)\,]\,e^{j\,2\pi\,\tau}\;. \tag{5.47}$$

Gl. (5.47) läßt sich folgendermaßen interpretieren.

1. Zeigt der Kanal Hochpaßverhalten, so muß das Entzerrerfilter ein Tiefpaß sein.
2. Hat der Kanal Tiefpaßcharakter, so muß das Entzerrerfilter ein Hoch-
   paß sein.
3. Das positive Vorzeichen in der e-Funktion, gleichbedeutend mit einer
   negativen Verzögerung, weist daraufhin, daß das Differenzsignal an
   der Additionsstelle zu spät kommt.

Trotz des positiven Vorzeichens in der e-Funktion lassen sich sehr wirkungs-
volle Dimensionierungen für das Entzerrerfilter finden.

5.4.3 Fehlerfortpflanzung

Bei der Beschreibung des Prinzips wurde davon ausgegangen, daß bei der Symbolerkennung durch den Komparator kein Fehler auftritt und somit ein richtiger
Impuls am Ausgang des Flipflops entsteht. Wird aber im Komparator infolge
von Störungen falsch entschieden, so entsteht am Flipflop-Ausgang ein Impuls
mit falscher Polarität. Als Folge davon wird dann aber an der Additionsstelle
die Differenz mit falscher Polarität zugefügt. Dies führt dazu, daß der Nachläufer des verzerrten Impulses nicht beseitigt, sondern vergrößert wird. Dann
steigt die Wahrscheinlichkeit, daß die nachfolgenden Impulse falsch erkannt
werden. Es kommt zu einer Fehlerfortpflanzung. Die mittlere Bitfehlerwahrscheinlichkeit wird deutlich vergrößert. Hier wird der Nachteil sichtbar, mit
dem die Vorteile des Verfahrens bezahlt werden müssen.

5.5 Adaptive Entzerrung

Ein Entzerrer soll das durch Impulsverzerrungen und Störungen beeinträchtigte
Digitalsignal soweit entzerren, daß eine fehlerfreie Symbolerkennung möglich
ist. Art und Ausmaß der Impulsverzerrungen und Störungen werden vom Kanal
bestimmt. Damit muß der Entzerrer auf die Gegebenheiten eines Kanals abge-
stimmt werden. Flexible Einstellbarkeit ist also ein wichtiges Kriterium eines
Entzerrers. Darüber hinaus wird in sehr vielen Fällen angestrebt, daß sich der
Entzerrer automatisch an die Gegebenheiten eines Kanals anpaßt. Man spricht
dann von adaptiver Entzerrung [41]. Dabei soll die Einstellung des Entzerrers
während der laufenden Nutzdatenübertragung stattfinden, ohne daß gesonderte

Testimpulse übertragen werden müssen. Es gibt zwei gewichtige Argumente für
den Einsatz solcher Entzerrer-Systeme:

1. Bei Kommunikationsnetzen können die Kanäle zwischen zwei Teilnehmern je nach Wegewahl und Teilnehmerkombination sehr verschiedene
   Eigenschaften haben. In diesem Fall ist eine adaptive Entzerrung uner-
   läßlich.

2. Jede Leitung zwischen einer Vermittlungsstelle und einer Teilnehmer-
   station besitzt einen eigenen Entzerrer, der nur einmal eingestellt werden muß. Es ist jedoch wirtschaftlicher, wenn die Einstellung ganz ent-
   fällt und ein Standard-Entzerrer eingesetzt wird. Beides ermöglicht ein
   adaptiver Entzerrer.

Besonders geeignet für eine adaptive Entzerrung sind Verzweigungsfilter nach
Bild 5.14, die aus Teilfiltern, Koeffizientengliedern und einem Summationsglied bestehen. Diese Verzweigungsfilter haben einen periodischen Frequenzgang, wobei der Verlauf des Frequenzganges innerhalb einer Periode durch
geeignete Wahl der Koeffizienten nahezu beliebig eingestellt werden kann. Da
das Blockschaltbild dieser Filter keine Rückkopplungswege enthält, können sie
auch unter keinen Umständen instabil werden, wie dies z.B. bei rekursiven Filtern möglich ist. Dies ist bei einer adaptiven Einstellung des Filters durch eine
Veränderung der Koeffizienten sehr wichtig, weil die Pole der Übertragungsfunktion von rekursiven Filtern während der Variation der Koeffizienten auf
dem Wege zur optimalen Einstellung durchaus den Einheitskreis der z-Ebene
verlassen können. Sind die Teilfrequenzgänge der Verzweigungsfilter Verzögerungsabschnitte, so hat man den Fall des Transversalfilters; ersetzt man die
Verzögerungsabschnitte durch Allpässe 1. Ordnung, so spricht man von Ortho-
gonalfiltern.

5.5.1 Struktur eines adaptiven Entzerrers

Ein adaptiver Entzerrer enthält 3 Funktionseinheiten: (siehe Bild 5.17)

    - das über Koeffizientenglieder einstellbare Entzerrerfilter,
    - die Signalauswertung und
    - die Koeffizienteneinstellung.

Mit diesen Einheiten wird ein Regelkreis gebildet. Ein verzerrtes Digitalsignal durchläuft das Entzerrerfilter, an dessen Ausgang die Verzerrungen mit Hilfe der Signalauswertung gemessen werden. Diese Signalauswertung bildet an Hand eines Fehlerkriteriums eine skalare Fehlergröße F, die der Koeffizienteneinstellung zugeführt wird. Ziel der Adaption ist es, die Koeffizienten des Entzerrerfilters so zu verändern, daß die Fehlergröße ein Minimum annimmt. Jede Änderung der Kanaleigenschaften, die am Ausgang des Entzerrerfilters wieder Signalverzerrungen hervorruft, wird von der Signalauswertung registriert, die dann eine entsprechende Änderung der Koeffizienten veranlaßt.

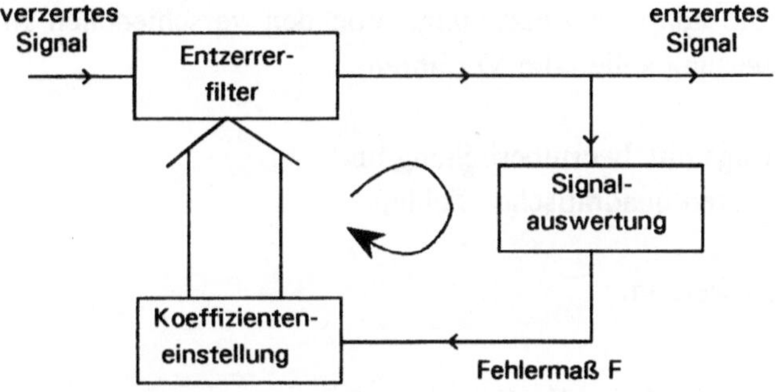

Bild 5.17 Systemdiagramm des adaptiven Entzerrers

Die Funktionseinheiten dieses Entzerrers lassen sich wirtschaftlich und mit ausreichender Präzision und Stabilität nur in digitaler Signalverarbeitung realisieren.

5.5.2 Verfahren der Signalauswertung

Als Maß für die Verzerrungen kann die relative Öffnung des Augendiagramms dienen. Durch Auswertung des Signals wird ein zu den Verzerrungen proportionales Fehlermaß gebildet. Bild 5.18 zeigt das Augendiagramm und eine wünschenswerte

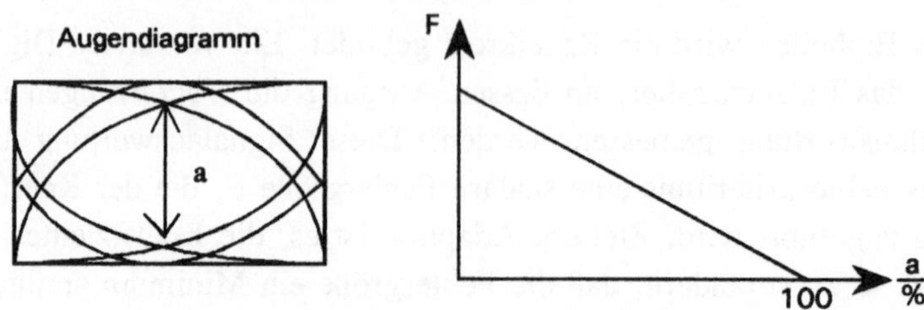

Bild 5.18 Augendiagramm und Regelkennlinie

Abhängigkeit des Fehlermaßes F von der relativen Augenöffnung a als Regelkennlinie für die adaptive Entzerrung. Von den verschiedenen Möglichkeiten
der Signalauswertung sollen die Verfahren

    - der Betragsmittelwertüberhöhung und
    - des mittleren quadratischen Fehlers

näher betrachtet werden.

5.5.2.1 Betragsmittelwertüberhöhung

Bei diesem Verfahren der Signalauswertung wird zur Bildung des Fehlermaßes
F die Differenz zwischen dem absoluten Spitzenwert $\hat{U}$ des Signals und dem

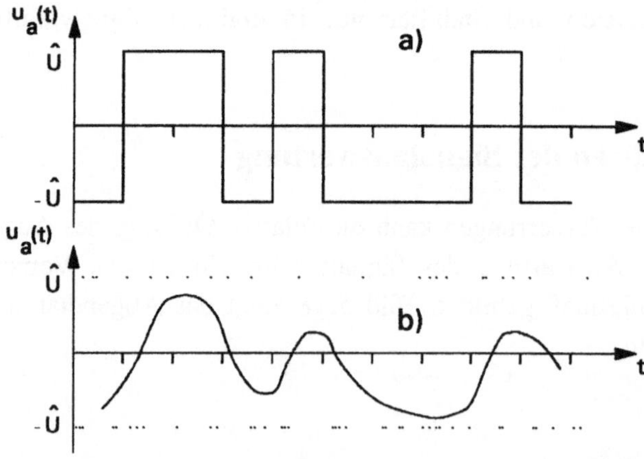

Bild 5.19 Zur Betragsmittelwertüberhöhung, a) unverzerrtes, b) verzerrtes NRZ-Signal

Mittelwert $\overline{|u_a(t)|}$ des Betrages gebildet. Zugrundegelegt wird dabei ein binäres, bipolares Digitalsignal. Damit erhält man für die Fehlergröße als Betragsmittelwertüberhöhung

$$F = \hat{U} - \overline{|u_a(t)|} \qquad . \tag{5.48}$$

Dabei gilt für den Betragsmittelwert

$$\overline{|u_a(t)|} = \lim_{T \to \infty} \frac{1}{2T} \int_{-T}^{T} |u_a(t)| \, dt \quad . \tag{5.49}$$

Das Kriterium Betragsmittelwertüberhöhung werde anhand von Bild 5.19 für ein bipolares NRZ-Signal näher erläutert. Beim unverzerrten Signal in Bild 5.19a gilt

$$\hat{U} = \overline{|u_a(t)|} \; , \; \text{das heißt } F = 0. \tag{5.50}$$

Für das verzerrte Signal in Bild 5.19b gilt hingegen

$$\hat{U} > \overline{|u_a(t)|} \; , \; \text{das heißt } F > 0. \tag{5.51}$$

Werden die Koeffizienten eines Entzerrerfilters so verändert, daß die Betragsmittelwertüberhöhung F des Entzerrerausgangssignals minimiert wird, dann wird dadurch das Digitalsignal rechteckförmiger, also entzerrt.

5.5.2.2 Mittlerer quadratischer Fehler

Dieses Verfahren der Signalauswertung am Ausgang des Entzerrerfilters entsteht auf Grund folgender Überlegung. Der Fehler des verzerrten Digitalsignals ist definiert durch die Differenz zu dem unverzerrten Signal. Da dieses Signal natürlich nicht verfügbar ist, wird dafür eine Schätzung gemacht. Zugrundegelegt wird wieder ein binäres, bipolares Digitalsignal. Dann läßt sich bei nicht extrem starken Verzerrungen mit Hilfe der Signumfunktion

$$\text{sgn}(x) = \begin{cases} 1 & \text{für } x > 0 \\ 0 & \text{für } x = 0 \\ -1 & \text{für } x < 0 \end{cases} \tag{5.52}$$

ein Referenzsignal als geeigneter Schätzwert gewinnen. Mit dem Ausgangssignal $u_a(t)$ des Entzerrerfilters erhält man das Referenzsignal

$$u_{aref}(t) = U_0 \, \text{sgn}(\, u_a(t)\,) \, . \tag{5.53}$$

Die Anwendung der Signum-Funktion bedeutet, daß am Ausgang eine Amplitudenregeneration vorgenommen wird. Einen Überblick über die Signalauswertung gibt Bild 5.20. Es wird die Differenz zwischen

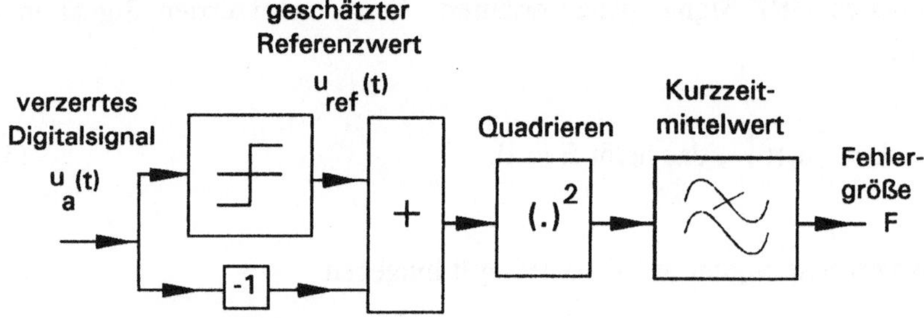

Bild 5.20 Bildung des mittleren quadratischen Fehlers

dem Referenzsignal $u_{aref}(t)$ und dem verzerrten Digitalsignal $u_a(t)$ gebildet. Durch Quadrieren und Kurzzeitmittelung mit einem Tiefpaß entsteht dann aus dem Differenzsignal die Fehlergröße

$$F = \frac{1}{T} \int\limits_{t-T}^{t} \{u_a(\vartheta) - U_0 \, \text{sgn}[u_a(\vartheta)] \,\}^2 \, d\vartheta \qquad . \tag{5.54}$$

5.5.3 Verfahren der Koeffizienteneinstellung

Dieser Block des Regelkreises soll die Koeffizienten des Entzerrerfilters so einstellen, daß die Fehlergröße ein Minimum wird. Bei einem Entzerrerfilter mit zwei Koeffizienten c_1 und c_2, wobei $c_0 = 1$ sein soll, hängt die Fehlergröße F bei gegebenen Verzerrungen und offenem Regelkreis von diesen Koeffizienten ab. Dabei kann die Funktion $F = f(c_1;c_2)$ als gekrümmte Fläche aufgefaßt

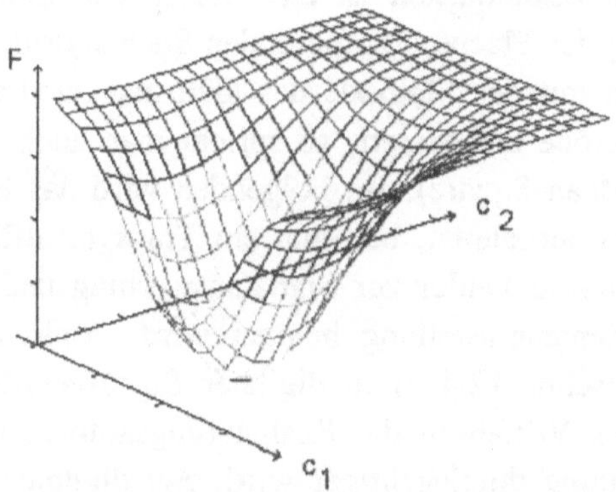

Bild 5.21 Funktion $F = f(c_1;c_2)$ als Fläche

werden, wie es in Bild 5.21 beispielhaft gezeigt ist. Die Koeffizienten müssen so eingestellt werden, daß das Minimum der Funktion F gefunden wird. Dafür ist ein geeigneter Suchalgorithmus erforderlich. Probleme bei der Einstellung hängen von der Beschaffenheit der Fläche ab. Dabei sollen zwei Fälle betrachtet werden:

1. Die Fläche $F = f(c_1;c_2)$ enthält mehrere relative Minima, von denen eines das absolute Minimum darstellt. Dann ist es möglich, daß ein sich an der Steigung orientierender Suchalgorithmus das absolute Minimum nicht findet, sondern sich auf ein anderes relatives Minimum festsetzt.

2. Die Fläche $F = f(c_1;c_2)$ stellt ein Plateau dar, durch das ein mehr oder weniger tiefer Graben hindurchläuft. Dann kann ein sich an der Steigung orientierender Suchalgorithmus nicht funktionieren.

Im einfachsten Fall läßt man bei der Einstellung die Koeffizienten nacheinander mit einer bestimmten Schrittweite ihren ganzen Wertebereich durchlaufen, um sie dann auf den Wert einzustellen, bei dem die Fehlergröße ein Minimum hat. Um zu verhindern, daß bereits eine sehr kleine Änderung des Kanalfrequenzgangs einen Regelvorgang auslöst, wird ein Schwellwert für die Fehlergröße vorgesehen.

Die Verfahren der Koeffizienteneinstellung werden bestimmt durch die mathematischen Methoden zur Auffindung des Minimums einer Funktion mehrerer Veränderlicher. Am bekanntesten ist das Gradientenverfahren, das auf einen sich an der Steigung der Fläche orientierenden Suchalgorithmus führt. Wird das Gradientenverfahren mit der Methode des kleinsten quadratischen Fehlers zur Bildung der Fehlergröße kombiniert, so spricht man auch vom LMS-Algorithmus (engl.: Least Mean Square). Im Folgenden wird das Blockschaltbild eines adaptiven Entzerrers hergeleitet, bei dem ein Transversalfilter zur Entzerrung, der mittlere quadratische Fehler zur Signalauswertung und das Gradientenverfahren zur Koeffizienteneinstellung benutzt wird. Außerdem wird dabei die Realisierung (s. Abschn. 12.1.2) in digitaler Signalverarbeitung zugrundegelegt, weil nur dieses Verfahren die Realisierungsanforderungen erfüllen kann und weil die Herleitung durchsichtiger wird. Bei digitaler Signalverarbeitung, die z.B. in einem Signalprozessor durchgeführt wird, sind die Signale durch Zahlenfolgen dargestellt. Dabei entstehen die Zahlenfolgen durch Digitalisierung analoger Signale.

Ist $x(n)$ die bipolare Eingangszahlenfolge am Transversalfilter der Ordnung N mit den Koeffizienten c_i, so erhält man die Ausgangsfolge

$$y(n) = \sum_{i=0}^{N} c_i\, x(n\text{-}i) \ . \tag{5.55}$$

Mit Hilfe der Signum-Funktion wird die Referenzzahlenfolge

$$y_{ref} = \text{sgn}(\, y(n)\,) \tag{5.56}$$

als Schätzung des unverzerrten Signals gebildet. Die Zahlenfolge der Fehlergröße $F(n)$ entsteht als quadratischer Mittelwert der Differenz zwischen dem Referenzsignal und dem Transversalfilterausgangssignal. Dabei wird die Mittelung über M Elemente vollzogen. So entsteht

$$F(n) = \frac{1}{M} \sum_{\nu=n-(M-1)}^{n} \left\{ y_{ref}(\nu) - \sum_{i=0}^{N} c_i \, x(\nu-i) \right\}^2 \qquad . \qquad (5.57)$$

Für die Anwendung des Gradientenverfahrens zur Einstellung der Koeffizienten c_i müssen die partiellen Differentialquotienten der Fehlergröße F(n) nach den c_i gebildet werden. Man erhält also eine Zahlenfolge

$$\Delta c_j(n) = \frac{\partial F(n)}{\partial c_j} = -\frac{1}{M} \sum_{\nu=n-(M-1)}^{n} 2 \left\{ y_{ref}(\nu) - \sum_{i=0}^{N} c_i \, x(\nu-i) \right\} x(\nu-j) , \quad (5.58)$$

deren Elemente die Steigung der mehrdimensionalen Fläche angeben. Während des Einstellvorgangs verändern sich die Koeffizienten des Transversalfilters von Schritt zu Schritt. Diese Veränderung kann durch eine Differenzengleichung beschrieben werden. Der neue Wert des Koeffizienten ergibt sich aus dem alten durch Subtraktion eines zur Steigung proportionalen Anteils. So ergibt sich die Differenzengleichung

$$c_j(n) = c_j(n-1) - \mu \, \Delta c_j(n) \qquad . \qquad\qquad (5.59)$$

In Abschn. 5.3.2.2 wurde die Zeitbereichsentzerrung eines verzerrten Digitalsignals mit einem Transversalfilter behandelt. Dabei wurden die Verzögerungsabschnitte des Transversalfilters genau gleich einer Taktperiode des zu entzerrenden Digitalsignals gemacht. Dies soll auch hier zugrunde gelegt werden. Die Gl. (5.58) und (5.59) werden in Bild 5.22 graphisch dargestellt, damit die Bildung der Koeffizienten bei der Einstellung anschaulich verfolgt werden kann. Der Block 1 bildet aus dem Transversalfilterausgangssignal y(n) mit Hilfe der Signum-Funktion das Referenzsignal $y_{ref}(n)$ und anschließend das Differenzsignal zwischen y(n) und $y_{ref}(n)$. Am Eingang des Blockes 2 erfolgt

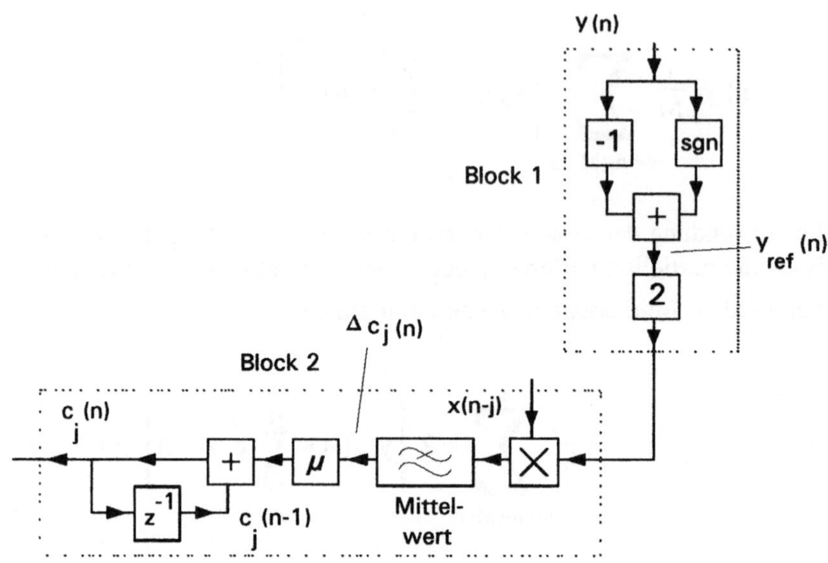

Bild 5.22 Bildung der Koeffizienten beim Gradientenverfahren

dann die Multiplikation mit einem verzögerten Eingangssignal $x(n-j)$ des Transversalfilters und die Mittelwertbildung mit einem Tiefpaß, an dessen Ausgang dann das Signal $\Delta c_j(n)$ entsteht. Bis zu diesem Punkt gibt Bild 5.22 die Gl. (5.58) wieder, während der übrige Teil Gl. (5.59) darstellt. Das vollständige

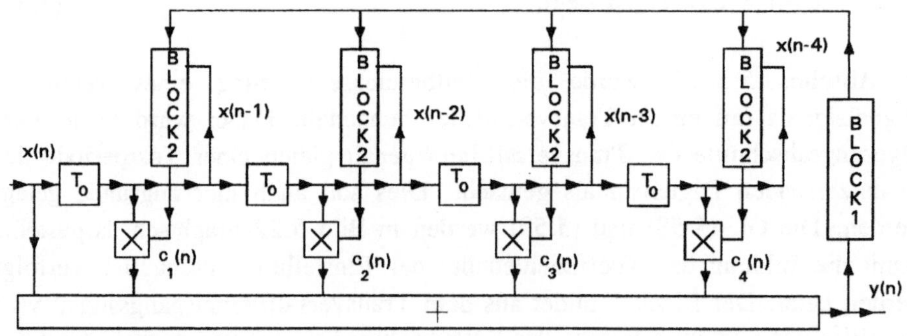

Bild 5.23 Adaptives Entzerrerfilter

adaptive Filter zeigt Bild 5.23, der Übersichtlichkeit halber mit der Ordnung vier.

6 Takt-Synchronisation

Bei der verzerrungsfreien Übertragung von Impulsen gleicher Form und verschiedener Höhe ist eine Veränderung der Impulsform zulässig, sofern nur ein Funktionswert innerhalb des für den Impuls zur Verfügung stehenden Zeitintervalls bis auf einen konstanten Faktor erhalten bleibt. Dieser Funktionswert kann dann am Empfangsort durch Abtasten festgestellt werden. Allerdings müssen dafür die zu den Funktionswerten gehörenden Abtastzeitpunkte bekannt sein. Bei einer isochronen Übertragung wird ein auf einem festen Grundimpuls $g(t)$ basierendes digitales Signal durch

$$u(t) = U_0 T_0 \sum_{n=-\infty}^{\infty} a_m(n)\, g(t - nT_0) \tag{6.1}$$

beschrieben. In Gl. (6.1) ist die Folge reiner Zahlen $a_m(n)$ Träger der Information. Die Zahlenfolge hat Zufallscharakter. Bei einem binären Signal gibt es dann zwei Werte a_1 und a_2, für die absolute Wahrscheinlichkeiten p_1 und p_2 angegeben werden können. Aus der Dauer T_0 eines Signalelementes ergibt sich die Taktfrequenz $f_0 = 1/T_0$. Die Information über die Abtastzeitpunkte wird im Regenerativverstärker des Empfängers durch die Frequenz eines periodischen Signals dargestellt, dessen Phasenlage so eingestellt wird, daß das empfängerseitige Zeitraster gegenüber dem senderseitigen um die Kanallaufzeit verschoben ist. Dabei kann im Regenerativverstärker die Taktphase an Hand des Augendiagramms (s. Abschn. 10.3.1) eingestellt werden; der Abtastzeitpunkt soll innerhalb der Taktperiode an der Stelle liegen, wo die Augenöffnung am größten ist.

6.1 Anforderungen an das Signal

Damit es im Regenerativverstärker des Empfängers möglich ist, aus den Informationsimpulsen des empfangenen Digitalsignals das Taktsignal nach Frequenz und Phasenlage wieder zu gewinnen, müssen bestimmte Anforderungen an das Signal erfüllt sein. Die Möglichkeiten der Taktregeneration werden beeinflußt von dem Format des Digitalsignals und auch von der Zahlenfolge $a_m(n)$.

6.1.1 Spektrallinie

Ein binäres digitales Signal nach Gl. (6.1) besitzt ein Leistungsdichtespektrum (s Anhang 13.4.3), das aus einem kontinuierlichen Spektrum und einem Linienspektrum besteht. Dieses Linienspektrum bildet die Grundlage für die Taktrückgewinnung. Der Scheitelwert einer Spektrallinie des Linienspektrums mit der Ordnungszahl k beträgt

$$\hat{u}_k = 2U_0 \left| \underline{G}(kf_0) \right| (a_1 p_1 + a_2 p_2) \qquad . \tag{6.2}$$

Darin ist $\underline{G}(f)$ die Fourier-Transformierte des Grundimpulses $g(t)$ und a_1, a_2 sind die beiden Elemente der Zahlenfolge mit ihren absoluten Wahrscheinlichkeiten p_1, p_2. Damit auf der Empfängerseite die Ableitung der Taktfrequenz möglich ist, muß in dem empfangenen Signal eine Spektrallinie mit der Taktfrequenz vorhanden sein, die sich möglichst weit von dem kontinuierlichen Anteil des Spektrums abhebt. Das Vorhandensein einer Spektrallinie bedeutet, daß das Signal eine Sinusspannung enthält, für die mit dem Scheitelwert $\hat{u}_0$, der Taktfrequenz f_0 und der Taktphase ψ_0 gilt

$$u_0(t) = \hat{u}_0 \cos(2\,\pi\,f_0\,t + \psi_0) \qquad . \tag{6.3}$$

Ist eine Spektrallinie nicht vorhanden, so muß das Signal die Erzeugung einer Spektrallinie bei der Taktfrequenz aufgrund seiner Beschaffenheit durch nichtlineare Signalverarbeitung zulassen. Spektrallinien in einem digitalen Signal müssen trotz des isochronen Charakters nicht unbedingt vorhanden sein. Dies ist ersichtlich aus Gl. (6.2) für die Spektrallinien eines binären Signals. Es müssen

a) das Spektrum $\underline{G}(f)$ des Grundimpulses bei den Frequenzen kf_0 und

b) der arithmetische Mittelwert $U_0T_0\ g(t)\ (a_1p_1 + a_2p_2)$ des Signals

von Null verschieden sein. Beim NRZ-Format ist der Grundimpuls $g(t)$ ein Rechteck von der Breite einer Taktperiode T_0. Die Fourier-Transformierte

$$\underline{G}(f) = \frac{\sin \pi fT_0}{\pi fT_0} \tag{6.4}$$

dieses Grundimpulses verschwindet für $f=kf_0$ für alle k. Damit enthält das NRZ-Signal keine Spektrallinien. Betrachtet man bipolare Formate mit $a_1=+1$ und $a_2=-1$, bei denen die Fourier-Transformierte des Grundimpulses bei der Taktfrequenz und ihren Vielfachen keine Nullstellen hat, so können auch hier die Spektrallinien verschwinden. Dies ist der Fall für $p_1=p_2=0,5$, weil der Faktor $a_1p_1+a_2p_2$ verschwindet.

Daß ein digitales Signal trotz seines isochronen Charakters unter Umständen keine Spektrallinien enthält, läßt sich anschaulich im Zeitbereich an einem binären Signal erklären.

    1. Man betrachte das Bild 6.1. Es werde eine Impulsform gewählt, deren Spektrum bei der Taktfrequenz und ihren Vielfachen keine Nullstellen aufweist, z. B. ein Rechteckimpuls, dessen Impulsdauer τ kleiner als die für ein Signalelement zur Verfügung stehende Zeit T_0 ist. Ferner sei $a_1=+1$ und $a_2=-1$. Eine unendlich lange Folge von Signalelementen mit a_1 oder mit a_2 ergibt einen Puls mit der Grundfrequenz $f_0=1/T_0$. Der Übergang von einer Folge mit a_1-Signalelementen auf eine Folge mit a_2-Signalelementen ergibt einen Phasensprung von 180°. Zur Verdeutlichung wurde in Bild 6.1 noch das durch Bandbegrenzung entstehende verschliffene sinusähnliche Signal gestrichelt eingezeichnet. Treten a_1-Signalelemente und a_2-Signalelemente mit gleicher Häufigkeit auf, so wird ein auf die Taktfrequenz abgestimmter Schwingkreis zur Taktrückgewinnung gleich häufig von Schwingungszügen entgegengesetzter Phasenlage angestoßen.

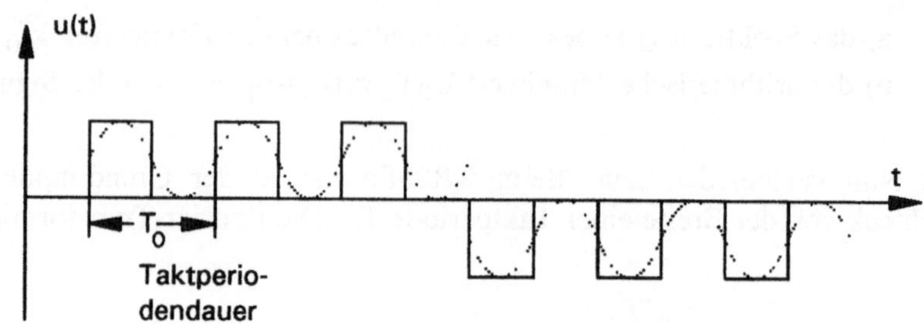

Bild 6.1 Phasensprung

Eine Schwingung kann sich an dem Schwingkreis nicht ausbilden und eine Spektrallinie ist somit auch nicht vorhanden.

2. Ist der Grundimpuls rechteckförmig mit einer Impulsdauer $\tau = T_0$, so sind Spektrallinien nicht vorhanden, weil das Spektrum des Grundimpulses bei den ganzzahligen Vielfachen der Grundfrequenz Nullstellen hat. Eine Folge von a_1- oder a_2-Signalelementen ergibt in diesem Fall eine Gleichspannung. Der periodische Wechsel von einem a_1-Signalelement auf ein a_2-Signalelement ergibt einen Puls mit der Grundfrequenz $1/2T_0$. Da der periodische Wechsel und Folgen gleicher Signalelemente in einem stochastischen Signal nicht vorkommen, enthält das Signal somit keine diskreten Spektrallinien.

6.1.2 Nullfolgen

Ist eine Spektrallinie vorhanden, so ist zu berücksichtigen, daß das Leistungsdichtespektrum als Fourier-Transformierte der Autokorrelationsfunktion gewonnen wird, die als Langzeitmittelwert definiert ist. Daher kann die Höhe einer Spektrallinie erheblichen kurzzeitlichen Schwankungen unterliegen. Die Ursache dafür zeigt sich im Zeitbereich; eine längere Nullfolge des binären digitalen Signals hat ein Absinken der Spektrallinie zur Folge. Dies ist insbesondere dann der Fall, wenn ein Format verwendet wird, bei dem es keine Unterscheidung zwischen einer Nullfolge und keiner Übertragung gibt. Kommt z.B. das NRZ- oder RZ-Format zur Anwendung, so geht bei langen Nullfolgen der Synchronismus der Taktgeneratoren zwischen Sender- und Empfängerseite verloren, weil keine Impulse gesendet werden. Zur Sicherstellung der Takt-übertragung sind drei Maßnahmen von Bedeutung:

1. spezielle Formate
2. HDB_3-Codierung
3. Verwürfelung

6.1.2.1 Spezielle Formate

Während beim NRZ- und beim RZ-Format die Eins durch einen Impuls und die Null durch das Fehlen dieses Impulses dargestellt werden, ist es für die Takt-übertragung wichtig, daß auch die Nullen durch Impulse dargestellt werden. Dies ist der Fall beim Bi-Phase-Format.

6.1.2.2 HDB_3-Codierung

Weite Verbreitung haben die ternären Partial Response Codes. Ein wichtiger Vertreter dieser Gruppe ist der auch AMI-Code genannte Bipolarcode 1. Ord-nung (s. Abschn. 4.3.3.4). Ausgangspunkt für die entsprechenden Codierer ist ein binäres Digitalsignal im NRZ-Format. Die Codierer bewirken durch spektrale Verformung des Digitalsignals eine Anpassung an den Kanal. Al-lerdings hat eine Nullfolge am Eingang auch ein Nullfolge am Ausgang zur Folge, die auch hier durch "keine" Impulse dargestellt werden.
An dieser Stelle setzt die Entwicklung des HDB_3-Codes ein. Durch eine Modi-fikation wird erreicht, daß nach der Codierung niemals mehr als drei Nullen aufeinander folgen und trotzdem die Eigenschaften des AMI-Codes erhalten bleiben. Man erreicht dies, indem beim Auftreten von mehr als drei Nullen durch besondere Verletzungsregeln (engl. violation) vom Originalcode ab-gewichen wird.
Beim <u>HDB3-Code</u> (engl.: **high density bipolar** code of order **3**) werden jeweils 4 aufeinanderfolgende Nullen durch 4 von der AMI-Codierung abweichende Folgen codiert. Um den Code gleichstromfrei zu halten, werden 4 verschiedene Folgen eingeblendet. Je nach der Polarität des letzten Symbols vor der 4-Takte langen Nullfolge und der Polarität des letzten Symbols, das die AMI-Regel ver-letzt hat, gibt es die folgenden in der Tabelle dargestellten Einfügungen anstelle von 0,0,0,0.

	Polarität des vorangegangenen Symbols	
	+	**−**
Polarität der letzten **+**	− 1 0 0 − 1	0 0 0 − 1
Codeverletzung **−**	0 0 0 + 1	+ 1 0 0 + 1

6.1.2.3 Verwürfelung

Bei diesem Verfahren wird mit Hilfe eines rückgekoppelten Schieberegisters (s. Anhang 13.8) aus einer beliebigen Null-Eins-Folge, also auch einer Null-Folge, eine Pseudozufallsfolge erzeugt, in der lange Null-Folgen nicht vorkommen. Die Rückkopplung des Schieberegisters wird in der Weise vorgenommen, daß die Signale an den Ausgängen einiger Stufen nach einer modulo-2-Addition wieder dem Eingang des Schieberegisters zugeführt werden. Das im rückgekoppelten Schieberegister entstehende Signal ist periodisch. Da aber ein periodisches Signal innerhalb seiner Periodendauer nicht periodisch ist, nennt man das Schieberegister-Signal pseudozufällig, weil die Periodendauer extrem lang gemacht wird.

In Bild 6.2 wird die Verwürfelung (engl.: scrambling) eines binären Signals am Anfang und die Entwürflung am Ende eines Übertragungskanals gezeigt. Die binäre Zeichenfolge a(n) wird durch das

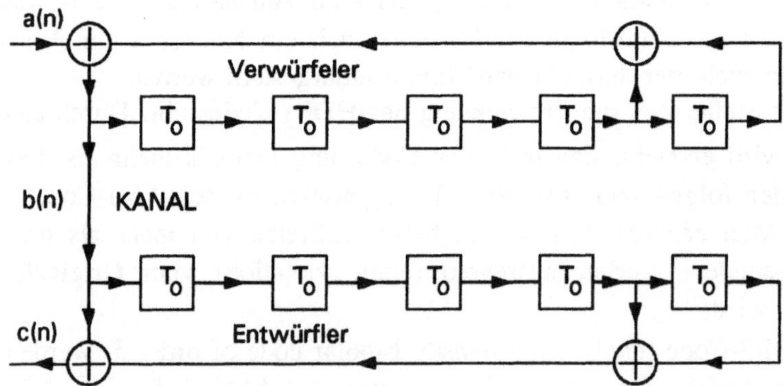

Bild 6.2 Verwürfler und Entwürfler mit 5-stufigem Schieberegister

Schieberegister des Verwürflers nach der Vorschrift

$$b(n) = a(n) + b(n\text{-}4) + b(n\text{-}5) \qquad \mathrm{mod}\ 2 \qquad\qquad (6.5)$$

in die Folge b(n) umgewandelt, die durch den Kanal übertragen wird. Auf der Empfängerseite wird dann durch ein gleichartiges Schieberegister die Folge b(n) nach der Vorschrift

$$c(n) = b(n) + b(n\text{-}4) + b(n\text{-}5) \qquad \bmod 2 \tag{6.6}$$

in die Folge c(n) verwandelt. Da sich Gl. (6.5) auch in der Form

$$a(n) = b(n) + b(n\text{-}4) + b(n\text{-}5) \qquad \bmod 2 \tag{6.7}$$

schreiben läßt, ergibt der Vergleich von Gl. (6.6) mit Gl. (6.7), daß die Folgen a(n) und c(n) identisch sind. Besondere Maßnahmen zur Synchronisierung von Verwürfler und Entwürfler sind nicht erforderlich, weil nach dem Durchgang der ersten 5 Binärzeichen beide Schieberegister denselben Inhalt haben.

6.1.3 Phasenjitter

Enthält ein empfangenes Digitalsignal im Spektrum eine Spektrallinie bei der Taktfrequenz, so läßt sich zur Wiedergewinnung des Taktsignals die Spektrallinie mit Hilfe eines Bandpaß herausfiltern. Am Ausgang dieses Bandpaß erscheint dann ein Sinussignal

$$u(t) = \hat{u}(t)\,\sin[2\pi f_0 t + \psi(t)] \tag{6.8}$$

mit der Taktfrequenz f_0 und infolge überlagerter Störungen zeitabhängigem Scheitelwert sowie Nullphasenwinkel. Dabei wird die Zeitabhängigkeit von Scheitelwert und Nullphasenwinkel umso kleiner, je kleiner die Bandbreite gemacht wird. Daraus geht hervor, daß die Wiedergewinnung der Taktfrequenz nicht das Problem der Taktregeneration ist. Die Information über die erforderlichen Abtastzeitpunkte im Regenerativverstärker liegt in den Nulldurchgängen des Taktsignals. Diese werden aber durch die Phasenmodulation $\psi(t)$ des Taktsignals zunehmend unschärfer; die Schwankungen des Scheitelwerts sind ohne Bedeutung. Daher liegt das eigentliche Problem der Taktrückgewinnung in der Reduktion der regellosen "Phasenjitter" genannten Phasenmodulation.
Während in der analogen Übertragungstechnik nach jeweils einem bestimmten Streckenabschnitt ein Verstärker eingesetzt wird, kommt in der digitalen Über-

tragungstechnik entsprechend ein Regenerativverstärker zum Einsatz, der das Signal am Eingang des Streckenabschnitts wiederherstellt. Eine Akkumulation von Störungen findet nicht statt. Eine Begrenzung der Streckenlänge findet in der digitalen Übertragungstechnik durch eine Akkumulation des Phasenjitters statt; trotzdem ist diese Übertragungstechnik der analogen jedoch weit überlegen.

Entscheidend für die Notwendigkeit, den Phasenjitter zu reduzieren, ist aber nicht die maximale Länge der Übertragungsstrecke, sondern die Erhöhung der Fehlerhäufigkeit durch den Phasenjitter bei gegebenem Signal-Geräusch-Abstand. Dieser Zusammenhang kann an dem Augendiagramm (s. Abschn. 10.3.1) des entzerrten Digitalsignals sichtbar gemacht werden. Man versteht darunter eine Darstellung des Zeitverlaufs eines isochronen digitalen Signals, bei der der Zeitabschnitt für ein Signalelement auf einem Oszilloskop abgebildet wird und die Zeitverläufe für alle folgenden Zeitabschnitte übereinandergeschrieben werden. Bild 6.3 zeigt das schematische Augendiagramm mit dem inneren Augenrand für ein binäres, verzerrtes Digitalsignal. Der optimale Abtastzeitpunkt

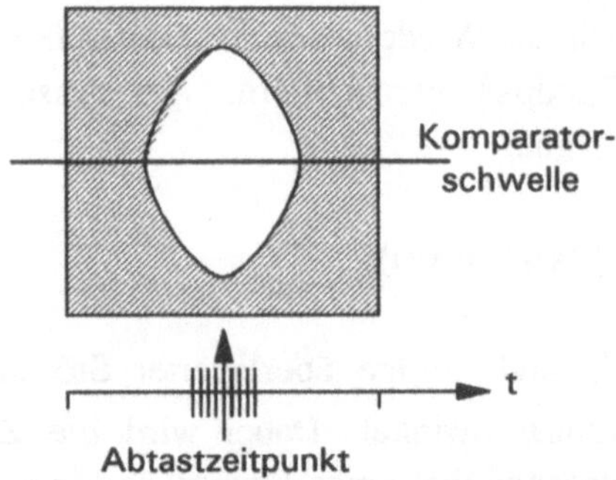

Bild 6.3 Augendiagramm und Phasenjitter

liegt an der Stelle maximaler Augenöffnung. Durch den Phasenjitter wird dieser Abtastzeitpunkt statistisch unregelmäßig an Stellen kleinerer Augenöffnung verschoben. Bei der Anwesenheit von Störungen bedeutet dies eine Erhöhung der Fehlerhäufigkeit.

6.2 Methoden der Taktübertragung

Die Taktinformation soll mit den Informationsimpulsen über denselben Kanal geleitet werden. Es sind dann die folgenden beiden Methoden möglich:

- Die Taktinformation wird in Form eines zusätzlichen Taktsignals dem Informationssignal auf der Sendeseite zugefügt.
- Es wird auf der Senderseite keine Taktinformation in Form eines zusätzlichen Signals zugefügt. Vielmehr wird auf der Empfängerseite der Takt aus dem Informationssignal selbst abgeleitet.

Übertragung mit besonderem Taktsignal. Wird auf der Senderseite dem Informationssignal die Taktinformation zugefügt, so bedeutet dies, daß in das Informationsspektrum, das aufgrund des stochastischen Charakters einer Nachricht einen kontinuierlichen Anteil hat, eine Spektrallinie eingefügt wird. Im Empfänger müssen dann die Spekrallinie und das Informationsspektrum getrennt werden. Dies kann mit einem Bandpaß, an dessen Ausgang das Taktsignal erscheint, und mit einer Bandsperre geschehen, an deren Ausgang das Informationssignal erscheint. Es muß aber gewährleistet werden, daß der Bandpaß keine Anteile des Informationsspektrums durchläßt, und daß die Bandsperre keine Anteile des Informationsspektrums unterdrückt. Dies ist nur möglich, wenn durch korrelative Kanalcodierung nach Abschn. 4.3.3 eine Nullstelle im Spektrum erzeugt wird. Mit einem Bipolar-Code 2. Ordnung erhält man z. B. eine Nullstelle bei der halben Taktfrequenz. Eine Spektrallinie bei dieser Frequenz kann somit auf der Empfängerseite ohne störende Informationsanteile herausgefiltert werden. Wählt man die Phasenlage des Taktsignals so, daß seine Nulldurchgänge mit den Abtastzeitpunkten des Empfängers zusammenfallen, so ist die Entfernung des Taktsignals aus dem Informationssignal nicht unbedingt erforderlich.

Übertragung ohne besonderes Taktsignal. Der Empfänger muß in diesem Fall die Taktfrequenz aus den Informationsimpulsen selbst ableiten. Dabei sind zwei Fälle zu unterscheiden

a) Das Informationssignalspektrum enthält bei der Taktfrequenz eine Spektrallinie. Dann kann sich die Taktrückgewinnung darauf konzentrieren, diese Linie herauszufiltern.

b) Das Informationssignalspektrum enthält keine Spektrallinien (s. Abschn. 6.1.1). In diesem Fall muß auf der Empfängerseite durch eine nichtlineare Signalverarbeitung (s. Abschn. 6.4.1) in Form eines Formatwechsels eine Spektrallinie bei der Taktfrequenz erzeugt werden.

Um die beiden Methoden der Taktrückgewinnung zu bewerten, können als Kriterien herangezogen werden: der Signal-Rausch-Abstand, der Frequenzbandbedarf und Nullfolgen im Informationssignal. Eine zusätzlich in das Spektrum eingefügte Linie verschlechtert den Signal-Rausch-Abstand, da sich bei gegebenem Rauschen die gesamte Signalenergie auf die nicht nachrichtenhaltige Spektrallinie und das Informationsspektrum verteilt, so daß das Informationsspektrum weniger Energie enthält. Befindet sich im Informationsspektrum bei der Taktfrequenz eine Linie, so liegt sie außerhalb des nach Nyquist (s. Abschn. 3.3) mindestens benötigten Frequenzbandes. Soll der Frequenzbandbedarf minimal sein, so ist die Übertragung der Taktfrequenz mit Hilfe einer diskreten Linie des Spektrums nur möglich, wenn diese z. B. in eine Lücke des Spektrums bei einem Viertel der Taktfrequenz, was der Bandmitte bei der Mindestbandbreite entspricht, eingefügt wird. Eine Spektrallinie des Informationsspektrums bei der Taktfrequenz kann starken, durch Nullfolgen bedingten Kurzzeitschwankungen unterliegen.

6.3 Anforderungen an den Kanal

Ein binäres digitales Signal hat nach Gl. (6.1) die Spannungszeitfunktion

$$u(t) = U_0 T_0 \sum_{n=-\infty}^{\infty} a_m(n)\, g(t - nT_0) \qquad . \qquad\qquad (6.9)$$

Die zufälligen Zahlen $a_m(n)$ können bei einem binären Signal z. B. entweder den Wert 1 oder 0 annehmen. Der Grundimpuls $g(t)$ ist z.B. ein Rechteckimpuls der Dauer T_0. Nach Gl. (6.9) ist die für die einzelnen Signalelemente zur Verfügung stehende Zeit die Schrittdauer T_0. Ihr Kehrwert ist Schritt- bzw. Taktfrequenz $f_0 = 1/T_0$. Durch den Kanalfrequenzgang werden die Impulse verformt. Zu ihrer Identifizierung wird auf halber Höhe mit Hilfe eines Komparators ein Schwellwert u_s angeordnet (s.Bild 6.4). So entsteht aus dem empfangenen Impuls $u_E(t)$

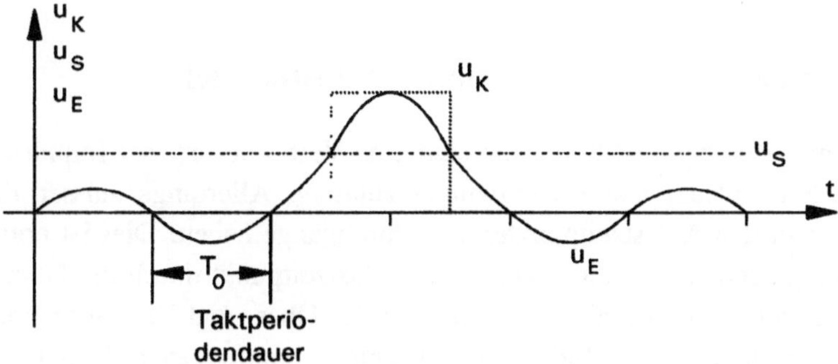

Bild 6.4 Identifizierung des Impulses mit einem Schwellwert

am Ausgang des Komparators ein Rechteckimpuls $u_k(t)$, dessen Flanken Beginn und Ende des empfangenen Signalelementes kennzeichnen. Hinsichtlich der Anforderungen an den Kanal zur Wiedergewinnung der Taktfrequenz können folgende Überlegungen angestellt werden.

1. Wenn das übertragene Digitalsignal eine Spektrallinie bei der Taktfrequenz hat, sollte die Bandbreite des Kanalfrequenzgangs größer als die Taktfrequenz sein, damit diese durch Bandfilter und Phasenregelschleife herausgefiltert werden kann; die resultierende Bandbreite des Gesamtfrequenzgangs wird durch das Entzerrerfilter eingestellt und ist im Minimum gleich der halben Taktfrequenz.
2. Besitzt das übertragene Digitalsignal keine Spektrallinien, weil das NRZ-Format vorliegt, oder weil das Format bipolar mit $p_1 = p_2 = 0{,}5$ ist, so ist ein Formatwechsel erforderlich. Geht man vom NRZ-Format aus, so sollte ein Übergang zum RZ-Format erfolgen. Dazu wird das empfangene Digitalsignal über einen Komparator geleitet. Dabei ist anzustreben, daß die Abstände der Komparatorausgangsimpulse möglichst weitgehend ganzzahlige Vielfache der Schrittdauer T_0 sind, um Phasenjitter zu vermeiden.

Damit diese Bedingung trotz der durch den Kanal verursachten Verbreiterung der Impulse erfüllt ist, muß der Gesamtfrequenzgang einen bestimmten Verlauf haben.

6.3.1 Zweites Nyquist-Kriterium im Zeitbereich

Nach dem ersten Nyquist-Kriterium sind eine Verbreiterung der Impulse auf die doppelte Schrittdauer und Ausschwinger zulässig. Allerdings müssen die Ausschwinger zu den Abtastzeitpunkten Nulldurchgänge haben. Dies ist notwendig, damit der gesendete Funktionswert zum Abtastzeitpunkt durch die Übertragung nicht verändert wird. Damit die Zeitpunkte des Über- und Unterschreitens einer Komparatorschwelle (s. Bild 6.4) bei einem empfangenen Impuls um die Schrittdauer T_0 auseinanderliegen, dürfen zwei weitere Funktionswerte des gesendeten Impulses nicht verändert werden. Dies sind die Funktionswerte um die halbe Schrittdauer vor und nach dem Abtastzeitpunkt. Man muß deshalb dafür sorgen, daß die Ausläufer eines Impulses nicht nur zu den Abtastzeitpunkten, sondern auch in der Mitte zwischen den Abtastzeitpunkten Nullstellen haben. Dabei wird davon ausgegangen, daß die um die halbe Schrittdauer vor und nach dem Abtastzeitpunkt liegenden Funktionswerte gleich dem halben Maximalwert des Impulses sind. Der beschriebene Sachverhalt ist der Inhalt des zweiten Nyquist-Krtieriums. Für die Abtastwerte der Impulsantwortfunktion g(t) des Gesamtfrequenzganges $\underline{F}$(f) muß gelten

$$g\left[k\frac{T_0}{2} \right] = \frac{1}{T_0} \begin{cases} 1 \text{ für } k = 0 \\ \frac{1}{2} \text{ für } k = \pm 1 \\ 0 \text{ für } k = \pm 2, \pm 3, \dots \end{cases} \qquad (6.10)$$

6.3.2 Zweites Nyquistkriterium im Frequenzbereich

In Abschn. 3.3 wurden für eine Übertragungsstrecke Gesamtfrequenzgänge ermittelt, die das erste Nyquist-Kriterium erfüllen. Zur Verringerung der Steilheit der Nulldurchgänge der Ausschwinger eines Impulses am Entzerrerfilterausgang wurden in die Mitte zwischen 2 Abtastzeitpunkte zusätzliche Nullstellen nach Gl. (3.18) gelegt. Damit ist ebenfalls das zweite Nyquist-Kriterium erfüllt. Somit ist der Gesamtfrequenzgang nach Gl. (3.19)

$$\underline{F}(f) = \frac{1}{2}\left[1 + \cos(\pi\frac{f}{f_0})\right] \text{rect}\left(\frac{f}{2f_0}\right) \tag{6.11}$$

mit der Gewichtsfunktion

$$g(t) = \frac{1}{T_0}\frac{\sin(\pi\frac{t}{T_0})}{\pi\frac{t}{T_0}}\frac{\cos(\pi\frac{t}{T_0})}{1-4(\frac{t}{T_0})^2} \tag{6.12}$$

ein geeigneter Frequenzgang.

6.4 Methoden der Taktrückgewinnung

In Bild 3.16 aus Abschn. 3.5 wurde das Blockschaltbild eines Regenerativver-stärkers dargestellt. Es können darin zwei Bereiche unterschieden werden:

1. die Entscheidung im Signalbereich und
2. die Entscheidung im Zeitbereich.

Die Taktrückgewinnung als Bestandteil der Entscheidung im Zeitbereich besteht im wesentlichen aus vier Blöcken:

a. das Entzerrerfilter, mit dem eine Kanalentzerrung nach dem zweiten Nyquist-Kriterium vorgenommen wird,
b. die Signalaufbereitung, die durch nichtlineare Operationen eine Spek-trallinie bei der Taktfrequenz erzeugt, wenn diese trotz isochronen Si-gnalcharakters und Entzerrung nach dem zweiten Nyquist-Kriterium nicht gegeben ist, und
c. das durch Resonanzkreis oder Phasenregelkreis realisierte Filter, das eine Schwingung mit Taktfrequenz und festem Phasenwinkel erzeugt.
d. Phasenschieber zur Einstellung der optimalen Lage des Abtastzeitpunk-tes.

Somit läßt sich das Blockschaltbild des Regenerativverstärkers nach Bild 3.16, wie in Bild 6.5 dargestellt, vervollständigen.

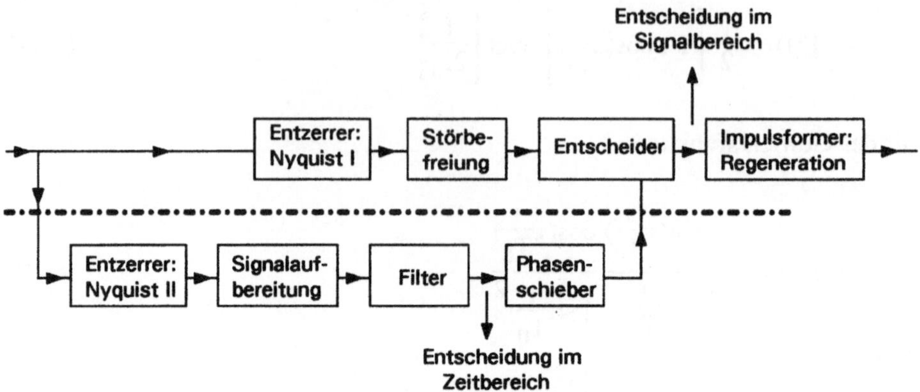

Bild 6.5 Regenerativverstärker

Die Taktrückgewinnung muß bestimmte Forderungen hinsichtlich des Scheitel-
wertes, des Phasenwinkels und des Phasengitters (regellose Schwankungen des
Phasenwinkels) der erzeugten Schwingung mit der Taktfrequenz erfüllen. Der
Scheitelwert darf insbesondere bei längeren Nullfolgen, also Zeitabschnitten, in
denen keine Impulse gesendet werden, nicht unter einen bestimmten Wert sin-
ken, damit sich immer ein einwandfreies Taktsignal erzeugen läßt. Der Phasenwinkel muß mit einem Phasenschieber so eingestellt werden, daß das empfangene und entzerrte Signal zu den in Abschn. 3.3.1 definierten Zeitpunkten abgetastet wird. Der Phasenjitter muß möglichst klein sein, weil er regellose Verschiebungen des Abtastzeitpunktes um den Sollwert herum zur Folge hat.

6.4.1 Signalaufbereitung

Die verschiedenen Verfahren der Signalaufbereitung zur Erzeugung einer Linie
im Spektrum hängen zusammen mit der angewendeten Kanalcodierung. Es werden daher beispielhaft drei Methoden erläutert.

Verschwindender arithmetischer Mittelwert. Ein binäres digitales Signal
nach Gl. (6.1) mit einem Sinusquadratgrundimpuls, den Zufallszahlen $a_1 = +1$,
$a_2 = -1$ und den Totalwahrscheinlichkeiten $p_1 = p_2 = 0.5$ enthält nach Gl. (6.2)
keine Spektrallinie, weil der arithmetische Mittelwert des Signals verschwindet.
Bild 6.6 zeigt die Zeitfunktion des Signals. Durch Doppelweggleichrichtung

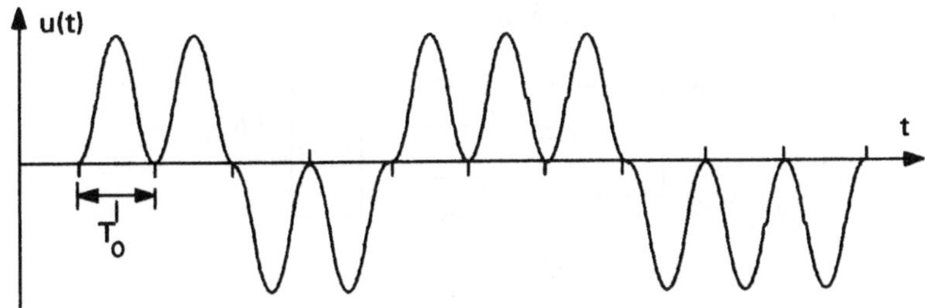

Bild 6.6 Binäres digitales Signal mit Sinusquadratimpulsen

entsteht offensichtlich eine Sinusspannung mit der Taktfrequenz $f_0 = 1/T_0$ und somit auch eine Linie im Spektrum. In diesem speziellen Fall geht sogar der stochastische Charakter des Signals völlig verloren. Aber auch bei anderen Formaten kann durch Doppelweggleichrichtung eine Linie im Spektrum erzeugt werden.

Nullstelle im Spektrum des Grundimpulses. Enthält das digitale Signal in seinem Spektrum keine Linie, weil das Spektrum des Grundimpulses bei der Taktfrequenz eine Nullstelle hat, so muß die Form des Grundimpulses geändert werden. Hat man als Grundimpuls einen Rechteckimpuls, dessen Impulsdauer gleich dem für ein Signalelement zur Verfügung stehenden Zeitabschnitt T_0 ist, so läßt sich mit Hilfe eines Flankendetektors jeweils zu Beginn eines Rechteckimpulses ein Nadelimpuls erzeugen. Dieser kann dann eine monostabile Kippschaltung auslösen, die einen Rechteckimpuls mit einer Impulsdauer $\tau < T_0$ erzeugt. Das Spektrum dieses kürzeren Impulses enthält dann bei der Taktfrequenz keine Nullstelle.

Umwandlung in ein deterministisches Signal. Ist ein binäres Signal gegeben, bei dem sowohl der Einzelimpuls in seinem Spektrum bei der Taktfrequenz eine Nullstelle hat als auch der Mittelwert verschwindet, so kann auf folgende Weise bei der halben Taktfrequenz eine Spektrallinie gewonnen werden.

Eine regellose Null-Eins-Folge $a(n) = 011000101001011$ wird in eine periodische Folge $b(n) = 0101010101$ umgewandelt, die mit Hilfe eines Umschalters aus Teilen der Folge $a(n)$ und der komplementären Folge $\overline{a(n)}$ zusammengesetzt wird (s. Bild 6.7).

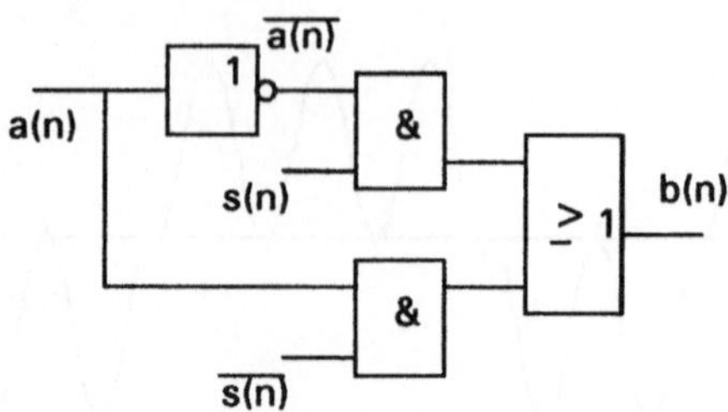

Bild 6.7 Entstehung der periodischen Folge b(n)

Ein Kriterium zur Steuerung des Umschalters durch eine Folge s(n) erhält man, indem man bei der Folge a(n) feststellt, ob auf ein Element noch einmal das gleiche folgt. Dazu werden die Folge a(n) und die um ein Element verzögerte Folge a(n-1) auf ein Äquivalenzgatter gegeben, dessen Ausgang mit einem als Binäruntersetzer arbeitenden Flipflop verbunden ist (s.Bild 6.8).

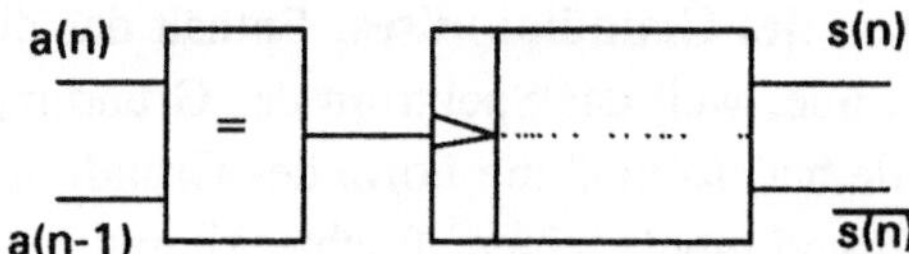

Bild 6.8 Entstehung der Folge s(n) zur Steuerung des Umschalters

6.4.2 Resonanzverfahren

Gegeben sei ein binäres digitales Signal, in dessen Spektrum z. B. als Folge der nichtlinearen Signalverarbeitung eine Linie bei der Taktfrequenz vorhanden ist. Dann bietet es sich an, die Taktrückgewinnung mit einem schmalbandigen Resonanzkreis durchzuführen. Vereinfachend werde angenommen, daß die Signalelemente des digitalen Signals nach der Signalverarbeitung Dirac-Impulse sind. Bild 6.9 zeigt das Prinzip des Resonanzverfahrens. Der Signalstrom

$$i(t) = I_0 T_0 \sum_{n=-\infty}^{\infty} a(n)\, \delta(t - nT_0) \tag{6.13}$$

mit der Stromzeitfläche $I_0 T_0$ durchfließt einen auf die Taktfrequenz $f_T = 1/T_0$ abgestimmten Resonanzkreis mit dem Gütefaktor Q.

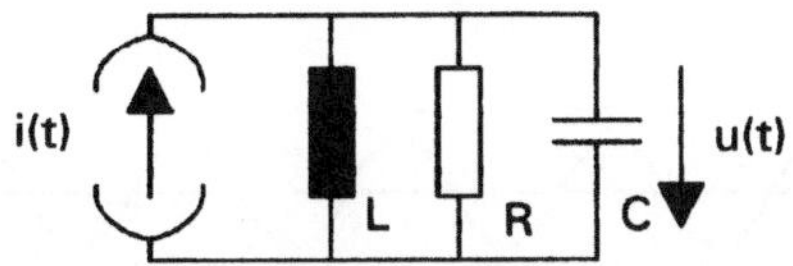

Bild 6.9 Prinzip des Resonanzverfahrens

Da das Spektrum des Signalstroms bei der Taktfrequenz eine Spektrallinie enthält, entsteht am Resonanzkreis bei ausreichend hohem Gütefaktor eine näherungsweise sinusförmige Spannung mit der Taktfrequenz. Allerdings ist zu berücksichtigen, daß außer den Spektrallinien noch ein kontinuierlicher Anteil des Spektrums vorhanden ist. Zusätzlich ist dem digitalen Signal in der Regel ein stochastisches Störsignal überlagert, das auf die Störungen im Übertragungskanal zurückzuführen ist und das ebenfalls ein kontinuierliches Spektrum hat.

Die am Kreis entstehende sinusförmige Spannung erhält durch das kontinuierliche Spektrum eine regellose Amplitudenmodulation und zusätzlich bei einer in der Regel vorhandenen Verstimmung des Resonanzkreises eine regellose Phasenmodulation. Während die Amplitudenmodulation durch Begrenzer mit nachfolgenden Filtern leicht beseitigt werden kann, ist eine Verringerung der Phasenmodulation schwierig. Die Information über die Abtastzeitpunkte bei der Signalregeneration liegt in den Nulldurchgängen der sinusförmigen Spannung am Resonanzkreis. Somit ist es wichtig, die eine regellose Verschiebung der Nulldurchgänge bewirkende Phasenmodulation möglichst weitgehend zu verringern.

Phasenfehler infolge Fehlabstimmung des Resonanzkreises
Die Entstehung dieses Fehlers läßt sich dadurch einsichtig machen, daß man das digitale Basisbandsignal als in Zweiseitenband-Amplitudenmodulation modulierten Sinusträger auffaßt. Bild 6.10 zeigt einen Sinusträger $u_T(t)$, das aus Rechteckimpulsen bestehende Digitalsignal $U_{DR}(t)$ und das durch Multiplikation des Sinusträgers $u_T(t)$ mit dem Digitalsignal $u_{DR}(t)$ entstehende Modulationsprodukt $u_{DK}(t)$, das ein Digitalsignal mit Cosinusimpulsen darstellt. Durch die Amplitudenmodulation entstehen zwei Seitenbänder. Betrachtet man nur eine spektrale Komponente des dem Sinusträger aufmodulierten Digitalsignals $u_{DR}(t)$,

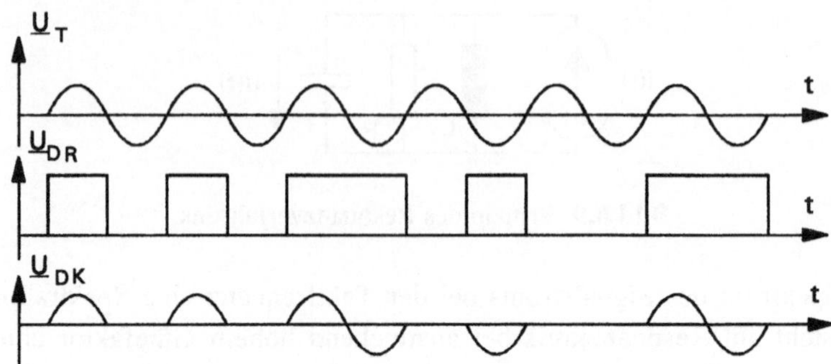

Bild 6.10 Digitalsignal als modulierter Sinusträger
a) Sinusträger
b) Unipolares Digitalsignal mit Rechteckimpulsen
c) Modulationsprodukt: Digitalsignal mit Cosinusimpulsen

so läßt sich das Modulationsprodukt durch das Zeigerdiagramm nach Bild 6.11 darstellen.

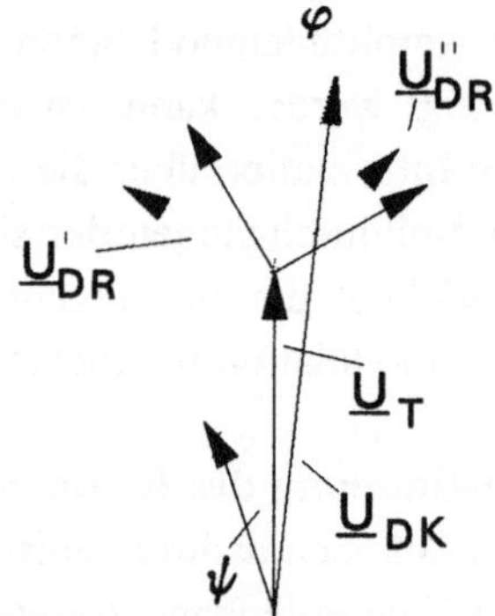

Bild 6.11 Zeigerdiagramm des Modulationsprodukts mit dem Trägerzeiger $\underline{U}_T$, den Zeigern der Seitenlinien $\underline{U}'_{DR}$ und $\underline{U}''_{DR}$, der Phasenverschiebung φ der Zeiger der Seitenlinien und der Phasenänderung ψ des Zeigers des Modulationsprodukts $\underline{U}_{DK}$

Wegen der als Folge der Verstimmung

$$v = \frac{f_0}{f_{res}} - \frac{f_{res}}{f_0} \qquad\qquad (6.14)$$

mit der Taktfrequenz f_0 und der Resonanzfrequenz f_{res} des Schwingkreises auftretenden Phasenverschiebung φ der Seitenschwingungen erhält der Zeiger des Modulationsprodukts $\underline{U}_{DK}$ eine Phasenschwankung ψ_v, für die der Langzeiteffektivwert

$$\psi_{veff} = \sqrt{\lim_{T \to \infty} \frac{1}{T} \int_{-T/2}^{T/2} \psi_v^2(t)\, dt} = \sqrt{\overline{\psi_v^2(t)}} = v \sqrt{\pi Q \, \overline{\frac{1-\overline{a(n)}}{a(n)}}}$$

$$(6.15)$$

mit der Integrationszeit T, der Kreisgüte Q und den Zufallszahlen a(n). Zur Beschreibung des Signalstromes nach Gl. (6.13) sowie dem Mittelwert

$$\overline{a(n)} = \lim_{N \to \infty} \frac{1}{2N+1} \sum_{n=-N}^{N} a(n)$$

$$(6.16)$$

angegeben werden kann. Bei der Herleitung von Gl. (6.15) wurde zugrunde gelegt, daß a(n) entweder 0 oder 1 ist.

Phasenfehler durch das stochastische Störsignal
Auch ohne Verstimmung des Resonanzkreises bewirken die dem Signalstrom überlagerten Störströme zufällige Verschiebungen Δt_n der Nulldurchgänge des Signalstroms gegenüber den Sollzeitpunkten. Der Langzeiteffektivwert

$$\sigma = \sqrt{\overline{\Delta t_n^2}} = \frac{1}{2\pi f_{res}} \sqrt{\overline{\frac{P_r}{2P}}}$$

$$(6.17)$$

berechnet sich aus der Leistung P_r der Störströme, der Leistung P des Signalstroms und der Resonanzfrequenz f_{res} des Kreises. Die zufälligen Verschiebungen der Nulldurchgänge des Signalstroms bewirken eine Phasenschwankung ψ_σ der Spannung am Kreis, dessen Langzeiteffektivwert

$$\psi_{\sigma eff} = \sqrt{\overline{\psi_\sigma^2(t)}} = 2\pi f_{res}\sigma \sqrt{\overline{\frac{\pi}{2\, a(n)\, Q}}}$$

$$(6.18)$$

sich aus Resonanzfrequenz f_{res}, Kreisgüte Q und Effektivwert σ der Nulldurchgangsverschiebungen ergibt. In der Regel treten die beiden Ursachen für eine Phasenschwankung der Spannung am Resonanzkreis gleichzeitig auf. Da sie voneinander statistisch unabhängig sind, erhält man den Langzeiteffektivwert der gesamten Phasenschwankung

$$\psi_{ges} = \sqrt{\psi_{\sigma eff}^2 + \psi_{v eff}^2} \qquad (6.19)$$

durch geometrische Addition der Effektivwerte nach Gl. (6.15) und (6.18). Während die Phasenschwankung infolge Kreisverstimmung mit zunehmendem Gütefaktor größer wird, nimmt die durch ein Störsignal hervorgerufene Phasenschwankung mit steigendem Gütefaktor ab. Somit gibt es für den Gütefaktor einen optimalen Wert Q_{opt}, für den die Phasenschwankung ein Minimum wird. Aus Gl. (6.19) erhält man mit Gl. (6.15) und (6.18) durch Nullsetzen des Diffentialquotienten $d\psi_{ges}/dQ$ den optimalen Gütefaktor

$$Q_{opt} = \frac{1}{\sqrt{2(1-\overline{a(n)})}} \frac{2\pi f_{res}\sigma}{|v|} \qquad . \qquad (6.20)$$

6.4.3 Verfahren mit Phasenregelschleife

Beim Resonanzverfahren zur Wiedergewinnung der Taktinformation ist bei der Bemessung der Kreisgüte nur eine Kompromißdimensionierung möglich. Dies wird bei den Verfahren, die auf einer Phasenregelung beruhen, vermieden.

6.4.3.1 Integral- und Proportionalregelung

In Bild 6.12 ist das Blockschaltbild einer Phasenregelschleife (engl.: Phase Locked Loop, Abk.: PLL) wiedergegeben, die aus dem Phasendetektor 1, dem Schleifenfilter 2 und dem spannungsgesteuerten Oszillator (engl: voltage controlled oscillator, Abk.: VCO) besteht. Der Phasendetektor 1, der durch einen Vierquadrantenmultiplikator mit nachgeschaltetem Tiefpaß zur Unterdrückung der doppelten Frequenz verwirklicht werden

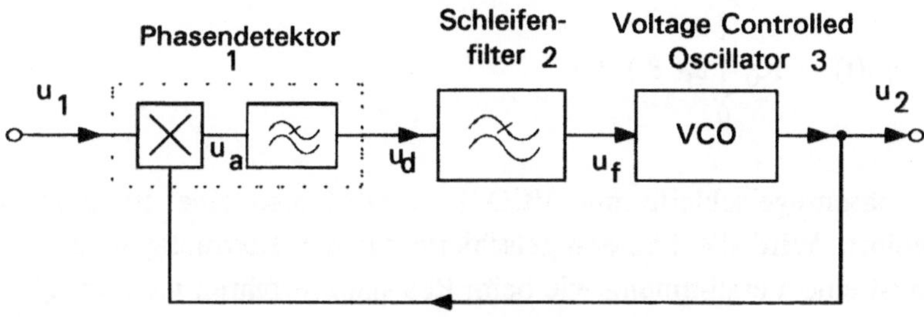

Bild 6.12 Phasenregelschleife mit VCO

kann, liefert eine der Differenz der Nullphasenwinkel $\psi 1$-$\psi 2$ der Eingangsspannung $u_1 = \hat{u}_1 \sin(2\pi f_0 t + \psi_1)$ und der Ausgangsspannung $u_2 = \hat{u}_2 \cos(2\pi f_0 t + \psi_2)$ proportionale Spannung u_d, die an den Eingang des Schleifenfilters 2 gelangt. Die Frequenz des VCO

$$f_{VCO} = \frac{K_O}{2\pi} u_f + f_0 \tag{6.21}$$

hängt mit der VCO-Konstanten K_O von der Schleifenfilterausgangsspannung u_f ab. Ist die VCO-Frequenz f_{VCO} von der Eingangsfrequenz f_0 verschieden, setzt eine Frequenzregelung ein, die die Frequenzen zur Übereinstimmung bringt. Anschließend erfolgt eine Phasenregelung, die den Nullphasenwinkel des VCO ψ_2 bis auf einen möglichen Restfehler auf den Wert des Nullphasenwinkels ψ_1 der Eingangsspannung u_1 bringt. Mit der Ausgangsspannung $u_2 = \hat{u}_2 \cos \Phi(t)$ gilt für die VCO-Frequenz

$$f_{VCO} = \frac{1}{2\pi} \frac{d\Phi(t)}{dt} \tag{6.22}$$

Aus Gl. (6.21) und (6.22) erhält man für den Winkel des Cosinus

$$\Phi(t) = 2\pi f_0 t + K_O \int_0^t u(\theta)\, d\theta \tag{6.23}$$

Somit gilt für den Nullphasenwinkel der Ausgangsspannung

$$\psi_2(t) = K_0 \int_0^t u_f(\theta)\, d\theta \qquad (6.24)$$

In der Phasenregelschleife mit VCO [61] wird also eine **Integralregelung** durchgeführt. Wird die Phasenregelschleife für die Taktrückgewinnung eingesetzt, so ist eine Verstimmung wie beim Resonanzverfahren nicht möglich, weil die VCO-Frequenz bei Schwankungen der Taktfrequenz automatisch nachgeführt wird. An den Eingang der Phasenregelschleife gelangt das Ausgangssignal der Signalaufbereitung nach Abschn. 6.4.1, das neben der Spektrallinie, auf die die Phasenregelschleife einrastet, noch ein kontinuierliches Spektrum enthält. Es ist auf die stochastische Natur des Signals und auf regellose Störungen zurückzuführen und verursacht im Ausgangssignal der Phasenregelschleife Phasenschwankungen, die auch Phasenjitter genannt werden. Sie können durch geeignete Bemessung der Bauelemente der Phasenregelschleife klein gemacht werden. Der kontinuierliche Anteil des Spektrums bewirkt beim Nutzsignal am Eingang durch regellose Verschiebung der Nulldurchgänge einen Phasenjitter, dessen Langzeiteffektivwert

$$\psi_{1\mathrm{reff}} = \sqrt[2]{\overline{\psi_{1r}^2(t)}} = \sqrt{\frac{P_{r1}}{2P_1}} \qquad (6.25)$$

aus der Leistung P_{r1} des kontinuierlichen Anteils des Spektrums und der Leistung P_1 der Spektrallinie berechnet werden kann. Mit der Bandbreite B_1 des Eingangssignals und der Rauschbandbreite B_r der Phasenregelschleife ist der Langzeiteffektivwert des Phasenjitters am Ausgang

$$\psi_{2\mathrm{reff}} = \sqrt[2]{\overline{\psi_{2r}^2(t)}} = \sqrt{2\frac{B_r}{B_1}} \qquad (6.26)$$

Die Rauschbandbreite

$$B_r = \int_0^\infty |\underline{H}(f)|^2 dt \qquad (6.27)$$

wird aus der Phasenübertragungsfunktion

$$\underline{H}(f) = \frac{K_0 \, K_d \, \underline{F}(f)}{K_0 K_d \underline{F}(f) + j \, 2\pi f} \tag{6.28}$$

mit der Phasendetektorkonstanten K_d und dem Frequenzgang $\underline{F}(f)$ des Schleifenfilters berechnet.

Die Phasenregelschleife mit Integralregelung nach Bild 6.12 hat eine für die Takt- und Trägerrückgewinnung bedeutsame Eigenschaft: Trotz niedrigen Signal-Geräusch-Abstandes wird das Takt- bzw. Trägersignal mit geringem Phasenjitter regeneriert. Dieses Merkmal hängt jedoch von der Realisierung des Phasendetektors durch einen Multiplikator ab. Dann wird das Nutzsignal $u_1(t)$, dem die stochastische Störspannung $u_r(t)$ überlagert ist, mit dem VCO-Signal $u_2(t)$ multipliziert. Am Ausgang des Phasendetektors erscheint somit der durch den Tiefpaß gebildete Kurzzeitmittelwert

$$\overline{u_1(t) + u_r(t) \; u_2(t))} = \overline{u_1(t) \; u_2(t)} + \overline{u_r(t) \; u_2(t)} \qquad . \tag{6.29}$$

Da die Störspannung $u_r(t)$ und die VCO-Spannung $u_2(t)$ voneinander unabhängig sind, gilt für die 2. Komponente des Mittelwerts

$$\overline{u_r(t) \; u_2(t)} = \lim_{T \to \infty} \frac{1}{T} \int_{-T/2}^{T/2} u_r(t) \; u_2(t) \, dt = 0 \qquad . \tag{6.30}$$

In der Praxis ist darauf zu achten, daß die Multiplikatorschaltung nicht übersteuert wird; sonst kann der auf der Multiplikation beruhende Effekt der Störbefreiung nicht eintreten. Für die Phasendetektorausgangsspannung gilt

$$u_d = K_d \, \sin(\psi_1 - \psi_2) \tag{6.31}$$

Die Phasenregelschleife nach Bild 6.12 hat zwei Nachteile: Wegen der direkten Einwirkung auf die Frequenz des VCO kann dieser nur eine geringe Frequenzstabilität haben. Außerdem ist es nicht möglich, für mehrere Regelschleifen einen Steuergenerator zu verwenden. Beide Nachteile können durch eine Phasenregelschleife mit **Proportionalregelung** [99] nach Bild 6.13 vermieden

werden. Dabei wird der Nullphasenwinkel ψ_2 der Spannung eines quarzstabilisierten Oszillators mit einem

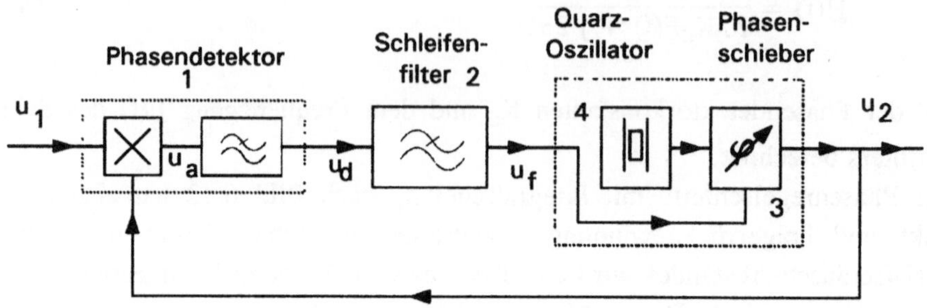

Bild 6.13 Phasenregelschleife mit Proportionalregelung

elektronischen Phasenschieber so eingestellt, daß er bis auf einen kleinen Restfehler mit dem Nullphasenwinkel ψ_1 der Eingangsspannung $u_1(t)$ übereinstimmt. Der Phasenvergleich im Phasendetektor ist allerdings nur möglich,
wenn die Frequenzen des Eingangssignals und des Generators exakt übereinstimmen. Da dies praktisch nie gegeben ist, muß der elektronische Phasenschieber die Frequenzdifferenz ausgleichen. Ist mit der Eingangsfrequenz f_1 und
dem Eingangsnullphasenwinkel ψ_1 die Eingangsspannung

$$u_1(t) = \hat{u}_1 \sin(2\pi f_1 t + \psi_1) \tag{6.32}$$

und mit der Quarzfrequenz f_G, dem Nullphasenwinkel ψ_G des Quarzgenerators
4 und der Phasenverschiebung 4 des elektronischen Phasenschiebers die Ausgangsspannung

$$u_2(t) = \hat{u}_2 \cos(2\pi f_G t + \psi_G + \varphi) \quad , \tag{6.33}$$

so gilt bei Gleichheit der Frequenzen und Nullphasenwinkel von Eingangs- und
Ausgangsspannung für die Phasenverschiebung des Phasenschiebers 3

$$\varphi = 2\pi(f_1 - f_G)t + \psi_1 - \psi_G \tag{6.34}$$

Somit erfordert eine Frequenzdifferenz eine zeitlinear ansteigende Phasenverschiebung. Daher ist eine anloge Phasenregelschleife, bei der der Phasendetektor eine zur Phasendifferenz proportionale Spannung und der elektronische Phasenschieber eine zu seiner Eingangsspannung proportionale Phasenverschiebung φ erzeugt, nicht realisierbar, weil die entsprechend der Phasenverschiebung φ zeitlinear ansteigende Spannung am Phasenschiebereingang durch den endlichen Aussteuerbereich begrenzt wird. Realisierbar ist jedoch eine digitale Phasenregelschleife, bei der der Phasendetektor dem elektronischen Phasenschieber die Information über die Höhe der Phasenverschiebung an den Eingängen des Phasendetektors nicht in Form einer Spannung, sondern durch Impulse mitteilt.

6.4.3.2 Digitale Phasenregelschleife

Hier werden die einzelnen Blöcke der Phasenregelschleife nach Bild 6.13 durch digitale Schaltungen verwirklicht. Eine mögliche Realisierung zeigt Bild 6.14. Charakteristisch ist, daß die Signalwege zwischen dem Phasendetektor

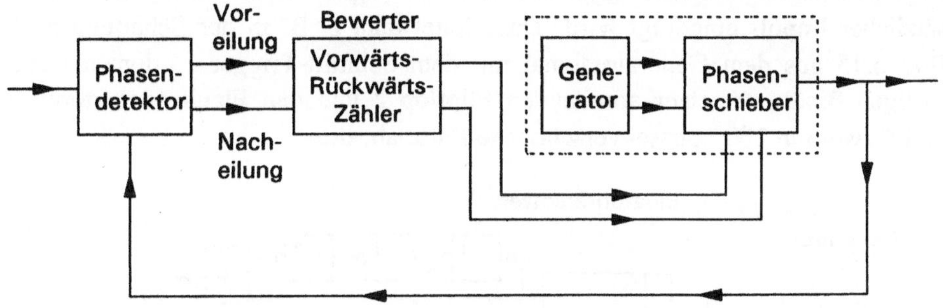

Bild 6.14 Blockschaltbild einer digitalen Phasenregelschleife

und dem hier Bewerter genannten Schleifenfilter sowie zwischen dem Bewerter und dem Phasenschieber zweikanalig ausgeführt werden. Der Phasendetektor stellt Vor- oder Nacheilung zwischen den verglichenen Taktsignalen fest und gibt dementsprechend auf jeweils einer seiner beiden Ausgänge Impulse aus. Der Bewerter kann durch einen Vorwärts-Rückwärts-Zähler realisiert werden.
Digitaler Phasenschieber. Das Signal des quarzstabilisierten Generators (s. Bild 6.15) mit der Frequenz f_G gelangt über einen einstufigen Binäruntersetzer auf den Phasenschieber nach Bild 6.16, dessen Ausgangssignal mit einem m_1-

stufigen Binäruntersetzer um den Faktor $z_1=2^{m1}$ auf die Taktfrequenz f_0 heruntergeteilt wird. Somit gilt für die Generatorfrequenz

$$f_G = 2z_1 f_0 \quad . \tag{6.35}$$

Der Phasenschieber wird durch Impulse angesteuert und bewirkt je Ansteuerimpuls eine Phasenverschiebung von 180°. Da der Teilungsfaktor eines Untersetzers nicht nur für die Frequenz, sondern auch für den Nullphasenwinkel gilt, erhält man für die erzeugte Phasenverschiebung des Taktsignals mit der Anzahl n der an den Phasenschieber gelangenden Impulse

$$\varphi = \frac{\pi}{z_1}\, n \quad . \tag{6.36}$$

Die Phasenverschiebung des Phasenschiebers zwischen dem einstufigen und dem m_1-stufigen Binäruntersetzer wird dadurch bewirkt, daß bei einer Impulsfolge mit jedem Ansteuerimpuls entweder ein Impuls unterdrückt oder ein zusätzlicher Impuls eingefügt wird. Dazu leitet man z. B. in der Schaltung nach Bild 6.15 aus dem Generatorsignal mit dem Schmitt-Trigger 1, dem als einstufigen Binäruntersetzer arbeitenden Flipflop 2 und den Flankendetektoren 3 und 4 zwei um 180° phasenverschobene Pulse ab, die

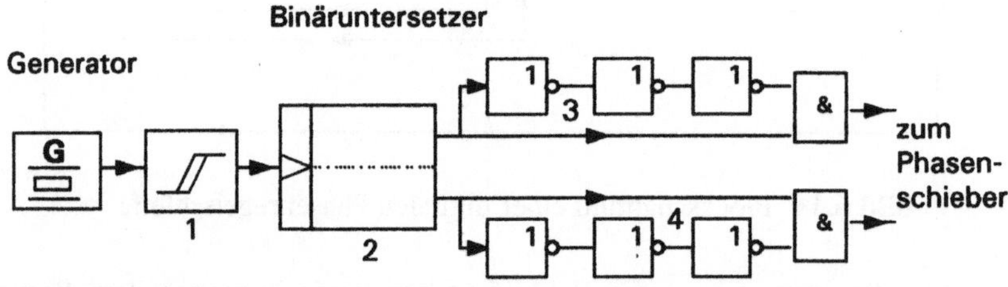

Bild 6.15 Erzeugung zweier um 180° phasenverschobener Pulse

an die Eingänge der Schaltung nach Bild 6.16 gelangen. Diese Schaltung stellt den eigentlichen Phasenschieber dar. Sie hat für vor- und nacheilende Phasenverschiebung je einen Steuereingang. Fehlen die vom Bewerter kommenden Ansteuerimpulse, so gelangen die Generatorimpulse des Kanals 1 an den Ausgang.

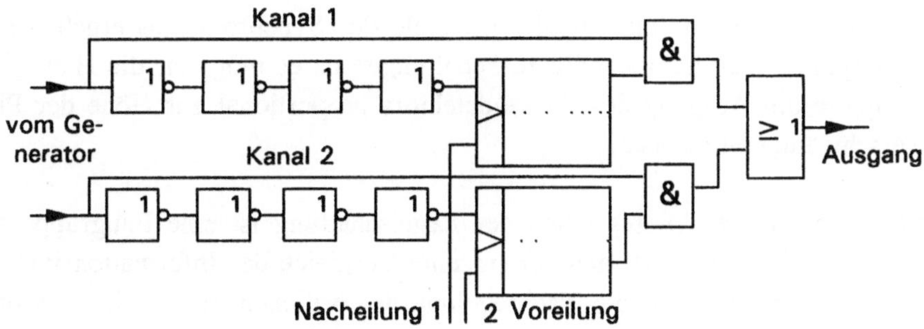

Bild 6.16 Phasenschieber: Hinzufügen oder Unterdrücken eines Impulses

Ein Impuls am Steuereingang 1 bewirkt, daß der nächste Impuls im Kanal 1 ausgeblendet wird, und ein Impuls am Steuereingang 2, daß ein Impuls des um 180° phasenverschobenen Pulses im Kanal 2 zusätzlich an den Ausgang gelangt.

Digitaler Phasendetektor. Hier werden die isochronen Informationsimpulse eines digitalen Übertragungssignals mit dem Taktsignal am Ausgang des ml-stufigen Binäruntersetzers des Phasenschiebers verglichen. Der Phasendetektor hat zwei Ausgänge. Im einfachsten Fall entstehen bei voreilender Phasenverschiebung an einem Eingang Impulse, während bei nacheilender Phasenverschiebung am anderen Eingang Impulse entstehen.

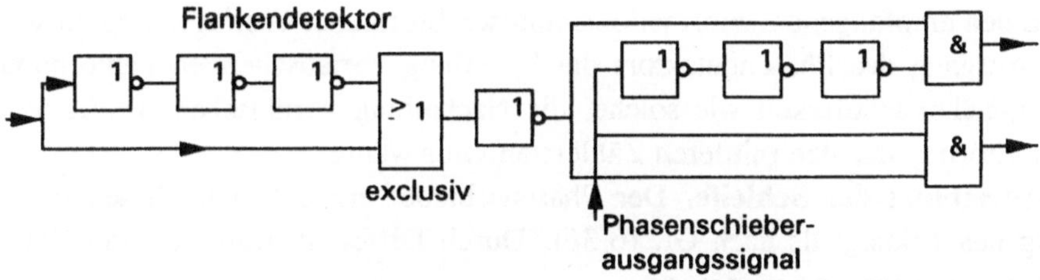

Bild 6.17 Digitaler Phasendetektor

Damit wird nur das Vorzeichen der Phasenverschiebung festgestellt. Eine mögliche Realisierung des digitalen Phasendetektors zeigt Bild 6.17. Das binäre digitale Signal wird zunächst auf eine Schaltung zur Anzeige der positiven und negativen Flanken gegeben. So entsteht ein Signal aus kurzen Impulsen, das mit dem Taktsignal des Empfängers in zwei und-Gattern verglichen wird. Im Falle der Voreilung bzw. Nacheilung entsteht am Ausgang eines der beiden und-

Gatter pro Taktperiode ein Impuls. Im Falle des Synchronismus ergeben sich keine Impulse. Durch aufwendigere Schaltungen ist es möglich, die Häufigkeit der Impulse am Ausgang des Phasendetektors proportional zur Höhe der Phasenverschiebung zu machen.

Digitaler Bewerter. Dieses Glied der Regelschaltung ist eine Baugruppe mit Gedächtnis, die verhindert, daß der einzelne Vergleich der Informationsimpulse mit den Taktimpulsen für die Nachregelung des örtlichen Taktes ein zu großes Gewicht erhält. Der Bewerter speichert die Ergebnisse der Einzelvergleiche über eine gewisse Zeit und veranlaßt eine Nachregelung erst dann, wenn eine bestimmte Tendenz der Abweichungen des Nullphasenwinkels beimTaktsignal vorliegt.

Während die Bewerter bei analogen Phasenregelschleifen Tiefpaßfilter sind, wird der digitale Bewerter durch Zählschaltungen realisiert. Im einfachsten Fall wird ein Vorwärts-Rückwärts-Zähler eingesetzt. Die beiden Ausgänge des Phasendetektors werden an die Eingänge des Zählers angeschlossen. Da entweder Vor- oder Nacheilung vorliegt, wird der Zähler in Vorwärts- oder Rückwärtsrichtung bewegt. Ausgangspunkt ist dabei die Mittellage des Zählers, in die er nach Erscheinen eines Übertrags gesetzt wird. Es verstreichen somit bei einem m-stufigen Binärzähler mindestens $0.5\ 2^m$ Taktperioden, bevor an einem der beiden Ausgänge ein Übertrag als Korrektursignal an den Phasenschieber gegeben wird.

Sind den empfangenen Informationsimpulsen Störungen überlagert, so entstehen am Ausgang des Phasendetektors die Voreilung vortäuschenden Fehlerimpulse mit gleicher Häufigkeit wie solche, die Nacheilung vortäuschen. Daher verändern Störimpulse den mittleren Zählerstand nur wenig.

Beschreibung der Schleife. Der Phasenschieber erzeugt eine Phasenverschiebung des Taktsignals nach Gl. (6.36). Durch Differentiation nach der Zeit erhält man die Frequenzänderung

$$\Delta f = \frac{1}{2z_1}\frac{dn}{dt}\ . \tag{6.37}$$

Die Anzahl der Impulse pro Zeiteinheit dn/dt, die für eine bestimmte Frequenzänderung erforderlich ist, läßt sich aus der Taktfrequenz und dem Zähler des Bewerters ermitteln. Pro Taktperiode wird höchstens einmal Voreilung oder Nacheilung festgestellt. Ändert sich die Spannung des binären Zufallssignals im

Mittel nach jeder 2. Taktperiode, so erhält man mit der Stufenzahl m_2 des im Dualcode arbeitenden Bewerterzählers für die Anzahl der Impulse pro Zeiteinheit

$$\frac{dn}{dt} = f_0 \frac{1}{2^{m_2}} \; . \tag{6.38}$$

Mit Gl. (6.37) und (6.38) findet man für die maximal zulässige Ablage der lokalen Taktfrequenz, die die Schleife ausgleichen kann,

$$\Delta f_{max} = \frac{1}{2} f_0 \frac{1}{2^{m_1+m_2}} \tag{6.39}$$

Die Stufenzahl m_1 bestimmt den Phasensprung, den ein Impuls am Phasenschieber auslöst. Wenn der Phasendetektor eine Vor- oder Nacheilung feststellt, vergeht eine Anzahl von Taktperioden, bevor am Phasenschieber eine Korrektur erfolgt. Die Summe der Stufenzahlen m_1+m_2 legt nach Gl. (6.39) die zulässige Frequenzablage der intern erzeugten Taktfrequenz f_0 fest. Aufgrund der Funktion des Bewerters arbeitet der lokale Taktgenerator während eines Zeitabschnitts

$$\frac{1}{f_0} 2^{m_2}$$

unbeeinflußt. Somit verschiebt sich der Nullphasenwinkel des Taktsignals innerhalb dieses Zeitabschnitts bei gegebener Frequenzablage Δf um

$$\Delta \Psi = 2\pi \Delta f \frac{1}{f_0} 2^{m_2} \; . \tag{6.40}$$

Daher darf die Stufenzahl m_2 nicht zu groß sein.

6.5 Aufgaben

12. Aufgabe:

Bei einer digitalen Übertragung wird nach dem Resonanzverfahren aus den Informationsimpulsen die Taktfrequenz $f_0=64kHz$ herausgefiltert. Die Verstimmung des Kreises um $\Delta f=100Hz$ und der Signal-Rausch-Abstand des digitalen Signals $\rho^* =10$ dB bewirken einen von dem Gütefaktor des Resonanzkreises abhängigen Phasenjitter. Die Informationsimpulse bilden ein binäres Signal, bei dem das Zeichen Eins durch einen Impuls und das Zeichen Null durch keinen Impuls gekennzeichnet wird. Die Totalwahrscheinlichkeit für das Auftreten einer Eins sei $p_1=0,5$. Man Berechne den Phasenjitter als Folge der Verstimmung und infolge des überlagerten Störsignals.

Lösung:

Damit beträgt der Mittelwert nach Gl. (6.1) $\overline{a(n)} =0,5$. Mit Gl. (6.20) erhält man für den optimalen Gütefaktor $Q=71,4$. Für die Phasenschwankung infolge Kreisverstimmung ergibt sich mit Gl. (6.15) und diesem Gütefaktor $\varepsilon_{veff}=2,64°$. Die Phasenschwankung infolge des überlagerten Störsignals ist mit Gl. (6.18) $\varepsilon_{\sigma eff}=2,65°$. Bei der Beurteilung der Höhe dieser Langzeiteffektivwerte ist zu berücksichtigen, daß als Folge der stochastischen Natur der Phasenschwankung mit einer bestimmten Häufigkeit auch Werte vorkommen, die wesentlich über dem Effektivwert liegen.

7 Kanalcodierung II: Fehlersicherung

Zu den Aufgaben der elektrischen Nachrichtentechnik gehört die Übertragung und Speicherung von Informationen. Mit zunehmender Bedeutung der Nachrichtentechnik in Staat, Wirtschaft und Gesellschaft wächst das Interesse daran, daß die Vorgänge der Übertragung und Speicherung möglichst fehlerfrei erfolgen. Hinsichtlich der Fehlerfreiheit ist nun gerade die digitale Nachrichtentechnik wesentlich leistungsfähiger als die analoge Nachrichtentechnik. Dies hängt hauptsächlich mit der Art der Informationsdarstellung zusammen: Während die analoge Nachrichtentechnik die Informationen durch kontinuierliche Funktionen darstellt, verwendet die digitale Nachrichtentechnik hierfür Zahlenfolgen, die meistens Null-Eins-Folgen sind. Diese Art der Informationsdarstellung ist damit für die mathematischen Verfahren [38] der Fehlererkennung und der Fehlerkorrektur besonders geeignet. Wichtige Einsatzfelder von digitalen Übertragungsstrecken mit Fehlersicherung sind:

> D-Netz, E-Netz
> Digital Audio Broadcast (DAB)
> Digitales Satelliten Radio

Grundlage der Fehlersicherung ist die Zufügung von Redundanz mit Hilfe eines Codierers; diese Redundanz kann dann im Decodierer auf der Empfängerseite zur Fehlererkennung und Fehlerkorrektur ausgenutzt werden. Redundanz bedeutet in diesem Zusammenhang, daß mehr Nullen und Einsen zur Darstellung eines Zeichens aus einem bestimmten Zeichenvorrats aufgewendet werden, als dies eigentlich erforderlich wäre.

7.1 Klassifikation der Codes

Eine Übersicht über die Fehlersicherungscodes gibt Bild 7.1. Man unterscheidet zunächst die Blockcodes und die sequentiellen Codes. Bei den Blockcodes wird die Informationsfolge in einzelne Kombinationen bzw. Blöcke zerlegt, die einzeln codiert und decodiert werden. Jeder Block bildet ein Codewort. Die in der Übertragungstechnik häufig verwendeten Blockcodes sind gleichmäßig, d. h., alle Blöcke enthalten die gleiche Anzahl an Elementen. Sequentielle Codes sind auch unter den Namen Faltungscodes, convolutionelle Codes, Kettencodes oder rekurrente Codes bekannt. Sie unterscheiden sich von den Blockcodes dadurch, daß es keine festen Codewortgrenzen gibt.

Bei allen Codes werden den Informationssymbolen nach bestimmten Verfahren Kontrollsymbole hinzugefügt. Die Blockcodes lassen sich in zwei Gruppen einteilen. Man unterscheidet teilbare und unteilbare Blockcodes. Die Lage der Informations- und Kontrollstellen ist bei den teilbaren Codes genau festgelegt. Bei den unteilbaren Codes treten die Elemente einer Codekombination nicht getrennt als Informations- und Kontrollelemente auf. Teilbare Codes können eingeteilt werden in systematische und nichtsystematische Codes. Als systematische Codes bezeichnet man solche Codes, bei denen die modulo-2-Summe zweier

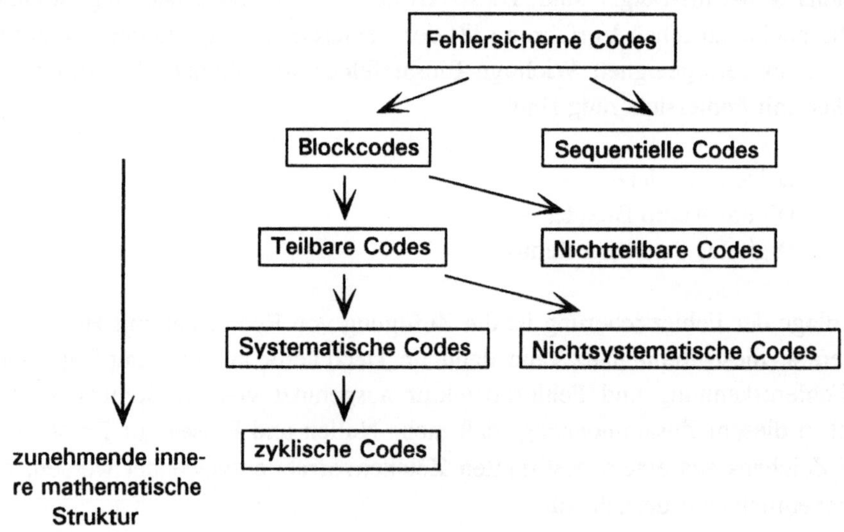

Bild 7.1 Klassifizierung fehlersichernder Codes

verschiedener Codekombinationen wieder eine Codekombination ergibt. Die zyklischen Codes bilden die größte und wichtigste Gruppe für die Praxis. Sie haben besondere Stärken bei der Erkennung von Büschelfehlern, bei denen mehrere aufeinanderfolgende Bits verfälscht werden.

7.2 Grundprinzip der Fehlersicherung

Gegenstand der Übertragung ist im allgemeinen ein binäres Digitalsignal als physikalische Darstellung einer Null-Eins-Folge. Dieses Signal durchläuft den Kanal und wird dabei verzerrt und gestört. Als Folge der Störungen kommt es im Regenerativverstärker zu gelegentlichen Fehlentscheidungen: Aus einer Null wird eine Eins oder aus einer Eins wird eine Null. Eine Kanalcodierung zur Fehlersicherung soll nun durch die Zufügung von Redundanz erreichen, daß auf der Empfängerseite die Möglichkeit besteht,

1. einen Fehler zu erkennen: **Fehlererkennung**, und
2. evtl. diesen Fehler zu korrigieren: **Fehlerkorrektur**.

Die Zufügung von Redundanz bedeutet eine Weitschweifigkeit in der Informationsdarstellung, d.h., es werden mehr Signalelemente aufgewendet als für die Darstellung der Information erforderlich wäre. Soll z. B. eine Null-Eins-Folge der Länge 1024 übertragen werden, so wird statt dessen eine andere Null-Eins-Folge mit z.B. 1280 Elementen gesendet. Soll dies im gleichen Zeitraum erfolgen, so ergibt sich eine erhöhte Taktfrequenz. Die Zuordnung der ursprünglichen Null-Eins-Folge und der redundanten gesendeten Folge ist Gegenstand der Codierung. Man unterscheidet dabei grundsätzlich zwei Methoden:

1. die Blockcodierung, die von der Einteilung der Null-Eins-Folge in Blöcke ausgeht.
2. die Faltungscodierung, bei der ohne Blockbildung ein kontinuierlicher Strom von Nullen und Einsen in den Codierer hineinfließt.

Der Grundgedanke eines gegen Störungen gesicherten Codes werde für den Fall der Blockcodierung erläutert. Er besteht darin, daß aus der Gesamtzahl $N=2^n$ aller Codekombinationen, die man aus Blöcken mit n Elementen erhalten kann, für die Informationsübertragung eine kleinere Menge $K=2^m$ erlaubter Kombinationen ausgewählt wird. Die übrigen N-K Kombinationen, die nicht für die Übertragung benutzt werden, bezeichnet man als verbotene Kombinationen. Offensichtlich können Fehler, die eine erlaubte Kombination in eine andere erlaubte Kombination umwandeln, weder erkannt noch korrigiert werden. Um die Anzahl nicht erkennbarer Fehlermuster möglichst klein zu halten, müssen die erlaubten Kombinationen so gewählt werden, daß die am häufigsten auftretenden Fehler zur Umwandlung einer erlaubten in eine unerlaubte Kombination führen, d. h. der Code muß der Fehlerstatistik des Kanals entsprechen.

Wird auf der Empfängerseite eine unerlaubte Kombination festgestellt, so ist damit ein Fehler erkannt worden. Soll eine Fehlerkorrektur ermöglicht werden, so ist ein Code erforderlich, bei dem jedesmal eine andere nicht erlaubte Kombination entsteht, wenn eine beliebige erlaubte Kombination durch ein korrigierbares Fehlermuster verfälscht wird, d. h. jede nicht erlaubte Kombination kann einer bestimmten erlaubten Kombination zugeordnet werden.

7.3 Allgemeine Eigenschaften von Blockcodes

Die Fähigkeit eines Codes, Fehler zu erkennen und zu korrigieren, ist um so höher, je größer die Zahl der Elemente ist, in denen sich die erlaubten Kombinationen voneinander unterscheiden. Dann wird es zunehmend unwahrscheinlicher, daß durch Fehlereinflüsse eine erlaubte Kombination in eine andere erlaubte Kombination verwandelt wird. Zur allgemeinen Beurteilung von Codes sind die drei folgenden Begriffe von Bedeutung:

    1. Gewicht eines Codewortes
    2. Distanz zweier Codewörter
    3. Hammingdistanz eines Codes

Die Blöcke eines Blockcodes werden Codeworte genannt und mathematisch als Zeilenvektoren dargestellt. Rechenoperationen mit diesen Zeilenvektoren werden modulo 2 (s. Anhang 13.7) ausgeführt.

Das **Gewicht** $w(\underline{X})$ eines Codewortes $\underline{X}$ wird durch die Anzahl der Einsen in $\underline{X}$ definiert. So erhält man z. B. für das Zeichen $\underline{X} = (01011)$ das Gewicht $w(\underline{X}) = 3$.

Unter der **Distanz** d($\underline{X}$;$\underline{Y}$) zweier Codeworte $\underline{X}$ und $\underline{Y}$ versteht man die Anzahl unterschiedlicher Stellen zwischen $\underline{X}$ und $\underline{Y}$. So erhält man z.B. für die Codeworte X_a = (01011) und X_b = (11001) eine Distanz d(X_a;X_b) = 2.

Aus den Definitionen für das Gewicht eines Codewortes und für die Distanz zweier Codeworte ergibt sich der

    Satz: Die Distanz zweier Codeworte ist gleich dem Gewicht der modulo-2-Summe beider Codeworte. Damit muß gelten

$$d(\underline{X} \; ; \; \underline{Y}) = w(\underline{X} + \underline{Y}) \quad \mathrm{mod}\, 2 \tag{7.1}$$

Eine wichtige Größe zur Kennzeichnung der Leistungsfähigkeit eines Codes zur Fehlersicherung ist die **Hamming-Distanz** h. Man versteht darunter die kleinste Distanz zwischen zwei beliebigen Codeworten X_i und X_j aus der Menge aller Codeworte.

$$h = \mathrm{Min}[\; d(\underline{X}_i \; ; \; \underline{Y}_j) \quad \text{für alle } i \neq j \tag{7.2}$$

Die n-stelligen Codeworte lassen sich als Punkte in einem n-dimensionalen Raum verstehen und liegen auf den Ecken eines n-dimensionalen Würfels mit der Kantenlänge 1. Codeworte, die sich in einer Stelle unterscheiden, sind durch eine Kante verbunden. Damit kann die Distanz von Codeworten auch geometrisch gedeutet werden. Bei einem Code mit einer Hamming-Distanz h=5 sind 2 Codeworte über mindestens 5 Kanten hinweg verbunden. Die Punkte dazwischen entsprechen nicht erlaubten Kombinationen. An jedem Punkt laufen bei einem n-stelligen Code n Kanten zusammen. In Bild 7.2 sind die zwei Codeworte verbindenden Kanten zu einer Linie auseinandergezogen. Weniger als h =5 Fehlerstellen können ein Codewort 1 nicht in ein Codewort 2 überführen. Es sind also weniger als h Fehlerstellen sicher erkennbar. Bei der Fehlerkorrektur umgibt man jeweils 2 benachbarte Codeworte mit gleich großen Kugeln, die sich gerade nicht berühren; diese Kugeln markieren dann den Korrekturbereich. Die Korrektur besteht

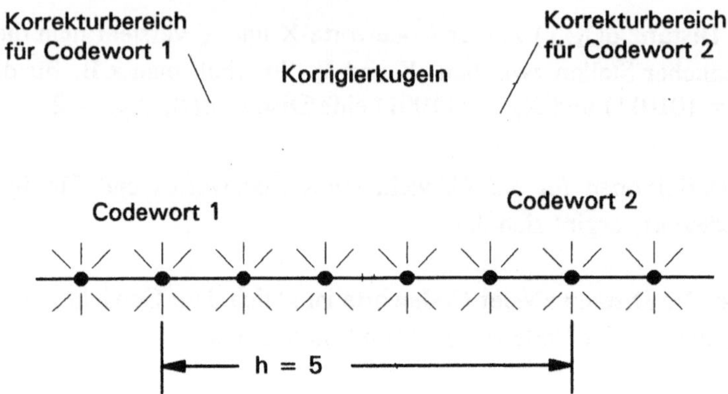

Bild 7.2 Geometrische Deutung eines Codes [48]

dann darin, alle Codeworte innerhalb der Kugel dem Codewort im Zentrum der Kugel zuzuordnen. Aus Bild 7.2 läßt sich dann ablesen, daß für die korrigierbare Fehlerzahl e innerhalb eines Codeworts gelten muß

$$h \geq 2\,e + 1 \text{ für h ungerade}$$
$$h \geq 2\,e + 2 \text{ für h gerade}$$

$$(7.3)$$

und für die erkennbare Zahl von Fehlern gelten muß

$$h \geq e + 1 \quad . \tag{7.4}$$

Daraus ergibt sich, daß die Zahl der erkennbaren Fehler eines Codes viel größer ist als die Zahl korrigierbarer Fehler (s. Abschn. 7.4.1.5).

7.4 Blockcodierung

Grundlage der Blockcodierung [38], [13] ist die Zerlegung eines kontinuierlichen Stroms von Nullen und Einsen in Blöcke zu je m Bits, die Informationscodeworte genannt werden. Den Blöcken werden Übertragungscodeworte mit einer größeren Blocklänge n zugeordnet. Diese Zuordnung ist Gegenstand der Codierung. Zur Festlegung des Codes kann eine Tabelle dienen. Dann muß auf

der Empfängerseite zur Fehlererkennung beim Empfang eines Codeworts an
Hand der Tabelle festgestellt werden, ob es sich um eine erlaubte oder nicht
erlaubte Kombination handelt. Für die Lösung der mit der Fehlersicherung zu-
sammenhängenden Probleme ist es wichtig, diese einer mathematischen Behandlung zugänglich zu machen. Dafür gibt es zwei Wege:

> 1. Matrizen-Rechnung
> 2. Rechnung mit Polynomen

Die Codeworte werden dann durch Vektoren oder Polynome dargestellt. Dies
eröffnet die Möglichkeit, die Definition des Codes statt durch eine Tabelle an
Hand einer Rechenvorschrift vorzunehmen. Dann werden die Übertragungscodeworte aus den Informationscodeworten berechnet. Bei dieser Berechnung
wird grundsätzlich die Rechnung modulo 2 (s. Anhang 13.7) vorausgesetzt.

7.4.1 Matrizendarstellung: Gruppencodes

Die Gruppencodes bilden einen kleinen Prozentsatz aller möglichen Blockcodes.
Mit wenigen Ausnahmen sind sie jedoch die einzigen Blockcodes von prakti-
scher Bedeutung. Sie werden auch lineare Codes oder verallgemeinerte Parity
Check Codes genannt. Eine Untermenge der Gruppencodes sind die zyklischen
Codes.

7.4.1.1 Definition der Gruppencodes

Grundlage für die Definition des Codes ist die Darstellung der Informations-
und Übertragungscodeworte als Zeilenvektoren. Dann wird festgelegt, daß die
Übertragungscodeworte

$$\underline{W} = \underline{I}\,\underline{G} \tag{7.5}$$

aus den Informationscodeworten $\underline{I}$ durch Matrizenmultiplikation mit einer Generatormatrix $\underline{G}$ berechnet werden. Bei dieser Multiplikation ergibt sich das Element der Produktmatrix mit dem Index ij, indem man die Elemente der i-ten
Zeile der 1. Matrix multipliziert mit den entsprechenden Elementen der j-ten
Spalte der 2. Matrix. Daraus geht hervor, daß die Generator-Matrix m Zeilen

und n Spalten haben muß, wenn m die Stellenzahl der Informationscodeworte und n die Stellenzahl der Übertragungscodeworte ist. Mit dem Übertragungscodewort der Stellenzahl n $= 7$

$$\underline{W} = (W_1\ W_2\ W_3\ W_4\ W_5\ W_6\ W_7)$$

und dem Informationscodewort der Stellenzahl m $= 4$

$$\underline{I} = (I_1\ I_2\ I_3\ I_4)$$

sowie der Generatormatrix mit m Zeilen und n Spalten

$$\underline{G} = \begin{bmatrix} g_{11} & g_{12} & g_{13} & g_{14} & g_{15} & g_{16} & g_{17} \\ g_{21} & g_{22} & g_{23} & g_{24} & g_{25} & g_{26} & g_{27} \\ g_{31} & g_{32} & g_{33} & g_{34} & g_{35} & g_{36} & g_{37} \\ g_{41} & g_{42} & g_{43} & g_{44} & g_{45} & g_{46} & g_{47} \end{bmatrix} \qquad (7.6)$$

erhält man

$$(W_1\ W_2\ W_3\ W_4\ W_5\ W_6\ W_7) = (I_1\ I_2\ I_3\ I_4) \begin{bmatrix} g_{11} & g_{12} & g_{13} & g_{14} & g_{15} & g_{16} & g_{17} \\ g_{21} & g_{22} & g_{23} & g_{24} & g_{25} & g_{26} & g_{27} \\ g_{31} & g_{32} & g_{33} & g_{34} & g_{35} & g_{36} & g_{37} \\ g_{41} & g_{42} & g_{43} & g_{44} & g_{45} & g_{46} & g_{47} \end{bmatrix} .$$

Dabei gilt dann

$$\begin{aligned} W_1 &= I_1\, g_{11} + I_2\, g_{21} + I_3\, g_{31} + I_4\, g_{41} \\ W_2 &= I_1\, g_{12} + I_2\, g_{22} + I_3\, g_{32} + I_4\, g_{42} \\ W_3 &= I_1\, g_{13} + I_2\, g_{23} + I_3\, g_{33} + I_4\, g_{43} \\ W_4 &= I_1\, g_{14} + I_2\, g_{24} + I_3\, g_{34} + I_4\, g_{44} \\ W_5 &= I_1\, g_{15} + I_2\, g_{25} + I_3\, g_{35} + I_4\, g_{45} \\ W_6 &= I_1\, g_{16} + I_2\, g_{26} + I_3\, g_{36} + I_4\, g_{46} \\ W_7 &= I_1\, g_{17} + I_2\, g_{27} + I_3\, g_{37} + I_4\, g_{47} \end{aligned}$$

Aus der Definition des Gruppencodes nach Gl. (7.5) geht hervor, daß sich die Übertragungscodeworte durch Addition von Zeilen der Generatormatrix ergeben. Weiter ergibt sich aus dieser Definition ein wichtiger

> **Satz:** Die Summe von zwei gültigen Übertragungscodeworten ergibt wieder ein gültiges Übertragungscodewort.

Dieser Satz ermöglicht bereits eine wichtige Aussage über die Erkennbarkeit von Fehlern. Dazu muß die Verfälschung eines Übertragungscodewortes mathematisch beschrieben werden. Dies ist möglich durch die Definition eines Fehlerwortes mit der Stellenzahl n, das an den Stellen, bei denen aus einer Eins eine Null oder aus einer Null eine Eins wird, eine Eins aufweist. Dann kann die Verfälschung eines gesendeten Übertragungscodewortes $\underline{W}_s$ auf dem Kanal durch die Addition eines Fehlerwortes $\underline{F}$ beschrieben werden. Daraus ergibt sich dann der folgende

> **Satz:** Stimmt das einen Übertragungsfehler beschreibende Fehlerwort mit einem gültigen Übertragungscodewort überein, so kann dieser Übertragungsfehler nicht erkannt werden.

7.4.1.2 Systematische Codes

Eine Untermenge derjenigen Codes, die durch eine Generatormatrix beschrieben werden und die die Codierung mit der Gl. (7.5) durchführen, sind die systematischen Codes. Sie bilden weit über 90% aller Blockcodes. Bei ihnen entstehen die n-stelligen Übertragungscodeworte dadurch, daß an die m-stelligen Informationscodeworte, wie in Bild 7.3 dargestellt, k Prüfstellen angehängt werden.

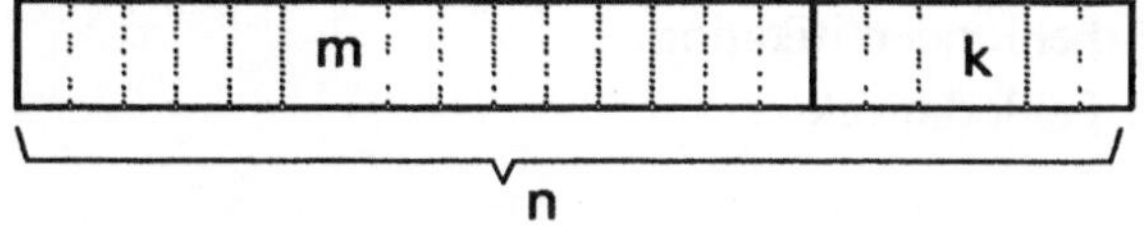

Bild 7.3 systematisches Codewort

Es gilt

$$n = m + k \tag{7.7}$$

Dabei werden die Prüfstellen ebenfalls durch einen Zeilenvektor beschrieben. Mit dem Prüfstellenvektor $\underline{P}$ und dem Informationsstellenvektor $\underline{I}$ erhält das Übertragungscodewort eines systematischen Codes die Form

$$\underline{W} = (\,\underline{I}\,;\,\underline{P}\,) \tag{7.8}$$

Damit solche Übertragungscodeworte entstehen, muß die Generatormatrix nach Gl. (7.6) die Form

$$\underline{G} = (\,\underline{E}\,;\,\underline{C}\,) \tag{7.9}$$

haben. Die Einheitsmatrix $\underline{E}$ im linken Teil der Generatormatrix sorgt dafür, daß die ersten m Stellen des Übertragungscodewortes mit den Informationsstellen übereinstimmen. Der Code wird durch die Codematrix $\underline{C}$ im rechten Teil der Generatormatrix bestimmt. Der Zeilenvektor der Prüfstellen

$$\underline{P} = \underline{I}\,\underline{C} \tag{7.10}$$

ergibt sich durch Multiplikation des Informationsstellenvektors mit der Codematrix $\underline{C}$.

7.4.1.3 Korrektor

Im Empfänger lassen sich eine Reihe von Vorgängen unterscheiden, bei denen ein Korrektor oder auch Syndrom genannter Zeilenvektor eine wichtige Rolle spielt. Es sind dies

1. Decodierung
2. Fehlererkennung
3. Fehleridentifikation
4. Fehlerkorrektur

Die Decodierung ist bei einem systematischen Code natürlich besonders einfach. Man erhält das Informationscodewort, indem man bei dem Übertragungscodewort die Prüfstellen wegläßt. Wichtig ist der Vorgang der Fehlererkennung. Dabei wird das Übertragungscodewort als Ganzes behandelt. Festgestellt wird also im gegebenen Fall ein Codewortfehler bzw. ein Blockfehler.

Dabei spielt es keine Rolle, ob in dem Übertragungscodewort Informations-
oder Prüfstellen verändert wurden. Möglich ist diese Fehlererkennung, weil das
Übertragungscodewort eine innere mathematische Struktur hat: Die Prüfstellen
wurden im Sender aus den Informationsstellen berechnet. Der nächste Schritt
wäre eine Fehleridentifikation. Dabei gilt es, festzustellen, welche Stellen innerhalb des Übertragungscodewortes bei der Übertragung verändert wurden. Ob
dies möglich ist, hängt von der Höhe der Redundanz bzw. von der Anzahl der
Prüfstellen und der Anzahl der Fehler ab. Als letzten Schritt wird eine Fehlerkorrektur durchgeführt, bei der die identifizierten Fehlerstellen wieder zurück-
gekippt werden.

Bei der Untersuchung eines empfangenen Übertragungscodewortes $\underline{W}_k = (\underline{I}_k; \underline{P}_k)$
wird in mehreren Schritten vorgegangen:

1. Decodierung durch Abtrennen der Prüfstellen $\underline{P}_k$
2. Neuberechnung der Prüfstellen aus den Informationsstellen $\underline{I}_k$ mit Hilfe
   der Codematrix.
3. Bildung des Korrektors durch Vergleich der empfangenen mit den neuberechneten Prüfstellen.

Die mathematische Formulierung dieser 3 Schritte ergibt als Ergebnis der Dia-
gnose des empfangenen Übertragungscodewortes $\underline{W}_k$ den Korrektor

$$\underline{K} = \underline{I}_k \, \underline{C} + \underline{P}_k \qquad\qquad (7.11)$$

Dieser Korrektor genannte Vektor hat k Stellen (Elemente). Seine Definitions-
gleichung ist die Grundlage für Fehlererkennung und Fehlerkorrektur. Ist der
Korrektor von null verschieden, so enthält das empfangene Übertragungscodewort W_k fehlerhafte Stellen, wobei zunächst nicht feststellbar ist, wieviele und
welche Stellen verändert wurden.

7.4.1.4 Hammingdistanz und Codierung

Diese Größe ist ein wichtiges Maß zur Kennzeichnung der Leistungsfähigkeit
eines fehlersichernden Codes. In Abschn. 7.3. wurde bereits die Definitition
der Hamming-Distanz erklärt und dargestellt, in welchem Zusammenhang die
Hamming-Distanz zum zulässigen Fehlergewicht eines Blockfehlers steht. Hier

geht es jetzt darum, Methoden zur Ermittlung der Hamming-Distanz für einen durch seine Codematrix festgelegten Code zu entwickeln.

1. <u>Verfahren</u>: Da die Distanz zweier Übertragungscodeworte gleich dem Gewicht der Summe beider Codeworte ist und die Summe beider Codeworte wieder ein Übertragungscodewort ergibt, muß die Hamming-Distanz gleich dem unter den gültigen Codeworten vorkommenden kleinsten Gewicht sein. Jedes Übertragungscodewort kann aufgefaßt werden als die Summe von zwei anderen Codeworten. Somit ist das Gewicht eines Codewortes zugleich auch die Distanz zwischen zwei anderen Codeworten. Man berechnet also alle Übertragungscodeworte und stellt das kleinste Gewicht fest.

2. <u>Verfahren</u>: Den Ausgangspunkt bildet Gl. (7.11), in der der Vektor $\underline{P}_k$ mit der Einheitsmatrix $\underline{E}$ multipliziert wird. Man erhält dann

$$\underline{K} = \underline{I}_k \, \underline{C} + \underline{P}_k \, \underline{E} \qquad . \tag{7.12}$$

Gl. (7.12) läßt sich durch Einführung einer Kontrollmatrix $\underline{KM}$, die dadurch entsteht, daß man die Codematrix über der Einheitsmatrix anordnet, in der Form

$$\underline{K} = \underline{W}_k \, \underline{KM} \tag{7.13}$$

schreiben. Darin ist $\underline{W}_k = (\underline{I}_k; \underline{P}_k)$ das empfangene Übertragungscodewort und

$$\underline{KM} = \begin{bmatrix} \underline{C} \\ \underline{E} \end{bmatrix} \tag{7.14}$$

die Kontrollmatrix. Ist der Korrektor null, so ist das Übertragungscodewort ein gültiges Codewort. Damit erhält die Gleichung

$$\underline{W} \begin{bmatrix} \underline{C} \\ \underline{E} \end{bmatrix} = 0 \tag{7.15}$$

die Bedeutung einer Codebedingung. Für 7-stellige Übertragungscodeworte hat Gl. (7.15) die Form

$$(W_1 \; W_2 \; W_3 \; W_4 \; W_5 \; W_6 \; W_7) \begin{bmatrix} c_{11} & c_{12} & c_{13} \\ c_{21} & c_{22} & c_{23} \\ c_{31} & c_{32} & c_{33} \\ c_{41} & c_{42} & c_{43} \\ 1 & 0 & 0 \\ 0 & 1 & 0 \\ 0 & 0 & 1 \end{bmatrix} = 0 \qquad (7.16)$$

Bei der Durchführung der Matrizenmultiplikation wird die Zeile des 1. Faktors mit den Spalten des 2. Faktors skalar multipliziert. Da die Elemente entweder Nullen oder Einsen sind, werden durch die Einsen im Übertragungscodewort bestimmte Zeilen der Kontrollmatrix bestimmt, deren Addition null ergeben muß. Da die kleinste Anzahl an Einsen im Übertragungscodewort gleich der Hammingdistanz ist, gilt der

Satz: Die Hammingdistanz ist gleich der kleinsten Anzahl an Zeilen der Kontrollmatrix, die addiert den Nullvektor ergeben.

7.4.1.5 Fehlererkennung

Die Fähigkeit eines Codes bei gegebener Prüfstellenzahl Fehler zu erkennen ist i.a. viel größer als diese auch korrigieren zu können. Deswegen wird im Bereich der Datenübertragung meist nur eine Fehlererkennung eingesetzt.
Zunächst muß eine Annahme über das maximale Gewicht e_{max} der auf dem Kanal vorkommenden Fehlerworte gemacht werden. Die Leistungsfähigkeit eines fehlersichernden Codes wird gekennzeichnet durch die Hammingdistanz h. Somit ist die mindestens erforderliche Hammingdistanz zu ermitteln, bei der mit Sicherheit alle Fehlerworte bis zu einem Gewicht e_{max} erkannt werden.

Für die linearen, systematischen Blockcodes gilt der Satz, daß die Summe von zwei gültigen Übertragungscodeworten wieder ein gültiges Übertragungscodewort ergibt. Die Verfälschung eines Übertragungscodewortes auf dem Kanal wird durch die Addition eines Fehlerwortes beschrieben. Also kann ein Fehlerwort, das mit einem gültigen Übertragungscodewort übereinstimmt, nicht erkannt werden. Es muß somit vermieden werden, daß ein Fehlerwort mit einem gültigen Übertragungscodewort übereinstimmt. Die Fehlerworte haben gemäß der Voraussetzung höchstens e_{max} Einsen; haben nun die Übertragungscodeworte mehr als e_{max} Einsen, so kann es nicht zu einer Übereinstimmung kommen.

Zu einer Aussage über die kleinste Anzahl an Einsen in einem Übertragungscodewort, d.h., über das kleinste vorkommende Gewicht gelangt durch folgende Überlegung. Es gilt der Satz: "Die Distanz zwischen zwei Codeworten ist gleich dem Gewicht der Summe beider Codeworte". Damit ist das Gewicht eines Übertragungscodewortes zugleich die Distanz zwischen zwei anderen Codeworten. Das aus lauter Nullen bestehende Codewort ist die Summe zweier gleicher Übertragungscodeworte und das unter allen möglichen Codeworten vorkommende kleinste Gewicht ist zugleich die Hammingdistanz h des Codes.

Fehler bei der Übertragung kann man sich entstanden denken durch die Addition eines n-stelligen Fehlerwortes $\underline{F}$, das an den Fehlerstellen eine Eins, sonst aber eine Null aufweist. Damit ein Fehler erkannt wird, darf das entsprechende Fehlerwort mit keinem Übertragungswort übereinstimmen. Dies ist der Fall, wenn alle Übertragungsworte $\underline{W}_S$ mehr Einsen als die vorkommenden Fehlerworte $\underline{F}$ haben. Bezeichnet man nun die maximale Anzahl von erkennbaren Fehlern mit e, so muß das Gewicht aller Übertragungscodeworte größer als das maximale Fehlergewicht e des Fehlerwortes $\underline{F}$ sein. Da das Gewicht eines Codewortes zugleich Distanz zweier Codeworte ist, muß die Hamming-Distanz als kleinste vorkommende Distanz zweier gültiger Übertragungsworte daher um eins größer sein als das maximale Fehlergewicht:

$$h \geq e + 1 \ . \tag{7.17}$$

Diese Aussage wurde bereits in Abschn. 7.3 an Hand der Darstellung der Codeworte als Punkte in einem n-dimensionalen Raum gewonnen.

7.4.1.6 Fehlerkorrektur

Die folgende Untersuchung des Korrektors zeigt die Möglichkeit einer Fehlerkorrektur. Der Zeilenvektor des Fehlerwortes $\underline{F}$ läßt sich in zwei Zeilenvektoren $\underline{F}_I$ und $\underline{F}_P$ entspechend $\underline{F} = (\ \underline{F}_I\ ;\ \underline{F}_P\ )$ zerlegen. Dann gilt $\underline{I}_k = \underline{I}_S + \underline{F}_I$ und $\underline{P}_k = \underline{P}_S + \underline{F}_P$. Setzt man diese Gleichungen in Gl. (7.11) ein, so erhält man

$$K = (\ \underline{I}_S + \underline{F}_I\ )\ \underline{C} + \underline{P}_S + \underline{F}_P.$$

Hieraus ergibt sich wegen $I_S \underline{C} = \underline{P}_S$ und $\underline{P}_S + \underline{P}_S = \underline{0}$ die Gleichung

$$\underline{K} = \underline{F}_I \underline{C} + \underline{F}_P \qquad . \tag{7.18}$$

Dies überraschende Ergebnis zeigt, daß der Korrektor <u>nur</u> <u>vom</u> <u>Fehlerwort</u> und nicht von dem gesendeten Informationscodewort abhängt. Werden bei einer Übertragung immer die gleichen Stellen der Übertragungscodeworte gestört, so ergibt sich auf der Empfangsseite immer der gleiche Korrektor. Damit lassen sich die folgenden zwei Bedingungen zur Fehlerkorrektur formulieren:

1. Die Anzahl der Kombinationen des Korrektors, die einen Fehler anzeigen, muß größer oder gleich der Anzahl der auf dem Kanal auftretenden verschiedenen Fehlersituationen sein.
2. Die Codematrix muß so gestaltet werden, daß jeder Fehlersituation ein ganz bestimmter Korrektor zugeordnet ist.

Bei der weiteren Auswertung dieser Bedingungen muß die Voraussetzung gemacht werden, daß die Anzahl der Stellen in einem Übertragungscodewort, die bei der Übertragung gestört werden, begrenzt ist. Für das weitere wird angenommen, daß nur Einfachfehler vorkommen, d.h., daß nur eine Stelle im Übertragungscodewort gestört wird. In einem n-stelligen Übertragungscodewort gibt es n verschiedene Einfachfehler. Die Anzahl der Kombinationen des Korrektors, die einen Fehler anzeigen, ist $2^k - 1$, da kein Fehler angezeigt wird, wenn der Korrektor ein Nullvektor ist. Damit erhält man die folgende Bedingung zur Bestimmung der Anzahl k der erforderlichen Prüfstellen für eine Einfachfehlerkorrektur.

$$2^k - 1 \; \geq \; m + k \quad \text{bzw.} \; 2^k - k - 1 \; \geq \; m \tag{7.19}$$

Zur weiteren Untersuchung wird die Gl. (7.18) durch die Multiplikation von $\underline{F}_P$ mit der Einheitsmatrix $\underline{E}$ in

$$\underline{K} = \underline{F}_I \underline{C} + \underline{F}_P \underline{E}$$

umgeformt. In anderer Schreibweise wird daraus

$$ K = (\underline{F}_I \; ; \; \underline{F}_P) \begin{bmatrix} \underline{C} \\ \underline{E} \end{bmatrix} = (\underline{F}_I \; ; \; \underline{F}_P) \; \underline{KM} $$

$$(7.20)$$

Diese Matrizengleichung wird für den Fall $m = 4$ und $k = 3$ in allgemeiner Form ausgeschrieben. Man erhält

$$ (K_1 \; K_2 \; K_3) = (F_{I1} \; F_{I2} \; F_{I3} \; F_{I4} \; F_{P1} \; F_{P2} \; F_{P3}) \begin{bmatrix} c_{11} & c_{12} & c_{13} \\ c_{21} & c_{22} & c_{23} \\ c_{31} & c_{32} & c_{33} \\ c_{41} & c_{42} & c_{43} \\ 1 & 0 & 0 \\ 0 & 1 & 0 \\ 0 & 0 & 1 \end{bmatrix} \qquad (7.21) $$

Die Durchführung der Matrizenmultiplikation ergibt dann für die 3 Elemente des Korrektors das folgende Gleichungssystem:

$$ K_1 = F_{I1} \, c_{11} + F_{I2} \, c_{21} + F_{I3} \, c_{31} + F_{I4} \, c_{41} + F_{P1} $$
$$ K_2 = F_{I1} \, c_{12} + F_{I2} \, c_{22} + F_{I3} \, c_{32} + F_{I4} \, c_{42} + F_{P2} \qquad (7.22) $$
$$ K_3 = F_{I1} \, c_{13} + F_{I2} \, c_{23} + F_{I3} \, c_{33} + F_{I4} \, c_{43} + F_{P3} $$

Befindet sich die fehlerhafte Stelle im Übertragungscodewort ander 1. Stelle, so ist $F_{I1} = 1$, während alle anderen Stellen des Fehlerwortes null sind. Damit stimmen die Elemente des Korrektors für diesen Fehler überein mit den Elementen der 1. Zeile der Kontrollmatrix. Allgemein gilt dann der

Satz: Für einen Einfachfehler an der i-ten Stelle stimmen die Elemente des Korrektors überein mit den Elementen der i-ten Zeile der Kontrollmatrix.

Damit setzt sich die Aussage, daß jede Fehlersituation auf dem Kanal einen anderen Korrektor hervorrufen soll, für den Fall der Einfachfehlerkorrektur um in die Forderung, daß alle Zeilen der Kontrollmatrix verschieden sein müssen. Für die Codematrix gilt entsprechend, daß pro Zeile mehr als zwei Einsen vorhanden und alle Zeilen verschieden sein müssen, weil ja im unteren Teil von $\underline{KM}$ die Einheitsmatrix pro Zeile eine Eins aufweist.

7.4.1.7 Prüfstellenanzahl für Fehlerkorrektur

Um die erforderliche Anzahl an Prüfstellen für eine Mehrfachfehlerkorrektur zu ermitteln, ist zunächst die Anzahl der möglichen Fehlersituationen auf dem Kanal für ein gegebenes maximales Gewicht e_{max} der Fehlerworte festzustellen. Dabei ist zu berücksichtigen, daß Codeworte, bei denen weniger als e_{max} Stellen verändert wurden, ebenfalls korrigiert werden sollen. Allgemein gilt, daß die Anzahl der Kombinationen des Korrektors, die ein falsches Übertragungscodewort anzeigen, größer oder gleich der Anzahl der möglichen Fehlersituationen sein muß. Die Anzahl der Möglichkeiten, aus n Dingen i auszuwählen, ist gegeben durch den Binomialkoeffizienten "n über i". Somit gibt es bei einem n-stelligen Übertragungscodewort "n über i" verschiedene Möglichkeiten eines i-fachen Fehlers. Die Bedingung zur Ermittlung der erforderlichen Anzahl an Prüfstellen ist damit

$$
\underbrace{2^k - 1 \geq}_{\text{Korrektoren}} = \underbrace{\sum_{i=1}^{e_{max}} \binom{n}{i}}_{\text{Fehlersituationen}} \quad . \tag{7.23}
$$

Ist z.B. $e_{max}=3$, so ergibt sich die Anzahl der möglichen Fehlersituationen als Summe aller Einfach-, Zweifach- und Dreifachfehler.

7.4.1.8 Realisierung des Codierers

Für die Codierung auf der Grundlage der Matrizenrechnung kann aus den hergeleiteten Gleichungen eine Realisierung entwickelt werden. Nach Gl. (7.10) gilt für den Zeilenvektor der Prüfstellen

$$
\underline{P} = \underline{I}\,\underline{C} \tag{7.24}
$$

Für einen 3-stelligen Informationsvektor $\underline{I} = (I_1\, I_2\, I_3)$ und die Codematrix

$$\underline{C} = \begin{bmatrix} c_{11} & c_{12} \\ c_{21} & c_{22} \\ c_{31} & c_{32} \end{bmatrix} = \begin{bmatrix} 1 & 0 \\ 0 & 1 \\ 1 & 1 \end{bmatrix} \tag{7.25}$$

ist der Prüfstellenvektor

$$\underline{P} = (P_1;\, P_2) = (I_1\, c_{11} + I_2\, c_{21} + I_3\, c_{31},\ I_1\, c_{12} + I_2\, c_{22} + I_3\, c_{32}) \tag{7.26}$$

Damit ergibt sich das in Bild 7.4 dargestellte Blockschaltbild eines Codierers mit einem Informationsregister, das die

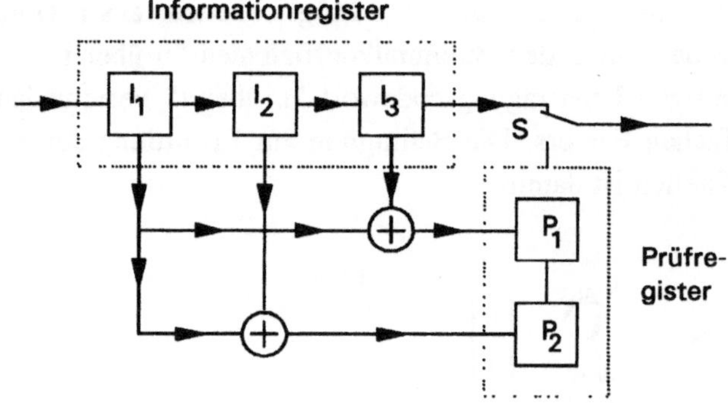

Bild 7.4 Blockschaltbild eines Codierers

Informationsstellen aufnimmt. Durch modulo-2-Additionen, die durch exclusiv-oder-Gatter verwirklicht werden, entstehen nach Gl. (7.24) die Prüfstellen, die in einem Prüfregister gespeichert werden. Das codierte 5-stellige Codewort erhält man, indem man zunächst den Inhalt des Informationsregisters und nach Umlegen des Schalters S den Inhalt des Prüfregisters in den Kanal hineinschiebt.

7.4.2 Polynomdarstellung: Zyklische Codes

Die Codierung zur Fehlersicherung durch Fehlererkennung und Fehlerkorrektur wird auf zwei verschiedene Weisen einer mathematischen Behandlung zugänglich gemacht: Entweder durch Darstellung der Codeworte als Zeilenvektor und Codedefinition durch Matrizenrechnung oder durch Darstellung der Codeworte als Polynome und Codedefinition durch Rechnung mit Polynomen.

Die Polynomdarstellung [93] führt auf systematische Blockcodes, bei denen die Prüfstellen durch Polynomdivision gewonnen werden. Erfüllen diese Polynomcodes die Bedingung der Zyklizität, so nennt man sie zyklische Codes. Ist die Bedingung nicht erfüllt, so spricht man von verkürzten zyklischen Codes.

In Anlehnung an die englische Bezeichnung **C**yclic **R**edundancy **C**heck werden die zyklischen Codes auch CRC-Codes genannt. Da diese Codes häufig mit Schieberegistern (s. Anhang 13.8) realisiert werden, spricht man auch von Schieberegister-Codes. Eine sehr verbreitete Gruppe von zyklischen Codes sind die BCH-Codes. Die Bezeichnung geht zurück auf die Erfinder des Codes: **Bo**se, **Chaudhuri**, **Hocquenghem**.

7.4.2.1 Polynome

Die Beschreibung der Codeworte durch Polynome läßt sich in folgenden drei Schritten gewinnen:

1. Zunächst wird das Codewort als Zeilenvektor dargestellt:
   $I = (1\ 1\ 0\ 1\ 0\ 1)$
2. Die Elemente des Blocks werden als Ziffern einer Dualzahl dargestellt.
3. Das System der Dualzahlen ist ein Stellenwertsystem mit der Basis $b = 2$. Die Zahl wird darin als Polynom dargestellt:
   $I(b) = 1\ b^5 + 1\ b^4 + 0\ b^3 + 1\ b^2 + 0\ b^1 + 1\ b^0$. Dabei sind die Ziffern der Dualzahl die Koeffizienten des Polynoms.
4. Die Rechenoperationen werden modulo 2 ausgeführt.
5. Das Polynom wird nicht dazu benutzt, um den Wert einer Dualzahl zu ermitteln, sondern als Darstellung einer Zahl, als eine Größe, mit der Rechenoperationen ausgeführt werden können.

Mit $1b^5 = b^5$ und $b^0 = 1$ erhält man $I(b) = b^5 + b^4 + b^2 + 1$ als Polynomdarstellung des Zeilenvektors $I = (1\ 1\ 0\ 10\ 10\ 1)$. Diese Polynome als Darstellung eines Blocks von Nullen und Einsen werden als eine Einheit behandelt, für die genauso Rechenoperationen vereinbart werden wie für Matrizen.

7.4.2.2 Codierung

Bei einem systematischen Code bedeutet die Codierung eines m-stelligen Informationscodeworts die Ermittlung der k=n-m Prüfstellen. Die Formulierung der dafür erforderlichen Rechenvorschrift erfolgt mit Hilfe einer Codematrix $\underline{C}$. Bei den zyklischen Codes tritt an die Stelle der Codematrix ein Generatorpolynom G(b) vom Grade k, wobei der Grad des Polynoms übereinstimmt mit der Anzahl der Prüfstellen, die mit ihm erzeugt werden können. Dabei wird festgelegt, daß alle gültigen Übertragungscodeworte durch das Generatorpolynom ohne Rest teilbar sein sollen.

Vor der Herleitung des Codierungsvorgangs ist zunächst die Darstellung eines systematischen Übertragungscodeworts zu ermitteln. Das Übertragungscodewort besteht aus den Informationsstellen und den angehängten Prüfstellen. Den Informationsstellen entspricht ein Zeilenvektor $\underline{I}$ oder ein Polynom I(b) und den Prüfstellen ein Zeilenvektor $\underline{P}$ oder ein Polynom P(b). Für das Übertragungscodewort erhält man dann in Vektorschreibweise $\underline{W} = (\, \underline{I} \,;\, \underline{P} \,)$ und in Polynomschreibweise

$$W(b) = b^k\, I(b) + P(b) \,. \tag{7.27}$$

Die Polynome der Informationsstellen und der Prüfstellen dürfen also nicht einfach addiert werden; das Polynom I(b) muß vor der Addition mit b^k multipliziert werden. Dies wird an Hand eines Beispiel einsichtig. Das Übertragungscodewort $\underline{W} = (1\ 1\ 1\ 0\ 1\ 0\ 1\ 0\ 1)$ bestehe aus m=6 Informationsstellen und k=3 Prüfstellen. Für das Polynom der Informationsstellen erhält man $I(b) = b^5 + b^4 + b^3 + b$ und für die Prüfstellen $P(b) = b^2 + 1$. Die Addition beider Polynome ergibt $W'(b) = b^5 + b^4 + b^3 + b^2 + b + 1$. Soll aus dem Polynom wieder Zeilenvektor gewonnen werden, so ergeben sich dessen Elemente als Koeffizienten des Polynoms. Man erhält für das 9-stellige Übertragungscodewort

$$W' = (0\ 0\ 0\ 1\ 1\ 1\ 1\ 1\ 1)$$

also einen anderen Zeilenvektor. Wird jedoch das Informationstellenpolynom vorher mit b^k multipliziert, so erhält man den gleichen Zeilenvektor.

Entsprechend der Codedefinition sind alle Übertragungscodeworte W(b) durch das Generatorpolynom ohne Rest teilbar. Als Ergebnis der Division ergibt sich ein Polynom Q(b). So erhält man mit Gl. (7.27)

$$\frac{W(b)}{G(b)} = \frac{b^k \, I(b)}{G(b)} + \frac{P(b)}{G(b)} = Q(b) \qquad . \tag{7.28}$$

Durch Umformung entsteht daraus

$$\frac{b^k \, I(b)}{G(b)} = Q(b) + \frac{P(b)}{G(b)} \qquad . \tag{7.29}$$

Die Interpretation der Gl. (7.29) ergibt, daß das Polynom P(b) der Prüfstellen als Rest bei der Division des Polynoms $b^k I(b)$ durch G(b) entsteht. Diese Vorschrift zur Ermittlung der Prüfstellen läßt sich durch eine Erweiterung der Modulo-Rechnung kürzer fassen. Man unterscheidet eine Rechnung

1. Modulo M: Hier werden alle Zahlen durch eine Modul genannte ganze Zahl M geteilt. Darauf wird der Divisionsrest als Ergebnis genommen.

2. Modulo M(b): Hier werden alle Polynome durch ein Modularpolynom M(b) geteilt. Darauf wird das Restpolynom der Division als Ergebnis genommen.

Die Rechenvorschrift zur Ermittlung der Prüfstellen bei einem zyklischen Code kann damit in der Form

$$P(b) = b^k \, I(b) \qquad \text{mod } G(b) \tag{7.30}$$

geschrieben werden. Bringt man alle Terme auf eine Seite der Gleichung, so erhält man

$$b^k \, I(b) + P(b) = 0 \text{ mod } G(b) \tag{7.31}$$

bzw. mit Gl. (7.27)

$$W(b) = 0 \quad \text{mod } G(b). \tag{7.32}$$

Die Erläuterung des Codiervorganges werde mit einem Beispiel abgeschlossen:
Das m=4 stellige Informationscodewort $\underline{I}$ = (1 1 0 1) werde mit dem Generatorpolynom G(b) =b^3+b+1codiert. Dabei lassen sich 3 Prüfstellen erzeugen.
Das entsprechende Informationsstellenpolynom P(b) = b^3+b^2+1 wird mit b^3
multipliziert, um anschließend die Division b3 I(b) : G(b) nach dem Schema einer Polynomdivision durchzuführen.

```
(b6+b5+b3)  :  (b3+b+1)  =  b3+b2+b+1
 b6+b4+b3
 --------
 b5+b4
 b5+b3+b2
 --------
 b4+b3+b2
 b4+b2+b
 ---------
 b3+b
 b3+b+1
 --------
 Rest: 1
```

Man erhält also für das Polynom der Prüfstellen P(b) = 1. Um den entsprechenden Zeilenvektor zu finden, wird das Polynom mit allen Koeffizienten geschrieben: P(b) = 0 b^2 + 0 b^1 + 1 b^0 . Somit erhält man für den 3-
stelligen Prüfstellenvektor $\underline{P}$ = (0 0 1).

7.4.2.3 Fehlererkennung

Soll ein empfangenes Übertragungscodewort

$$W_k(b) = b^k\, I_k(b) + P_k(b) \tag{7.33}$$

auf Fehler untersucht werden, so wird das gleiche Verfahren angewendet, wie
es auf der Grundlage der Matrizenrechnung dargestellt wurde. Die Prüfstellen
werden aus den empfangenen Informationsstellen neu berechnet. Man erhält

$$P_e(b) = b^k\, I_k(b) \quad \bmod G(b) \tag{7.34}$$

Dann bildet man ein sog. Korrektorpolynom, indem man empfangene und neu berechnete Prüfstellen durch Addition miteinander vergleicht. So entsteht

$$K(b) = P_e(b) + P_k(b) = b^k I_k(b) + P_k(b) = W_k(b) \mod G(b). \quad (7.35)$$

Das bedeutet, das Empfangscodewort $W_k(b)$ wird durch $G(b)$ geteilt und der dabei entstehende Rest ist das Korrektorpolynom. Die Verfälschung eines Übertragungscodewortes auf dem Kanal wird wieder durch ein Fehlerpolynom $F(b)$ beschrieben. Dann gilt

$$W_k(b) = W_s(b) + F(b) \quad . \quad\quad (7.36)$$

Wegen $W_s(b) = 0 \mod G(b)$ erhält man für das Korrektorpolynom

$$K(b) = F(b) \mod G(b) \quad . \quad\quad (7.37)$$

Damit ist wieder gezeigt, daß der Korrektor eine Größe ist, die nur von der Fehlersituation auf dem Kanal abhängig ist und nicht von den Informationsstellen beeinflußt wird.

7.4.2.4 Generatorpolynom

So wie auf der Grundlage der Matrizenrechnung ein systematischer Code durch die Codematrix $\underline{C}$ festgelegt wird, ist ein zyklischer Code durch die Informationsstellenanzahl m und das Generatorpolynom $G(b)$ bestimmt. Dabei ist die Anzahl k der Prüfstellen gleich dem Grad des Generatorpolynoms. Zwei wichtige Eigenschaften dieses Generatorpolynoms sollen untersucht werden:

1. Möglichkeit der Einfachfehlerkorrektur,
2. Zyklizität.

Hinsichtlich der Einfachfehlerkorrektur wird zunächst mit Gl. (7.19) die erforderliche Anzahl der Prüfstellen und damit der Grad des Generatorpolynoms festgelegt. Dann kann zu dem Generatorpolynom $G(b)$ eine äquivalente Kontrollmatrix $\underline{KM}$ bestimmt werden. Sind bei dieser Matrix alle Zeilen verschieden, ist eine Eignung für Einfachfehlerkorrektur gegeben. Man gewinnt die

Kontrollmatrix über den Satz, daß für einen Einfachfehler an der i-ten Stelle der Korrektor mit der i-ten Zeile dieser Matrix übereinstimmt. Die Korrektorpolynome für die Einfachfehler $F(b) = b^{n-i}$ an der i-ten Stelle ergeben sich aus $K(b) = F(b) \mod G(b)$. So erhält man für $m=4$ und $G(b)=b^3+b+1$ die Kontrollmatrix

$$
KM = \begin{bmatrix} 1 & 0 & 1 \\ 1 & 1 & 1 \\ 1 & 1 & 0 \\ 0 & 1 & 1 \\ 1 & 0 & 0 \\ 0 & 1 & 0 \\ 0 & 0 & 1 \end{bmatrix} \tag{7.38}
$$

Wird bei einem Übertragungscodewort das Bitmuster um eine Stelle nach rechts verschoben und das rechts herausfallende Bit in die links freiwerdende Stelle hineingeschoben, so entsteht durch diese Operation wieder ein gültiges Codewort, wenn der Code die Gl.

$$
b^n + 1 = 0 \quad \mod G(b) \tag{7.39}
$$

erfüllt. Man nennt diese Eigenschaft Zyklizität. Codes, die diese Eigenschaft nicht haben, werden verkürzte zyklische Codes genannt. Die Zyklizität hat zur Folge, daß alle Büschelfehler bis zu einer Länge gleich der Anzahl der Prüfbits mit Sicherheit erkannt werden. Für weitergehende Untersuchungen sei auf [48]und [38] verwiesen.

7.4.2.5 Realisierung eines Codierers

Die zentrale Rechenoperation bei den zyklischen Codes ist die Division von Polynomen. Der wichtigste Ansatz zur Realisierung sind die rückgekoppelten Schieberegister. Man spricht deshalb auch von Schieberegister-Codes.
Dabei werden zwischen die Stufen des Schieberegisters modulo-2-Additionsglieder geschaltet. Die Stellen für die Einschaltung der Addierer werden durch die Koeffizienten des Generatorpolynoms $G(b)$ bestimmt. Wird der Schieberegisterschaltung nach Bild 7.5 am Eingang eine Folge $\{x\}$ von Nullen

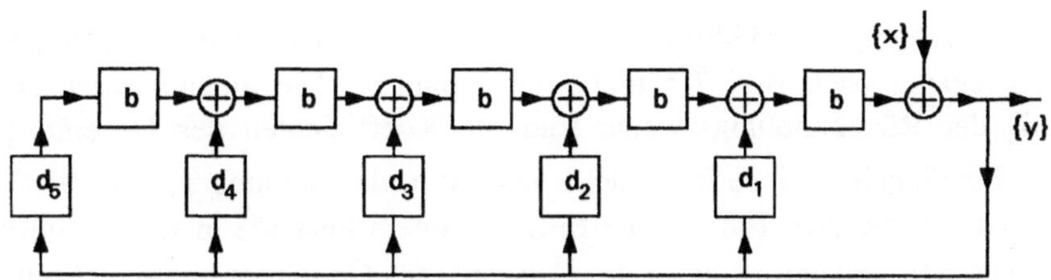

Bild 7.5 Rückgekoppeltes Schieberegister zur Division

und Einsen zugeführt, so entsteht am Ausgang eine andere Folge {y}, die sich aus der Eingangsfolge berechnen läßt. Die Folgen werden durch die binären Variablen x und y gekennzeichnet. Eine Schieberegisterstufe bewirkt eine Verschiebung der Nullen und Einsen und somit eine Multiplikation mit dem Verschiebeoperator b. Die mit den binären Koeffizienten d_ν gekennzeichneten Blöcke in Bild 7.5 sind Proportionalglieder, die eine Multiplikation mit einem binären Koeffizienten bewirken. Für den Zusammenhang zwischen den Folgen {x} und {y} erhält man nach Bild 7.5

$$y[((((d_5b+d_4)b+d_3)b+d_2)b+d_1)b]+x=y \ . \tag{7.40}$$

Durch Ausmultiplizieren ergibt sich, wenn man die Folgen {x} und {y} durch Polynome darstellt,

$$y(b) = \frac{x(b)}{d_5b^5+d_4b^4+d_3b_3+d_2b^2+d_1b+1} \ , \tag{7.41}$$

also die Division zweier Polynome. Bild 7.6 zeigt das Blockschaltbild einer

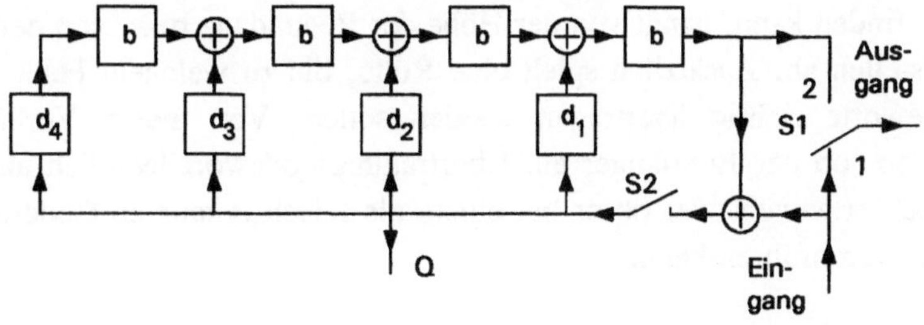

Bild 7.6 Codiereinrichtung für zyklische Codes

Codiereinrichtung für zyklische Codes. Sie besteht aus einem rückgekoppelten Schieberegister nach Bild 7.5 und zwei Schaltern. Die binären Koeffizienten $d_1...d_4$ der Rückkopplungszweige sind die Koeffizienten des Generatorpolynoms. Der Schalter S1 befindet sich zunächst in der Stellung 1, und der Schalter S2 ist geschlossen. Eine in den Eingang hineinfließende m-stellige Informationsfolge I(b) gelangt somit an den Ausgang des Codierers und gleichzeitig an den Eingang der Divisionsschaltung. Der Inhalt des Schieberegisters besteht zunächst aus Nullen. Es wird nach Gl. (7.41) eine Division mit einem Generatorpolynom

$$G(b) = d_4b^4 + d_3b^3 + d_2b^2 + d_1b + 1 \tag{7.42}$$

durchgeführt. Der am Ausgang Q erscheinende Quotient wird nicht verwendet. Nachdem alle Elemente der Informationsfolge in den Dividierer eingelesen wurden, ist der Divisionsvorgang abgeschlossen. Der bei der Division entstehende Rest befindet sich im Schieberegister. Daher wird durch Öffnen des Schalters S2 die Rückkopplung unterbrochen, der Schalter S1 in die Stellung 2 gebracht und der Inhalt des Schieberegisters durch die nächsten Schiebetakte der bereits an den Ausgang gelangten Informationsfolge als Prüffolge angefügt. Da eine Verzögerung um die k Stufen des Schieberegisters gegeben ist, wurde das um k Stellen verschobene Informationspolynom b^k I(b) durch das Generatorpolynom G(b) dividiert.

7.5 Übertragungsverfahren

Die Anwendung der Fehlersicherungstheorie in der digitalen Übertragungstechnik erfordert die Anwendung bestimmter Verfahren. Welches Verfahren Anwendung finden kann, hängt von der Höhe der Redundanz bzw. von der Anzahl der Prüfstellen ab. Zusätzlich spielt eine Rolle, bis zu welchem Fehlergewicht die Codeworte richtig übertragen werden sollen. Von diesen Verhältnissen hängt es ab, ob der Empfänger ein Übertragungscodewort lediglich als richtig oder falsch erkennen oder ob er bei einem als falsch erkannten Codewort eine Korrektur durchführen kann.

7.5.1 ARQ-Verfahren

Die Bezeichnung wurde abgeleitet von **A**utomatic **R**epeat re**Q**uest, was mit automatischer Wiederholungsanforderung zu übersetzen ist. Da die Anzahl der erforderlichen Prüfstellen für eine Fehlerkorrektur relativ hoch ist, wird lediglich eine Fehlererkennung durchgeführt und auf eine Korrektur verzichtet. Charakteristisch für dies Verfahren ist, daß auch bei einer unidirektionalen Datenübertragung ein Rückkanal erforderlich ist. Das Prinzip des Verfahrens besteht darin, daß ein Block übertragen und auf der Empfängerseite auf Fehler untersucht wird. Im Fehlerfalle wird dann über den Rückkanal eine Wiederholung angefordert. Diese Wiederholungen erfolgen solange bis auf der Empfängerseite kein Fehler mehr festgestellt werden kann.

Für einen relativ stark gestörten Kanal bedeutet dies, daß die Übertragungszeit erheblich ansteigt. Deshalb kann es vorteilhaft sein, das Verfahren mit der einfach zu realisierenden Einfachfehler-Korrektur zu kombinieren. Nach dem Empfang eines Blockes wird zunächst der Korrektor ermittelt. Ist der Korrektor von null verschieden, so wird zunächst ein Einfachfehler angenommen und der Korrektur-Algorithmus durchgeführt. Ist der danach erneut bestimmte Korrektor von null verschieden, so muß eine Wiederholung angefordert werden.

Das ARQ-Verfahren ist das bei den Telekommunikationssystemen bevorzugte Verfahren. Die Fehlererkennung und die Abwicklung des ARQ-Verfahrens nach einem bestimmten Protokoll ist Aufgabe der Sicherungsschicht des OSI-Referenzmodells (s. Abschn. 11).

7.5.2 FEC-Verfahren

Die Bezeichnung wurde abgeleitet von **F**orward **E**rror **C**ontrol. Grundlage des Verfahren ist nicht nur eine Fehlererkennung, sondern auch eine anschließende Fehlerkorrektur. Ein Rückkanal ist somit nicht erforderlich. Die bei vorgegebenem Gewicht der zu korrigierenden Fehlerworte erforderliche hohe Anzahl an Prüfstellen wird in Kauf genommen, weil entweder kein Rückkanal zur Verfügung steht oder der Zeitaufwand für die Wiederholungen zu groß ist. Angewendet wird das FEC-Verfahren z.B. bei Datenübertragungen in der Weltraumfahrt, da hier die Blocklängen und die Blockfehlerwahrscheinlichkeit sehr groß sind.

7.6 Fehlersicherheit

Wenn ein Digitalsignal über eine Strecke übertragen wird, so entstehen Impulsverzerrungen und Störungen. Der Einfluß der Impulsverzerrungen läßt sich
durch die Entzerrung im Regenerativverstärker weitgehend reduzieren. Bei den
überlagerten Störungen ist dies jedoch nur bedingt der Fall. Daher entstehen bei
der Symbolerkennung im Regenerativverstärker, gelegentlich Fehler: Aus einer
Null wird eine Eins und umgekehrt. Dies ist natürlich ein statistisches Geschehen, so daß Wahrscheinlichkeitsbetrachtungen erforderlich werden. Dabei sollen drei Begriffe in den Vordergrund gestellt werden:

1. Bitfehlerwahrscheinlichkeit
2. Codewortfehlerwahrscheinlichkeit
3. Restfehlerwahrscheinlichkeit

Grundlage für die Überlegungen ist die Fehlersicherung auf der Grundlage einer Blockbildung.

7.6.1 Bitfehlerwahrscheinlichkeit

Als Maß für die Fehlentscheidungen im Regenerativverstärker wird die relative
Bitfehlerhäufigkeit (engl. Bit Error Ratio) definiert:

$$\text{BER} = \frac{\text{Anzahl falscher Bits}}{\text{Gesamtzahl gesendeter Bits}} \qquad (7.43)$$

Sie ist neben der Übertragungsgeschwindigkeit die wichtigste Größe zur Beurteilung der Qualität einer digitalen Strecke. Bei einer genügend großen Anzahl
gesendeter Bits nimmt die Bitfehlerhäufigkeit den Wert der Bitfehlerwahrscheinlichkeit P_0 an. Die Bitfehlerwahrscheinlichkeit hängt bei gegebener
Wahrscheinlichkeitsdichtefunktion der Störungen von dem Signal-Geräusch-Abstand im Übertragungskanal, der Anzahl von Impulszuständen und auch von der
Qualität des Regenerativverstärkers ab. Für ein binäres Digitalsignal, einen
idealen Regenerativverstärker und normalverteiltes Geräusch kann zur Abschät-
zung der Bitfehlerwahrscheinlichkeit ein analytischer Ausdruck angegeben werden, der in Abschn. 3.4.3.2 in Abhängigkeit von der Stufenzahl q hergeleitet
wurde. Setzt man q=2, so ergibt sich

$$P_0 = \frac{1}{2}\,\text{erfc}\left[\sqrt{\frac{\rho}{2}}\right] \quad . \tag{7.44}$$

Darin ist ρ der Signal-Geräuschabstand auf dem Übertragungskanal, q die Stufenzahl und erfc die komplementäre Fehlerfunktion (error function complement)

$$\text{erfc}\,(x) = 1 - \frac{2}{\sqrt{\pi}} \int\limits_0^x \exp\,(-\xi^2)\,d\xi \quad . \tag{7.45}$$

Das folgende Diagramm zeigt die Bitfehlerwahrscheinlichkeit als Funktion des Signal-Geräusch-Abstandes bei einem binären Signal (q=2).

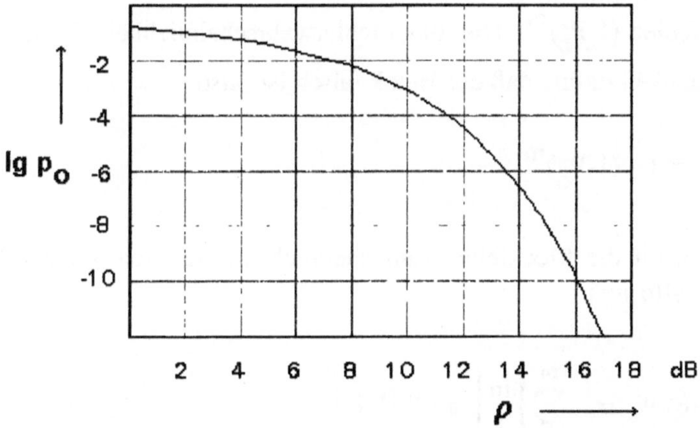

Bild 7.7 Bitfehlerwahrscheinlichkeit als Funktion des Signal-Geräusch-Abstandes auf dem Übertragungskanal (Binärsignal, normalverteiltes Geräusch)

Das Bild verdeutlicht die Unanfälligkeit der digitalen Übertragungstechnik gegenüber Störungen. Signal-Geräusch-Abstände von wenig mehr als 10 dB reichen bereits aus, um eine recht fehlerfreie Übertragung mit $P_0 < 10^{-4}$ zu erzielen.

7.6.2 Codewortfehlerwahrscheinlichkeit

Entscheidend für die Fehlersicherungstheorie ist die Blockbildung in der Null-Eins-Folge, wobei sich die Aussage richtig oder falsch nicht mehr auf ein Element der Folge, sondern auf einen ganzen Block bezieht. Somit ist zunächst die Blockfehlerwahrscheinlichkeit P_B zu berechnen. Wir gehen zunächst von einem ungesicherten Block der Länge m aus. P_B hängt von der Bitfehlerwahrscheinlichkeit P_0 und der Blocklänge m ab. Ist $m=1$, so ist die Blockfehlerwahrscheinlichkeit P_B gleich der Bitfehlerwahrscheinlichkeit P_0. Mit steigender Blocklänge m nimmt die Blockfehlerwahrscheinlichkeit P_B zu. Ist P_0 die Wahrscheinlichkeit für den fehlerhaften Empfang einer Stelle, so ist $1-P_0$ die Wahrscheinlichkeit für den richtigen Empfang einer Stelle. Die Wahrscheinlichkeit dafür, daß alle m Stellen richtig sind, beträgt dann bei statistischer Unabhängigkeit der Bitfehler $(1-P_0)^m$. Die Blockfehlerwahrscheinlichkeit P_B ist nun die Wahrscheinlichkeit dafür, daß der Block falsch ist, also

$$P_B = 1 - (1-P_0)^m \quad . \tag{7.46}$$

Der Ausdruck für die Blockfehlerwahrscheinlichkeit läßt sich mit der Newtonschen Binomialformel

$$(a+b)^m = \sum_{i=0}^{m} \binom{m}{i} a^{(m-i)} b^i \tag{7.47}$$

umformen. Man setzt $a = 1 - P_0$ und $b = P_0$ und erhält

$$P_B = \sum_{i=0}^{m} \binom{m}{i} P_0^i (1-P_0)^{(m-i)} \quad . \tag{7.48}$$

Nach dem Additionssatz der Wahrscheinlichkeitslehre muß darin

$$\begin{pmatrix} m \\ i \end{pmatrix} P_O^{\,i}\ (1-P_O)^{(m-i)}$$

die Wahrscheinlichkeit für das Auftreten eines i-fachen Fehlers sein. Das folgende Diagramm zeigt die Blockfehlerwahrscheinlichkeit als Funktion des Signal-Geräusch-Abstands in dB für die Blocklängen m=1, m=16 und m=512. Man erkennt das Anwachsen der Fehlerwahrscheinlichkeit mit zunehmender Blocklänge gegenüber der Bitfehlerwahrscheinlichkeit $P_O=P_B(m=1)$.

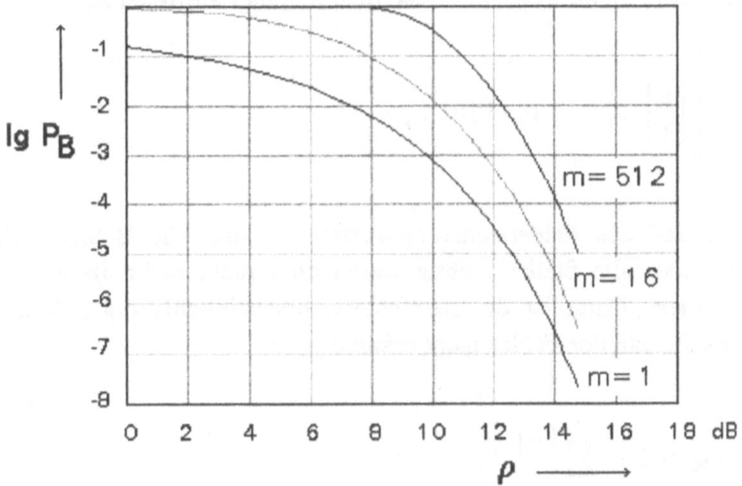

Bild 7.8 Blockfehlerwahrscheinlichkeit als Funktion des Signal-Geräuschabstandes für verschiedene Blocklängen

7.6.3 Restfehlerwahrscheinlichkeit

Der Einsatz eines Fehlersicherungsverfahrens soll die Blockfehlerwahrscheinlichkeit herabsetzen, es kann jedoch nicht die absolute Fehlerfreiheit garantieren. Es verbleibt ein Rest an fehlerhaften, nicht erkannten Blöcken, der durch die Restfehlerwahrscheinlichkeit P_R erfaßt wird. Man versteht darunter die verbleibende Blockfehlerwahrscheinlichkeit bei Einsatz eines Fehlersicherungsverfahrens. Die Restfehlerwahrscheinlichkeit bezieht sich auf einen durch Anhängen von k Prüfstellen gesicherten Block der Länge n=m+k und ist zu vergleichen mit der Blockfehlerwahrscheinlichkeit eines ungesicherten Blocks der

Länge m. Mit Fehlersicherungsverfahren erzielt man Restfehlerwahrscheinlichkeiten, die um einige Zehnerpotenzen kleiner als die Blockfehlerwahrscheinlichkeiten ohne Sicherung sind. Ist nun

$$\binom{n}{i} P_O{}^i \, (1\text{-}P_O)^{(n-i)} \qquad\qquad (i = 0,1,2,3..)$$

die Wahrscheinlichkeit für einen i-fachen Fehler in einem jetzt n-stelligen Übertragungsblock, so erhält man die Wahrscheinlichkeit, daß in einem Übertragungsblock kein Fehler oder 1 bis maximal e Fehler auftreten zu

$$\sum_{i=0}^{e} \binom{n}{i} P_O{}^i \, (1\text{-}P_O)^{(n-i)} \quad .$$

Nach Passieren des Fehlersicherungsverfahrens sind alle Blöcke richtig, bei denen entweder alle Stellen richtig waren oder nicht mehr als e Stellen verfälscht wurden. Dann ist die Restfehlerwahrscheinlichkeit gleich der Wahrscheinlichkeit, daß der Fehler <u>nicht</u> erkannt wird:

$$P_R = 1 - \sum_{i=0}^{e} \binom{n}{i} P_O{}^i \, (1\text{-}P_O)^{(n-i)} . \qquad\qquad (7.49)$$

Hierin ist die obere Grenze für das jeweilige Verfahren einzusetzen (ARQ bzw. FEC), womit deutlich wird, daß bei gegebenen Codeworten mit m Informationsstellen und k Korrekturstellen die Restfehlerwahrscheinlichkeit für Fehlererkennung immer kleiner ist als diejenige bei Fehlerkorrektur.

7.6.4 Gewinn

Um den durch Fehlersicherung infolge Fehlererkennung mit Wiederholung erzielten Gewinn zu kennzeichnen, wird die Blockfehlerwahrscheinlichkeit P_B nach (7.48) von m=(n-k) -stelligen ungesicherten Blöcken ins Verhältnis gesetzt zur Restfehlerwahrscheinlichkeit P_R von n-stelligen gesicherten Blöcken nach (7.49). Man definiert den Gewinn bei der Fehlersicherung als

$$G = \frac{P_B}{P_R} = \frac{1 - (1-P_O)^{n-k}}{1 - \sum\limits_{i=0}^{e} \binom{n}{i} P_O^{\,i} \, (1-P_O)^{(n-i)}} = f\,(P_O, e, n)\,. \qquad (7.50)$$

Zur Bestimmung des Gewinns ist ein Zusammenhang zwischen der Blocklänge n und der Anzahl der Prüfstellen k bei gefordertem e aufzustellen. Er läßt sich für die <u>Fehlerkorrektur</u> leicht finden. Man erhält ihn mit (7.23) an der unteren Grenze:

$$k_{min} = ld \sum\limits_{i=0}^{e} \binom{n}{i} \,. \qquad (7.51)$$

Das folgende Diagramm zeigt die graphische Darstellung des Gewinns in Abhängigkeit von der Blocklänge n bei verschiedenen Bitfehlerwahrscheinlichkeiten P_O.

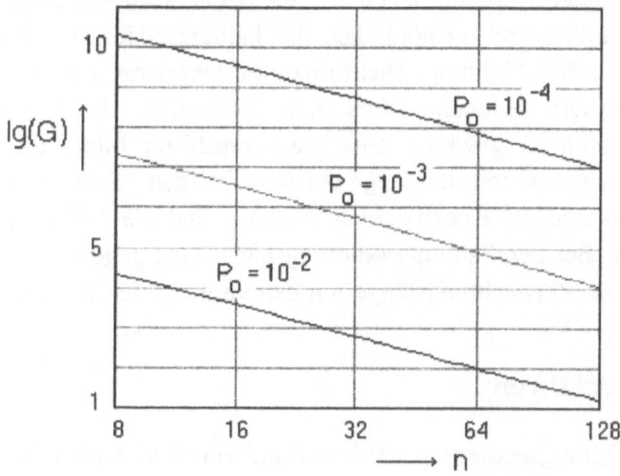

Bild 7.9 Gewinn an Fehlersicherheit bei einem fehler<u>korrigierenden</u> Verfahren (e = 3)

Man erkennt deutlich den großen Gewinn der Fehlersicherung. Beispielsweise reduziert sich die Fehlerwahrscheinlichkeit bei $P_O = 10^{-3}$ und einer Blocklänge n=128 um den Faktor 10000 gegenüber der Fehlerwahrscheinlichkeit ohne Sicherung der Blöcke. Man sollte allerdings bei der Betrachtung des Gewinns an Fehlersicherheit nicht den Aufwand für die Fehlersicherung und seine Auswirkung auf die Übertragungsgeschwindigkeit der Nutzdaten aus den Augen verlieren. Im Beispiel erfordern e=3 zu korrigierende Bitfehler pro Block k=19 Korrekturstellen. Das bedeutet bei einer Blocklänge von 128 Bit, daß pro Block nur m=n-k=109 Bit Nutzinformation übertragen werden können [15].
In der Datenübertragung wird meist <u>Fehlererkennung</u> eingesetzt, für die ein so einfacher Zusammenhang zwischen k und n nicht angegeben werden kann. Der Gewinn wird dennoch mit der obigen Formel berechnet. Die Berechnung ergibt dann ein zu kleines Ergebnis, das jedoch für Mindestabschätzungen verwendet werden kann.

7.7 Faltungscodierung

Im Gegensatz zu den Blockcodes, bei denen zunächst Informationscodeworte der Länge m gebildet werden, denen im Falle der systematischen Codes k Prüfstellen anzuhängen sind, ermöglichen die Faltungscodes eine kontinuierliche Codierung ohne Blockbildung. Das Prinzip besteht darin, daß in den einlaufenden Bitstrom weitere redundante Bits eingefügt werden, die man durch eine modulo-2-Faltungssumme gewinnt. Ein Transversalfilter bildet die Faltungssumme der Eingangsfolge mit der Folge der Koeffizienten. Setzt man es für die Codierung ein, so sind die Koeffizienten 0 oder 1 und die Addition wird modulo 2 ausgeführt. Bei der Faltungscodierung hängt eine gegenwärtige Bitfolge über eine bestimmte Verflechtungslänge mit den vergangenen Bits zusammen.

7.7.1 Codierverfahren

Das Prinzip der Faltungscodierung wird an Hand von Bild 7.10 näher erläutert. Der Codierer hat einen Eingang und im betrachteten Beispiel drei Ausgänge und besteht aus drei Transversalfiltern mit modulo-2-Addierern und Koeffizienten, die entweder 0 oder 1 sind. Jedes in den Codierer hineinlaufende Bit erzeugt am Ausgang drei Bits, die nacheinander gesendet werden. Damit ist die Bitrate bzw. Taktfrequenz am Ausgang dreimal so groß wie am Eingang.

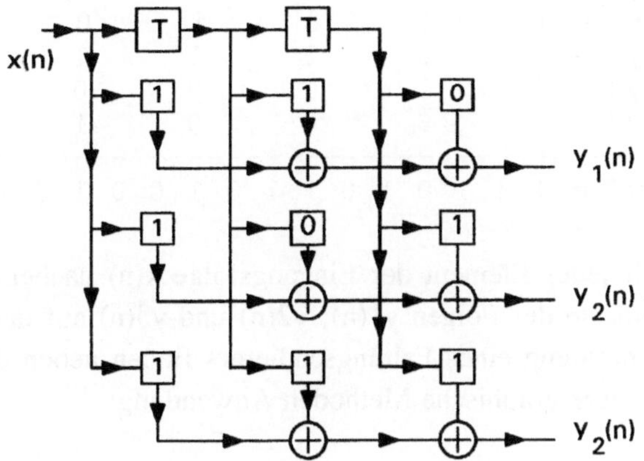

Bild 7.10 Faltungscodierung

Die Elemente der drei Ausgangsfolgen werden durch die Koeffizienten des Codierers bestimmt, die in einer Koeffizienten-Matrix

$$\underline{K} = \begin{bmatrix} 1 & 1 & 0 \\ 1 & 0 & 1 \\ 1 & 1 & 1 \end{bmatrix} \tag{7.52}$$

zusammengefaßt werden können. Die Entstehung der drei Ausgangsfolgen durch den Codierungsvorgang werden durch das Gleichungssystem

$$\begin{aligned} y1(n) &= x(n) + x(n\text{-}1) \\ y2(n) &= x(n) + x(n\text{-}2) \\ y3(n) &= x(n) + x(n\text{-}1) + x(n\text{-}2) \end{aligned} \tag{7.53}$$

beschrieben. Die drei Ausgangsfolgen y1(n), y2(n) und y3(n) können mit Hilfe eines Multiplexers zu einer Folge y(n) zusammengefaßt werden. Zur Erläuterung werden in (7.54) für die zufällige Folge x(n) die Folgen $y_1(n)$, $y_2(n)$, $y_3(n)$ und die zusammengefaßte Folge y(n) angegeben.

$$
\begin{array}{lcccccc}
x & = & 1 & 1 & 0 & 1 & 0 \\
y1 & = & 1 & 0 & 1 & 1 & 1 \\
y2 & = & 1 & 1 & 1 & 0 & 0 \\
y3 & = & 1 & 0 & 0 & 0 & 1 \\
\hline
y & = & \multicolumn{5}{l}{1\ 1\ 1\ 0\ 1\ 0\ 1\ 1\ 0\ 1\ 0\ 0\ 1\ 0\ 1}
\end{array}
\qquad (7.54)
$$

Dabei werden für jedes Element der Eingangsfolge x(n) nacheinander die entsprechenden Elemente der Folgen y1(n), y2(n) und y3(n) auf den Ausgang gegeben. Zur Beschreibung eines Faltungscodierers finden neben der Koeffizientenmatrix drei weitere graphische Methoden Anwendung:

1. das Baumdiagramm,
2. das Zustandsdiagramm und
3. das Trellis-Diagramm.

Da das Baumdiagramm bei längeren zu codierenden Folgen unpraktikabel groß wird, sollen die beiden letzteren beschrieben werden. Das Zustandsdiagramm beschreibt den Faltungscode als endlichen Automaten. Die einzelnen Zustände sind durch den Inhalt der Schieberegisterzellen charakterisiert und die einzelnen

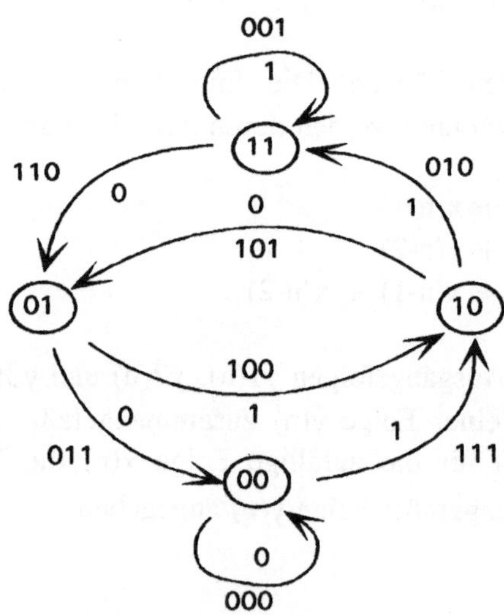

Bild 7.11 Zustandsdiagramm für einen Faltungscodierer

Zweige geben für eine bestimmte Richtung des Übergangs von einem Zustand in einen anderen die zu einem Eingangsbit gehörende Ausgangsbitfolge an. Bild 7.11 zeigt das Zustandsdiagramm für den Codierer nach Bild 7.10. Die Pfeile des Diagramms enthalten auf einer Seite ein Element der Eingangsfolge x(n) und auf der anderen Seite die zu einem Block zusammengefaßten Elemente der Folgen y1(n), y2(n) und y3(n). Von gleicher Bedeutung wie das Zustandsdiagramm ist das Trellis-Diagramm, bei dem auf der Ordinate die Zustände des Codierers und auf der Abszisse die Taktschritte aufgetragen werden. Die Bezeichnung leitet sich von "trellis", dem englischen Ausdruck für Gitter, her; es wird auch gelegentlich Gitterdiagramm genannt. Bild 7.12 zeigt das Trellis-Diagramm für den Codierer nach Bild 7.10.

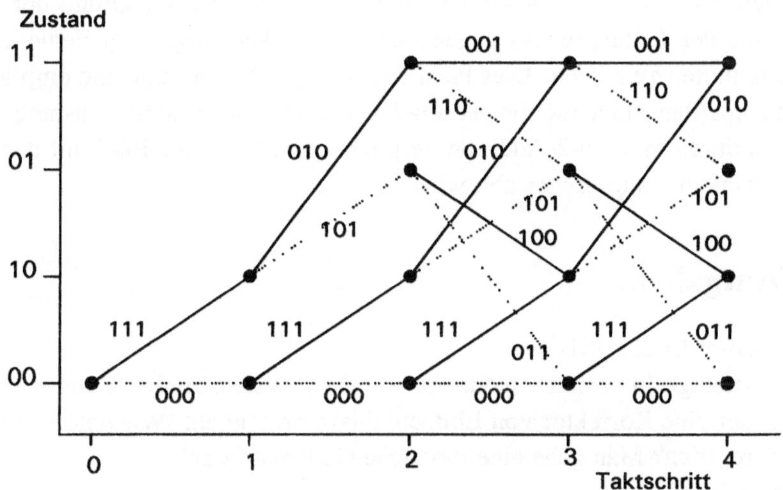

Bild 7.12 Trellisdiagramm

Das Trellisdiagramm ist für die Faltungscodes die praktikabelste graphische Darstellung und eignet sich besonders für die Entwicklung von Decodieralgorithmen. Charakteristisch für dieses Diagramm ist, daß jede zu codierende Eingangsfolge durch einen Pfad im Diagramm dargestellt wird. Die ausgezogenen Zweige stehen für eine Eins und die gestrichelten für eine Null. An jedem Zweig steht die entsprechende Ausgangsbitfolge.

7.7.2 Decodierverfahren

Einen Ansatz zur Decodierung der Faltungscodes bieten die Gl. (7.53), die nach den Eingangsfolgen aufgelöst werden können. Man erhält dann unter Berücksichtigung der modulo-2-Rechnung durch Addition von Gleichungen

$$
\begin{aligned}
x(n) \quad &= y_1(n) + y_2(n) + y_3(n) \\
x(n\text{-}1) &= y_2(n) + y_3(n) \\
x(n\text{-}2) &= y_1(n) + y_3(n)
\end{aligned}
\qquad . \qquad (7.55)
$$

An Hand des Beispiels nach Gl. (7.54) läßt sich eine Decodierung mit den Gl. (7.55) leicht durchführen. Allerdings geht es darum, die auf Grund der hohen Redundanz der Faltungscodes gegebenen Fehlererkennungs- und Fehlerkorrektureigenschaften zu nutzen. Dies kann dadurch geschehen, daß eine empfangene Bitfolge mit den allen möglichen Pfaden im Trellisdiagramm entsprechenden Bitfolgen durch modulo-2-Addition verglichen wird und der Pfad mit der größten Übereinstimmung ausgewählt wird.

7.8 Aufgaben

13. Aufgabe: Codematrix
Für sechsstellige Informationscodeworte soll ein systematischer Code entworfen werden, der eine Korrektur von Einfachfehlern ermöglicht. Wieviele Prüfstellen sind erforderlich? Man gebe eine mögliche Codematrix an!
Lösung: 4 Prüfstellen!

$$
\underline{C} =
\begin{bmatrix}
1 & 0 & 1 & 0 \\
1 & 0 & 0 & 1 \\
0 & 1 & 0 & 1 \\
0 & 0 & 1 & 1 \\
0 & 1 & 1 & 0 \\
1 & 1 & 0 & 0
\end{bmatrix}
$$

14. Aufgabe: Fehlerkorrektur
Ein sechsstelliges Informationscodewort ist mit der Codematrix

$$\underline{C} = \begin{pmatrix} 1 & 0 & 1 & 0 \\ 1 & 0 & 0 & 1 \\ 0 & 1 & 0 & 1 \\ 0 & 0 & 1 & 1 \\ 0 & 1 & 1 & 0 \\ 1 & 1 & 0 & 0 \end{pmatrix}$$

codiert worden. Man zeige daß der Code die Bedingungen für eine Einfachfehlerkorrektur erfüllt ! Die Übertragungscodeworte werden über einen Kanal auf dem Einfachfehler vorkommen, übertragen. Empfangen wird das Codewort
$$\underline{W} = (1\ 0\ 1\ 1\ 1\ 1\ 0\ 1\ 0\ 1)$$
Enthält das Codewort einen Fehler? Man korrigiere das Codewort unter der Voraussetzung eines Einfachfehlers?
Lösung: $\underline{W}$ enthält an der 4. Stelle einen Fehler.

15. Aufgabe: Hamming-Distanz
Man ermittle die Hamming-Distanz für den durch die Codematrix

$$C = \begin{pmatrix} 1 & 0 & 0 & 1 \\ 0 & 1 & 1 & 1 \\ 0 & 1 & 1 & 0 \\ 0 & 1 & 0 & 1 \\ 0 & 0 & 1 & 1 \end{pmatrix}$$

definierten Code.
Lösung: h = 3! Durch Addition der 3., 4. und 5. Zeile der Codematrix ergibt sich ein Nullvektor. Mit zwei Zeilen ist dies nicht möglich.

8 Kanalcodierung III: Modulation

Bisher wurden ausschließlich digitale Signale im Basisband behandelt. Durch Leitungscodierung läßt sich das Leistungsdichtespektrum (s. Anhang 13.4.3) der Signale zur Anpassung an den Kanal verformen, indem z. B. durch den Übergang von einem binären auf einen ternären Code Redundanz zugeführt wird. Hat jedoch ein Kanal einen Bandpaßamplitudengang mit kleiner relativer Bandbreite, so läßt sich die erforderliche Veränderung des Leistungsdichtespektrums nur durch die Modulation eines Sinusträgers erreichen.

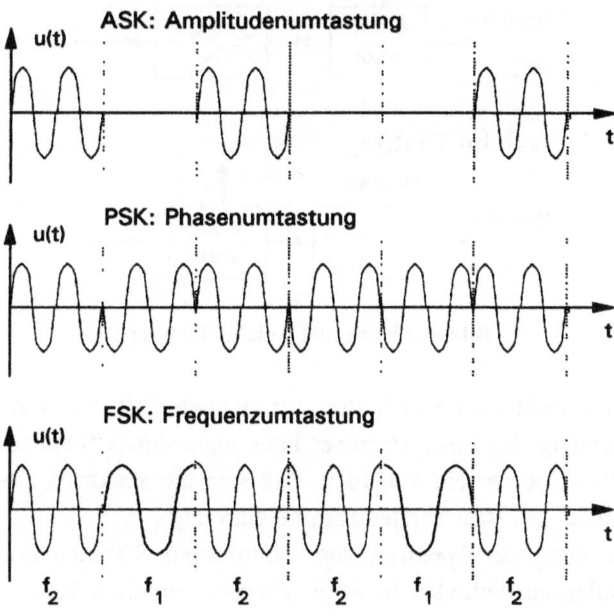

Bild 8.1 Signale bei ASK, PSK und FSK

Wird ein sinusförmiger Träger mit einem digitalen Signal moduliert, so spricht man im Falle der Amplitudenmodulation von Amplitudentastung (engl.: Amplitude Shift Keying, abgek.: ASK), im Falle der Phasenmodulation von Phasenta-stung (engl.: Phase Shift Keying, abgek.: PSK und im Falle der Frequenzmo-dulation von Frequenztastung (engl.: Frequency Shift Keying, abgek.: FSK). Bild 8.1 zeigt vom Prinzip her die Signale bei den drei Modulationsarten.

Bei der Übertragung im Basisband wird in der Regel mit Rechteckimpulsen ge-arbeitet, die ein sehr ausgedehntes Frequenzspektrum haben. Eine Beschneidung dieses Spektrums führt zur Intersymbolinterferenz, die durch eine Entzerrung entsprechend den Nyquist-Kriterien aufgehoben werden kann. Während bei Ba-sisbandsignalen die Frequenzbandbeschneidung vom Kanal vorgenommen wird, muß bei moduliertem Sinusträger das Frequenzband vor Eintritt in den Kanal begrenzt werden. Dies kann (s. Bild 8.2) entweder durch ein Filter am Modu-latorausgang oder durch ein Filter am Modulatoreingang geschehen.

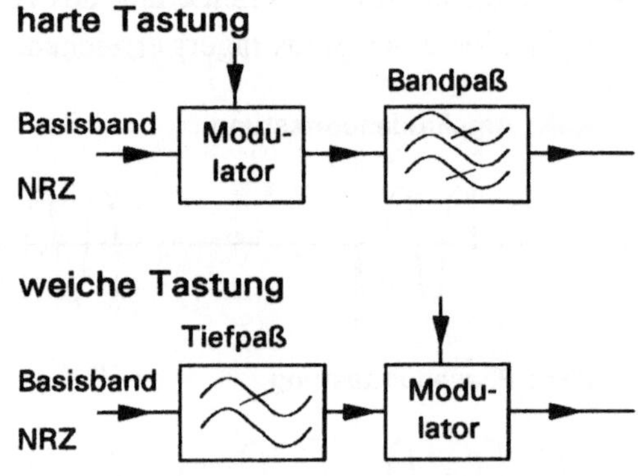

Bild 8.2 harte und weiche Tastung

Im ersten Fall spricht man von harter, im zweiten Fall von weicher Tastung. Neben der Formung des Einzelimpulses kann auch durch Kanalcodierung z. B. nach dem Miller-Code erreicht werden, daß sich die spektrale Energie bei nie-drigen Frequenzen des Basisbandes zusammendrängt.

Bei der Betrachtung der Spektren von modulierten Signalen ergibt sich, daß man die Modulationsmethoden in zwei Gruppen einteilen kann. In der ersten Gruppe besteht zwischen den modulierenden und den modulierten Signalen eine lineare Abhängigkeit, aufgrund derer das Spektrum der Seitenbänder der modu-lierten Signale dieselbe Form hat wie das Spektrum der modulierten Impulse. Eine solche Eigenschaft weisen die Amplitudenmodulation sowie die Phasenmo-dulation bei harter Tastung auf. Die Methoden bezeichnet man als linear. In der zweiten Gruppe ist die Abhängigkeit zwischen den modulierenden und den modulierten Signalen nichtlinear. Das Spektrum der modulierten Signale hat keine Ähnlichkeit mit dem Spektrum der modulierenden Signale. Diese Eigenschaft besitzen die Frequenzmodulation und die Phasenmodulation bei weicher Tastung.

Den prinzipiellen Aufbau einer digitalen Übertragung mit moduliertem Träger zeigt Bild 8.3. Das digitale Signal gelangt an den von einem Sinusträger gespeisten Modulator. Nach der Übertragung durch den Kanal wird das modulierte Signal über einen Bandpaß dem Demodulator zugeführt. Für die Demodulation ist in der Regel der Träger erforderlich, so daß eine Trägerrückgewinnung benötigt wird. Die Strecke vom Modulatoreingang bis zum Demodulatorausgang verhält sich wie ein Basisbandkanal.

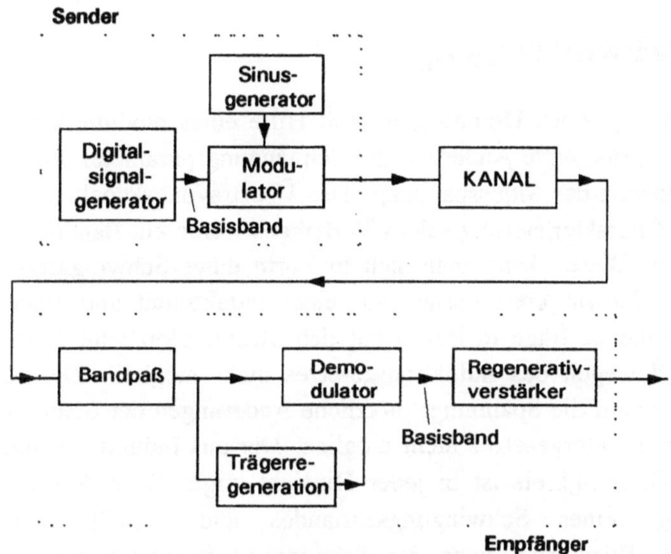

Bild 8.3 Übertragungsstrecke mit moduliertem Träger

Da das digitale Signal bei der Übertragung Störungen und Verzerrungen unterworfen ist, folgt auf den Demodulator ein Regenerativverstärker. Charakteristisch für eine Übertragung mit moduliertem Träger ist nun, daß Demodulator und Regenerativverstärker häufig zu einer Einheit verschmolzen sind. Wird für beide Richtungen einer digitalen Übertragung die Modulation eines Sinusträgers durchgeführt, so befinden sich auf beiden Seiten der Übertragungsstrecke Modulator und Demodulator, die dann zu einer Modem genannten Einheit zusammengefaßt werden. Bei der Beurteilung der verschiedenen Modulationsverfahren spielen die Kriterien

1. Bandbreiteausnutzung,
2. Resistenz gegen Störungen,
3. Realisierungsaufwand

eine wichte Rolle. Insgesamt sind die PSK-Verfahren hinsichtlich der Bandbreiteausnutzung und der Resistenz gegen Störungen besonders leistungsfähig. Allerdings ist der Realisierungsaufwand relativ hoch. Insbesondere erfordert die Regeneration eines Trägersignal umfangreiche Maßnahmen.

8.1 Einschwingvorgänge

Die Übertragung eines Digitalsignals mit Hilfe eines modulierten Sinusträgers bedeutet die sprunghafte Änderung der Schwingungsparameter Amplitude, Phase oder Frequenz der Sinusspannung. Der Übertragungskanal hat Bandpaßverhalten. Zur Charakterisierung seines Verhaltens werde ein Bandpaß 1. Ordnung angenommen. Diesen kann man sich in Form eines Schwingkreises realisiert denken. Ein Schwingkreis besteht aus einer Induktivität und einer Kapazität. Die Induktivität ist träge in Bezug auf den Strom; plötzliche Änderungen des Stromes sind wegen des Induktionsgesetzes nicht möglich. Die Kapazität ist träge in Bezug auf die Spannung; plötzliche Änderungen der Spannung sind wegen des Kondensatorgesetzes nicht möglich. Der aus Induktivität und Kapazität bestehende Schwingkreis ist in jeder Hinsicht träge. Er widersetzt sich jeder Veränderung seines Schwingungszustandes und verhält sich wie ein Schwungrad. Wird nun einer der Schwingungsparameter am Kanaleingang sprunghaft geändert, so erreicht dieser Parameter am Kanalausgang seinen Endzustand erst nach einer Einschwingzeit, während die anderen beiden Parameter, obwohl eingangsseitig unverändert, ausgangsseitig Ausgleichsvorgänge [19] zeigen.

Zu jedem Bandpaß gibt es einen äquivalenten Tiefpaß. Grundsätzlich existiert eine Verwandschaft zwischen Tiefpaß und Bandpaß; man kann einen Tiefpaß als einen Bandpaß mit der Bandmittenfrequenz null ansehen. Daher findet man die Gesetzmäßigkeiten des Ausgleichsvorgangs bei einem Tiefpaß in den entsprechenden Gesetzmäßigkeiten der Ausgleichsvorgänge am Ausgang eines Bandpaßkanals wieder, wenn bei der Übertragung mit einem modulierten Sinusträger ein Schwingungsparameter sprunghaft geändert wird. Bild 8.4 zeigt die

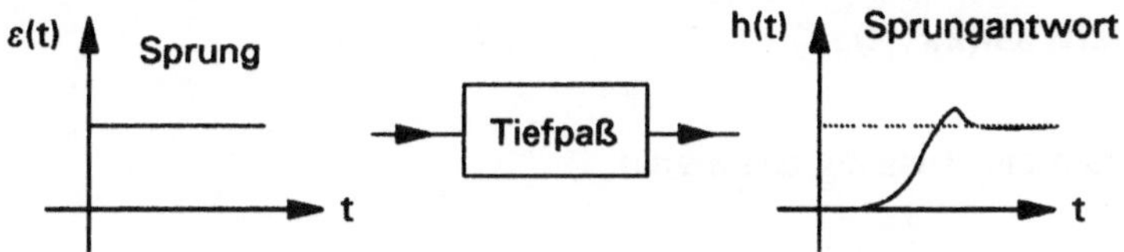

Bild 8.4 Sprungantwort bei einem Tiefpaß

Sprungantwort eines Tiefpaßsystems. Man definiert eine Anstiegszeit t_r als die Zeit, die die Sprungantwort benötigt, um von 10% auf 90% des Endwertes zu gelangen. Diese Anstiegszeit hängt ab von einer von der Ordnungszahl n des Tiefpaßsystems abhängigen Konstanten und von dessen 3dB-Grenzfrequenz f_{g3dB}. Allgemein gilt

$$t_r = K \frac{1}{f_{g3dB}} \quad \text{mit} \quad 0.35 < K < 0.5 \tag{8.1}$$

Dabei gilt $K = 0.35$ für $n = 1$ und $K = 0.5$ für $n \rightarrow \infty$.

8.1.1 Amplitudenumtastung

Der Einschwingvorgang der Amplitude bzw. des Scheitelwerts einer Sinusschwingung am Ausgang eines Bandpaßsystems läßt sich unter drei Bedingungen einfach berechnen, die i. allg. bei der Modulation gegeben sind.

1. Der Bandpaß ist relativ schmalbandig.
2. Der Amplitudengang des Bandpaß ist symmetrisch zur Bandmittenfrequenz.
3. Trägerfrequenz des Signals und Mittenfrequenz des Bandpaß fallen zusammen.

In diesem Fall stimmt die Einhüllende der Sinusschwingung am Bandpaßausgang überein mit dem Einschwingvorgang in dem äquivalenten Tiefpaß. Legt man an den Eingang des Bandpaß das Signal

$$\varepsilon(t)\ \sin(2\pi f_T t)\,, \tag{8.2}$$

so erhält man am Ausgang das Signal

$$\varepsilon(t)\ \left[\ 1 - e^{-\frac{t}{T}}\ \right]\ \sin(2\pi f_T t)\,. \tag{8.3}$$

Für die Anstiegszeit der Hüllkurve gilt mit der 3dB-Bandbreite B des Bandpaßsystems entsprechend Gl. (8.1)

$$t_r = K\,\frac{1}{B/2}\ \ . \tag{8.4}$$

8.1.2 Phasenumtastung

Macht die Trägerschwingung am Eingang eines Bandfilters einen Phasensprung um $\Delta\psi$ von $-\Delta\psi/2$ bis $+\Delta\psi/2$, so hängt der Einschwingvorgang der Phase am Ausgang von der Höhe des Phasensprungs ab. Bemerkenswert ist, daß für $\Delta\psi = 180°$ kein Einschwingvorgang existiert. In allen anderen Fällen ist die Dauer des Einschwingvorgangs der Phase gleich der Einschwingzeit der Einhüllenden bei Zweiseitenband-Amplitudenmodulation wie in Gl. (8.4).

8.1.3 Frequenzumtastung

In diesem Fall wird die Frequenz einer Schwingung plötzlich von dem Wert f_1 auf den Wert f_2 umgeschaltet. Dabei sollen zwei Bedingungen erfüllt sein: die Konstanz des Scheitelwerts und die Stetigkeit der Phase. Die Frequenzumtastung soll nicht von Amplituden- oder einer Phasenmodulation begleitet sein. Erfolgt die Übertragung über ein Bandpaßsystem der Bandbreite B, so ergeben sich Einschwingvorgänge sowohl der Frequenz als auch der Hüllkurve. Damit hat man während des Einschwingvorgangs am Eingang und am Ausgang des Systems unterschiedliche Frequenzen. Der Einschwingvorgang der Hüllkurve am Ausgang, die ja am Eingang konstant ist, ergibt sich als unvermeidliche Folge der Bandbegrenzung bei der Übertragung. Man definiert bei der Beschreibung des Vorgangs den Frequenzhub

$$\Delta f = \frac{f_2 - f_1}{2} \tag{8.5}$$

und einen Parameter

$$d = \frac{B/2}{\Delta f}, \tag{8.6}$$

der das Verhältnis der halben Bandbreite zum Frequenzhub angibt. Bild 8.5

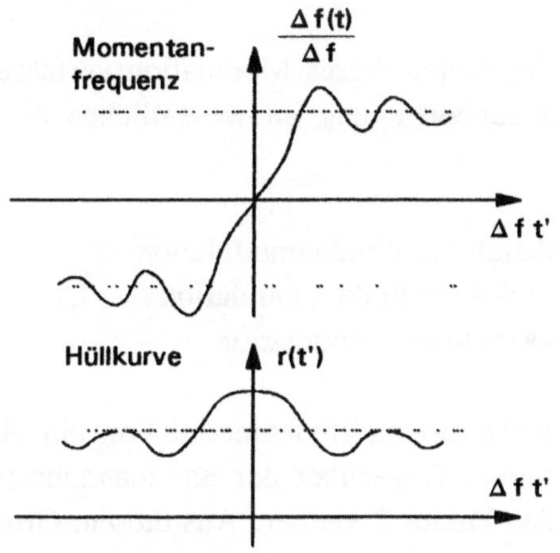

Bild 8.5 Einschwingvorgang der Momentanfrequenz
und der Hüllkurve des Trägersignals

zeigt qualitativ den Einschwingvorgang der Momentanfrequenz und der Hüllkurve. Dabei wurde die Abweichung von der Mittenfrequenz

$$f_m = \frac{f_2 + f_1}{2} \tag{8.7}$$

bezogen auf den Frequenzhub dargestellt:

$$\frac{\Delta f(t)}{\Delta f} = \frac{f(t) - f_m}{\Delta f} \qquad (8.8)$$

Die Zeitachse wurde mit der normierten Zeit Δf t' beziffert, wobei t' = t - t_v ist mit der Verzögerung des Systems t_v. Es zeigt sich, daß die Anstiegszeit tr von dem Frequenzhub nahezu unabhängig ist und hauptsächlich von der Bandbreite des Bandpaßkanals abhängig ist. Die Anstiegszeit der Momentanfrequenz ist ungefähr gleich der Anstiegszeit der Einhüllenden bei Zweiseitenbandamplitudenmodulation, insofern wieder Gl. (8.4) zugrunde gelegt werden kann.

8.2 Amplitudenmodulation

Von den verschieden Varianten dieses Modulationsverfahrens sind im Rahmen der digitalen Nachrichtenübertragung im wesentlichen die folgenden drei von Bedeutung:

1. Zweiseitenband-Amplitudenmodulation
2. Einseitenband-Amplitudenmodulation
3. Quadratur-Amplitudenmodulation

Die einfache Zweiseitenband-Amplitudenmodulation gilt als das am wenigsten leistungsfähigste Verfahren. Gegenüber der Basisbandübertragung ist die Bandbreiteausnutzung um den Faktor 2 kleiner. Aus diesem Grunde findet sich gelegentlich auch die Einseitenband-Amplitudenmodulation. Von besonderer Bedeutung ist, ob die in Abschn. 8.5 erläuterte Methode der schnellen Übertragung Anwendung finden kann. Dies ist im wesentlichen nur bei der Quadratur-Amplitudenmodulation der Fall.

8.2.1 Zweiseitenband-Amplitudenmodulation

Dieses mit Amplitudenumtastung bezeichnete Verfahren erzeugt ein Bandpaßsignal, dessen Spektrum aus zwei spiegelbildlich zum Träger angeordneten Basisbandspektren besteht. Der Träger wird dabei in der Regel bis auf einen kleinen Rest zur Trägerregeneration bei der Demodulation unterdrückt. Dieses ASK-

Verfahren findet auf Grund seiner geringen Leistungsfähigkeit relativ selten Anwendung.

8.2.2 Quadratur-Amplituden-Modulation

Dieses häufig mit QAM bezeichnete Verfahren bedeutet die Addition der Ausgangssignale zweier Modulatoren, deren Sinusträger um 90° gegeneinander verschoben sind, wobei die Modulatoren eine Zweiseitenband-Amplitudenmodulation mit unterdrücktem Träger durchführen. Die Konsequenz daraus ist, daß ein QAM-Modulator eine gleichzeitige Amplituden- und Phasenmodulation durchführt. Eine Sinusspannung kann bei gegebener Frequenz durch eine komplexe Zahl dargestellt werden, deren Betrag gleich dem Scheitelwert und deren Winkel gleich der Phase der Sinusspannung ist. Graphisch lassen sich die verschiedenen, durch Scheitelwert und Phasenlage gekennzeichneten Zustände des Sinusträgers in der komplexen Zahlenebene darstellen. Bild 8.6 zeigt

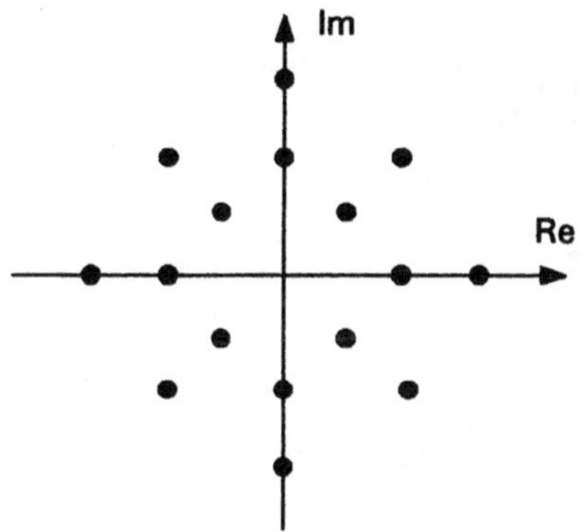

Bild 8.6 Zustandsdiagramm für QAM

die dann Zustandsdiagramm genannte komplexe Ebene für eine QAM mit 16 Zuständen. Es liegt eine gleichzeitige Amplituden- und Phasenmodulation vor. Im Falle einer PSK würden alle Zustände auf einem Einheitskreis liegen. Bild 8.7 zeigt den Aufbau eines Modulators für QAM. Neben dem Trägersignal müssen zwei Eingangssignale zugeführt werden, die Real- und Imaginärteil des QAM-Zeigers in der komplexen Zahlenebene darstellen.

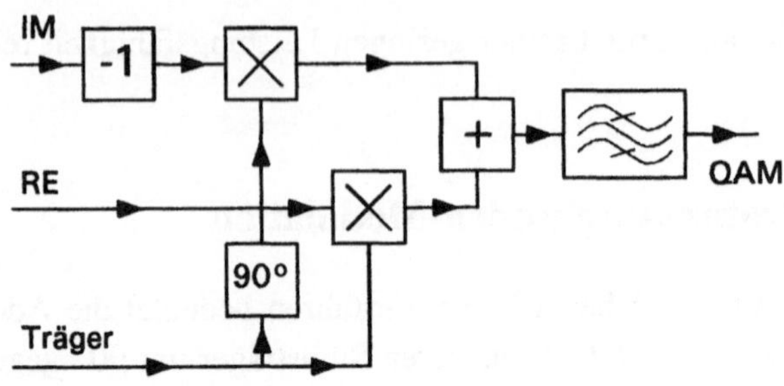

Bild 8.7 Modulator für QAM

Je nach Vorzeichen der beiden Eingangssignale können alle vier Quadranten der Zahlenebene erreicht und damit beliebige Nullphasenwinkel eingestellt werden. Dem Modulator ist somit ein Codierer vorzuschalten, der aus dem Digitalsignal die beiden Eingangssignale IM und RE herleitet. Setzt man für die Ausgangsspannung der Multiplikatoren mit der Konstanten U_M sowie mit den Eingangspannungen $u_{e1}(t)$ und $u_{e2}(t)$

$$u_a(t) = \frac{u_{e1}(t)\, u_{e2}(t)}{U_M} \quad , \tag{8.9}$$

so erhält man mit der Trägerspannung $\hat{u}_T \cos(2\pi f_T t)$ und $\hat{u} = U_M$ die QAM-Ausgangsspannung

$$u_{QAM}(t) = \hat{u}_{QAM} \cos(2\pi f_T t + \psi) \tag{8.10}$$

Darin gilt

$$\hat{u}_{QAM} = \sqrt{u_{RE}^2 + u_{IM}^2} \,, \qquad \tan(\psi) = \frac{u_{RE}}{u_{IM}} \,. \tag{8.11}$$

Der Vorgang der Modulation läßt sich durch einen entsprechenden Demodulator wieder rückgängig machen, der dafür die Trägerschwingung benötigt. Allerdings wird diese nicht mitübertragen; denn die beiden Multiplikatoren des Modulators realisieren eine AM mit unterdrücktem Träger. Trotzdem ist natürlich eine Trägerrückgewinnung möglich. Bild 8.8 zeigt

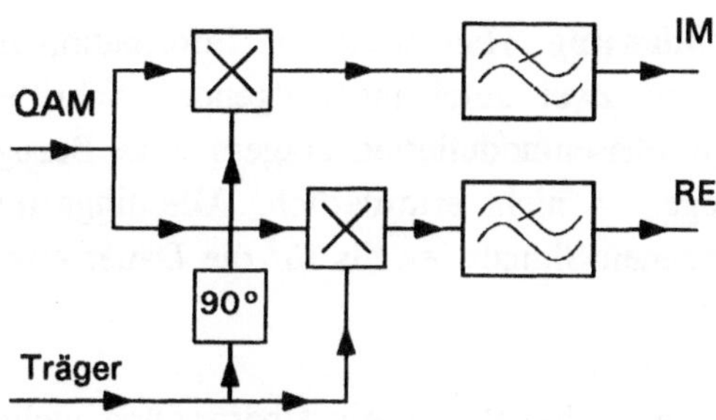

Bild 8.9 Demodulator für QAM

den Aufbau eines Demodulators, an dessen Ausgang die beiden Signale $u_{RE}(t)$ und $u_{IM}(t)$ entstehen. Aus diesen beiden Signalen wird dann nach ihrer Regeneration durch einen Decodierer wieder das Digitalsignal gewonnen.

8.3 Phasenmodulation

Dieses Verfahren der Modulation eines Sinusträgers ist weitverbreitet, weil es für mehrstufig codierte digitale Signale gut geeignet und gegenüber Störungen wenig empfindlich ist.

8.3.1 Systeme

Bei der Phasenmodulation ist der Nullphasenwinkel einer hochfrequenten Sinusspannung Träger der übertragenen Information. Zur Bestimmung einer Phasenlage ist jedoch ein Zeitbezugssystem in Form einer Bezugsschwingung der gleichen Frequenz erforderlich. Somit muß auf der Empfängerseite eine Regeneration des Trägersignals durchgeführt werden. Da diese Regeneration in der Regel mit einer Phasenunsicherheit von 180° verbunden ist, wird häufig eine Übertragung durchgeführt, bei der der absolute Wert des Nullphasenwinkels nicht bestimmt werden muß. Somit unterscheidet man bei der Phasenmodulation zwei Übertragungsverfahren:

1. **Bezugscodierung.** Hier steckt die Information in der Phasendifferenz zwischen dem phasenmodulierten Signal und einer Bezugswechselspannung. Im Empfänger ist eine Regeneration des Trägers erforderlich.

2. **Differenzcodierung**. Hier steckt die Information in der Phasendifferenz zwischen zwei aufeinanderfolgenden Schritten des mit einem Digitalsignal phasenmodulierten Trägers. Eine Bezugswechselspannung im Empfänger ist nicht erforderlich. Allerdings muß die Phasenlage des empfangenen Signals jeweils für die Dauer eines Schrittes gespeichert werden.

Bei der Phasenmodulation bietet sich die Übertragung nicht nur binärer, sondern auch ternärer, quaternärer und oktonärer Digitalsignale an. Die Übertragung kann in allen Fällen entweder in Bezugscodierung oder in Differenzcodierung erfolgen. Die Stufen des Digitalsignals und die Phasendifferenzen des phasenmodulierten Trägers werden in der Regel auf folgende Weise zugeordnet:

Tabelle: Phasenlagen bei Differenzcodierung

binär		quaternär		
Bit	Phasendifferenz	Dibit	Phasendifferenz	
0	0°		entweder	oder
		00	0°	45°
1	180°	01	90°	135°
		10	180°	225°
		11	270°	315°

Bei der Kennzeichnung der verschiedenen Systeme wird die Stufenzahl durch einen Index ausgedrückt, z. B. in der Form PSK_4, während bei der Differenzcodierung ein D vorangestellt wird, z. B. $DPSK_8$.

8.3.2 Modulation

Die Phasenmodulation mit einem binären Digitalsignal verursacht einen Phasensprung von 180°. Dieser kann durch Multiplikation mit einem Multiplikator oder durch Vorzeichenmultiplikation mit einem Ringmodulator bewirkt werden. Dabei muß das Digitalsignal durch Doppelstromimpulse dargestellt werden, d.h., dem Zeichen "1" entspricht die Spannung $+U_0$ und dem Zeichen "0" die Spannung $-U_0$. Diese Phasenmodulation ist identisch mit einer Zweiseitenband-

Amplitudenmodulation mit unterdrücktem Träger. Die Verwirklichung eines binären Phasenmodulators zeigt Bild 8.10.

Soll bei der Phasenmodulation eine Differenzcodierung vorgenommen werden, so ist dem Modulator ein Umcodierer vorzuschalten, der eine Differentialtransformation (s. Abschn. 4.2.2) bewirkt.

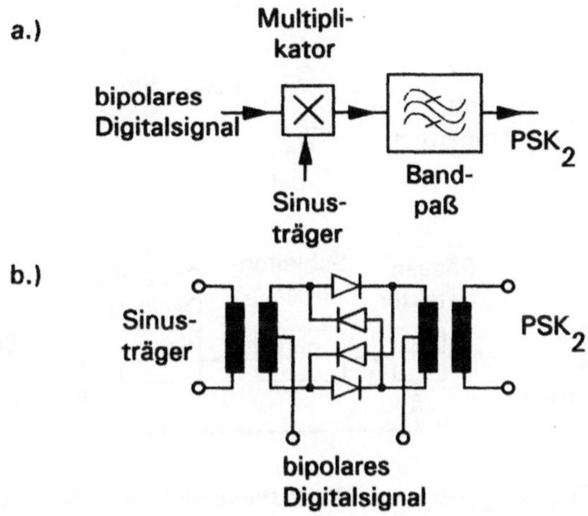

Bild 8.10 Binärer Phasenmodulator: a) Blockschaltbild mit Multiplikator
b) Vorzeichenmultiplikation mit einem Ringmodulator

8.3.3 Demodulation

Im Falle der Bezugscodierung muß zunächst der Träger regeneriert werden. Die Modulatorausgangsspannung ist bei binärer Phasenmodulation

$$u(t) = \hat{u}_T \cos(2\pi f_T t \pm \Delta\Phi) \quad . \tag{8.12}$$

Dabei entsprechen die beiden Vorzeichen in Gl. (8.12) den beiden zu übertragenden Zeichen. Mit dem Additionstheorem läßt sich Gl. (8.12) umformen in

$$u(t) = \hat{u}_T \left[\cos(2\pi f_T t) \cos(\pm\Delta\Phi) + \sin(2\pi f_T t) \sin(\pm\Delta\Phi) \right] . \tag{8.13}$$

Der 1. Summand stellt das Trägersignal dar, denn es ist unabhängig vom Vorzeichen. Der 2. Summand ist das Informationssignal, das mit dem Binärzeichen das Vorzeichen wechselt. Für $\Delta\Phi=90°$ verschwindet der Träger und die gesamte Energie steckt im Informationssignal. Man hat jedoch die Möglichkeit, die Phasenänderung $\Delta\Phi<90°$ zu machen und damit einen Trägerrest zu erhalten. Dieser kann dann bei der Demodulation im Empfänger durch einen schmalbandigen Bandpaß oder durch eine Phasenregelschleife regeneriert werden. Ist der

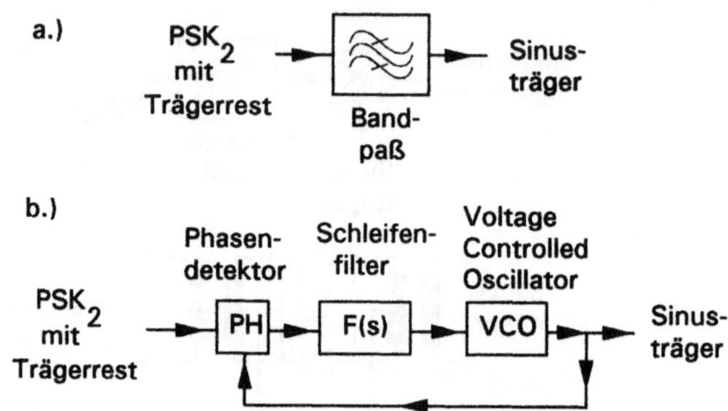

Bild 8.11 Trägerregeneration a) mit Bandpaß b) mit Phasenregelschleife

Träger in einem PSK_2-System nicht vorhanden, so kann er nach dem in Bild 8.12 dargestellten Verfahren regeneriert werden.

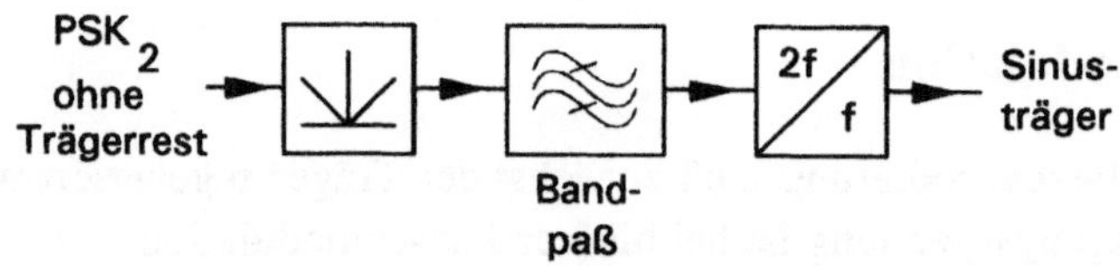

Bild 8.12 Trägerregeneration für ein PSK_2-System ohne Träger

Dabei werden die Phasensprünge des PSK-Signals durch Doppelweggleichrichtung beseitigt, die zweifache Trägerfrequenz mit einem Bandpaß herausgesiebt und durch Frequenzteilung die Trägerfrequenz wiedergewonnen. Allerdings entsteht durch die zufällige Anfangsstellung des Frequenzteilers eine Phasenunsicherheit von $180°$. Die Demodulation eines mit Digitalsignalen phasenmodulierten Trägers wird mit einem Multiplikator

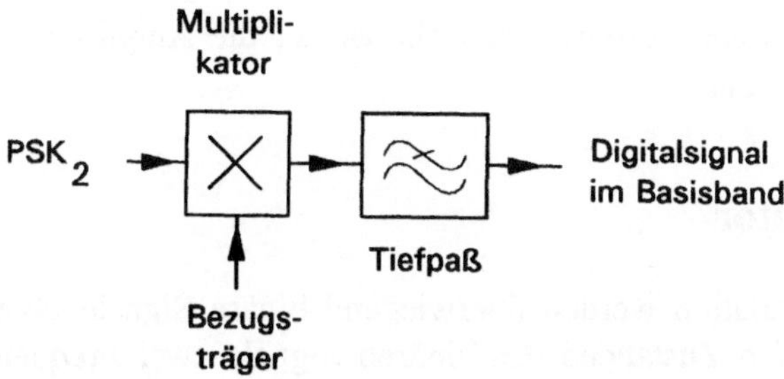

Bild 8.13 Demodulation von PSK-Signalen

oder mit einem durch einen Ringmodulator verwirklichten Vorzeichenmultiplikator durchgeführt (s. Bild 8.13), dem ein Tiefpaß zur Unterdrückung hochfrequenter Anteile nachgeschaltet ist. Bei der Differenzcodierung dient zur Demodulation des PSK-Signals während eines Schrittes das PSK-Signal des vorherigen Schrittes als Bezugswechselspannung. Somit wird ein Verzögerungsglied mit der Verzögerungszeit T_0 benötigt (s. Bild 8.14).

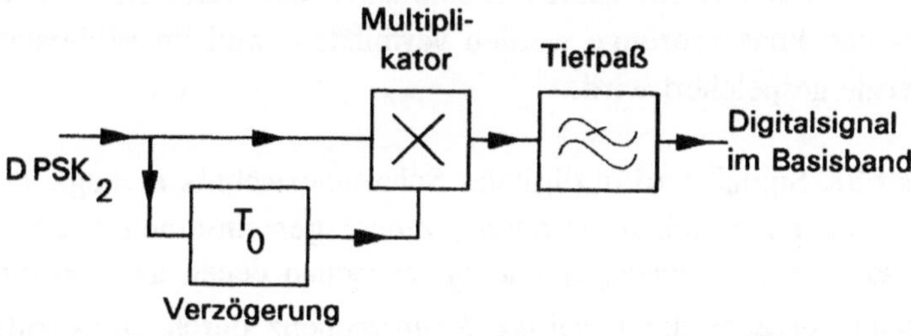

Bild 8.14 Demodulation eines DPSK-Signals

8.4 Frequenzmodulation

In diesem Fall wird bei der Übertragung eines binären Signals die Frequenz eines Oszillators zwischen zwei festen Werten umgeschaltet. Einer der Vorteile der Frequenzmodulation ist die Unabhängigkeit des wiedergewonnenen Signals von der Amplitude und Phase eines Bezugsträgers. Die Frequenzmodulation wird vor allem für digitale Übertragungen mit niedrigeren und mittleren Geschwindigkeiten angewendet; denn Systeme mit Frequenzmodulation lassen sich mit weniger Aufwand verwirklichen als solche, die Amplituden- oder Phasenmodulation anwenden.

8.4.1 Modulator

In Frequenzmodulation werden überwiegend binäre Signale übertragen. Dabei werden den beiden Zuständen des binären Signals zwei Frequenzen f_1 und f_2 zugeordnet, zwischen denen bei der Modulation umgeschaltet wird. Die Verfahren der Frequenzmodulation werden davon bestimmt, daß bei der Umschaltung im Falle harter Tastung keine zusätzlichen Amplituden- und Phasensprünge auftreten:

1. Die Umtastung der Frequenz wird durch unterbrechungsfreies Umschalten der Induktivität eines rückgekoppelten Oszillators erreicht.

2. Die Umtastung der Frequenz wird durch Umschalten eines frequenzbestimmenden Widerstandes in einem RC-Oszillator erreicht. Amplituden- und Phasensprünge werden vermieden, weil im Widerstand keine Energie gespeichert wird.

3. Das FSK-Signal wird in digitaler Schaltungstechnik erzeugt. Dazu geht man von einer hohen Frequenz, einem gemeinsamen Vielfachen der beiden Kennfrequenzen f_1 und f_2, zwischen denen umgeschaltet wird, aus und erzeugt die jeweilige Kennfrequenz durch Umschalten eines entsprechenden Teilers.

Das Spektrum des FSK-Signals ist bei harter Tastung sehr ausgedehnt, so daß ein aufwendiges Sendefilter zur Bandbeschneidung erforderlich wird. Dies läßt sich durch weiche Tastung vermeiden, bei der das aus Rechteckimpulsen bestehende Digitalsignal vor dem Modulator durch einen Tiefpaß bandbegrenzt wird.

8.4.2 Demodulator

Allen Verfahren zur Rückgewinnung der Information aus dem frequenzmodulierten Signal im Empfänger ist gemeinsam, daß das empfangene Signal zunächst durch das Empfangsfilter bandbegrenzt wird und dann hinter einem die Signalamplitude begrenzenden Verstärker näherungsweise rechteckförmig zur weiteren Verarbeitung zur Verfügung steht.

Grundsätzlich können für die Demodulation der frequenzmodulierten digitalen Signale die üblichen Frequenzdiskriminatoren der analogen Übertragungstechnik benutzt werden. Hervorgehoben werden sollen hier

> der Quadraturdemodulator,
> die Phasenregelschleife (PLL),
> der Nulldurchgangsdetektor.

Bei der Demodulation von FSK-Signalen spielen jedoch die die Übertragungsgeschwindigkeit begrenzenden Einschwingvorgänge eine wichtige Rolle. Wünschenswert ist, daß ein Sprung in der Frequenz ohne Einschwingvorgang in einen Amplitudensprung übergeht. Außerdem erfolgt eine Begrenzung der Übertragungsgeschwindigkeit durch den Tiefpaß zur Unterdrückung höherfrequenter Anteile des Diskriminatorausgangssignals. Daher sind einige Prinzipien für FSK-Diskriminatoren entwickelt worden, mit denen sich die Nachteile üblicher Diskriminatoren vermeiden lassen:

> - der erweiterte Nulldurchgangsdetektor und
> - der Saugkreisdetektor.

Nulldurchgangsdetektor: Das Prinzip wird an Hand von Bild 8.15 erläutert. Nach Begrenzung des Empfangssignals entsteht am Ausgang des Schmitt-Triggers ein Rechtecksignal, in dessen Nulldurchgängen die übertragene Information steckt. An den Nulldurchgängen, die durch den Flankendetektor identifiziert werden, wird eine monostabile Kippstufe ausgelöst.

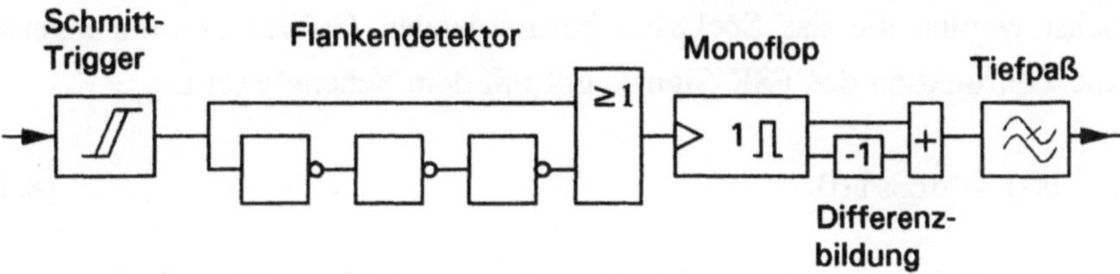

Bild 8.15 Nulldurchgangsdetektor

So wird die Frequenzmodulation in eine Pulsabstandsmodulation umgewandelt, bei der der Signalmittelwert, der durch die Kurzzeitmittellung mit dem Tiefpaß entsteht, der Momentanfrequenz proportional ist.Damit der Tiefpaß zur Mittelwertbildung eine möglichst hohe Grenzfrequenz haben kann, muß die Anzahl der Nulldurchgänge pro Schrittdauer hochgesetzt werden. Dies läßt sich erreichen, wenn das Empfangssignal als Einseitenbandsignal in eine höhere Frequenzlage umgesetzt wird.

Saugkreisdetektor. Die meisten Demodulatorprinzipien benötigen am Ausgang einen Tiefpaß, dessen Grenzfrequenz die Übertragungsgeschwindigkeit des Basisbandsignals begrenzt. Besonders ungünstig wird dieser Effekt, wenn die Taktfrequenz des Basisbandsignals in der gleichen Größenordnung liegt wie die Mittenfrequenz des FSK-Signals. Hier setzt das Prinzip des Saugkreisdetektors [100] ein, das an Hand von Bild 8.16 erläutert wird.

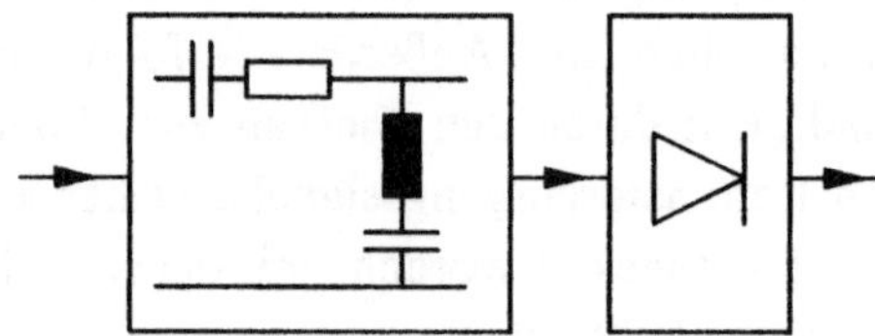

Bild 8.16 Saugkreisdetektor

Hier wird die frequenzumgetastete Schwingung einem Vierpol zugeführt, dessen Übertragungsfunktion Nullstellen bei den beiden Kennfrequenzen besitzt und der durch einen Saugkreis realisiert wird. Am Ausgang des nachfolgenden Gleichrichters entsteht das demodulierte Digitalsignal.

8.4.3 Spektrum der FSK

Zunächst werden die das Spektrum bestimmenden Größen zusammengestellt. Für die Zeitfunktion des FSK-Signals gilt mit dem Scheitelwert $\hat{u}$

$$u(t) = \hat{u}\cos\Phi(t) \tag{8.14}$$

Die Momentanfrequenz f(t) ergibt sich dabei durch die zeitliche Differentiation der Phase $\Phi(t)$. Man erhält

$$f(t) = \frac{1}{2\pi} \frac{d\ \Phi(t)}{dt} \qquad . \tag{8.15}$$

Bei einem FSK-Modulator ist in der Regel eine lineare statische Modulationskennlinie nicht erforderlich; im Falle einer FSK_2, die am häufigsten vorkommt, ist lediglich zwischen zwei Kennfrequenzen f_1 und f_2 umzuschalten. Damit läßt sich eine Mittenfrequenz

$$f_m = \frac{f_2 + f_1}{2} \tag{8.16}$$

als fiktive Trägerfrequenz angeben. Das Modulationssignal sei ein binäres Digitalsignal in einem bipolaren NRZ-Format als physikalische Darstellung einer binären, zufälligen Zahlenfolge $\{a(n)\}$ mit den Werten $a(n)=1$ oder $a(n)=-1$. Mit der Taktperiodendauer T_0 erhält man

$$s_m(t) = \sum_{n=-\infty}^{\infty} a(n)\ \text{rect}\left[\frac{t-nT_0}{T_0}\right] \tag{8.17}$$

Mit dem Frequenzhub

$$\Delta f = \frac{f_2 - f_1}{2} \tag{8.18}$$

Damit läßt sich die Momentanfrequenz

$$f(t) = f_m + \Delta f\ s_m(t) \tag{8.19}$$

angeben. Bei der Betrachtung des Spektrums des FSK-Signals soll im Folgenden eine Frequenzumtastung zwischen den beiden Kennfrequenzen mit kontinuierlicher Phase vorausgesetzt werden. Dies erfordert, daß die Kennfrequenzen in einem passenden Verhältnis zur Taktfrequenz des Basisbandsignals stehen.

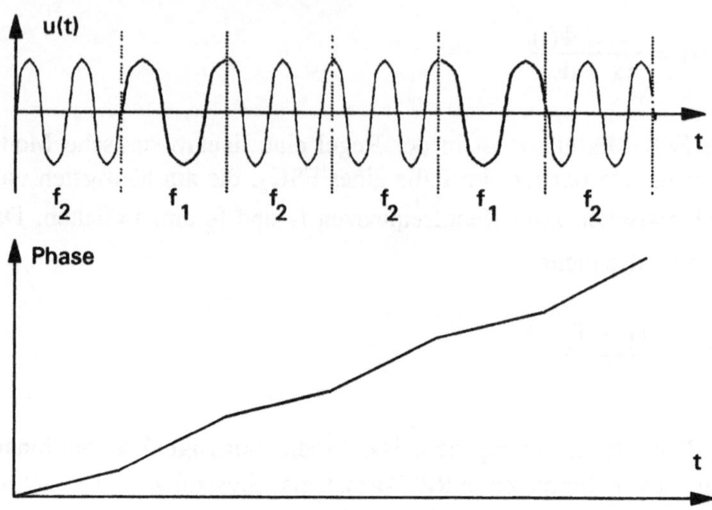

Bild 8.17 Signal- und Phasenverlauf

Bild 8.17 zeigt den Signal- und Phasenverlauf eines FSK-Signals ohne Phasensprünge. Das Spektrum eines solchen stochastischen Signals gewinnt man als Leistungsdichtespektrum S(f) durch Fouriertransformation der Autokorrelationsfunktion des FSK-Signals. Die Form des Spektrums wird hauptsächlich beeinflußt durch den Frequenzhubfaktor

$$h = \frac{\Delta f}{f_N} \tag{8.20}$$

der sich als Verhältnis des Frequenzhubs zur Nyquistfrequenz f_N des Basisbandsignals ergibt, wobei die Nyquistfrequenz gleich der halben Taktfrequenz ist. Für nicht ganzzahlige Werte des Frequenzhubfaktors h erhält man mit der Frequenznormierung

$$x = \frac{f - f_m}{f_N} \tag{8.21}$$

das Leistungsdichtespektrum

$$S(f) = \frac{\hat{u}^2}{f_0} \frac{h^2 \sin^2\frac{\pi}{2}(x+h)}{(x+h)^2 \, (1-2\cos\pi x \, \cos\pi h + \cos^2\pi h)} \left[\frac{\sin\frac{\pi(x-h)}{2}}{\frac{\pi(x-h)}{2}} \right]^2 \qquad (8.22)$$

mit der Einheit V²/Hz. Bild 8.18 zeigt das Spektrum für verschiedene Frequenzhubfaktoren. Man erkennt, daß der Verlauf für den Frequenzhubfaktor $2/\pi$ optimal ist. Die spektrale Energie ist auf einen engen Bereich zusammengedrängt und innerhalb dieses Bereiches nahezu konstant.

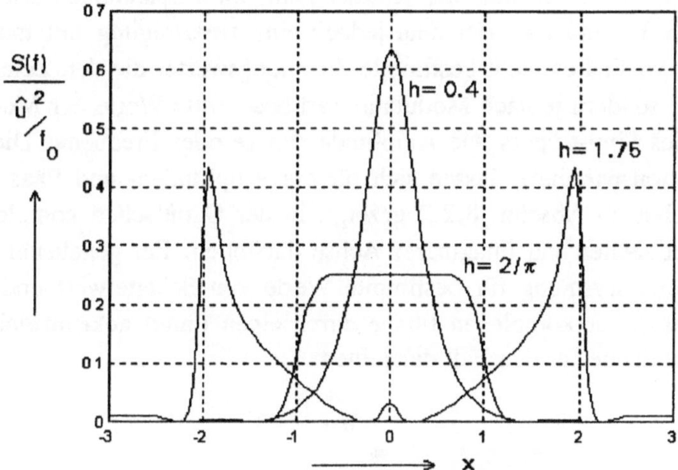

Bild 8.18 Spektren eines FSK-Signals

Bei vorgegebener Mittenfrequenz f_m und einer Taktfrequenz f_0 des Basisbandsignals lassen sich dann die beiden Kennfrequenzen f_1 und f_2 berechnen. Man erhält

$$f_1 = f_m - \frac{f_0}{\pi}, \qquad f_2 = f_m + \frac{f_0}{\pi} \qquad (8.23)$$

Bei dem Frequenzhubfaktor $2/\pi$ ist besonders bemerkenswert, daß sich die spektrale Energie auf den Bereich $-1 < x < +1$ bzw. auf den Frequenzbereich $f_m - f_0/2 < f < f_m + f_0/2$ zusammendrängt. Damit ergibt sich etwa eine Signalbandbreite von dem Doppelten der im Basisband mindestens erforderlichen Breite. Ein größerer Frequenzhubfaktor bewirkt eine erhebliche spektrale Ausdehnung, während ein kleinerer die Anfälligkeit gegen Störungen erhöht.

8.5 Schnelle Übertragung

Ein Digitalsignal ist die physikalische Darstellung einer Zeichenfolge mit einem bestimmten Zeichenvorrat M. Betrachtet man den Fall $M=2$, so erhält man ein binäres Digitalsignal. Bei der Basisbandübertragung werden für das NRZ-Format den beiden Zeichen, der Eins und der Null, zwei Spannungswerte zugeordnet, nämlich 5V und 0V. Hat man jedoch eine Übertragung mit moduliertem Sinusträger, so sind es nicht bestimmte Spannungswerte, die den Zeichen zuzuordnen sind, sondern je nach Modulationsart bestimmte Werte der Modulationsparameter des Sinusträgers wie Amplitude, Phase oder Frequenz. Diese Werte der Modulationsparameter lassen sich für die Amplituden- und Phasenmodulation, wie schon in Abschn. 8.2.2 gezeigt, in der Gauß'schen komplexen Zahlenebene mit reeller und imaginärer Achse darstellen. Bei gegebener Frequenz wird eine Sinusspannung für bestimmte Werte von Scheitelwert und Nullphasenwinkel in dieser komplexen Ebene durch einen Punkt gekennzeichnet. Bild 8.1 zeigt die Ebene für den Fall der reinen

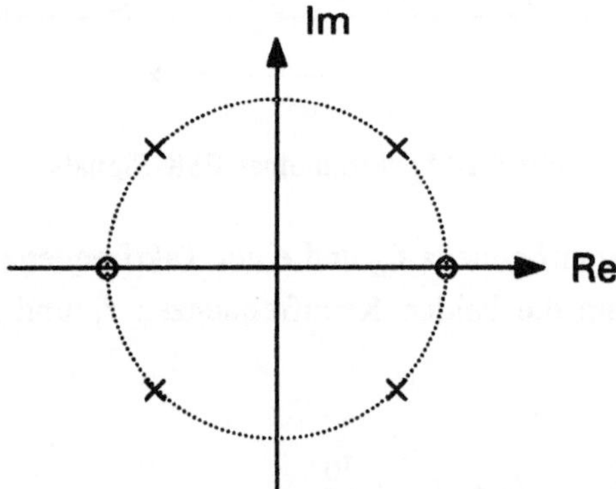

Bild 8.1 Phasenzustandsdiagramm bei PSK

Phasenmodulation. Eingezeichnet sind die Endpunkte des Trägerzeigers als Kreise bei einer binären und als Kreuze bei einer quaternären Übertragung. Die

Punkte liegen alle auf einem Kreis, weil Phasenmodulation einen konstanten Scheitelwert bedeutet. In der Anwendung auf die Modulation eines Sinusträgers wird die graphische Darstellung der komplexen Zahlenebene auch Phasenzustandsdiagramm genannt.

In der überwiegenden Mehrzahl der Fälle werden binäre Digitalsignale übertragen, die physikalische Darstellungen von Null-Eins-Folgen sind. Somit wären nur zwei Punkte im Phasenzustandsdiagramm erforderlich. Allerdings wird fast immer bei einer Übertragung mit moduliertem Sinusträger eine Blockbildung zur Erhöhung der Übertragungsgeschwindigkeit vorgenommen. Dabei werden N aufeinander folgende Elemente der Null-Eins-Folge zu einem Block zusammengefaßt. Damit lassen sich dann

$$M = 2^N \tag{8.1}$$

verschiedene Blöcke codieren, die einzelnen Punkten im Phasenzustandsdiagramm zugeordnet werden. Man erhält eine Übertragung deren Prinzip in Bild 8.2 dargestellt ist. Die Blockbildung wird mit Hilfe eines Schieberegisters durchgeführt. Der Block gelangt an den Codierer, der eine Zuordnung zu den möglichen Zuständen z.B. eines QAM-Modulators vornimmt und die Realteil- und Imaginärteilsignale für den Modulator (s. Abschn. 8.2.2) erzeugt.

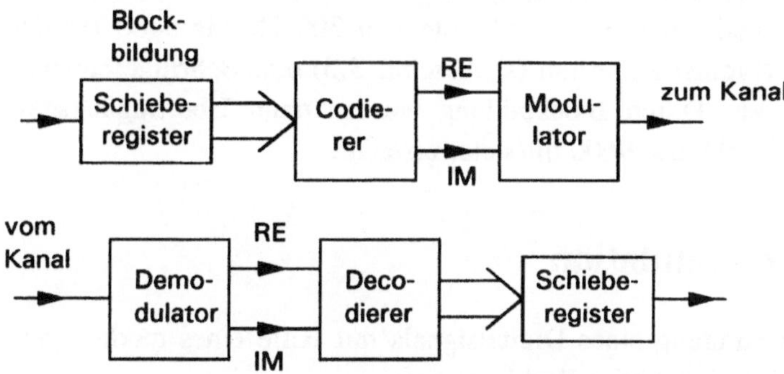

Bild 8.2 Blockbildung zur Erhöhung der Übertragungsgeschwindigkeit

Sind in der Null-Eins-Folge die Nullen und Einsen gleich häufig vertreten und die Wahrscheinlichkeit des Auftretens eines Elementes der Folge von der Vergangenheit unabhängig, so wird mit jedem Element eine Informationsmenge von 1 Bit übertragen. Somit läßt sich unterscheiden zwischen einer Bitübertragung und einer Blockübertragung. Damit verbinden sich zwei verschiedene Geschwindigkeiten:

1. Übertragungsgeschwindigkeit $v_ü$ mit der Einheit Bit/s und
2. Schrittgeschwindigkeit v_s mit der Einheit Baud

Die Schrittgeschwindigkeit v_s bedeutet bei der Übertragung die Anzahl der Blöcke bzw. Wechsel der Zustände des Sinusträgers pro Sekunde. Damit ist die Schrittgeschwindigkeit die Größe, die durch die Bandbreite des Kanals begrenzt ist. Die Übertragungsgeschwindigkeit $v_ü$ kann bei gegebener Schrittgeschwindigkeit v_s durch Blockbildung gesteigert werden. Dabei gilt

$$v_ü = N\, v_s \quad . \tag{8.2}$$

Allerdings wird die Erhöhung der Übertragungsgeschwindigkeit mit einer erhöhten Fehlerhäufigkeit erkauft, was aber bei störungsarmen Kanälen nicht ins Gewicht fällt. Die Blockbildung zur Erhöhung der Übertragungsgeschwindigkeit im Zusammenhang mit der Modulation eines Sinusträgers ist das Grundprinzip der digitalen Nachrichtenübertragung über das analoge Fernsprechnetz. Blockbildung und Modulation bzw. Demodulation werden dabei von einer Modem (**Modulator-Demodulator**) genannten Einheit vorgenommen. Der analoge Fernsprechkanal mit seiner Bandbreite von 300 Hz bis 3400 Hz läßt entsprechend dem Nyquist-Kriterium (s. Abschn. 3.3) eine Schrittgeschwindigkeit von 2400 Baud zu. Durch Blockbildung werden dann Übertragungsgeschwindigkeiten von 4800 bit/s, 9600 bit/s etc. erreicht.

8.6 Echomodulation

Bei der Übertragung eines Digitalsignals mit Hilfe eines modulierten Sinusträgers treten u.a. 3 wichtige Probleme auf:

1. Bandbegrenzung des Bandpaßsignals,
2. Nachbarzeichenbeeinflussung,
3. Erzeugung von 2 um 90° phasenverschobenen Trägern.

Die Bandbegrenzung des erzeugten Bandpaßsignals, das u.U. ein ausgedehntes Spektrum hat, erfordert den Einsatz eines Bandfilters. Abgesehen von dem damit verbundenen Aufwand verursacht das Bandfilter Phasenverzerrungen, die eine Regeneration im Empfänger erschweren, weil als Folge davon Nachbarzeichenbeeinflussung auftritt. Das Prinzip der digitalen Echomodulation [14], ermöglicht es nun, die Probleme der Bandbegrenzung, die Nachbarzeichenbeeinflussung und die Erzeugung zweier um 90° phasenverschobener Träger zu vermeiden.

8.6.1 Prinzip

Zur Erläuterung wird zunächst Bild 8.3 betrachtet. Das bipolare, eine zufällige Zahlenfolge a(n) mit den Werten $a_1 = +1$ und $a_2 = -1$ darstellende Digitalsignal

$$u(t) = U_0 T_0 \sum_{n=-\infty}^{\infty} a(n)\, \delta(t - nT_0) \tag{8.3}$$

durchläuft einen Tiefpaß mit der Impulsantwortfunktion g(t) und wird dann mit Hilfe eines Multiplikators einer Trägerschwingung

$$u_T(t) = \hat{u}_T \cos(2\pi f_T t) \tag{8.4}$$

aufmoduliert. Am Ausgang des Multiplikators mit den Eingangsspannungen u_{e1} und u_{e2} und der Multiplikatorkonstanten U_M, der durch die Gleichung

$$u_a = \frac{u_{e1}\, u_{e2}}{U_M} \tag{8.5}$$

beschrieben wird, entsteht dann das Bandpaß-Digitalsignal

$$u_a(t) = U_0 T_0 \frac{\hat{u}_T}{U_M} \left[\sum_{n=-\infty}^{\infty} a(n)\, g(t - nT_0) \right] \cos(2\pi f_T t) \tag{8.6}$$

Der nachfolgende Bandpaß sorgt für eine Bandbegrenzung. Wegen des bipolaren Charakters des Digitalsignals entsteht auf diese Weise ein PSK_2-Signal.

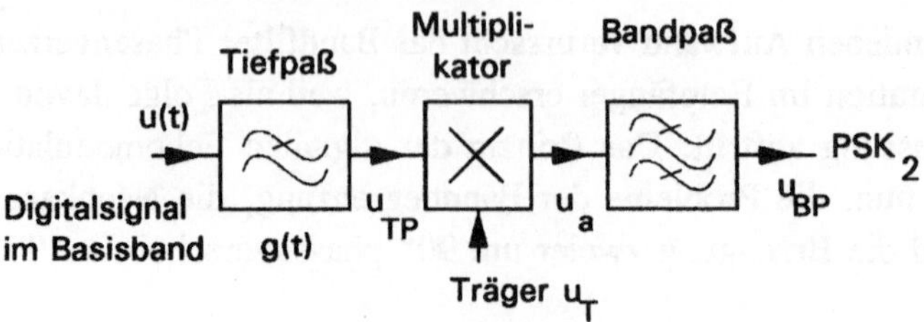

Bild 8.3 Erzeugung eines PSK_2-Signals

Am Ausgang des Tiefpasses in Bild 8.3 hat man das Basisbandsignal

$$u_{TP}(t) = U_0 T_0 \sum_{n=-\infty}^{\infty} a(n)\, g(t - nT_0)\,, \qquad (8.7)$$

das aus einzelnen Signalelementen der Form a g(t) besteht. Die Grundidee der Echomodulation besteht nun darin, daß diese Tiefpaßsignalelemente durch entsprechende Bandpaßsignalelemente ersetzt werden. Dann liegt ein Bandpaß-Digitalsignal vor, ohne daß eine Modulation durch Multiplikation mit einem Trägersignal durchgeführt wurde. Sorgt man dafür, daß die einzelnen Bandpaßsignalelemente bandbegrenzt sind, so wird die Bandbegrenzung durch einen Bandpaß am Modulatorausgang überflüssig.

8.6.2 Modulation

Zur weiteren Herleitung des Verfahrens wird Gl. (8.6) umgeformt. Der Faktor $\cos(2\pi f_T t)$ tritt vor jeden Summanden der Summe; damit erhält man

$$u(t) = U_0 T_0 \frac{\hat{u}_T}{U_M} \sum_{n=-\infty}^{\infty} a(n)\, g(t - nT_0)\, \cos(2\pi f_T t) \qquad (8.8)$$

Das Bandpaß-Digitalsignal nach Gl. (8.8) läßt sich nicht in einzelne Signalelemente zerlegen, weil in den Zeitabschnitten der Tiefpaßsignalelemente unterschiedliche Ausschnitte der Trägerschwingung liegen. Ersetzt man nun das Signal nach Gl. (8.8) durch

$$u(t) = U_0 T_0 \frac{\hat{u}_T}{U_M} \sum_{n=-\infty}^{\infty} a(n)\, g(t - nT_0)\, \cos(2\pi f_T [t-nT_0]) \, , \qquad (8.9)$$

was keine wesentliche Änderung des Spektrums zur Folge hat, so ist eine Zerlegung in Bandpaß-Signalelemente der Form

$$g_{BP}(t) = g(t)\, \cos(2\pi f_T t) \qquad (8.10)$$

möglich. Das Bandpaß-Digitalsignal nach Gl. (8.9) entsteht nun am Ausgang eines Filters mit der Impulsantwortfunktion nach (8.10), wenn an dessen Eingang das Signal

$$u(t) = U_0 T_0 \sum_{n=-\infty}^{\infty} a(n)\, \delta(t - nT_0) \qquad (8.11)$$

gelegt wird. Dabei wird also, wie es Bild 8.4 zeigt, die Modulation durch Multiplikation mit einer Trägerschwingung von einem Filter übernommen.

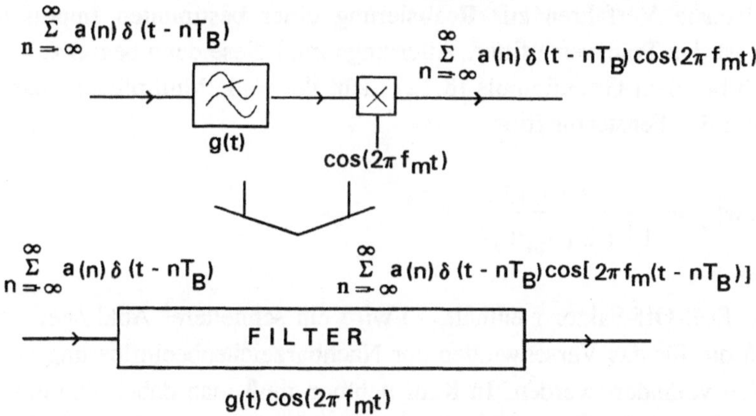

Bild 8.4 Modulation: Erzeugung des Bandpaßsignals mit einem Filter

Damit werden die Funktionen Trägererzeugung, Modulation und Bandpaß-Filterung durch ein Filter übernommen, an dessen Ausgang das PSK-Signal entsteht.

Das Spektrum des PSK-Signals wird durch das Spektrum des Bandpaß-Signalelements bestimmt, wobei für die spektrale Formung der Grundimpuls g(t) verantwortlich ist.

Wählt man als Grundimpuls

$$g(t) = f_M \frac{\sin(\pi f_M t)}{\pi f_M t} \,, \tag{8.12}$$

so erhält man durch Fourier-Transformation das entsprechende Spektrum

$$\underline{G}(f) = \text{rect}(\frac{f}{f_M}) \,. \tag{8.13}$$

Für das Bandpaß Signalelement (8.10) ergibt sich dann das Spektrum

$$\underline{G}_{BP}(f) = \frac{1}{2}\,\text{rect}(\frac{f\text{-}f_m}{f_M}) + \frac{1}{2}\,\text{rect}(\frac{f+f_m}{f_M}) \tag{8.14}$$

durch Faltung mit der Fourier-Transformierten der Schwingung $\cos(2\pi f_m t)$.

Das einfachste Verfahren zur Realisierung einer bestimmten Impulsantwortfunktion ist das Transversalfilter. Allerdings muß diese dann begrenzt sein. Das ist jedoch bei dem Grundimpuls (8.12) nicht der Fall. Multipliziert man diesen Impuls mit der Fensterfunktion

$$w(t) = \frac{\cos(\pi r f_M t)}{1 - (2 r f_M t)^2} \,, \tag{8.15}$$

die einen Roll-Off-Faktor r enthält, so wird ein schnelleres Abklingen erreicht, ohne daß die für das Verschwinden der Nachbarzeichenbeeinflussung wichtigen Nullstellen verändert werden. In Kauf nehmen muß man dabei eine etwas größere Ausdehnung des Spektrums. Für die Fourier-Transformierte des Grundimpulses mit Fensterfunktion

$$g_W(t) = f_M \frac{\sin(\pi f_M t)}{\pi f_M t}\, w(t) \tag{8.16}$$

erhält man

$$\underline{G}_W(f) = \begin{cases} 1 & |f| < f_1 \\ \dfrac{1}{2}\,[\,1 - \sin(\dfrac{\pi}{2}\,\dfrac{f - f_M/2}{r\,f_M/2})\,] & f_1 < |f| < f_2 \\ 0 & |f| > f_2 \end{cases} \qquad (8.17)$$

mit $\quad f_1 = \dfrac{f_M}{2}\,(1 - r)\,, \quad f_2 = \dfrac{f_M}{2}\,(1 + r)$

und r als Roll-Off-Faktor.

Die Frequenzfunktion $\underline{G}_w(f)$ nach Gl. (8.17) wird durch die Modulation auf der Frequenzachse verschoben. So ergibt sich Bild 8.5, das das Spektrum des Bandpaß-Signalelements mit der Fensterfunktion nach Gl. (8.15) und einer absoluten Bandbreite $f_M(1 + r)$ zeigt.

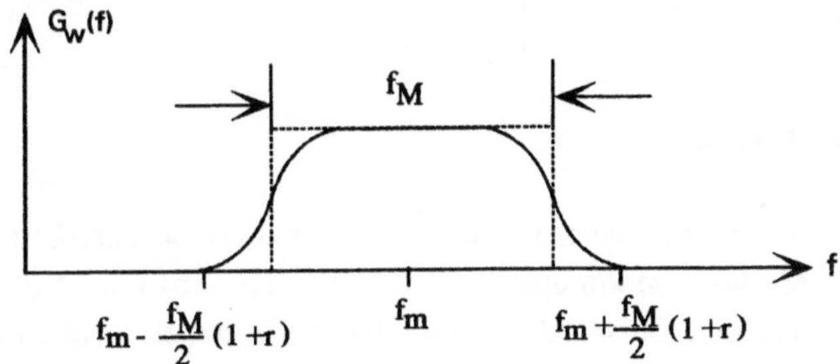

Bild 8.5 Spektrum des Bandpaßsignalelements mit Fenster

Nachdem die Wahl des Grundimpulses g(t) das Problem der Bandbegrenzung des Bandpaßsignals löste und der Einsatz des Fensters w(t) die Realisierung als Transversalfilter ermöglichte, sind die Bedingungen verschwindender Nachbarzeichenbeeinflussung zu untersuchen. Da im Empfänger die Signalelemente nach der Demodulation durch Abtasten identifiziert werden, darf jedes Signalelement bei den Abtastzeitpunkten entsprechend dem Nyquist-Kriterium nur einen von Null verschiedenen Wert haben. Dies ist gewährleistet, wenn bereits das Bandpaß-Signalelement die Bedingung erfüllt. Erforderlich ist dazu ein bestimmtes Verhältnis von f_M zur Folgefrequenz der Bandpaß-Signalelemente f_B

und ggf. zur Mittenfrequenz f_m. Betrachtet man die Nullstellen des Bandpaß-Signalelements, so verschwindet der Faktor

$$f_M \, \frac{\sin(\pi \, f_M \, t)}{\pi \, f_M \, t} \quad \text{an den Stellen } t_n = \frac{n}{f_M}, \quad n = \pm 1, \, \pm 2, \, \dots$$

und der Faktor

$$\cos(2\pi f_m t) \quad \text{an den Stellen } t_m = \frac{2\,m - 1}{4\,f_m}, \quad m = 0, \, \pm 1, \, \pm 2, \, \dots$$

Die Abtastzeitpunkte im Empfänger liegen an den Stellen $t_i = i\,\dfrac{1}{f_B} = i T_B$. Erfüllt ist das Nyquist-Kriterium dann z.B. für $f_B = f_M$.

Abschließend sei noch angemerkt, daß die Bezeichnung Echomodulation auf den Einsatz des Transversalfilters zurückgeht, das ja auch als Echofilter bezeichnet wird.

8.6.3 Demodulation

Im Folgenden wird das Prinzip einer Demodulation beschrieben, die an das Verfahren der Modulation angepaßt ist. Empfangen wird eine Null-Eins-Folge, bei der die Nullen und Einsen durch ein Bandpaßsignalelement mit jeweils unterschiedlicher Polarität dargestellt werden. Der Demodulator enthält nun dieses Signalelement in gespeicherter Form als Folge der Koeffizienten eines Transversalfilters. Die Aufgabe besteht nun darin, jedes einlaufende Bandpaßsignalelement mit dem gespeicherten zu vergleichen, um je nach Polarität zu entscheiden, ob eine Null oder eine Eins empfangen wurde. Der Vergleich ist durch eine Kreuzkorrelation durchzuführen, mit der die Verwandschaft zwischen zwei zu vergleichenden Signalen gemessen wird. Die Kreuzkorrelationsfunktion zweier Energiesignale $u_e(t)$ und $g(t)$ erhält man zu

$$K_{12}(\tau) = \int\limits_{-\infty}^{\infty} u_e(t)\, g(t+\tau)\, dt \tag{8.18}$$

Läuft ein Signal $u_e(t)$ in ein Filter mit der Impulsantwortfunktion $g(t)$ hinein, so ergibt sich das Ausgangssignal durch das Faltungsintegral

$$u_a(t) = \int_{-\infty}^{\infty} u_e(\tau)\, g(t-\tau)\, dt \tag{8.19}$$

Die beiden Gl. (8.18) und (8.19) zeigen die enge Verwandschaft zwischen dem Faltungsintegral und dem Korrelationsintegral. Durch eine einfache Substitution zeigt sich, daß die Korrelation mit der Faltung eines zeitgespiegelten Eingangs-signals übereinstimmt. Also vollzieht man den Vergleich der empfangenen Bandpaßsignalelemente mit dem als Koeffizientenfolge eines Transversalfilters gespeicherten Signalelementes, indem man sie in dieses Filter hineinlaufen läßt. Am Ausgang des Filter ergibt sich dann ein Maximum mit einer Polarität, je nach dem, ob es sich um eine Null oder eine Eins handelt. Bild 8.6 zeigt das Prinzip eines auf dieser Grundlage aufgebauten Demodulators.

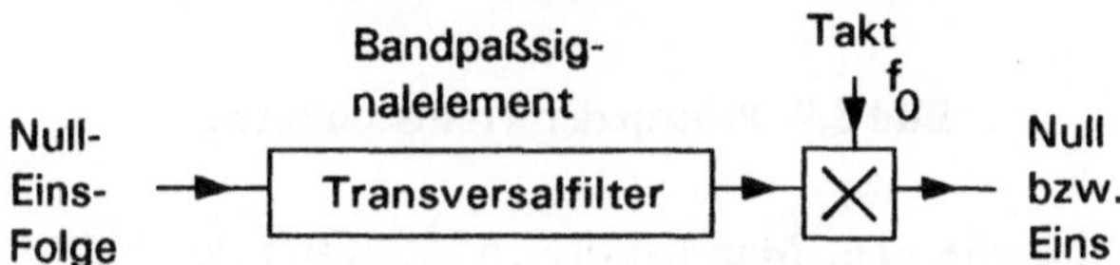

Bild 8.6 Demodulator bei Echomodulation

Das sich am Ausgang des Transversalfilters ergebende Signalmaximum werde durch Abtasten mit der Taktfrequenz identifiziert.

8.7 Trelliscodierung

In Abschn. 7 wird die Kanalcodierung zur Fehlersicherung behandelt. Dabei werden den Informationsbits Prüfbits hinzugefügt, um Fehler zu erkennen oder korrigieren zu können. Durch die hinzukommenden Prüfbits erhöht sich die Datenrate, so daß mehr Übertragungsbandbreite erforderlich wird. Im Zusam-menhang mit der Modulation eines Sinusträgers läßt sich nun die Erhöhung der Taktfrequenz dadurch kompensieren, daß man die Zahl der Zustände des Sinus-trägers von 2 auf 4, 8, oder 16 erhöht. Verwendet man z.B. einen Faltungsco-dierer mit zwei Ausgängen, so wird jedes eingangsseitige Bit durch zwei ausgangsseitige Bits dargestellt, womit sich sich eine Verdoppelung der Datenrate ergeben würde. Setzt man nun einen PSK4-Modulator ein, so kann man den vier möglichen Kombinationen am Faltungscodiererausgang die vier Zustände des PSK4-Modulators zuordnen und hätte die Erhöhung der Datenrate kompensiert. Wegen dieser Verknüpfung von Codierung und Modulation nennt man dieses Verfahren auch Codulation. Da die Codierung im Signalvektorraum erfolgt, wird auch die Bezeichnung Signalraum-Codierung verwendet. Beschränkt man sich bei der Fehlersicherungs-Codierung auf Faltungscodes, so ist die Bezeichnung Trelliscodierung [23] üblich, da man das Entstehen der codierten Datenfolge durch ein Trellisdiagramm beschreiben kann. Bild 8.7 zeigt das

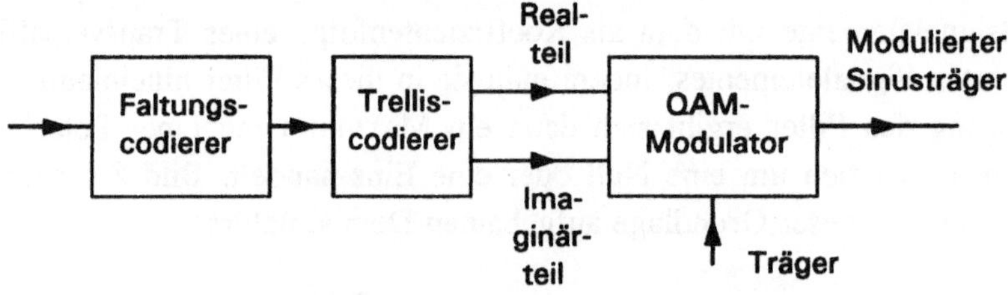

Bild 8.7 Prinzip der Trelliscodierung

Prinzip der Trelliscodierung. Man hat drei Abschnitte: den Faltungscodierer zur Fehlersicherung, den Telliscodierer zur Modulationscodierung und einen QAM-Modulator mit sovielen Zuständen, daß die Erhöhung der Datenrate durch den Faltungscodierer kompensiert wird.

9 Multiplexsysteme

Eine wichtige Forderung in der digitalen Nachrichtenübertragung ist, gleichzeitig mehr als ein Signal über einen gemeinsamen Kanal zu übertragen. Diese Multiplex- oder Vielfach-Übertragung [30] ist nicht umgehbar, wenn nur ein einziger Übertragungskanal verfügbar ist, beispielsweise der die Erde umgebende Raum für ungerichtete Funkverbindungen. Aber auch aus wirtschaftlichen Gründen ist eine Multiplexübertragung sinnvoll, wenn z. B. einige Hundert Zweidrahtleitungen einer Fernsprechstrecke durch ein einziges viel billigeres Breitbandkabel ersetzt werden. Im folgenden soll das Prinzip der Multiplexübertragung erläutert und ein Überblick über die Verfahren gegeben werden. Dabei werden die Charakterika der Mutiplextechnik bei digitaler Nachrichtenübertragung herausgestellt.

9.1 Prinzip

Sollen zwei Sendesignale $u_{s1}(t)$ und $u_{s2}(t)$ gleichzeitig über einen gemeinsamen Kanal übertragen werden, so müssen sie so umgeformt werden, daß sie trotz Addition am Kanaleingang sich am Kanalausgang wieder trennen lassen. Dies ist möglich in einer Anordnung nach Bild 9.1.

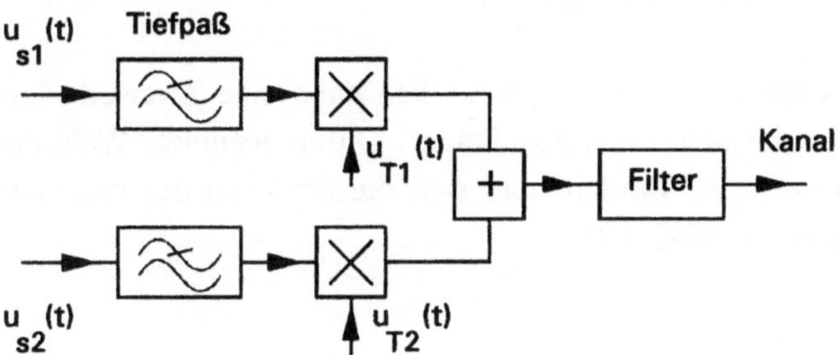

Bild 9.1 Umformung zweier Sendesignale zur Multiplexübertragung

Die durch Tiefpässe bandbegrenzten analogen Sendesignale werden mit Hilfe von Multiplikatoren zwei Trägersignalen $u_{T1}(t)$ und $u_{T2}(t)$ aufmoduliert und zur gleichzeitigen Übertragung addiert. Eine einfache Trennung der Signale am Kanalausgang ist möglich, wenn als Trägersignale orthogonale Funktionen verwendet werden. Kennzeichnet man die verschiedenen orthogonalen Funktionen eines Funktionentyps durch die Indizes m und n, so muß für sie gelten

$$\lim_{T\to\infty} \frac{1}{T} \int_{-T/2}^{T/2} u_{Tm}(t)\, u_{Tn}(t)\, dt \begin{cases} =0 \text{ für } m \neq n \\ \neq 0 \text{ für } m=n \end{cases} \qquad (9.1)$$

Als orthogonale Funktionen werden verwendet

1. harmonische Schwingungen verschiedener Frequenz,
2. Dirac-Pulse (s. Anhang 13.2.1) gleicher Grundfrequenz und verschieden Nullphasenwinkels und
3. Pseudozufallsfolgen.

Zwar sind auch weitere orthogonale Funktionssysteme denkbar, durchgesetzt haben sich jedoch nur die harmonischen Schwingungen, die Dirac-Pulse und die Pseudozufallsfolgen.

Harmonische Schwingung

Mit dem Scheitelwert $\hat{u}_T$, der Frequenz f_{Tn} und dem Nullphasenwinkel ψ_T gilt für die Trägerspannung

$$u_T(t) = \hat{u}_T \cos(2\pi f_{Tn} t + \psi_T) \qquad (9.2)$$

Die Multiplikatoren (s. Bild 9.1) bewirken dann eine Zweiseitenband-Amplitudenmodulation mit unterdrücktem Träger. Durch geeignete Wahl der Trägerfrequenzen kann erreicht werden, daß sich die Spektren der modulierten Signale nicht überlappen (s. Bild 9.2).

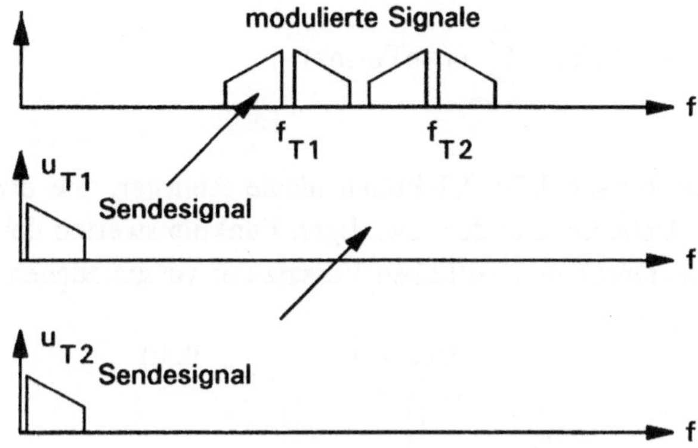

Bild 9.2 Verschiebung der Sendesignalspektren

So läßt sich ein geordnetes Nebeneinander der Spektren verschiedener gleichzeitig im Kanal vorhandener Signale erreichen. Man spricht in diesem Fall vom
Frequenzmultiplex (engl. Frequency Division Multiplex = FDM), das in Form
der Trägerfrequenztechnik weite Verbreitung gefunden hat. Eine Trennung der
Signale ist am Kanalausgang durch Bandfilter möglich (s. Bild 9.3). Die Spektren der einzelnen modulierten

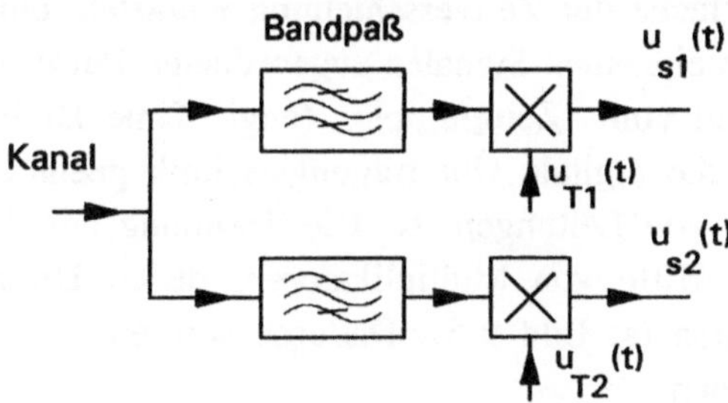

Bild 9.3 Trennung der Signale beim Frequenzmultiplex

Signale werden mit Multiplikatoren und den gleichen Trägersignalen wie auf
der Sendeseite in die Ausgangslage zurücktransponiert.

Dirac-Puls

Mit den Konstanten U_δ und T_δ, der Laufvariablen n, der Periodendauer T_R, der
ganzen Zahl m und der Zeitverschiebung τ gilt für den Dirac-Puls (s. Anhang
13.2.1)

$$u_{Tm}(t) = U_\delta\, T_\delta \sum_{n=-\infty}^{\infty} \delta(t-nT_R-m\tau) \ . \tag{9.3}$$

Die Multiplikatoren nach Bild 9.1 bilden ideale Abtaster. Sie erzeugen Dirac-Impulse, deren Flächeninhalte den jeweiligen Funktionswerten der Sendesignale proportional sind. Durch den zeitlichen Versatz der verschiedenen Dirac-Pulse

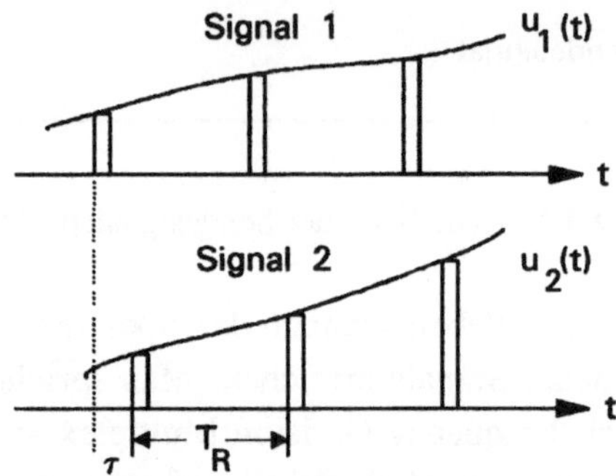

Bild 9.4 Zeitliche Verschachtelung

um ganzzahlige Vielfache der Zeitverschiebung τ entsteht eine geordnete Verschachtelung der den einzelnen Signalen zugeordneten Pulse (s. Bild 9.4). Man spricht in diesem Fall vom Zeitmultiplex (engl. Time Division Multiplex = TDM), das das für die digitale Übertragungstechnik geeignete Verfahren der Mehrfachausnutzung von Leitungen ist. Die Trennung der Signale am Kanalausgang erfolgt mit Hilfe von Multiplikatoren, denen Dirac-Pulse nach Gl. (9.3) zugeführt werden (s. Bild 9.5). Dadurch werden die jeweils zu einem Sendesignal gehörenden

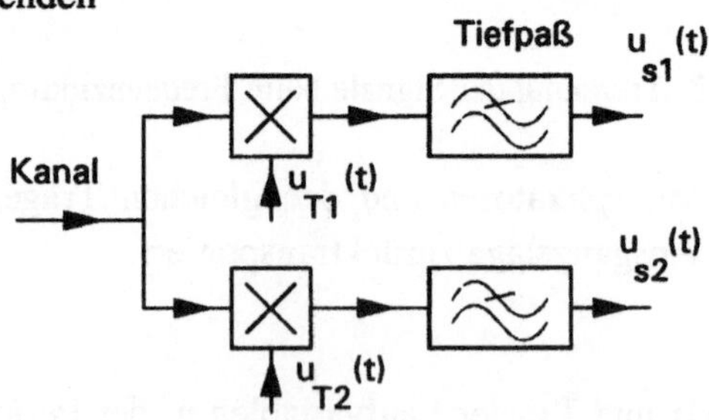

Bild 9.5 Trennung der Signale beim Zeitmultiplex

Impulse abgetastet und durch einen Interpolationstiefpaß wieder in das Ursprungssignal verwandelt. Das auf einem Ordnungsschema im Zeitbereich beruhende Zeitmultiplex und das auf einem Ordnungsschema im Frequenzbereich beruhende Frequenzmultiplex sind in Bild 9.1 in einheitlicher Weise dargestellt worden. Bei der praktischen Verwirklichung bildet der mit einem Dirac-Puls beaufschlagte Multiplikator zusammen mit dem nachfolgenden Filter einen Abtaster, der mit den Mitteln der Digitaltechnik realisiert wird.

Pseudozufallsfolgen

Die Bedingung der Orthogonalität für die Trägersignale wird in gewissem Umfang auch von Zufallsfolgen erfüllt. Meistens finden binäre Pseudozufallsfolgen Anwendung, die in rückgekoppelten Schieberegistern erzeugt werden (s. Anhang 13.8). Da die Bedingung der Orthogonalität nur näherungsweise erfüllt werden kann, entsteht auch bei idealer Übertragung Nebensprechen, das mit steigender Kanalzahl zunimmt. Bei der Verwendung von Pseudozufallssignalen spricht man Codemultiplex. Ein großer Vorteil dieser Technik ist die Breitbandigkeit der übertragenen Signale. Die Codemultiplex-Übertragung gehört zu den Verfahren mit spektraler Spreizung (engl. Spread Spectrum).

9.2 Zeitmultiplex

Im Gegensatz zum Frequenzmultiplex arbeitet das Zeitmultiplex mit einer zeitlichen Verschachtelung der einzelnen Kanäle. Dem Übergang vom analogen Signal zum Digitalsignal entspricht der Übergang vom Frequenz- zum Zeitmultiplex. Beispielhaft werden wieder die Verhältnisse in der Fernsprechtechnik zugrundegelegt. Das analoge Sprachsignal wird mit 8 KHz abgetastet und jeder Abtastwert mit 8 Bit quantisiert, d.h. in eine Dualzahl verwandelt. Diese Digitalisierung eines analogen Signals, bei dem das Signal durch eine Folge von Dualzahlen dargestellt wird, nennt man auch Puls-Code-Modulation; man spricht von einer PCM-Technik. Eine 8-Bit-Dualzahl wird auch PCM-Codewort genannt. Bei einer Abtastfrequenz von 8 KHz beträgt der zeitliche Abstand zwischen den Abtastwerten eines Signals 125 μs. Sieht man für die Darstellung eines PCM-Codeworts 488 ns vor, so lassen sich 32 Kanäle zeitlich ineinander verschachteln. Diese Verschachtelung wird mit Hilfe eines Multiplexers durchgeführt. Bild 9.6 zeigt das Prinzip. Die zeitlich versetzt angeordneten,

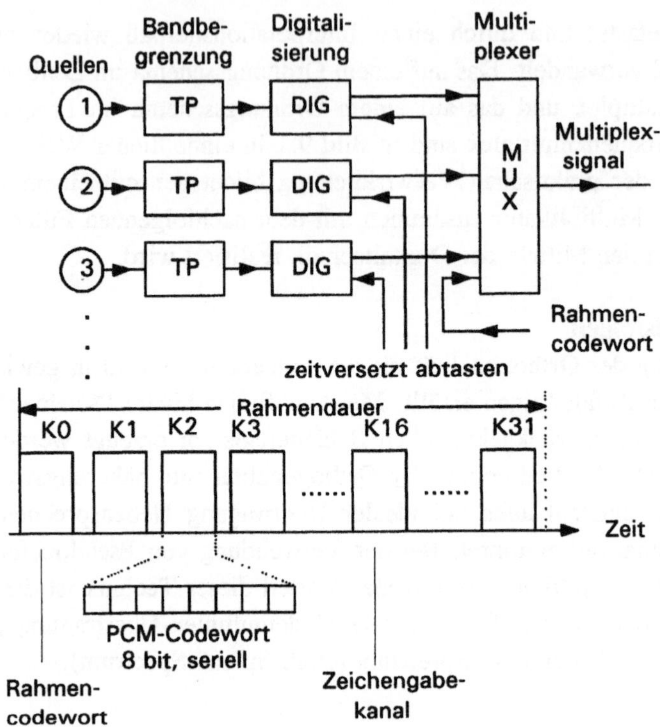

Bild 9.6 Prinzip des Zeitmultiplex

als 8-Bit-Dualzahlen dargestellten Abtastwerte von z.B. 32 Kanälen bilden einen Pulsrahmen. Innerhalb der Rahmendauer wird dem Multiplexer von jedem Kanal genau ein PCM-Codewort geliefert. Die Zeitdauer eines PCM-Codeworts bezeichnet man als Zeitlage oder Zeitschlitz (engl. time slot).

Bei einer Zeitmultiplex-Übertragung genügt es nicht, nur die aufeinander folgenden, in einen Rahmen eingeordneten PCM-Codeworte zu übermitteln, sondern es muß auch der Zeitpunkt des Rahmenbeginns eindeutig mitgeteilt werden. Dies ist erforderlich, damit der Demultiplexer auf der Gegenseite die Zeitlagen wieder eindeutig trennen kann. Der Rahmenbeginn wird durch die Einfügung eines Rahmenerkennungswortes zwischen die einzelnen Rahmen gekennzeichnet. Dieses Erkennungswort ist Grundlage für die Rahmensynchronisation. So sind beim PCM30-System der Fernsprechtechnik 32 Kanäle zu einem Rahmen zusammengefaßt. Dabei wird im Kanal 0 das Rahmencodewort und im Kanal 16 die Signalisierung übertragen, so daß 30 Nutzkanäle zur Verfügung stehen.

9.3 Frequenzmultiplex

Sollen viele analoge, bandbegrenzte Signale über einen gemeinsamen Kanal übertragen werden, so ist das Frequenzmultiplex die einzige Möglichkeit. Grundlage für das Verfahren ist die Verschiebung der Spektren der einzelnen Signale auf der Frequenzachse. Diese Verschiebung wird so vorgenommen, daß die Signalspektren nach der Addition auf der Frequenzachse nebeneinander liegen, ohne sich zu überschneiden.

Die Verschiebung eines Signalspektrums auf der Frequenzachse wird in der Nachrichtentechnik als Mischung bezeichnet. Durchgeführt wird diese Mischung häufig in der Form einer Einseitenband-Amplitudenmodulation ohne Träger. Man spricht deshalb auch von einer trägerfrequenten Übertragung, was zu der Bezeichnung Trägerfrequenztechnik geführt hat. Diese Trägerfrequenztechnik ist eine wichtige Grundlage für die Entwicklung des analogen Fernsprechnetzes.

Das Frequenzmultiplex ist das klassische Verfahren der Vielfachausnutzung in der analogen Übertragungstechnik, während in der digitalen Nachrichtenübertragung das Zeitmultiplex das dieser Technik entsprechende Verfahren ist. Allerdings findet sich das Frequenzmultiplex auch in der digitalen Übertragungstechnik. Ein Beispiel dafür ist der Mobilfunk, bei dem innerhalb eines Frequenzmultiplexkanals eine digitale Übertragung stattfindet. Einige Einzelheiten der Frequenzmultiplextechnik werden im Folgenden an Hand der Trägerfrequenztechnik erläutert.

Die Einseitenband-Amplitudenmodulation wurde mit Ringmodulatoren und Bandpässen durchgeführt. Die Ringmodulatoren, die die Vorzeichenmultiplikation zweier Signale durchführen, bewirken eine Zweiseitenband-Amplitudenmodulation ohne Träger. Deshalb sind Bandpässe zur Unterdrückung eines Seitenbandes erforderlich. Die Anforderungen an die Bandpässe hinsichtlich der Steilheit ihrer Filterflanken steigen nun mit der Höhe der Trägerfrequenzen sehr schnell an. Dieser Sachverhalt hat die Entwicklung der Trägerfrequenzsysteme maßgeblich beeinflußt. Probleme bei der Realisierung der Bandpässe lassen sich vermeiden, wenn Gruppen gebildet und die Spektren dieser Gruppen dann auf der Frequenzache verschoben werden.

Zunächst ist auf ein wesentliches Merkmal dieser Trägerfrequenztechnik hinzuweisen. Die erforderlichen Bandpässe verursachen insbesondere wegen ihrer hohen Ordnungszahl erhebliche Phasenverzerrungen. Im Rahmen der Fernsprechtechnik spielen diese Verzerrungen keine Rolle, weil das menschliche

Ohr keine Phasenbeziehungen wahrnehmen kann. Bei der Übertragung von Fernsehsignalen sind Phasenverzerrungen nicht zulässig; daher sollten bei ihrer Übertragung im Frequenzmultiplex Bandpässe hoher Ordnungszahl vermieden werden.

Im Folgenden werde die Gruppenbildung bei der Trägerfrequenztechnik etwas näher beschrieben. Das Spektrum des Sprachsignals wird für die Fernsprechtechnik auf einen Bereich von 300 Hz bis 3400 Hz begrenzt. Am Ausgang eines Modulators mit der Trägerfrequenz f_T entstehen die beiden Seitenbänder von f_T- 3400 Hz bis f_T - 300 Hz und von f_T + 300 Hz bis f_T + 3400 Hz. Sie sind nur durch einen Abstand von 600 Hz voneinander getrennt. Damit die erforderliche Steilheit der Filterflanke eines Bandpasses zur Unterdrückung eines Seitenbandes nicht zu groß ist, wird das Signalspektrum nicht in einem Schritt in die engültige Frequenzlage verschoben, sondern zunächst in eine relativ niedrige Frequenzlage. Man bildet eine Vorgruppe aus drei Känalen und verwendet die Trägerfrequenzen 12 KHz, 16 KHz und 20 KHz, wie es Bild 9.7 zeigt.

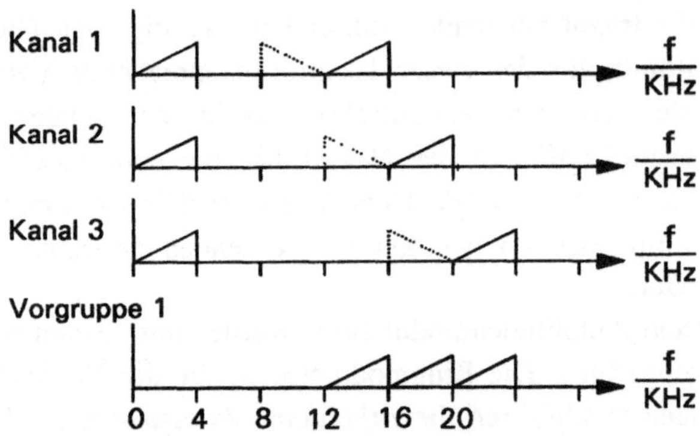

Bild 9.7 Bildung einer Vorgruppe

Die so gebildete Vorgruppe hat dann ein Spektrum von 12 KHz bis 24 KHz. Nach der Modulation wurde jeweils das untere Seitenband unterdrückt. Anschließend bildet man, wie in Bild 9.8 gezeigt, aus vier Vorgruppen eine Grundgruppe, die dann bereits 12 Fernsprechkanäle enthält. Man verwendet dazu die Trägerfrequenzen 84 KHz, 96 KHZ, 108 KHz und 120 KHz. Die entstehenden Seitenbänder haben einen Abstand von 24 KHz, denn die tiefste Frequenz der Vorgruppe beträgt 12 KHz. Die unteren Seitenbänder sind deshalb trotz der hohen Trägerfrequenzen leicht durch Bandpässe zu trennen. Das ist

der Sinn der Bildung von Vorgruppen. Die entstehende Grundgruppe reicht von
60 KHz bis 108 KHz.

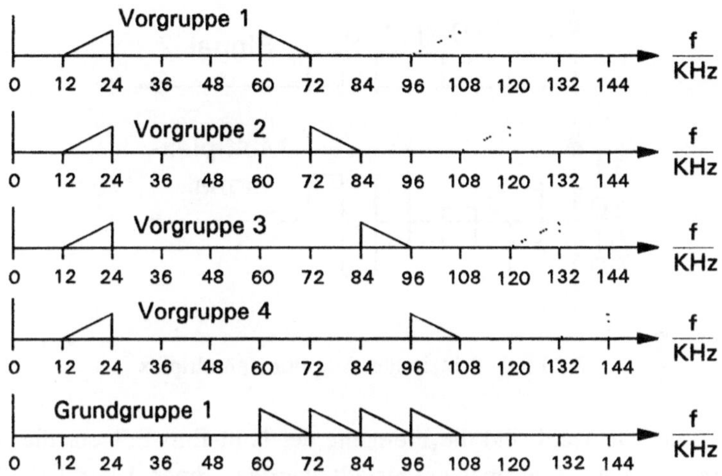

Bild 9.8 Bildung einer Grundgruppe

9.4 Amplitudenmultiplex

Liegen die durch Multiplextechnik über einen gemeinsamen Kanal zu übertragenden Signale in digitalisierter Form als binäre Digitalsignale im NRZ-Format
vor, so kann auch ein Amplitudenmultiplex durchgeführt werden. Das Prinzip
wird an Hand von Bild 9.9 dargestellt. Zwei binäre Signale werden zu einem
Multiplexsignal zusammengefaßt. Die beiden Zeichen der binären Digitalsignale
seien die beiden Ziffern des Dual-Zahlensystems, die Null und die Eins. Dann
können während jeder Taktperiode die beiden Ziffern der binären Signale zu
einer zweistelligen Dualzahl zusammengefaßt werden. Der Wert dieser Dualzahl bestimmt dann die Höhe eines Impulses im Multiplexsignal. Werden also
zwei binäre Signale zusammengefaßt, so entsteht ein quaternäres Multiplexsignal. Auf der Empfangsseite wird dann jeder Impuls entsprechend seiner Höhe
wieder in eine zweistellige Dualzahl verwandelt.

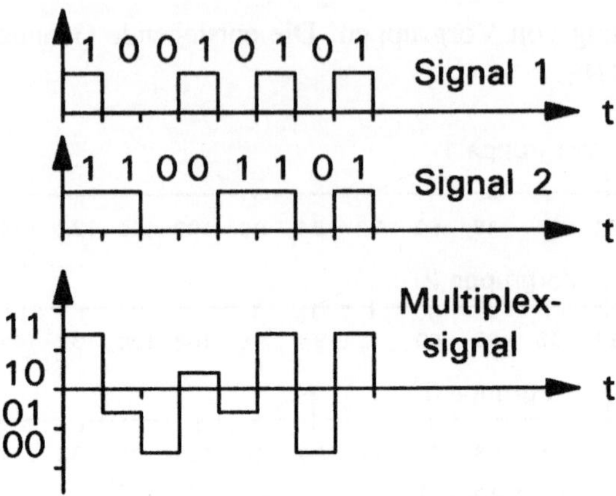

Bild 9.9 Prinzip des Amplitudenmultiplex

Die Ziffern der Dualzahl sind die Elemente der Null-Eins-Folgen, die als binäre Digitalsignale im NRZ-Format dargestellt werden. Einen Überblick über eine Amplitudenmultiplex-Strecke gibt Bild 9.10.

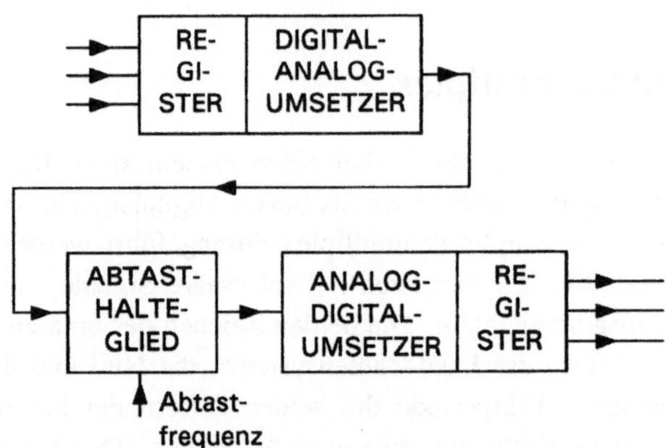

Bild 9.10 Realisierung des Amplitudenmultiplex

Während beim Zeitmultiplex die Pegelanzahl des Signals gleich bleibt und die Taktfrequenz um einen Faktor N entsprechend der Anzahl der Kanäle ansteigt, bleibt beim Amplitudenmultiplex die Taktfrequenz unverändert und die Pegelanzahl steigt um den Faktor 2^{N-1}.

10 Meßtechnik

Die Übertragung von Informationen mit Hilfe digitaler Signale erfordert den Aufbau einer neuen Meßtechnik. Sie unterscheidet sich von den Gegebenheiten der analogen Übertragungstechnik hinsichtlich der Signalgeneratoren, der zu messenden Größen und der verwendeten Meßgeräte.

10.1 Signalgeneratoren

In der Meßtechnik analoger Übertragungssysteme spielen die Sinusgeneratoren eine große Rolle. Man kann mit ihnen die wichtigsten Eigenschaften der Übertragungssysteme untersuchen, die diese beim Betrieb mit wirklichen Signalen haben. In der Meßtechnik digitaler Übertragungssysteme treten die Sinusgeneratoren in den Hintergrund; es kommen Generatoren zur Anwendung, die die Signale der digitalen Übertragungstechnik genauer simulieren, als dies bei der analogen Übertragungstechnik durch die Sinusgeneratoren der Fall ist.

10.1.1 Allgemeines

Die Digitalsignalgeneratoren in der Meßtechnik der digitalen Nachrichtenübertragung erzeugen ein isochrones Signal der Form

$$u(t) = U_0 T_0 \sum_{n=-\infty}^{\infty} a_m(n) \, g(t-nT_0) \quad . \tag{10.1}$$

Darin ist T_0 die Taktperiode, $f_0 = 1/T_0$ die Taktfrequenz und $a_m(n)$ die Zahlenfolge als Träger der Information. Der Zahlenvorrat der Zahlenfolge $a_m(n)$ ist in der Regel 2; man hat also binäre Digitalsignale. Die Werte der beiden Zahlen der Zahlenfolge legen zusammen mit dem Grundimpuls $g(t)$ das Format (s. Abschn. 4.2) fest. Damit ergeben sich 3 wichtige Parameter, die bei einem Digitalsignalgenerator eingestellt werden müssen:

1. die Taktfrequenz,
2. das Format und
3. die Zahlenfolge.

Hinsichtlich der binären Zahlenfolge $a_m(n)$ können folgende Überlegungen angestellt werden. Würde man vereinfachend einen Generator mit einer periodischen Null-Eins-Folge verwenden, so hätte man eine Spektrallinie bei der halben Taktfrequenz und damit ein unrealistisches Signal. Damit zeigt sich, daß die spektralen Eigenschaften eines digitalen Signals durch dessen stochastische Natur bestimmt werden.

Bei den Signalgeneratoren der digitalen Übertragungstechnik lassen sich hinsichtlich der Prinzipien zur Erzeugung der binären Zahlenfolge folgende Typen unterscheiden:

1. Markoff-Generator,
2. Pseudozufallsgenerator und
3. Mustergenerator.

In vielen Fällen wird das Ausgangssignal noch einer Kanalcodierung unterzogen, wobei der Code gewählt werden kann. Einstellbar sind meistens die Formate NRZ und RZ sowie die korrelativen Codes AMI und HDB_3. Zusätzlich ist in vielen Digitalsignalgeneratoren für Untersuchungen an der Taktrückgewinnungseinheit von Regenerativverstärkern noch die Möglichkeit der Phasenmodulation und des Blanking vorgesehen. Bild 10.1 gibt einen Überblick über die Funktionen eines Digitalsignalgenerators.

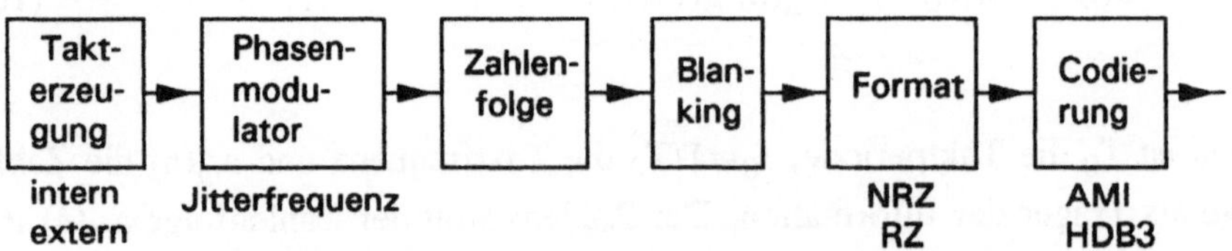

Bild 10.1 Funktionelles Blockschaltbild eines Digitalsignalgenerators

Der Phasenmodulator gibt die Möglichkeit, das Digitalsignal mit einem Phasenjitter zu versehen, und das Blanking erzeugt eine Nullfolge einstellbarer Länge.

10.1.2 Markoff-Generator

Dieses Gerät erzeugt in der Regel ein binäres, isochrones Digitalsignal. Das Auftreten der beiden Signalzustände erfolgt nach der Markoffschen Übergangsmatrix (s. Anhang 13.3.5), deren Elemente am Gerät einstellbar sind. Im Gegensatz zum Pseudozufallsgenerator erhält man ein Digitalsignal mit einem kontinuierlichen Leistungsdichtespektrum (s. Anhang 13.4.3). Zudem hat man die Möglichkeit, die Wahrscheinlichkeitsstruktur des Digitalsignals einzustellen.

10.1.3 Pseudo-Zufallsgenerator

Dieses Gerät ist weit verbreitet, weil es einfach zu verwirklichen ist. Es liefert in der Regel ein isochrones, binäres Digitalsignal. Von Pseudozufälligkeit spricht man, weil ein periodisches Signal innerhalb seiner Periodendauer nichtperiodisch ist, und die Periodendauer bei diesem Generator extrem lang gemacht werden kann. Das Pseudozufallssignal wird nach dem Prinzip des rückgekoppelten Schieberegisters (s. Anhang 13.8) verwirklicht. Bei einem N-stufigen Schieberegister gibt es eine maximale Periodenlänge von 2^N-1. Erreicht wird diese Periodenlänge allerdings nur bei ganz bestimmten Rückkopplungen. Einstellbar sind bei den Geräten die Taktfrequenz und die Stufenzahl des Schieberegisters. Neben dem Pseudozufallssignal wird am Ende jeder Periode ein Synchronisierimpuls erzeugt. Das Digitalsignal ist natürlich periodisch und hat dementsprechend ein Linienspektrum. Der Abstand zwischen den Linien ist gleich der Taktfrequenz dividiert durch die Periodenlänge 2^N-1.

10.1.4 Mustergenerator

Dieses Gerät liefert ein in der Regel binäres Digitalsignal, das periodisch ist, aber innerhalb einer großen wählbaren Periodendauer von z. B. 32 Schritten jeden einzelnen Schritt einzustellen ermöglicht. Eine besondere Gruppe bilden die PCM-Digitalsignalgeneratoren, die neben einem vollständigen Pulsrahmen mit Rahmenkennungswort, Meldewort und Überrahmenkennungswort digitale Codewortfolgen erzeugen (s. Abschn. 9.2).

10.2 Messung der Eigenschaften der Übertragungswege

Ein digitales Übertragungssignal wird auf seinem Wege durch den Übertragungskanal in zweierlei Hinsicht beeinträchtigt. Vom Idealfall abweichender Amplitudengang und Gruppenlaufzeitgang bewirken eine Verformung der Impulse und sich dem Signal im Kanal additiv überlagernde Störungen verfälschen die Signalelemente derart, daß sie im Regenerativverstärker nicht immer richtig erkannt werden. Bei den Störungen kann man unterscheiden zwischen einem Grundgeräusch und Störimpulsen.

10.2.1 Amplituden- und Gruppenlaufzeitgang

Wird eine digitale Übertragung mit einer hohen Übertragungsgeschwindigkeit gewünscht, so sind die Dämpfungs- und Gruppenlaufzeitverzerrungen häufig so groß, daß der Einsatz eines Entzerrers erforderlich ist. Daher müssen Dämpfung und Gruppenlaufzeit von Kanälen in Abhängigkeit von der Frequenz gemessen werden. Die Meßergebnisse sind die Grundlage für die Auswahl und Einstellung der Entzerrer. Die klassische Meßtechnik bietet hier die Pegelmeßplätze zur Ermittlung des Amplitudengangs und die Gruppenlaufzeitmeßplätze zur Ermittlung des Gruppenlaufzeitgangs.

10.2.2 Geräusch

Störspannungen auf Übertragungswegen entstehen z. B. durch Beeinflussungen von seiten des Starkstromnetzes, durch Verstärkerrauschen und durch Nebensprechen zwischen benachbarten Fernmeldekanälen. Mangelhafte mechanische Kontakte, schlechte Lötverbindungen sowie starke Lastschwankungen naher Starkstromleitungen gehören ebenfalls häufig zu den Quellen der Störspannungen. In den Geräuschspannungsmessern werden diese Spannungen mit einem Filter genormten Frequenzganges bewertet und einer Effektivwertgleichrichtung unterzogen. Die Geräte enthalten einen elektronischen Verstärker mit großem Aussteuerbereich, damit auch bei hohen Geräuschspannungsspitzen keine Begrenzung eintritt. Zur Untersuchung des Geräusches können ebenfalls die Spektrumanalysatoren der klassischen Meßtechnik eingesetzt werden.

10.2.3 Messung von Störimpulsen

Impulsartige Störspannungen - häufig als Impulsgeräusch bezeichnet - können eine digitale Übertragung erheblich beeinträchtigen, vor allem, wenn auf dem Übertragungswege keine Regenerativverstärker eingesetzt werden. Diese Störimpulse werden hervorgerufen durch Wählgeräusche der Fernsprechtechnik, durch Übersprechen von Starkstromleitungen, durch Blitzschlag etc. Zur Beurteilung der Eignung eines Übertragungskanals wird die Störimpulshäufigkeit gemessen, d.h. die Häufigkeit der Überschreitung einer einstellbaren Amplitudenschwelle durch impulsartige Störspannungen. Bild 10.2 zeigt

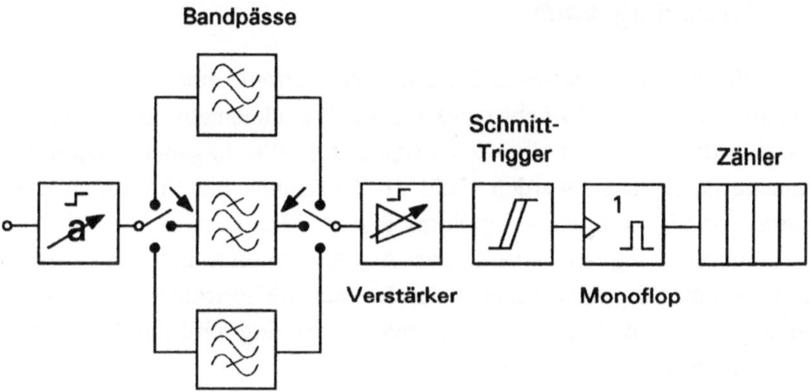

Bild 10.2. Blockschaltbild eines Störimpulszählers

das Blockschaltbild eines Störimpulszählers. Der Schmitt-Trigger reagiert nur auf solche Impulse, die seinen Schwellwert überschreiten. Somit kann der Störimpulspegel, bei dessen Überschreitung die Auswertung beginnt, durch den Übertragungsfaktor der aus Dämpfungsglied, Bandfilter und Verstärker bestehenden Strecke eingestellt werden. Zur spektralen Bewertung der Störimpulse kann zwischen verschiedenen Filtern umgeschaltet werden. Das Ausgangssignal des Schmitt-Triggers löst eine monostabile Kippschaltung aus, deren Impulse gezählt werden. Damit werden Impulse nur dann getrennt gezählt, wenn sie einen größeren zeitlichen Abstand als die Impulsdauer der monostabilen Kippschaltung haben. Die Impulsdauer bildet für die Messung eine Totzeit, die durchaus wünschenswert ist. Innerhalb einer übertragenen Null-Eins-Folge werden häufig mehrere Impulse zu einem Block zusammengefaßt, der einen codierten Wert darstellt. Durch die Totzeit kann somit eine gewisse Relation zur Blockfehlerhäufigkeit hergestellt werden.

10.3 Messung von Signaleigenschaften

Die Qualität digitaler Signale verschlechtert sich im Zuge eines Streckenabschnitts zwischen zwei Regenerativverstärkern. Zur Kennzeichnung des Signalzustandes werden das Augendiagramm aufgenommen sowie den Phasenjitter und die Bitfehlerhäufigkeit gemessen.

10.3.1 Augendiagramm

Man versteht darunter eine Darstellung des Zeitverlaufs eines isochronen digitalen Signals, bei der der Zeitabschnitt für ein Signalelement auf einem Oszilloskop abgebildet wird und die Zeitverläufe für alle folgenden Zeitabschnitte übereinandergeschrieben werden. Bild 10.3 erläutert die Entstehung des Augendiagramms für ein binäres, bipolares Signal. Man kann es ebenfalls für eine Mehrpegelübertragung anwenden. Das Augendiagramm läßt die Verformung der Impulse eines digitalen Signals durch einen nichtidealen Amplituden- und Phasengang erkennen. Die zulässige Signalverformung wird durch das erste und zweite Nyquistkriterium definiert.

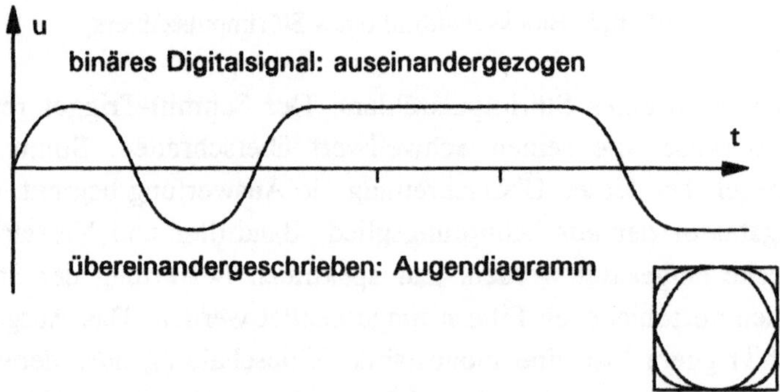

Bild 10.3 Entstehung des Augendiagramms

Das erste Nyquist-Kriterium fordert, daß nur die Funktionswerte des Sendesignals jeweils in der Mitte des für einen Impuls zur Verfügung stehenden Zeitabschnittes bei der Übertragung erhalten bleiben sollen. Läßt man sonst einen beliebigen Zeitverlauf zu, so erhält man das Augendiagramm nach Bild 10.4.a.

a)   b)

Bild 10.4 Augendiagramm a) wenn nur das erste Nyquist-Kriterium erfüllt ist
b) wenn zusätzlich das zweite Nyquist-Kriterium erfüllt ist.

Die Zeitverläufe gehen in der Mitte des Zeitabschnittes durch einen Punkt; das Auge ist maximal geöffnet und ermöglicht eine einwandfreie Unterscheidung der beiden Zustände des binären Signals. Somit ist das Augendiagramm ein wichtiges Hilfsmittel zur Einstellung des optimalen Abtastzeitpunktes bei der Signalregeneration. Soll auch das zweite Nyquist-Kriterium erfüllt sein, so müssen die Flanken zu Beginn und diejenigen am Ende eines Impulses im Augendiagramm an derselben Stelle ihre Nulldurchgänge haben, wie es Bild 10.4.b zeigt. Das Prinzip der Meßanordnung zur Aufnahme des Augendiagramms zeigt Bild 10.5.

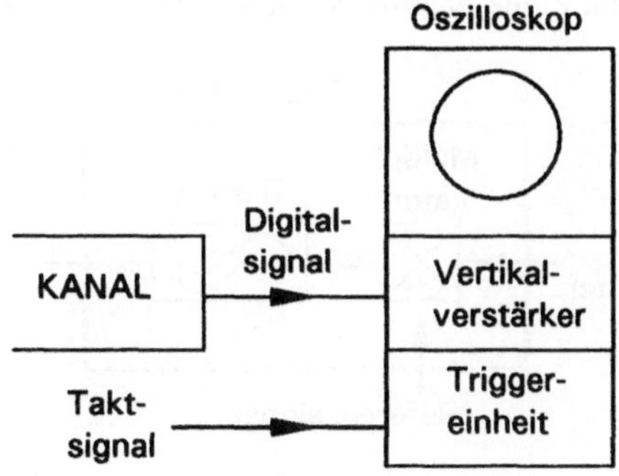

Bild 10.5 Anordnung zur Messung des Augendiagramms

Das verzerrte Digitalsignal wird dem Vertikalverstärker eines Oszilloskops zugeführt, dessen Triggereinheit extern das dazugehörige Taktsignal erhält. Die Zeitablenkung wird so eingestellt, daß eine Taktperiode auf dem Bildschirm erscheint. Voraussetzung für die Entstehung des Augendiagramm ist eine Speicherwirkung. Dafür gibt es zwei Möglichkeiten: Entweder die Nachleuchtdauer des Bildschirms ist so groß, daß genügend viele Taktperioden übereinandergeschrieben werden, oder man verwendet ein Speicheroszilloskop.

10.3.2 Phasenjitter

Unter dieser wichtigen Kenngröße versteht man eine zeitliche Instabilität der Nulldurchgänge eines Digitalsignals. Überschreitet diese störende Phasenmodulation bestimmte Toleranzgrenzen, so ist eine fehlerfreie Signalregeneration nicht mehr möglich. Der Phasenjitter digitaler Signale kann mehrere Ursachen haben: Überlagerte Störspannungen rufen regellose Verschiebungen der Nulldurchgänge hervor. Das Phasenrauschen der an der Takterzeugung beteiligten Oszillatoren spielt ebenso eine Rolle wie die Reaktion der Taktrückgewinnungsschaltung in einem Regenerativverstärker auf bestimmte digitale Signale. Der in einem System entstehende Phasenjitter wird nur unvollständig in den Regenerativverstärkern unterdrückt, so daß eine Phasenjitterakumulation stattfindet, die die Zahl der hintereinander schaltbaren Regenerativverstärker und damit auch die Streckenlänge begrenzt.

Grundlage der Messung ist ein Phasendetektor (s. Bild 10.6), der z.B. mit Hilfe eines Multiplikators und eines nachfolgenden Tiefpaß realisiert werden kann.

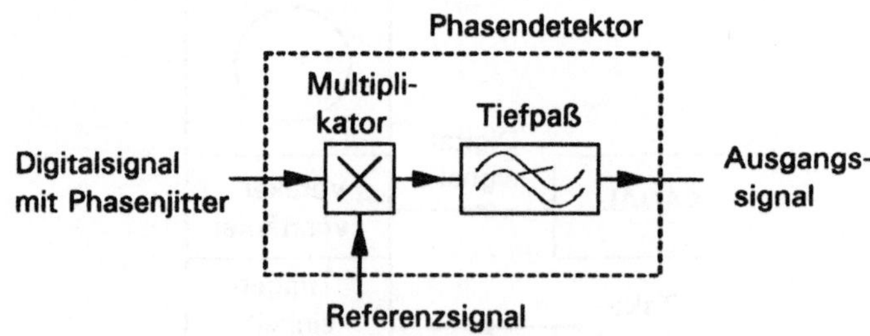

Bild 10.6 Messung des Phasenjitters

Bei der Messung des Phasenjitters wird die maximale Phasenwinkelabweichung oder der Effektiwert eines empfangenen Digitalsignals festgestellt. Dabei werden die Phasenwinkel zwischen den Nulldurchgängen eines digitalen Signals und denen eines Referenzsignals verglichen. Der Phasenwinkel des Referenzsignals wird so eingestellt, daß er dem mittleren Phasenwinkel des Empfangssignals entspricht. Das Referenzsignal sollte weitgehend jitterfrei sein; dies kann mit Hilfe einer Phasenregelschleife erreicht werden.

10.3.3 Bitfehlerhäufigkeit

Der Begriff bezieht sich auf die überwiegend vorkommenden Binärsignale. Bit wird dabei als Kurzform für Binärzeichen verwendet. Auf dem Übertragungsweg eines digitalen Signals findet infolge der Signalregeneration keine Geräuschakkumulation statt. Das Signal ist gegen Geräusche praktisch immun, solange die Störspannungen so klein sind, daß die Amplitudenentscheidungsstufen der Regenerativverstärker noch richtig zwischen Null- und Ein-Impulsen unterscheiden können. Sind die Störspannungen zu groß, so entstehen jedoch Bitfehler und damit falsche Codewörter.

Man definiert als Bitfehlerhäufigkeit den Quotienten aus der Anzahl der Bitfehler und der Gesamtanzahl der übertragenen Bits. Die Bitfehlerhäufigkeit ist eine der wichtigsten Kenngrößen eines digitalen Signals. Bitfehlerhäufigkeiten in der Größenordnung von 10^{-6} und besser werden angestrebt. Für die Sprachübertragung sind jedoch auch größere Fehlerhäufigkeiten in der Größenordnung von 10^{-4} noch zulässig.

Man unterscheidet grundsätzlich zwei Meßmethoden [15]:

- Vergleichsmessung mit Pseudozufallsfolge,
- Messung aus der Codeverletzung.

Im ersten Fall (s. Bild 10.7) muß der normale Betrieb unterbrochen werden. Es wird die Pseudozufallsfolge eines rückgekoppelten Schieberegisters auf den Kanal gegeben. Dann ermöglicht auf der Empfangsseite ein Schieberegister mit gleichem Rückkopplungsnetzwerk, das nach Taktfrequenz und Pseudozufallsperiode synchronisiert wird, einen Bit für Bit Vergleich und somit die Zählung aller Fehler. Erwähnt sei noch, daß die Bitfehlermessung am Ausgang eines Regenerativverstärkers erfolgt. Der Kanal liefert ein verzerrtes und gestörtes Signal an den Regenerativverstärker,

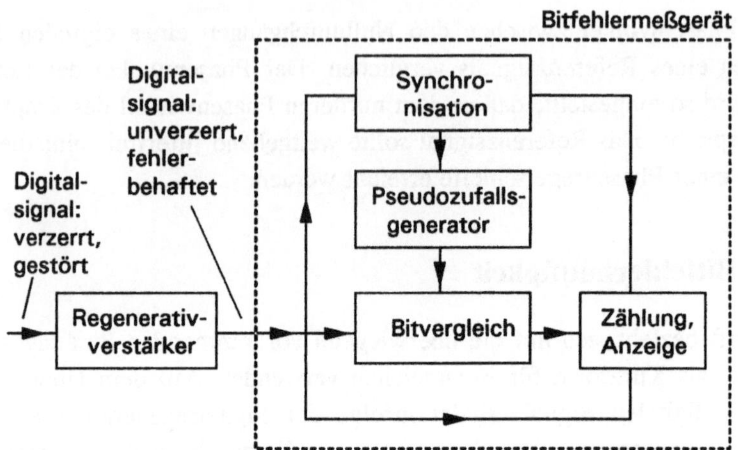

Bild 10.7 Bitfehlermessung mit Pseudozufallsfolge

das dieser in ein unverzerrtes, aber fehlerbehaftetes verwandelt. Die Bitfehlerhäufigkeit hängt also nicht nur von dem Kanal ab, sondern auch von der Qualität des Regenerativverstärkers.

Die zweite Möglichkeit der Bitfehlermessung kann im normalen Betrieb durchgeführt werden. Voraussetzung dafür ist, daß eine Partial Response Codierung
nach Abschn. 4.3.3.2 durchgeführt wurde.

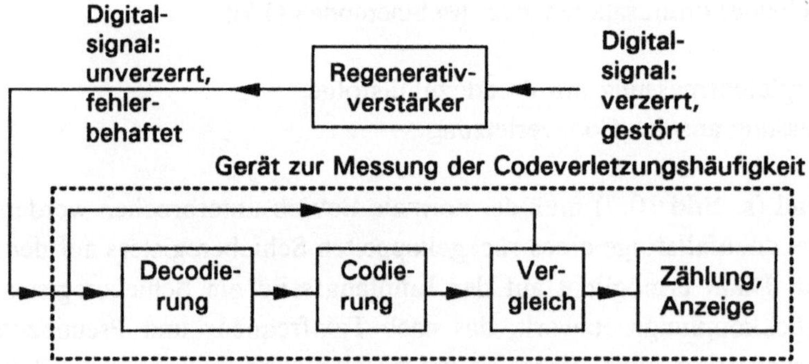

Bild 10.8 Messung der Codeverletzungshäufigkeit

Dann kann nach dem in Abschn. 4.3.3.6 erklärten Verfahren festgestellt werden, ob eine durch einen Übertragungsfehler hervorgerufene Codeverletzung

vorliegt, d.h., ob die Codierungsgleichung erfüllt ist. Allerdings führen bei aufeinanderfolgenden Fehlern nicht alle zu Codeverletzungen. Jedoch ist bei den in der Praxis vorkommenden Fehlerhäufigkeiten die Übereinstimmung zwischen Codeverletzungshäufigkeit und Bitfehlerhäufigkeit sehr groß. Das Prinzip zeigt Bild 10.8.

Nach der Regeneration werden die einlaufenden Zahlenwerte decodiert, d.h., es werden die entsprechenden Werte der uncodierten Null-Eins-Folge ermittelt. Anschließend wird wieder codiert und dann ein Vergleich der neu codierten mit den empfangenen Zahlenwerten durchgeführt. Eine Übereinstimmung ist nur möglich, wenn die empfangene Zahlenfolge die Codegleichung erfüllt.

10.4 Messungen am Regenerativverstärker

Regenerativverstärker gehören zu den wichtigsten Bausteinen einer digitalen Übertragungsstrecke. Ihre Fähigkeit, die durch das Digitalsignal dargestellte Information auch in Anwesenheit von Störungen und Impulsverzerrungen fehlerfrei zu erkennen und dadurch das Digitalsignal neu aufzubauen bzw. zu regenerieren, ist mitentscheidend für die Qualität der Übertragung bei Systemen der digitalen Nachrichtenübertragung. Das grundlegende Qualitätskriterium in der digitalen Übertragungstechnik ist die Bitfehlerhäufigkeit. Diese hängt nicht nur von den Störungen und Impulsverzerrungen des Kanals, sondern entscheidend auch vom Regenerativverstärker ab; denn der Ort der Entstehung der Bitfehler ist die Symbolerkennung im Regenerativverstärker.

Der Spielraum und die Jitterübertragungsfunktion sind zwei wichtige Merkmale zur Kennzeichnung eines Regenerativverstärkers.

10.4.1 Spielraum

Bei der Signalregeneration wird das Digitalsignal zu periodisch wiederkehrenden Zeitpunkten abgetastet. Zudem wird festgestellt, ob das Signal zum Abtastzeitpunkt oberhalb oder unterhalb eines Schwellwertes liegt. Abtastzeitpunkt und Schwellwert haben in der Regel Abweichungen vom Sollwert, die durch die Toleranzrechtecke nach Bild 3.12 aus Abschn. 3.4.3.1 gekennzeichnet werden können. Unter Spielraum versteht man die maximal zulässige Schrittverzerrung und die maximal zulässige Störspannung zum Abtastzeitpunkt, bei denen der Regenerativverstärker ein Zeichen noch richtig erkennt. Bild 10.9 zeigt das

Blockschaltbild eines Meßplatzes für einen Regenerativverstärker. Ein Pseudo-zufallsgenerator erzeugt

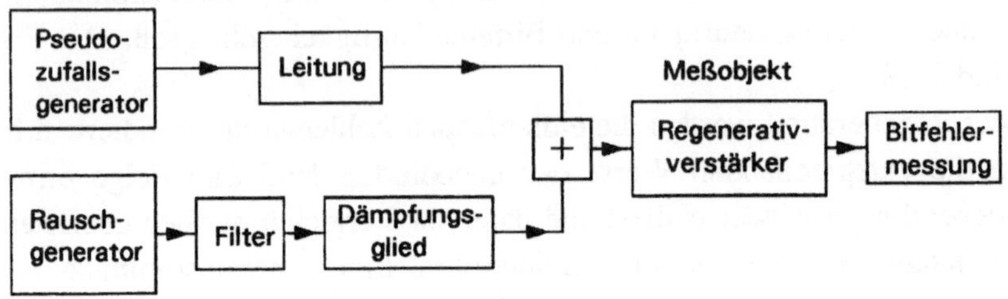

Bild 10.9 Meßplatz für einen Regenerativverstärker

ein Digitalsignal, das eine künstliche Leitung mit einstellbarem Frequenzgang durchläuft. Während durch die Leitung dem Digitalsignal Schrittverzerrungen zugefügt werden, können mit Hilfe des Rauschgenerators Störungen simuliert werden. Das Rauschsignal gelangt über das Filter, mit dem das Spektrum tatsächlicher Störungen nachgebildet wird, und das Dämpfungsglied zur Einstellung des Störpegels auf die Additionsstelle. Das mit Schrittverzerrungen und Störungen versehene Digitalsignal wird einem Regenerativverstärker zugeführt, an dessen Ausgang die Bitfehlerhäufigkeit gemessen wird.

10.4.2 Jittermessungen

Fehlentscheidungen im Regenerativverstärker sind nicht nur eine Folge der dem Digitalsignal im Kanal überlagerten Störungen und der durch den Kanal entstandenen Verzerrungen, sondern auch eine Folge der Abtastung außerhalb des optimalen Zeitpunktes. Diese Fehlabtastung ist auf eine stochastische Phasenmodulation des Digitalsignals zurückzuführen. Dieser Phasenjitter kann vielfältige Ursachen haben:

1. Das im Kanal überlagerte Geräusch wirkt sich im Regenerativverstärker so aus, daß die Nulldurchgänge des Digitalsignals statistisch unregelmäßig verfrüht oder verspätet erfolgen. Diese Nulldurchgänge werden bei der Taktrückgewinnung ausgewertet.
2. Auch ohne Störungen entsteht im Regenerativverstärker als Reaktion auf bestimmte Muster im Digitalsignal ein sog. systematischer Pha-

senjitter. Diese Muster haben infolge der Impulsverzerrungen versetzte Nulldurchgänge zur Folge.

3. Ist die Eigenfrequenz des zu synchronisierenden Oszillators der Taktrückgewinnungseinheit von der Taktfrequenz des Digitalsignals verschieden, so kommt es zu einem Phasenjitter, wenn statistisch unregelmäßig längere Nullfolgen auftreten.

Dem Phasenjitter kommt also bei digitaler Übertragung eine erhebliche Bedeutung zu. Die Reduktion des Phasenjitters gehört zu den Hauptaufgaben der Taktrückgewinnungseinheit. Somit spielt die meßtechnische Untersuchung des Phasenjitters eine wichtige Rolle. Gegenstand der Messung sind im allgemeinen:

1. die Jitterübertragungsfunktion,
2. der zulässige Eingangsjitterwert und
2. der Ausgangsjitter.

Dabei wird mit Hilfe eines Phasendetektors der Effektivwert des Phasenjitters gemessen. Dem Phasendetektor muß dazu ein jitterfreier Referenztakt zur Verfügung gestellt werden. Man entnimmt diesen dem besonders träge nachgeregelten Oszillator einer Phasenregelschleife.

10.4.2.1 Jitterübertragungsfunktion

Diese Funktion stellt die wichtigste Größe zur Charakterisierung der Taktrückgewinnungseinheit eines Regenerativverstärkers dar.

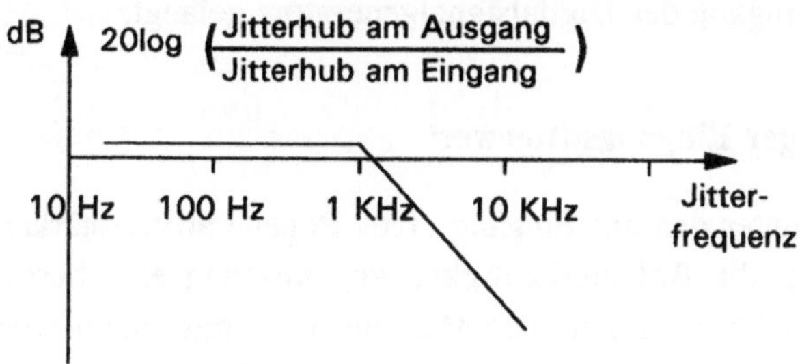

Bild 10.10 Jitterübertragungsfunktion

Bei ihrer Messung wird das Signal eines Digitalsignalgenerators sinusförmig verjittert und dann an den Eingang des Regenerators gelegt. Das Verhältnis des Jitterhubs am Ausgang zum Jitterhub am Eingang wird als Funktion der Jitterfrequenz aufgetragen. Man erhält die in Bild 10.10 gezeigte Tiefpaßcharakteristik. Die Anforderungen an die Taktrückgewinnungseinheit eines Regenerativverstärkers können nur durch den Einsatz einer Phasenregelschleife erfüllt werden, die deshalb grundsätzlich vorhanden ist. Daher stimmt die Jitterübertragungsfunktion mit dem Amplitudengang der Phasenübertragungsfunktion der Phasenregelschleife überein. Bild 10.11 zeigt den Meßaufbau.

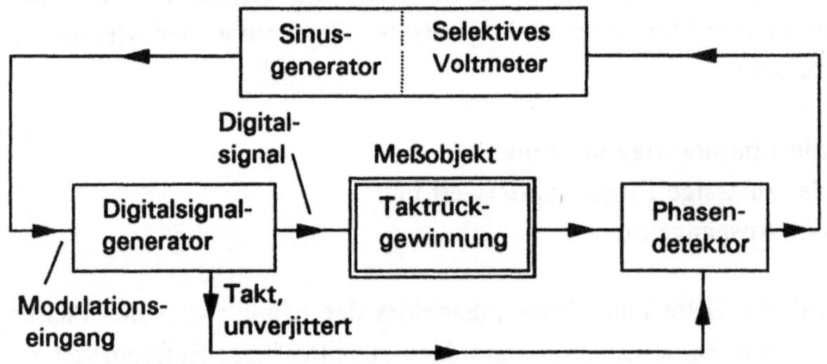

Bild 10.11 Jitterübertragungsfunktion: Meßaufbau

Benötigt wird ein Digitalsignalgenerator mit der Möglichkeit, den Takt über eine Modulationseinheit zu verjittern. Das mit Hilfe der Taktrückgewinnungseinheit gewonnene Taktsignal wird einem Phasendetektor zugeführt, dessen Ausgangssignal selektiv gemessen wird. Das für diese Messung verwendete selektive Voltmeter enthält in der Regel einen Sinusgenerator, dessen Signal an den Modulationseingang des Digitalsignalgenerators gelangt.

10.4.2.2 Zulässiger Eingangsjitterwert

Man versteht darunter den am Eingang eines Regenerativverstärkers zulässigen Jitterhub, bei dem die Bitfehlerhäufigkeit am Ausgang eine bestimmte untere Grenze noch nicht überschreitet. Die Messung wird mit einem Digitalsignalgenerator durchgeführt, bei dem der Takt sinusförmig phasenmoduliert wird.

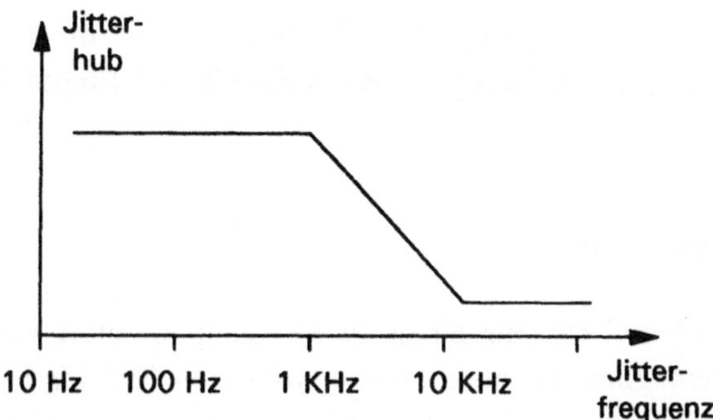

Bild 10.12 zulässiger Eingangsjitter als Funktion der Frequenz

Der zulässige Eingangsjitterwert wird in Abhängigkeit von der Frequenz gemessen. Man erhält den in Bild 10.12 gezeigten typischen Verlauf, der bei niedrigen Jitterfrequenzen größere und bei hohen Jitterfrequenzen kleinere Jitterhübe zuläßt.

10.4.2.3 Ausgangsjitter

Es handelt sich hier um eine stochastische Größe, bei der der Effektivwert gemessen wird. Man unterscheidet zwischen dem Ausgangsjitter ohne Eingangsjitter und dem betriebsmäßigen Ausgangsjitter. Der Ausgangsjitter ohne einen Eingangsjitter kennzeichnet die Qualität der Taktrückgewinnungseinheit.

10.5 Quantisierungsverzerrungen

In der digitalen Übertragungstechnik werden die analogen Signale vor der Übertragung durch Zeit- und Amplitudenquantisierung sowie durch Codierung in Digitalsignale verwandelt. Diese Art der Übertragung hat sehr große Vorteile, die aber mit dem Nachteil der Entstehung eines Quantisierungsgeräusches als Folge der Amplitudenquantisierung erkauft werden. Allerdings kann dieses Geräusch durch die Erhöhung der Amplitudenstufenzahl beliebig klein gemacht werden. Da durch die Amplitudenquantisierung dem Signal ein irreparabler Schaden zugefügt wird, der durch keine Maßnahme am Ende Übertragungsstrecke wieder rückgängig gemacht werden kann, kommt der Messung des Quantierungsgeräusches große Bedeutung zu.

Ein wichtiger Einsatzbereich für solche Messungen sind die PCM-Kanäle der Fernsprechnetze. Die Anforderungen sind in der CCITT-Empfehlung G.712 beschrieben.

10.5.1 Sinusmethode

Bei diesem Verfahren, das für einen PCM-Kanal erläutert wird, erfolgt die Messung mit einem Sinussignal im Frequenzbereich 350 Hz bis 550 Hz oder 700 Hz bis 1100 Hz. Diesem Signal wird beim Durchgang durch den PCM-Kanal das Quantisierungsgeräusch überlagert. Auf der Empfangsseite wird das Sinussignal mit Hilfe einer Bandsperre unterdrückt, so daß nur das Quantisierungsgeräusch übrigbleibt. Von diesem Geräusch wird dann breitbandig der Effektivwert gemessen. Bild 10.13 zeigt den Meßaufbau.

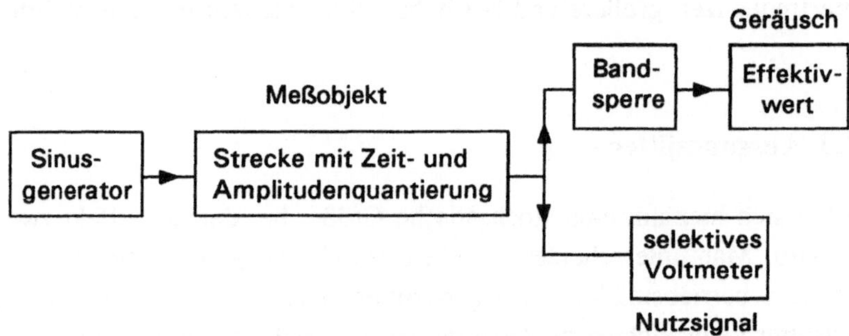

Bild 10.13 Messung des Quantisierungsgeräusches nach der Sinusmethode

Zu messen ist der Signal-Geräusch-Abstand in dB. Dabei sind zwei Definitionen von Bedeutung.

1. Definition:

$$\rho^{*'} = 20 \log \left[\frac{\text{Effektivwert des Signals mit überlagertem Geräusch}}{\text{Effektivwert des Geräusches}} \right]$$

2. Definition:

$$\rho^{*} = 20 \log \left[\frac{\text{Effektivwert des Signals}}{\text{Effektivwert des Geräusches}} \right]$$

Während die zweite Definition als die naheliegendste den theoretischen Berechnungen zugrunde liegt, findet sich die erste häufig in der Meßtechnik. Dies hängt damit zusammen, daß es nicht immer möglich ist, ein Signal ohne Geräusch darzustellen. Soll z.B. der Signal-Geräusch-Abstand eines Fernsehsignals gemessen werden, so kann zwar das Fernsehsignal abgeschaltet werden, nicht aber das Geräusch. Die beiden Definitionen lassen sich in einander umrechnen. Man erhält

$$\rho^* = 10 \log \left[10^{\frac{\rho^{*'}}{10}} - 1 \right] \tag{10.2}$$

Bei dem Meßaufbau nach Bild 10.13 kann am Ausgang der Bandsperre, die genau auf die Frequenz des Sinussignals abzugleichen ist, der Effektivwert des Geräusches gemessen werden. Mit Hilfe des selektiven Voltmeters läßt sich das Signal ohne Geräusch messen. Wird $\rho^{*'}$ gemessen, so ist das selektive Voltmeter nicht erforderlich. Das Meßverfahren setzt voraus, daß das Signal des Sinusgenerators einen Signal-Geräusch-Abstand hat, der z.B. etwa um 40 dB höher als der höchste zu messende Signal-Geräusch-Abstand ist.

10.5.2 Rauschmethode

Bei diesem Verfahren erfolgt die Messung mit einem schmalbandigen Rauschsignal im Bereich von 350 Hz bis 550 Hz. Auf der Empfangsseite werden zwei Bandfilter eingesetzt. Das Bandfilter 1 hat einen Durchlaßbereich von 350 Hz bis 550 Hz; an seinem Ausgang wird das schmalbandige Rauschsignal gemessen, das an den Eingang gelegt wurde. Am Ausgang des Bandfilters 2 wird das Quantisierungsgeräusch gemessen, das sehr breitbandig ist. Bei beiden Messungen wird der Effektivwert ermittelt. Bild 10.14 zeigt den prinzipielen Aufbau eines Meßplatzes zur Ermittlung der Quantisierungsverzerrungen.
Das Meßsignal bei dieser Methode ist ein Schmalbandrauschen, das am Ausgang eines Bandpasses mit dem Übertragungsbereich von 350 Hz bis 550 Hz entsteht. Die Quantisierungsverzerrungen werden durch die nichtlineare Quantisierungskennlinie verursacht. Man erhält ein weitgehend konstantes Störspektrum das am Ausgang des Bandpasses mit dem Übertragungsbereich von 550 Hz bis 3400 Hz gemessen wird.

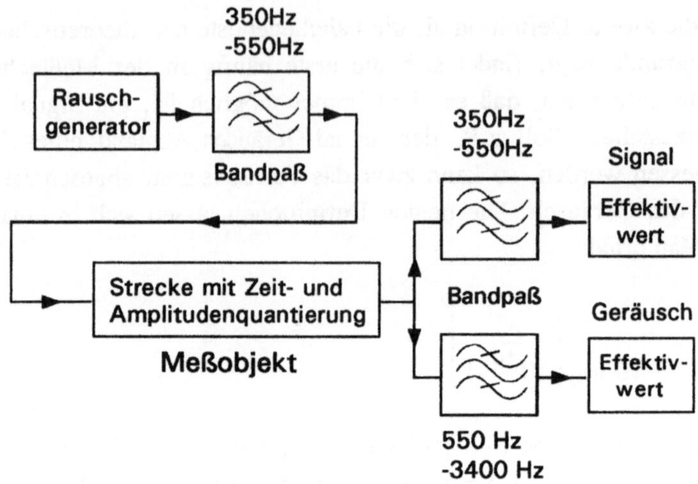

Bild 10.14 Messung des Quantisierungsgeräusches nach der Rauschmethode

So ergibt sich der Signal-Geräusch-Abstand als Differenz der Pegel an den Ausgängen der Bandpässe. Dabei müssen die unterschiedlichen Bandbreiten der Bandpässe berücksichtigt werden. So erhält man für den Signal-Rausch-Abstand in dB

$$\rho^{*'} = p_{u350/550} - p_{u550/3400} + 10\log\left[\frac{B_{550/3400}}{B_{350/550}}\right]. \tag{10.3}$$

Dieser Wert ergibt sich als Differenz zwischen dem Pegel des Nutzsignals am Ausgang des Bandpaß mit der Bandbreite von 350 Hz bis 550 Hz und dem Pegel am Ausgang des Bandpaß mit der Bandbreite von 550 Hz bis 3400 Hz unter Berücksichtigung des Korrekturfaktors, der sich aus dem Bandbreitenverhältnis ergibt.

11 Telekommunikationssysteme

Gegenstand dieses Buches sind Systeme der Nachrichtenübertragung, wobei die Nachrichten durch Digitalsignale dargestellt werden. Ein wichtige Rolle spielen aber auch die Begriffe Kommunikation und Telekommunikation. Was sind Telekommunikationssysteme und in welchem Verhältnis stehen Nachrichtenübertragungssysteme zu den Telekommunikationssystemen? Zur Beantwortung dieser Frage sei auf "Gerdsen, P.; Kröger,P.: Kommunkationssysteme, Band I: Theorie, Entwurf, Meßtechnik, Band II: Anleitung zum praktischen Entwurf (SDL), 1993" verwiesen. Gegenstand dieses Kapitels ist eine Einführung in die Telekommunikationssysteme und ihre Abgrenzung gegenüber den Nachrichtenübertragungssystemen.

11.1 Einführung

Zunächst sollen die Begriffe Nachrichtenübertragungssystem und Telekommunikationssystem einander gegenübergestellt werden. Dabei zeigt sich, daß der Begriff Telekommunikationssystem umfassender ist; denn das Nachrichtenübertragungssystem ist nur eines von mehreren Bestandteilen eines Telekommunikationssystems. Allgemein kann Kommunikation definiert werden als ein Vorgang des Nachrichtenaustausches zwischen mindestens zwei eigenständig agierenden und reagierenden Kommunikationspartnern. Kommunikationspartner können Menschen und Maschinen sein. Eigenständig agierende und reagierende Maschinen bezeichnet man als Automaten. Kommunikation in einem erweiterten Sinn läßt sich somit als Nachrichtenaustausch zwischen mindestens zwei Automaten auffassen.

11.1.1 Nachrichtenübertragungssystem

Man versteht unter einem Nachrichtenübertragungssystem eine Einrichtung zur Übertragung von Nachrichten. Dabei ist eine Nachricht eine Information im

Zustande der Übertragung. Die Existenz einer Information ist an eine physikalische Darstellung gebunden. Wichtige physikalische Größen zur Darstellung von Informationen sind z.B. der Schalldruck, die elektrische Spannung und die magnetische Flußdichte. Die Information liegt in der Abhängigkeit dieser physikalischen Größen entweder von der Zeit oder von einer Ortskoordinate. Eine durch eine Zeitfunktion dargestellte Information ist also eine Information im Zustande der Übertragung und damit eine Nachricht. Man nennt die physikalische Darstellung einer Nachricht ein Signal. Eine durch eine Raumfunktion dargestellte Information ist eine gespeicherte Information. Die magnetische Flußdichte in einem Magnetband als Funktion der Ortskoordinate ist ein Beispiel dafür.

Die physikalischen Größen der Elektrotechnik, insbesondere die elektrische Spannung, haben sich zur Darstellung von Informationen für eine schnelle und effektive Übertragung über große Entfernungen als besonders geeignet erwiesen. Soll z. B. menschliche Sprache, die zunächst in der Form Schalldruck als Funktion der Zeit entsteht, über große Entfernungen übertragen werden, so muß daher das akustische Signal zunächst mit Hilfe eines elektroakustischen Wandlers in ein entsprechendes elektrisches Signal verwandelt werden. Die Überbrückung großer Entfernung gelingt dann mit Hilfe elektrischer Leitungen oder mit Hilfe eines weiteren Wandlers in Form einer Sendeantenne durch Abstrahlung von elektromagnetische Wellen, die mit Hilfe einer Empfangsantenne wieder in elektrische Spannungen verwandelt werden. So entsteht das in Bild 11.1 dargestellte Blockschaltbild eines

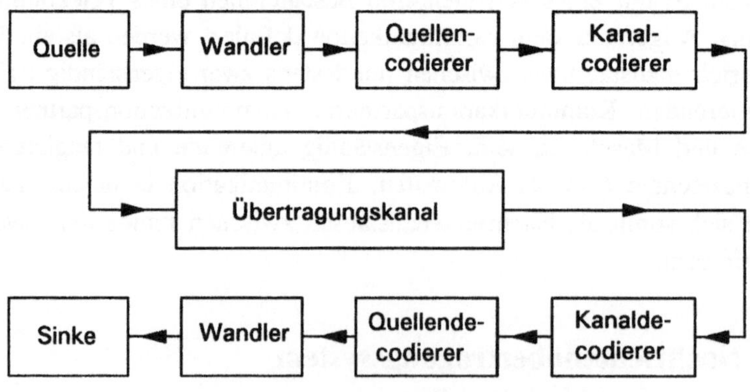

Bild 11.1 Nachrichtenübertragungssystem

Nachrichtenübertragungssystems, das aus Quelle, Wandler, Quellencodierer, Kanalcodierer, Übertragungskanal, Kanaldecodierer, Quellendecodierer, Wandler und Sinke besteht. Am Beispiel der Sprachübertragung sei das Blockschaltbild erläutert. Die Nachrichtenquelle ist der aus dem Kehlkopf, den drei Hohlraumresonatoren Rachenhöhle, Mundhöhle und Nasenhöhle und der Zunge bestehende menschliche Sprechapparat. Das von ihm erzeugte akustische Signal wird von einem Wandler in Form eines Mikrophons in ein elektrisches Signal verwandelt, das zunächst zwei Codierer durchläuft, bevor es auf den Kanal gelangt. Der Quellencodierer befreit das Signal von redundanten und irrelevanten Anteilen, während der Kanalcodierer das Signal in eine für die Übertragung geeignete Form bringt. Nach der Übertragung durch den Kanal werden die Signalumwandlungen der Sendeseite wieder rückgängig gemacht, so daß ein akustisches Signal zur Sinke gelangt, die in diesem Fall ein menschliches Ohr ist.

11.1.2 Kommunikationssystem

Zunächst ist der Begriff Kommunikation zu klären. Dies kann durch eine Analyse der Kommunikation von Mensch zu Mensch geschehen, die das Urbild jeder Kommunikation darstellt. Dazu sei folgende Situation betrachtet. Zwei Menschen A und B, die die gleiche Sprache sprechen, befinden sich in Hörweite und sind beschäftigt. A möchte nun B etwas mitteilen. Welche Vorgänge müssen jetzt stattfinden? Es geht nicht, daß A einfach zu sprechen beginnt; denn B hört ihm ja gar nicht zu. A muß zunächst erreichen, daß B ihm zuhört. Dies bedeutet, daß zunächst eine Verbindung zwischen A und B hergestellt wird. Das Zustandekommen der Verbindung erfordert zwei Vorgänge. A muß B seinen Verbindungswunsch übermitteln, indem er ihn anredet. B muß A mitteilen, daß er auf den Verbindungswunsch eingeht, z.B. mit der Meldung "ja bitte". Nach dem Herstellen der Verbindung kann A zu sprechen beginnen, wobei B ihm zuhört. Während der Informationsübertragung von A nach B findet gegenseitig eine Kontrolle, z.B. durch Blickkontakt statt, ob die Kommunikation aufrechterhalten werden soll und ob die beiden Menschen dem Gespräch folgen können. Man nennt diesen Vorgang Flußkontrolle. Am Ende der Informationsübertragung erfolgt eine Verständigung über den Verbindungsabbau. Die Auswertung der geschilderten Abläufe bei einer Mensch zu Mensch Kommunikation ergibt folgende Ergebnisse:

1. Um bereits eine unidirektionale Übertragung von A nach B zu ermöglichen, ist vor Beginn, während und am Ende der Informationsübertragung eine bidirektionale Übertragung von Steuerinformation erforderlich.
2. Der Kommunikationsvorgang läßt sich in drei Phasen zerlegen: Verbindungsaufbau, Informationsübertragung und Verbindungsabbau.
3. Die Kommunikation ist meist bidirektional.

Zu einem Telekommunkationssystem im technischen Sinne gelangt man durch die folgenden Festlegungen:

1. Die Kommunikationspartner A und B sind räumlich mehr oder weniger weit voneinander entfernt.
2. Die Entfernung zwischen A und B wird mit Hilfe eines Nachrichtenübertragungssystems überbrückt.
3. Die zu übertragende Information liegt in elektrischer Form vor.
4. Der Kommunikationsablauf wird von Automaten gesteuert; der Mensch ist nur noch Auslöser und Beobachter.

Durch diese Überlegungen gelangt man zu einem Kommunikationssystem in seiner einfachsten Ausprägung. Bild 11.2 zeigt eine graphische Darstellung dieses Sachverhaltes.

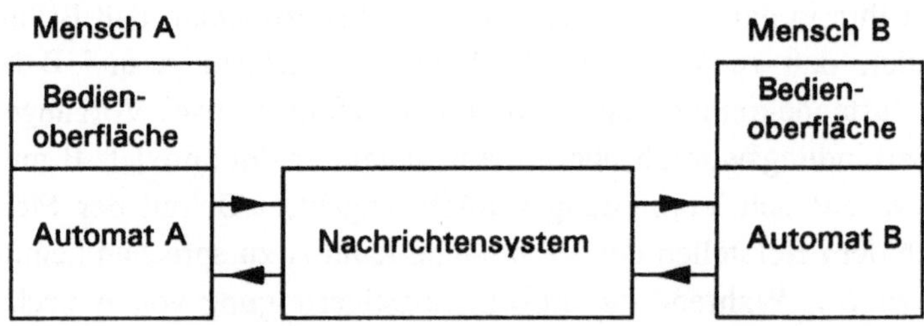

Bild 11.2 Einfaches Kommunikationssystem

Damit wird deutlich, daß das Nachrichtenübertragungssystem ein Bestandteil eines Kommunikationssystems ist. Wesentlich für ein Kommunikationsystem ist das Auftreten von Automaten. Bild 11.2 zeigt ein sehr einfaches Kommunikationssystem mit nur zwei Kommunikationspartnern. Der Regelfall ist jedoch, daß sehr viele Kommunikationspartner durch ein aus vielen Nachrichtenübertragungssystemen bestehendem Kommunikationsnetz wahlfrei miteinander verbunden sind. Man gelangt dann zu einer Konfiguration, wie sie Bild 11.3 zeigt. Die Kommunikationspartner werden Datenstationen (DS) genannt, die aus einer Datenendeinrichtung (DEE) und einer Datenübertragungseinrichtung (DÜE)

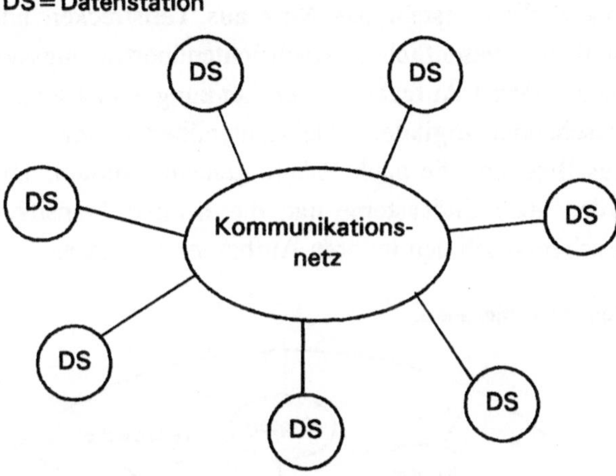

Bild 11.3 Kommunikationsnetz

besteht. Die Datenendeinrichtung ist der eigentliche Endpunkt für die Nachrichtenübertragung. Sie besteht, wie in Bild 11.2 dargestellt, aus einem Automaten und einer vom Menschen bedienten Bedienoberfläche. Die zur Datenstation gehörende Datenübertragungseinrichtung hat die Aufgabe, die von der Datenendeinrichtung erzeugten Signale an die Übertragungseigenschaften des Netzes anzupassen.

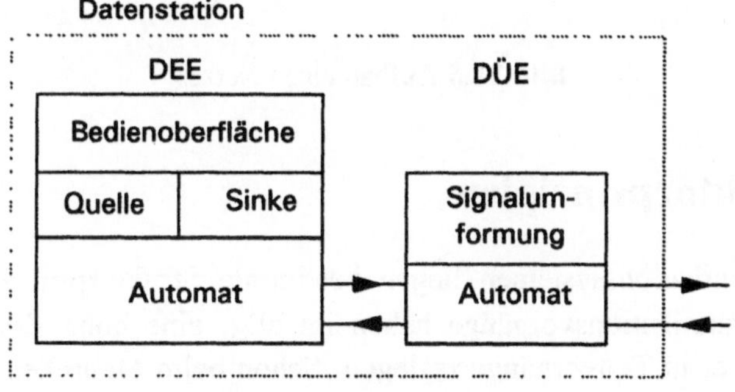

Bild 11.4 Datenstation

Zusätzlich ist in vielen Datenübertragungseinrichtungen ein Automat vorhanden. Eine schematische Darstellung einer Datenstation zeigt Bild 11.4. Ein besonders bekanntes Beispiel einer Datenübertragungseinrichtung ist das Modem, das die Signale einer Datenendeinrichtung an die Übertragungseigenschaften des Fernsprechnetzes anpaßt. Als nächstes ist das Kommunikationsnetz näher zu beschreiben. Grundsätzlich besteht das Netz aus Teilstrecken und Knoten. Die Teilstrecken sind im wesentlichen Nachrichtenübertragungssysteme und die Knoten Automaten, deren Aufgabe in der Lenkung von Datenpaketen besteht. Bei der vorherrschenden digitalen Nachrichtenübertragung besteht das Nachrichtensignal aus Blöcken, die auch Pakete genannt werden. Die Datenendeinrichtungen werden auch Endsysteme und die Knoten Transitsysteme genannt. Bild 11.5 zeigt schematisch den inneren Aufbau eines Netzes.

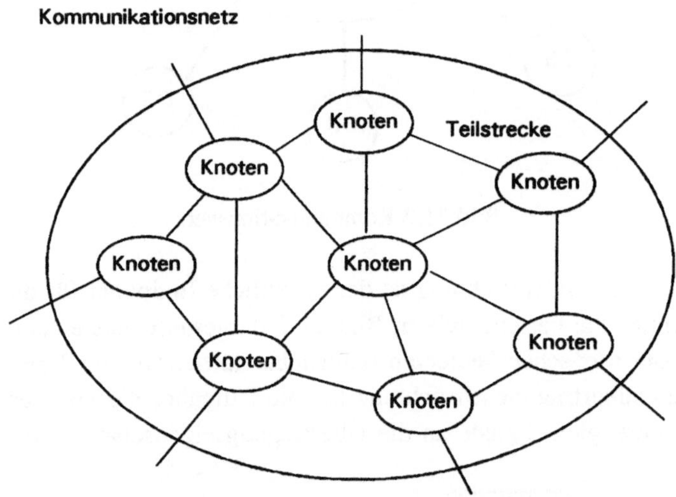

Bild 11.6 Aufbau eines Netzes

11.2 Strukturprinzipien

Allen Kommunikationssystemen liegen bestimmte Strukturprinzipien [15] zugrunde. Kommunikationsvorgänge haben im allg. eine hohe Komplexität; sie lassen sich daher in Teilvorgänge zerlegen. Schon beim Menschen läßt sich hinsichtlich der Teilvorgänge eine hierarchisch gegliederte, funktionelle Schichtung ausmachen.

11.2.1 Mensch-zu-Mensch-Kommunikation

Dieses, allen Kommunikationssystemen eigene Strukturprinzip sei am einfachen Beispiel der Mensch-zu-Mensch-Kommunikation erläutert (Bild 11.7).
Ein Mensch A will einem ihm gegenüber stehenden Menschen B Gedanken übermitteln. Dazu muß er zunächst einmal in einem Teilvorgang Gedanken im Gehirn produzieren. Die Gedanken sind (leider noch) nicht auf direktem Wege übermittelbar und deshalb benutzt Mensch A seine biologischen Fähigkeiten der Übermittlung, indem er seine Kommunikation in weitere Teilvorgänge zerlegt. Er vollführt zunächst eine sprachliche Formulierung seines Problems und baut danach in geeigneter Weise den Dialog zu seinem Gegenüber auf, z.B. durch gezieltes Ansprechen, Gestik, Blickkontakt etc. Ist der Kontakt eindeutig hergestellt, so kann Mensch A die Worte seiner Gedanken aussprechen. Er tut dies durch Ausstoßen von Lauten über seinen Kehlkopf. Die Laute gelangen dann über ein Übertragungsmedium, in diesem Fall Luft, in Form von Schallwellen zum Kommunikationspartner. Die oberen Teilvorgänge laufen im Gehirn ab, der Kehlkopf ist die Anpassung an das Übertragungsmedium.

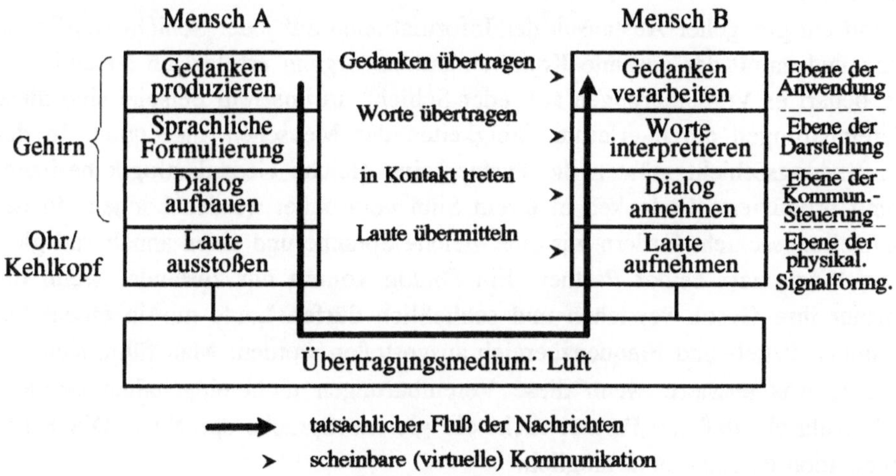

Bild 11.7 Teilvorgänge der Kommunikation am Beispiel: Mensch zu Mensch Kommunikation (nach [15])

Beim Kommunikationspartner Mensch B laufen die Teilvorgänge in umgekehrter Reihenfolge ab. Über das Ohr nimmt der Mensch die Laute des Mediums auf, formt hieraus Worte, die schließlich zu Gedanken verarbeitet werden.

Die Kommunikation bei beiden Partnern vollzieht sich auf mehreren Schichten, in denen die Teilvorgänge angesiedelt sind:

- die Schicht der Anwendung behandelt den Gedankenaustausch,
- die Schicht der Darstellung behandelt die Wortübertragung,
- die Schicht der Kommunikationssteuerung behandelt die Dialogsteuerung und
- die Schicht der physikalischen Signalformung behandelt die Anpassung an das Übertragungsmedium.

Bemerkenswert an dieser Strukturierung der Kommunikation ist, daß, obwohl die Nachrichten von Partner zu Partner vertikal durch alle Schichten fließen, eine scheinbare Kommunikation auf jeder Schicht horizontal zwischen Mensch A und B verläuft. Man spricht von <u>Virtueller Kommunikation</u> auf den Schichten. So können auf der Anwendungsschicht scheinbar direkt Gedanken übermittelt werden, auf der Darstellungsschicht scheinbar Worte übertragen werden, usw. bis schließlich auf der untersten Schicht scheinbar Laute übermittelt werden können.

Damit ein geregelter Austausch der Informationen auf jeder Schicht stattfinden kann und damit der gesamte Kommunikationsvorgang erfolgreich abzuwickeln ist, bedarf es Vereinbarungen auf jeder Schicht. In unserem Beispiel sind diese Vereinbarungen durch erlernte Fähigkeiten der Menschen angeeignet. In der Anwendungsschicht müssen die Partner eine gleiche Gedankenlogik besitzen, damit produzierte Gedanken in ihrem Sinn verarbeitet werden können. In der Darstellungsschicht fordern wir eine gleiche Sprache und einen annähernd gleichen Wortschatz beider Partner. Ein Dialog kommt nur zustande, wenn die Partner ihre Gestik verstehen und schließlich dürfen Laute nur in einem bestimmten Pegel- und Frequenzbereich ausgestoßen werden. Man führe sich vor Augen, was passiert, wenn diese Vereinbarungen nicht eingehalten werden, z.B. dadurch, daß die Partner nicht die gleiche Sprache sprechen: Die Kommunikation ist dann nicht möglich.

In der Kommunikationstechnik nennt man die bilateralen Absprachen auf einer Schicht <u>(Kommunikations-)Protokoll</u>. Der Begriff ist der Diplomatie entlehnt, da die Vereinbarungen den Charakter eines diplomatischen Protokolls besitzen.

Ein weiteres Merkmal dieser Strukturierung ist, daß jede Schicht wohldefinierte Teilaufgaben besitzt. Die Teilaufgaben laufen zeitlich und logisch vollkommen unabhängig voneinander ab. Im Interesse einer möglichst zügigen Kommunikation ist es sogar erwünscht, daß die Teilaufgaben sogar gleichzeitig im Sinne einer Parallelverarbeitung ablaufen, wie das vorstehende Kommunikationsbeispiel zeigt.

Mit zunehmender Schichtenhöhe gewinnt die Kommunikation zusätzliche Abstraktion, bzw. ein höheres Niveau. Auf der untersten Schicht können nur Laute ausgestoßen werden, eine offensichtlich primitive Art der Kommunikation. Auf oberster Schicht ist die niveauvollste Art der Kommunikation möglich: der abstrakte Gedankenaustausch.

11.2.2 Das OSI-Referenzmodell

Das Beispiel der natürlichen Mensch zu Mensch Kommunikation hat gezeigt, daß eine offene Kommunikation eine Gliederung der Kommunikation in Teilaufgaben mit einer Schichtenstruktur erforderlich macht. Damit die Teilsysteme eines Kommunikationsnetzes offen und ggf. weltweit und herstellerunabhängig miteinander kommunizieren können, müssen international gültige Normen für Kommunikationsnetze erarbeitet und eingehalten werden. Die Normen haben die Schichtenstruktur, deren Teilaufgaben und Protokolle festzulegen. Die International Standard Organisation (ISO) hat hierzu ein Schichtenmodell für die Verbindung offener Kommunikationssysteme entwickelt, das Open System Interconnection Reference Model oder kurz OSI-Referenzmodell. Das Modell stellt die Rahmenbedingungen für ein offenes Telekommunikationssystem auf. Es dient Herstellern der Computer- und Telekommunikationsbranche als Bezugsstruktur für die Entwicklung ihrer Produkte.

11.2.3 Basis-Referenzmodell

Das Referenzmodell der ISO gliedert das Kommunikationssystem in insgesamt 7 Schichten (engl. layer), die sich über dem jeweilig benutzten Übertragungsmedium schichten (Bild 11.8). Jede Schicht beinhaltet wohldefinierte Teilaufgaben der Kommunikation. In der Form des Basis-Referenzmodells besteht das Kommunikationssystem aus gleichartig aufgebauten Teilsystemen (hier mit System A und System B bezeichnet), in denen sich alle 7 Schichten wiederfinden. Auf jeder Schicht legt ein spezifisches Protokoll Nachrichteninhalte, Nachrichtencodierung und Ablauf der Kommunikation fest. Diese Form des Referenzmodells liegt bei vollkommen dezentralisierten Systemen vor, bei denen alle Teilnehmer ohne weitere Netzeinrichtungen direkt miteinander über das Medium kommunizieren.

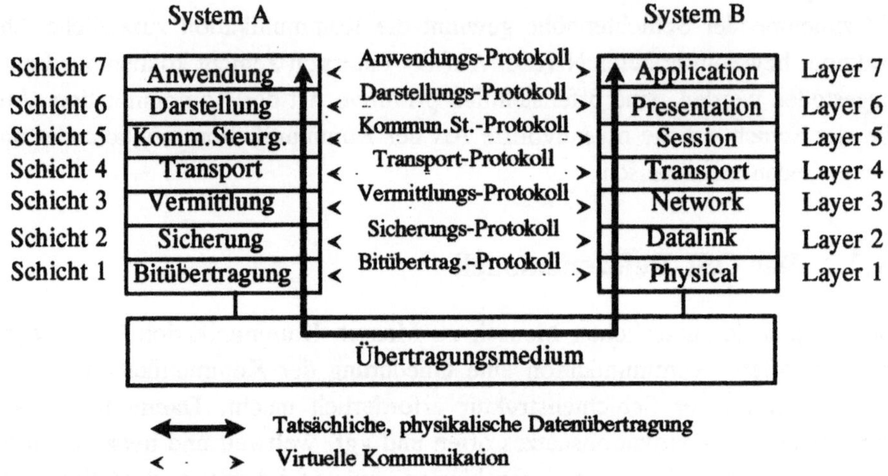

Bild 11.8 OSI-Referenzmodell der ISO (Basis-Referenzmodell [15])

Die Aufgaben der Kommunikationsschichten lassen sich wie folgt umreißen, wobei an dieser Stelle nur die wichtigsten genannt seien, um die prinzipielle Schichtung zu erläutern.

Schicht 1: Bitübertragungsschicht (engl. physical layer)
Diese Schicht dient zur Signaldarstellung der digital vorliegenden Information für das jeweilig benutzte Übertragungsmedium. Die physikalische Signalform (z.B. elektrisches oder optisches Signal), der Pegelbereich und die Bandbreite werden in dieser Schicht festgelegt. Bei synchroner Bitübertragung sind in dieser Schicht zusätzlich die Aufgaben der Taktübertragung und Synchronisierung angesiedelt.

Schicht 2: Sicherungsschicht (engl. datalink layer)
Der Bitstrom der Schicht 1 unterliegt aufgrund von Übertragungsstörungen in Form von Geräusch und Verzerrungen auf dem Medium Übertragungsfehlern. Sie verursachen eine bestimmte, i.a. nicht zu vernachlässigende Bitfehlerhäufigkeit. Aufgabe der Sicherungsschicht ist es, durch bestimmte fehlersichernde

Maßnahmen die Übertragungsfehler auf ein tolerierbares Minimum zu senken. Dazu ist eine Blockbildung des kontinuierlichen Bitstroms und der Einsatz eines fehlersichernden Codes notwendig. Der Vorgang heißt Fehlersicherung.

In vielen lokal begrenzten Kommunikationssystemen werden häufig Übertragungsmedien von vielen Teilnehmerstationen gleichzeitig genutzt (z.B. bei Bussystemen). In diesen Fällen übernimmt die Sicherungsschicht zusätzlich die Aufgabe, den Zugriff zum Medium zu koordinieren.

Schicht 3: Vermittlungsschicht oder Netzwerkschicht (engl. network layer)
Diese Schicht vermittelt die Datenströme zu einem ganz bestimmten Ziel innerhalb eines Kommunikationsnetzes. Typische Funktionen der Vermittlungsschicht sind:

- Adressenvergabe an die Netzwerkteilnehmer,
- Wegewahl durch ein Netz,
- Herstellen, Halten und Beenden von Verbindungen zwischen zwei oder mehreren Teilnehmern,
- Paketbildung von Daten in Paketvermittlungsnetzen,
- Tarifierung und Gebührenermittlung (typisch bei hoheitlich abzugrenzenden öffentlichen Netzen) und
- Netzmanagementfunktionen.

Schicht 4: Transportschicht (engl. transport layer)
So wie die Sicherungsschicht die Bitfehler der Bitübertragungsschicht ausgleicht, soll die Transportschicht Unzulänglichkeiten des Kommunikationsnetzes ausgleichen. Diese können z.B. darin bestehen, daß bei einem paketvermittelnden Netz die Datenpakete am Zielort in veränderter Reihenfolge eintreffen, weil sie auf verschiedenen Wegen, d.h. über verschiedene Netzknoten zum Ziel gelenkt werden. Aufgabe der Transportschicht ist es, die Sendereihenfolge am Empfangsort wiederherzustellen. Man bezeichnet diese Funktion als Sequenzieren.

Das Kommunikationsnetz kann nicht beliebig viele Datenpakete pro Zeiteinheit transportieren; es hat eine begrenzte Kapazität. Das kann sich bei Datenstationen mit hohem Datenaufkommen störend auswirken. Die Transportschicht gleicht die begrenzte Kapazität des Netzes durch eine Regulierung des Datenstroms in der sendenden Datenstation aus. Diese, für die Transportschicht typische Teilfunktion nennt man Flußkontrolle.

Sollten mehrere Netze alternativ zur Auswahl stehen, so hat die Transportschicht die Aufgabe, ein geeignetes Netz auszuwählen (Select-Funktion).

Schicht 5: Kommunikationssteuerungsschicht oder Sitzungsschicht (engl. session layer)

In dieser Schicht werden die Mittel bereitgestellt, um einen Dialog zwischen
Datenstationen zu organisieren. Dies betrifft die Verbindungsart (Halb-Duplex
oder Duplex). In der Kommunikationssteuerungsschicht werden Vereinbarungen
über die Verbindungsart getroffen. Sind größere Datenmengen als ganzes zu
transportieren, so organisiert diese Schicht den fehlerfreien Transport durch
Synchronisationsmechanismen zwischen Datenanfang und -ende, d.h. einer Da-
tensitzung. Folgende Funktionen der Schicht sind hervorzuheben:

- Vereinbaren der Verbindungsart,
- Zuteilen der Sendeberechtigung (bei Halbduplex),
- Synchronisieren bei größeren Datenmengen (z.B. Files),
- Resynchronisieren bei Datenverlust.

Schicht 6: Darstellungsschicht (engl. presentation layer)

Diese Schicht sorgt für eine der Anwendungsschicht verständliche Darstellung
der übertragenen Nachrichten. Unterschiedlichste Nachrichten der Anwendungsschicht (Text, Bild, Sprache etc.) müssen in einer (meist rechner-)geeig-
neten Form bereitgestellt werden. Es sind Vereinbarungen über den Zeichensatz
und die Codierung innerhalb des Zeichensatzes zu treffen. Insbesondere in
Rechnernetzen mit unterschiedlicher Darstellungsform der Nachrichten hat diese
Schicht die Aufgabe, die unterschiedlichen Darstellungen gegenüber der Anwendungsschicht anzupassen, indem sie eine Syntaxtransformation vornimmt.
Die Transformation betrifft die Umsetzung von Code und Zeichensätzen sowie
die Anpassung unterschiedlicher Datenstrukturen. Bei komplexen Kommunikationssystemen kann die eindeutige Syntaxtransformation einen erheblichen,
technischen Aufwand bedeuten. In vielen Kommunikationssystemen wird deshalb von vornherein eine Vereinheitlichung der Darstellungssyntax angestrebt,
die den Vorteil gleicher Darstellungsfunktionen mit sich bringt. Beispiele solcher vereinheitlichten Darstellungsformen finden sich vorwiegend in öffentlichen Netzen der Sprach-, Bild- und Textkommunikation (Teletex-Netz, Fax,
ISDN).

Schicht 7: Anwendungsschicht (engl. application layer)
Diese höchste Schicht umfaßt die anwendungspezifischen Funktionen des Kommunikationssystems. Die Anwendungsschicht ist Ausgangs- und Zielort aller in einem räumlich verteilten System zu transportierenden Daten. Die Ursache für die Kommunikation in einem verteilten System sind Anwendungsprozesse, die in verschiedenen Subsystemen ablaufen und die zur Erfüllung ihrer Aufgaben miteinander kommunizieren müssen. Die Anwendungsschicht ist daher der kommunikationsbezogene Teil der Anwendungsprozesse, in die letztendlich immer der Mensch integriert ist. Typische Beispiele verteilter Anwendungen sind der File-Transfer zwischen Rechnern, Mitteilungs-u. Auskunftssysteme oder Buchungssysteme. Die Anwendung kann aber auch aus der Kommunikation selbst bestehen, z.B. bei der Sprach-, Bild- und Textkommunikation. In diesen Fällen stellt die Anwendungsschicht i.a. Schnittstellenfunktionen von und zum Menschen bereit. Es liegt naturgemäß an der Vielfältigkeit unterschiedlicher Anwendungen, daß für die Anwendungsschicht im Gegensatz zu den anderen Schichten keine klar umrissene Aufgabenbeschreibung gegeben werden kann.

Die von der ISO vorgeschlagene Teilung in 7 Schichten erhebt zunächst nicht den Anspruch der Einzigartigkeit. Andere Aufteilungen mit weniger Schichten sind durchaus denkbar und auch realisiert worden (z.B. bei lokalen Rechnernetzen). Das Modell hat sich jedoch in der Praxis weltweiter Kommunikationsnetze bewährt, da es alle Aspekte der Kommunikation beinhaltet. Es stellt eine Obermenge aller in Frage kommenden Funktionen dar und kann im konkreten Fall auf das Notwendigste reduziert werden, z.B. durch Weglassen von Schichten.
Die wichtigsten Gestaltungsmerkmale, die zu der ISO-Schichtung führten, sind:

1. Die Grenzen der Schichten sind so gewählt, daß der Informationsfluß über die Grenzen ein Minimum wird,
2. Die Anzahl der Schichten sind so gewählt, daß pro Schicht nur eine prinzipielle Aufgabe wahrgenommen wird und
3. Die Schichtung ist so vorgenommen, daß das Kommunikationsniveau bzw. der Komfort an Kommunikation zu höheren Schichten hin gesteigert wird.

11.2.4 Erweitertes Referenzmodell

Kommunikationssysteme bestehen i.a. aus mehreren Teilsystemen oder -geräten, in denen sich unterschiedliche Funktionen befinden. So sind das Netz mit seinen Netzknoten und die hieran angeschlossenen Datenstationen Teilsysteme eines gesamten Kommunikationssystems. Um die gerätespezifischen Teilfunktionen in einem Schichtenmodell sichtbar zu machen, bedient man sich des erweiterten OSI-Referenzmodells, wie es in Bild 11.9 gezeigt ist. Das erweiterte OSI-Referenzmodell der ISO erlaubt eine Differenzierung der Schichtenfunktionen bezogen auf das jeweilige Teilsystem.

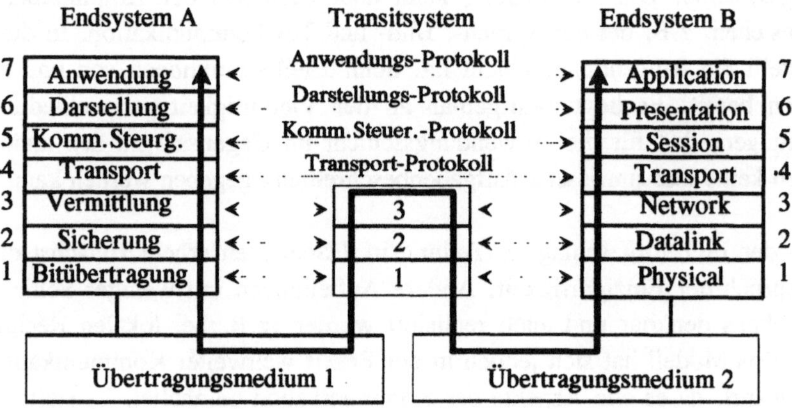

Bild 11.9 Erweitertes Referenzmodell (nach [15])

Im Modell wird zwischen dem Endsystem und dem Transitsystem unterschieden. Während ein Endsystem alle 7 Schichten umfaßt, also die Kommunikationsanwendung beinhaltet, besitzt ein Transitsystem nur die unteren Schichten, z.B. Schicht 1-3, wie im Bild zu sehen. Aufgabe des Transitsystems ist es, Endsysteme über einzelne, unterschiedliche Teilstrecken miteinander zu verbinden. Dies kann über verschiedene Übertragungsmedien oder auch verschiedene Netze erfolgen. Ein Netzknoten mit Vermittlungsfunktionen wird, wie dies im Bild dargestellt ist, als Transitsystem verstanden, in dem die Schichten 1-3, d.h. bis einschließlich der Vermittlungsschicht wiederzufinden sind. Andere Beipiele für Transitsysteme sind Modems (nur Schicht 1), Gateways zwischen unterschiedlichen Rechnernetzen (bis Schicht 3) oder Darstellungsprotokollkonverter (bis Schicht 6).

Das Transitsystem erfüllt Relaisfunktionen für die beteiligten Endsysteme. Zwischen dem Transitsystem und den Endsystemen bedarf es beidseitiger, ggf. auch mehrseitiger unterschiedlicher Protokolle auf den unteren Schichten. Es gehört zum Konstruktionsprinzip der Schichtung, daß die oberhalb des Transitsystems liegenden Schichten der Endsysteme von dieser Teilstreckenkommunikation unberührt bleiben; sie "funktionieren", als ob sie scheinbar direkt miteinander kommunizieren. Ihre Protokolle sind "Ende zu Ende" festgelegt.

Die im Bild gezeigte Darstellung hat nur Modellcharakter. Je nach Bedarf läßt sich die Struktur auf mehre Transitsysteme mit unterschiedlichen Aufgaben und damit unterschiedlicher Schichthöhe ergänzen.

11.3 Systembeispiele

Die digitale Nachrichtenübertragung entwickelte sich im Laufe der Zeit auf Grund ihrer hohen Leistungsfähigkeit zur Grundlage jeder Nachrichtenübertragung überhaupt. Analoge Nachrichtensysteme können bei weitem nicht die Übertragungsqualität gewährleisten und befinden sich daher auf dem Rückzug.
Die Kommunikationsdienste der Telekom sind wichtige Beispiele für Kommunikationssysteme: Neben den Nachrichtensystemen, die die eigentliche Grundlage für die Übertragung bilden, sind in den Endgeräten und den Netzknoten Automaten wesentlicher Bestandteil. Im einzelnen können folgende Dienste betrachtet werden:

1. Fernsprechdienst,
2. Fernschreibdienst (Telex),
3. Bürofernschreibdienst (Teletex),
4. Fernkopier-Dienst (Telefax),
5. Bildschirmtext (Videotex, Btx).

Das Netz der Telekom ist im Laufe der Zeit vollständig digitalisiert worden: Auf die Digitalisierung der Übertragungsstrecken folgte die Digitalisierung der Vermittlungstechnik. Auf der Grundlage des digitalen Fernsprechnetzes wurde dann das diensteintegrierende Netz, das Integrated Services Digital Network (ISDN) entwickelt.

12 Realisierungsprinzipien

Die vorliegende "Digitale Nachrichtenübertragung" beschreibt überwiegend Systeme der Übertragung von Digitalsignalen. Diese Systeme entstehen an Hand theoretisch-mathematischer Herleitungen in Form von Blockschaltbildern. Damit ist die Art der Realisierung noch völlig offen. Wichtig in diesem Zusammenhang ist, daß innerhalb der digitalen Nachrichtenübertragung neben der klassischen Schaltungstechnik die digitale Signalverarbeitung eine besondere Rolle spielt. Dies ist auch naheliegend; denn zu einer digitalen Nachrichtenübertragung als einer Übertragung von Zahlenfolgen paßt naturgemäß besonders die digitale Signalverarbeitung, die Zahlenfolgen verarbeitet.

12.1 Zwei Realisierungsalternativen

Die Realisierungsalternativen ergeben sich aus den Signalarten. Dabei wird unter Signal die physikalische Darstellung einer Nachricht verstanden. Grundsätzlich können zwei verschiedene Signalarten unterschieden werden:

1. Spannungs-Zeit-Funktion,
2. Zahlenfolge.

Spannungs-Zeit-Funktionen umfassen sowohl den Bereich der analogen als auch den Bereich der zeitdiskreten Signale. Während die analogen Signale die Nachricht in ihrer Kurvenform darstellen, sind die zeitdiskreten Signale physikalische Darstellungen von Zahlenfolgen in Form einer Spannungs-Zeit-Funktion. Bei den zeitdiskreten Signalen können unterschieden werden:

1. Abtastsignale
2. Digitalsignale

Die Abtastsignale stellen wertkontinuierliche Zahlenfolgen dar, wobei die Zahlen in den Flächen von Impulsen konstanter Form und Dauer abgebildet werden. Bei den Digitalsignalen liegt ein begrenzter Wertevorrat vor. Die Zahlenwerte werden durch Signalelemente dargestellt.

Neben den Spannungs-Zeit-Funktionen spielen die Zahlenfolgen, die ebenfalls zeitdiskrete Signale sind, eine wichtige Rolle. Dabei liegen die Zahlen als Dualzahlen entweder in Festkomma- oder in Gleitkomma-Darstellung vor. Die Zahlen sind vorhanden in den Registern von Rechenwerken oder in den Zellen von Speichern.

Systeme der Nachrichtenübertragung entstehen durch Kettenschaltung von Systemen der Signalverarbeitung. Die Realisierung solcher Systeme der Signalverarbeitung richtet sich dabei, wie in der folgenden Tabelle dargestellt, nach dem Signaltyp:

Tabelle: Signaltyp und Realisierung

SIGNALTYP			Realisierung
SPANNUNGS- ZEIT- FUNKTION	Analoge Signale		Analoge Schalungs-technik
	Zeitdiskrete Signale	Abtastsignal	
		Digitalsignal	Digitale Schaltungs-technik
ZAHLENFOLGEN			Digitale Signalverar-beitung

Im folgenden sollen die analoge und digitale Signalverarbeitung einander gegenübergestellt werden.

12.1.1 Analoge Signalverarbeitung

Signale als Spannungs-Zeit-Funktionen, bei denen die Nachricht in der Kurvenform liegt, werden analoge Signale genannt. Die Verarbeitung solcher Signale ist Gegenstand der klassischen Nachrichtentechnik. Filterung, Modulation, Demodulation, Mischung und Gleichrichtung sind Beispiele zur Signalverarbeitung, die zum Kernbereich der analogen Nachrichtentechnik gehören. Durchgeführt wird diese Signalverarbeitung von Schaltungen, die aus Widerständen,

Induktivitäten, Übertragern, Kapazitäten, Dioden und Transistoren bestehen. Analyse und Berechnung solcher Schaltungen sind ein wichtiges Betätigungsfeld von Nachrichtentechnikern. Ergebnis der Analyse ist die mathematische Beschreibung des Zusammenhangs zwischen Eingangs und Ausgangssignal. So wird ein Filter z.B. durch eine lineare Differentialgleichung mit konstanten Koeffizienten beschrieben.

12.1.2 Digitale Signalverarbeitung

Auf der Grundlage des Abtasttheorems für Zeitvorgänge lassen sich analoge Signale in Zahlenfolgen und diese auch wieder zurück in analoge Signale verwandeln. Dabei werden die Zahlen digital, in der Regel als Dualzahlen, dargestellt. Man spricht von der Digitalisierung eines analogen Signals. Dies wird von der digitalen Übertragungstechnik genutzt, die der analogen Übertragungstechnik hinsichtlich Genauigkeit und Verzerrungsfreiheit in weiten Bereichen überlegen ist. Es bietet sich an, die bei der Übertragung anfallenden Verarbeitungsaufgaben nun mit den digital dargestellten Zahlenfolgen durchzuführen.
Bild 12.1 zeigt den Übergang von der analogen zur digitalen Signalverarbeitung. Die analogen Signale werden von Schaltungen aus elektrischen und elektronischen Bauelementen verarbeitet. Im Falle der Filter können die Schaltungen durch lineare Differentialgleichungen beschrieben werden. Die Differentialgleichungen berechnen aus einer Eingangs-Spannungs-Zeit-Funktion eine Ausgangs-Spannungs-Zeit-Funktion.

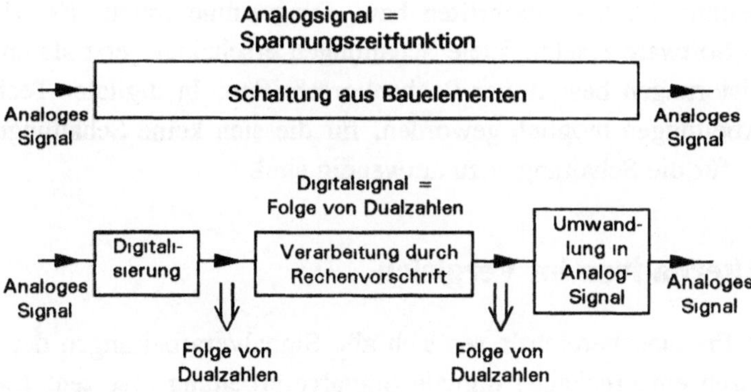

Bild 12.1 Prinzip der Digitalen Signalverarbeitung (nach [14])

Bei der digitalen Signalverarbeitung wird das analoge Signal in eine Folge von Dualzahlen verwandelt und an die Stelle der Differentialgleichung tritt eine Differenzengleichung, wie z.B.

$$y(n) = A_0\, x(n) + A_1\, x(n\text{-}1) + A_2\, x(n\text{-}2) - B_1\, y(n\text{-}1) - B_2\, y(n\text{-}2). \quad (12.1)$$

Sie zeigt, daß die mathematischen Operationen

- Addition,
- Multiplikation mit einer Konstanten und
- Verschiebung

benötigt werden.

Man betritt dann das Gebiet der Digitalen Signalverarbeitung, das eine Reihe interessanter Aspekte aufweist. Während bisher Eingangs- und Ausgangssignal eines Verarbeitungssystems durch eine Schaltung miteinander verknüpft waren, wird jetzt die Ausgangszahlenfolge nach einer bestimmten Rechenvorschrift aus der Eingangszahlenfolge berechnet. Die Berechnung wird in der Regel von einem nach einem Programm arbeitenden Digitalrechner durchgeführt. Befindet sich dieser Digitalrechner als integrierte Schaltung in einem Baustein, so spricht man von einem Mikroprozessor. Ist die Architektur dieses Prozessors speziell auf die Belange der Echtzeitverarbeitung zugeschnitten, so nennt man ihn Signalprozessor.

So entsteht die Situation, daß an die Stelle der Schaltungen der klassischen Signalverarbeitung Rechenvorschriften bzw. Programme treten: Es wird Hardware durch Software ersetzt. Viele Schaltungen erscheinen jetzt als unvollkommene Realisierungen bestimmter Rechenvorschriften. In digitaler Technik sind Signalverarbeitungen möglich geworden, für die sich keine Schaltungen finden lassen bzw. für die Schaltungen zu aufwendig sind.

12.1.3 Alternativen im Vergleich

Im unteren Frequenzbereich lassen sich alle Signalverarbeitungen der analogen Technik durch entsprechende digitale Signalverarbeitung ersetzen. Dabei werden die Signalverarbeitungen mit größerer Präzision, größerer Stabilität und weniger Abgleichvorgängen durchgeführt und sind unabhängig von Speisespannungsschwankungen, Temperaturschwankungen, Alterungen sowie von Toleranzen.

Von großer Bedeutung ist, daß auch Signalverarbeitungen durchgeführt werden können, die in analoger Technik nicht wirtschaftlich oder nicht realisierbar sind. Beide Gesichtspunkte kommen besonders zum Ausdruck im Modem für die Datenübertragung im analogen Fernsprechnetz. Soweit wie möglich in analoger Technik ausgeführt wäre absolut unwirtschaftlich. Aber auch die Realisierbarkeit einzelner Bausteine ist von Bedeutung. So läßt sich das unbedingt erforderliche adaptive Entzerrerfilter nur in digitaler Signalverarbeitung realisieren.

Die Geschwindigkeit der digitalen Signalverarbeitung wird nur von der Rechengeschwindigkeit der Prozessoren bestimmt und ist von physikalischen Gesetzmäßigkeiten, wie z.B. Einschwingzeiten von Filtern, unabhängig. Dies zeigt sich auf dem Gebiet der Spektrumanalyse, wo die Analysezeit bei analogen Analysatoren von der Einschwingzeit der Filter entscheidend beeinflußt wird.

12.2 Beispiele zur Digitalen Signalverarbeitung

Abschließend werden zur Verdeutlichung des Prinzips zwei Beispiele gebracht: das digitale Filter und der Hardware Aufbau eines Modems. Leser, die sich im Anschluß an die digitale Nachrichtenübertragung über die digitale Signalverarbeitung informieren möchten, seien auf [14] verwiesen.

12.2.1 Erstes Beispiel: Digitales Filter

Es werde ein digitales Filter betrachtet. Die Übertragungsfunktion (s. Anhang 13.2.3)

$$H(z) = \frac{Y(z)}{X(z)} = \frac{A_0 + A_1\,z^{-1} + A_2\,z^{-2}}{1 + B_1\,z^{-1} + B_2\,z^{-2}} \tag{12.2}$$

ist eine mathematische Beschreibung der Eigenschaften des Filters; das Abstraktionsniveau ist sehr hoch. Geht man zu einer graphischen Beschreibung über, so erhält man das digitale Netzwerk nach Bild 12.2.

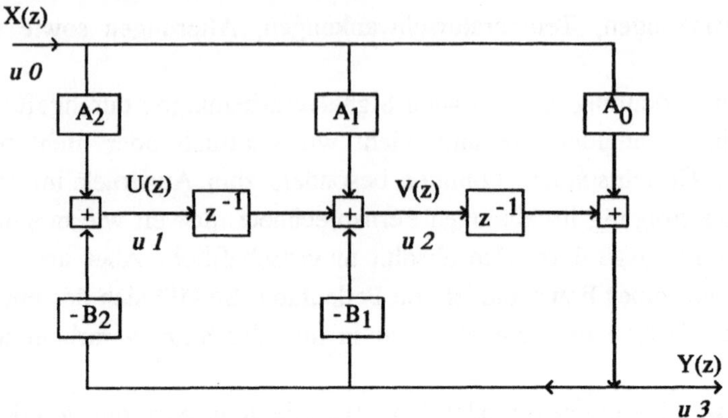

Bild 12.2 graphische Beschreibung eines digitalen Filters 2. Ordnung

Zur Herleitung einer algorithmischen Beschreibung [14] wird zunächst für jeden Addierer eine Gleichung aufgestellt. Neben der Eingangsgröße X(z) und der Ausgangsgröße Y(z) werden 2 weitere Größen U(z) und V(z) für die Addiererausgänge benötigt. In der Reihenfolge vom Ausgang zum Eingang hin erhält man dann

$$
\begin{aligned}
Y(z) &= A_0\ X(z)\ +\ V(z)\ z^{-1} \\
V(z) &= A_1\ X(z)\ +\ U(z)\ z^{-1}-\ B_1\ Y(z) \\
U(z) &= A_2\ X(z)\qquad\qquad\quad -\ B_2\ Y(z)
\end{aligned}
\tag{12.3}
$$

Durch inverse Z-Transformation wird dieses Gleichungssystem in den Folgenbereich transformiert. Damit ergibt sich das Differenzengleichungssystem

$$
\begin{aligned}
y(n) &= A_0\ x(n)\ +\ v(n-1) \\
v(n) &= A_1\ x(n)\ +\ u(n-1)\quad -\ B_1\ y(n) \\
u(n) &= A_2\ x(n)\qquad\qquad\quad -\ B_2\ y(n)
\end{aligned}
\tag{12.4}
$$

Die Gesamtdifferenzengleichung wird somit in 3 Teilgleichungen zerlegt. Das Umspeichern der Registerinhalte des vorangegangenen Abschnitts wird nun vermieden, wenn man für u(n) und u(n - 1) sowie für v(n) und v(n - 1) jeweils denselben Speicherplatz vorsieht.

Mit den Variablenzuordnungen

```
u0   :  x(n)
u1   :  u(n), u(n - 1)
u2   :  v(n), v(n - 1)
u3   :  y(n)
```

erhält man dann die folgende algorithmische Pascal-Formulierung, in der die Filterkoeffizienten für einen Tiefpaß als Konstante deklariert sind.

```
{IIR-Filter 2. Ordnung }

PROCEDURE dsv;                   {DSV-Programm}
var u0,u1,u2,u3 :real;

const a0 = 0.02064411;    {Filterkoeffizienten für Tiefpaß}
      a1 = 0.04128823;
      a2 = 0.02064411;
      b1 = -1.60460323;
      b2 = 0.68717968;

begin
u0:=0; u1:=0; u2:=0;  u3:=0;   {Rücksetzen aller Speicher}

repeat

  {ab hier die Verarbeitungsprozeduren}
  u0:= AD_Wandler; {Abtastung}

  u3 := a0*u0 + u2;
  u2 := a1*u0 - b1*u3 +u1;
  u1 := a2*u0 - b2*u3;

  DA_Wandler := u3;

 end;
end;
```

Der neue Wert u3 der Ausgangsfolge wird mit dem neuen Wert der Eingangsfolge u0 und dem vergangenen Wert u2 mit

```
u3  := a0*u0 + u2;
```

berechnet; denn der Wert u2 entstammt dem vergangenen Durchlauf. Die Anweisung

```
u2 := a1*u0 - b1*u3 +u1;
```

ergibt den u2-Wert für den nächsten Durchlauf aus dem gegenwärtigen u0-Wert, dem vergangenen u1-Wert und dem gerade berechneten u3-Wert. Die letzte Anweisung ermittelt den u1-Wert

```
u1 := a2*u0 - b2*u3;
```

für den nächsten Durchlauf aus dem gegenwärtigen Wert u0 und aktuellen u3.

12.2.2 Zweites Beispiel: Aufbau eines Modem

Die Nutzung der Kanäle des weltumspannenden, analogen Fernsprechnetzes mit ihrer Bandpaßcharakteristik erfordert die Modulation eines Sinusträgers. Damit wird eine Datenübertragungseinrichtung erforderlich, die einen Modulator und einen Demodulator enthält. Diese beiden Blöcke haben der Datenübertragungseinheinheit den Namen Modem gegeben.

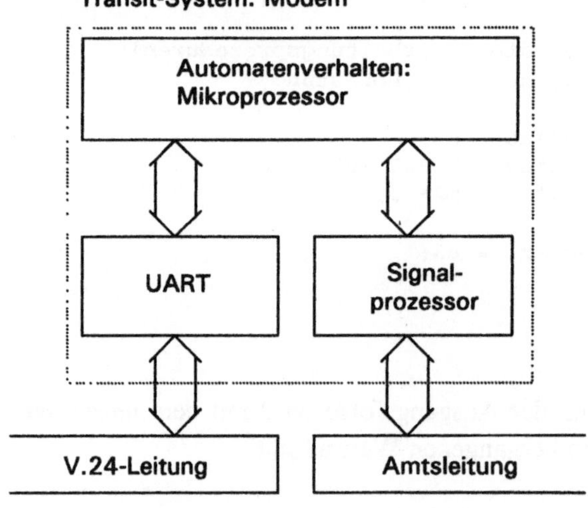

Bild 12.3 Modem als Transitsystem

Das Bestreben trotz der begrenzten Bandbreite von 300 Hz bis 3,4 KHz durch Blockbildung hohe Übertragungsgeschwindigkeiten zu erreichen, hat zu sehr komplizierten Modulationsverfahren mit einer adaptiven Entzerrung der Kanäle geführt. Die Realisierung der erforderlichen Signalverarbeitung in analoger Schaltungstechnik ist zwar in weiten Bereichen möglich, aber absolut unwirtschaftlich. Zudem macht die Notwendigkeit der adaptiven Entzerrung den Einsatz der digitalen Signalverarbeitung zwingend, weil die automatische Einstellung der Entzerrerfilter in analoger Schaltungstechnik nicht befriedigend lösbar ist. So ist also das Modem ein besonders prägnantes Beispiel für eine Realisierung durch digitale Signalverarbeitung. Bild 12.3 zeigt das Blockschaltbild eines Modem, das aus drei Einzelblöcken besteht. Der Block mit dem Mikroprozessor und seiner Software realisiert das Automatenverhalten, während die beiden anderen Signalumformungen durchführen. Der UART-Baustein - die Bezeichnung wurde abgeleitet von Universal Asynchronous Receiver Transmitter - vollzieht die Signalanpassung zwischen dem Mikroprozessor und der V.24-Leitung. Die größte Komplexität findet man bei der Anpassung an die analoge Amtsleitung. Diese Signalverarbeitung wird von einem Signalprozessor mit Signalverarbeitungssoftware durchgeführt.

13 Anhang

Im folgenden werden einige zum Verständnis des Buches nützliche Grundlagen zusammengestellt, um dem Leser das Nachschlagen während der Lektüre zu ersparen.

13.1 Wahrscheinlichkeitslehre

Die Wahrscheinlichkeitslehre ist entstanden aus der Beobachtung von Vorgängen, die dem Zufall unterworfen sind. Hinsichtlich der Häufigkeit des Auftretens eines bestimmten Ereignisses treten Gesetzmäßigkeiten auf, wenn der entsprechende Vorgang oft genug wiederholt wird.

Die Wahrscheinlichkeit $P(A)$ für das Auftreten des Ereignisses A wird definiert als der Grenzwert der relativen Häufigkeit h_N des Auftretens des Ereignisses A, wenn die Anzahl N der Versuche gegen unendlich geht. Mit der Häufigkeit $N(A)$ des Auftretens des Ereignisses A ist die relative Häufigkeit

$$h_N(A) = \frac{N(A)}{N} \quad . \tag{13.1}$$

Die Wahrscheinlichkeit für das Auftreten des Ereignisses A ist somit

$$P(A) = \lim_{N \to \infty} \frac{N(A)}{N} \quad . \tag{13.2}$$

Ist sowohl das Ereignis A als auch das Ereignis B möglich, so lassen sich weitere Ereignisse definieren: Das Verbundereignis $A \cdot B$ ist gegeben, wenn gleichzeitig die Ereignisse A und B auftreten. Das Ereignis $A + B$ ist gegeben, wenn entweder das Ereignis A oder das Ereignis B auftritt. Das Ereignis A/B ist gegeben, wenn das Ereignis A auftritt, unter der Bedingung, daß vorher das Ereignis B aufgetreten ist.

Aus der Definition der Wahrscheinlichkeit als Grenzwert der relativen Häufigkeit lassen sich folgende Aussagen machen:

1. Der Wert einer Wahrscheinlichkeit P ist eine Zahl zwischen Null und Eins. Es gilt

$$0 \leq P \leq 1 \quad . \tag{13.3}$$

2. Die Wahrscheinlichkeit eines mit Gewißheit eintretenden Ereignisses E ist Eins. Es gilt

$$P(E) = 1 \quad . \tag{13.4}$$

3. Die Wahrscheinlichkeit eines niemals auftretenden Ereignisses E ist Null. Es gilt

$$P(E) = 0 \quad . \tag{13.5}$$

Weitere Aussagen lassen sich anhand eines Beispiels gewinnen. Die Männer und Frauen einer Bevölkerung gehören entweder einer roten oder einer blauen Partei an. Jeder Person können somit zwei Merkmale zugeordnet werden, entweder das Merkmal Mann (M) oder das Merkmal Frau (F) und entweder das Merkmal rote Partei (R) oder das Merkmal blaue Partei (B). Ist N(E) die Häufigkeit des Auftretens des Merkmals E, so gilt für die Gesamtanzahl der Personen

$$N = N(MB) + N(MR) + N(FB) + N(FR) \tag{13.6}$$

Für die relative Häufigkeit des Merkmals M erhält man

$$h_N(M) = \frac{N(MB) + N(MR)}{N} \quad , \tag{13.7}$$

für die relative Häufigkeit des Merkmals B erhält man

$$h_N(B) = \frac{N(MB) + N(FB)}{N} \quad , \tag{13.8}$$

für die relative Häufigkeit des Merkmals M+B erhält man

$$h_N(M+B) = \frac{N(MB) + N(MR) + N(FB)}{N} \quad , \tag{13.9}$$

für die relative Häufigkeit des Merkmals M/B erhält man

$$h_N(M/B) = \frac{N(MB)}{N(MB) + N(FB)} \tag{13.10}$$

und für die relative Häufigkeit des Merkmals B/M

$$h_N(M/B) = \frac{N(MB)}{N(MB) + N(MR)} \quad . \tag{13.11}$$

Formt man Gl. (13.9) folgendermaßen um,

$$h_N(M+B) = \frac{N(MB) + N(MR)}{N} + \frac{N(MB) + N(FB)}{N} - \frac{N(MB)}{N}$$

so erhält man mit Gl. (13.7) und Gl. (13.8) für die relative Häufigkeit der Personen, die entweder Männer sind oder der blauen Partei angehören

$$h_N(M+B) = h_N(M) + h_N(B) - h_N(MB) \tag{13.12}$$

Somit lassen sich für die Wahrscheinlichkeiten folgende weitere Aussagen treffen:

4. Die Wahrscheinlichkeit dafür, daß mindestens eines von zwei möglichen Ereignissen eintrifft, ist gleich der Summe der Einzelwahrscheinlichkeiten für den Eintritt der beiden Ereignisse, vermindert um die Wahrscheinlichkeit für den gleichzeitigen Eintritt beider Ereignisse.

$$P(A+B) = P(A) + P(B) - P(AB) \tag{13.13}$$

Schließen sich beide Ereignisse aus, so gilt der Additionssatz

$$P(A+B) = P(A) + P(B) \tag{13.14}$$

Die Gl. (13.10) für die relative Häufigkeit der Männer, die der blauen Partei angehören, läßt sich folgendermaßen umformen:

$$N(MB) = h_N(M/B) \, [N(MB) + N(FB)] \tag{13.15}$$

Mit Gl. (13.8) wird aus Gl. (13.15)

$$h_N(MB) = h_N(M/B) \, h_N(B) \tag{13.16}$$

Damit läßt sich für die Wahrscheinlichkeiten eine weitere Aussage treffen:

5. Die Wahrscheinlichkeit für das gleichzeitige Auftreten zweier Merkmale ist gleich dem Produkt aus der absoluten Wahrscheinlichkeit des einen und der bedingten Wahrscheinlichkeit des anderen Merkmals.

$$P(AB) = P(A) \, P(B/A) \tag{13.17}$$

Ist $P(B/A)$ die Wahrscheinlichkeit dafür, daß das Merkmal B auftritt unter der Bedingung, daß Merkmal A gegeben ist, so gilt

$$P(B/A) = P(B) \quad , \tag{13.18}$$

wenn das Auftreten des Merkmals B unabhängig vom Vorhandensein des Merkmals A ist. Sind die Merkmale A und B voneinander unabhängig, so gilt der Multiplikationssatz

$$P(AB) = P(A) \, P(B) \quad . \tag{13.19}$$

Wenn das Auftreten des Merkmals A unabhängig davon ist, welche Merkmale vorher aufgetreten sind, gilt für die Wahrscheinlichkeit, daß das Merkmal A n-mal auftritt

$$P(A^n) = P^n(A) \tag{13.20}$$

13.2 Einige nachrichtentechnische Grundbegriffe

Im Folgenden werden einige nachrichtentechnische Grundbegriffe zusammengestellt, deren Kenntnis beim Lesen des Buches vorausgesetzt wird. Im wesentlichen sind dies die Dirac- und die Sprungfunktion, das Faltungsintegral sowie die Fourier- und die z-Transformation.

13.2.1 Dirac- und Sprungfunktion

Neben der Sinusfunktion sind die Dirac- und die Sprungfunktion wichtige Elementarsignale. Man definiert die Sprungfunktion

$$\varepsilon(t) = \begin{cases} 0 & \text{für } t < 0 \\ 1 & \text{für } t \geq 0 \end{cases} , \tag{13.21}$$

die in der Nachrichtentheorie bei der Untersuchung von Einschaltvorgängen eine wichtige Rolle spielt. Auch läßt sich der bei $t=0$ einsetzende Rechteckimpuls der Dauer τ

$$r(t) = \varepsilon(t) - \varepsilon(t - \tau) \tag{13.22}$$

durch 2 gegeneinander verschobene Sprungfunktionen darstellen. Allgemein wird für die Rechteckfunktion das Zeichen $rect(x)$ vereinbart und definiert

$$rect(x) = \begin{cases} 1 & \text{für } |t| \leq 1/2 \\ 0 & \text{für } |t| > 1/2 \end{cases} . \tag{13.23}$$

Zur Dirac-Funktion gelangt man durch Bildung des Differenzenquotienten

$$d(t) = \frac{\varepsilon(t) - \varepsilon(t - \Delta t)}{\Delta t} \tag{13.24}$$

der Sprungfunktion $\varepsilon(t)$. Dieser Differentialquotient ist ein Rechteckimpuls der Breite Δt und der Höhe $1/\Delta t$. Er hat somit den Flächeninhalt 1. Durch den Grenzübergang $\Delta t \rightarrow 0$ entsteht der Dirac-Impuls

$$\delta(t) = \lim_{\Delta t \to 0} d(t) \quad , \tag{13.25}$$

der den Flächeninhalt 1 hat, für $t \neq 0$ den Wert 0 annimmt und bei $t=0$ gegen ∞ geht.

13.2.2 Faltungsintegral

Mit Hilfe des Faltungsintegrals werden zwei Funktionen $x(t)$ und $y(t)$ zu einer neuen Funktion

$$z(t) = \int_{-\infty}^{\infty} x(\tau)\, y(t-\tau)\, d\tau \tag{13.26}$$

miteinander verknüpft. Durch die Faltung

$$x(t) = \int_{-\infty}^{\infty} x(\tau)\, \delta(t-\tau)\, d\tau \tag{13.27}$$

eines Signals $x(t)$ mit der Dirac-Funktion $\delta(t)$ entsteht wieder die Funktion $x(t)$; sie wird damit dargestellt durch eine unendliche Summe von gegeneinander verschobenen Dirac-Funktionen. Liegt $x(t)$ am Eingang eines Systems mit der Impulsantwort $g(t)$ auf einen Dirac-Impuls $\delta(t)$, so ergibt sich die Antwort des Systems

$$y(t) = \int_{-\infty}^{\infty} x(\tau)\, g(t-\tau)\, d\tau \tag{13.28}$$

durch Faltung des Eingangssignals $x(t)$ mit der Impulsantwort $g(t)$.

13.2.3 Fourier- und z-Transformation

So wie sich die Fourier-Transformation auf analoge Signale $u(t)$ bezieht, wird die z-Transformation auf Zahlenfolgen angewendet. Die Fourier-Transformierte

$$\underline{U}(f) = \int\limits_{-\infty}^{\infty} u(t)\, e^{-j\,2\pi ft}\, dt \qquad\qquad (13.29)$$

ordnet einer Zeitfunktion u(t) eine Frequenzfunktion $\underline{U}(f)$ zu. Mit Hilfe dieser Fourier-Transformation werden Differentialgleichungen in algebraische Gleichungen verwandelt. Die z-Transformierte

$$X(z) = \sum_{n=-\infty}^{\infty} x(n)\, z^{-n} \qquad\qquad (13.30)$$

ordnet einer Zahlenfolge x(n) eine Funktion X(z) zu. Mit Hilfe dieser z-Transformation werden Differenzengleichungen, die die Eingangszahlenfolge eines Systems mit dessen Ausgangszahlenfolge verknüpfen, in algebraische Gleichungen verwandelt.

13.3 Statistische Signalbeschreibung

Wenn auch die Spannungszeitfunktion eines stochastischen, d.h. regellosen Signals nicht angegeben werden kann, weil der Signalverlauf vom Zufall abhängt, also nicht bekannt ist, so zeigt doch die Wahrscheinlichkeitslehre, daß auch für zufällige Vorgänge Gesetzmäßigkeiten angegeben werden können.
Die wichtigsten Methoden zur Kennzeichnung dieser Gesetzmäßigkeiten sind

- Wahrscheinlichkeitsfunktionen
- Mittelwerte
- Korrelationsfunktionen und
- Leistungsdichtespektren.

13.3.1 Wahrscheinlichkeitsfunktionen

Die Spannung einer stochastischen Signalquelle wird als eine stochastische Variable aufgefaßt. Hier müssen zwei Fälle unterschieden werden; entweder die stochastische Variable ist kontinuierlich veränderlich oder sie kann nur bestimmte diskrete Werte annehmen.

Kontinuierliche stochastische Variable. Als Beispiel wird eine große Anzahl gleicher rauschender Widerstände betrachtet. Die Spannung an diesen Widerständen ist stochastischer Natur; ihre Augenblickswerte sind nicht vorhersehbar. Es gibt dann zwei verschiedene Beschreibungsmöglichkeiten. Entweder man beobachtet zu verschiedenen Zeiten die Spannung an einem Widerstand oder man beobachtet zum gleichen Zeitpunkt alle rauschenden Widerstände, um Wahrscheinlichkeitsaussagen zu machen. Das Ergodentheorem (griechisch: ergos-Arbeit, hodos-Weg) besagt nun, daß beide Betrachtungsweisen gleichwertig sind. Das Theorem gilt, wenn jedes System einer Schar im Laufe der Beobachtungszeit alle Zustände annimmt, deren die Scharmitglieder fähig sind. Dies ist für die meisten physikalischen Prozesse der Fall.

Bei einer Schar von N rauschenden Widerständen, die durch eine Laufvariable k gekennzeichnet werden und eine Spannung $u_k(t)$ haben, stellt man zu einem Zeitpunkt $t = t_0$ die Anzahl

$$N\{ u_k(t_0) > u \} \tag{13.31}$$

der Widerstände fest, deren Spannung $u_k(t_0)$ unterhalb einer Schranke u liegt. Die relative Häufigkeit dieser Widerstände beträgt dann definitionsgemäß

$$H_N(u) = \frac{N\{ u_k(t_0) < u \}}{N} \tag{13.32}$$

Den Grenzwert der relativen Häufigkeit $H_N(u)$ für $N \to \infty$ nennt man

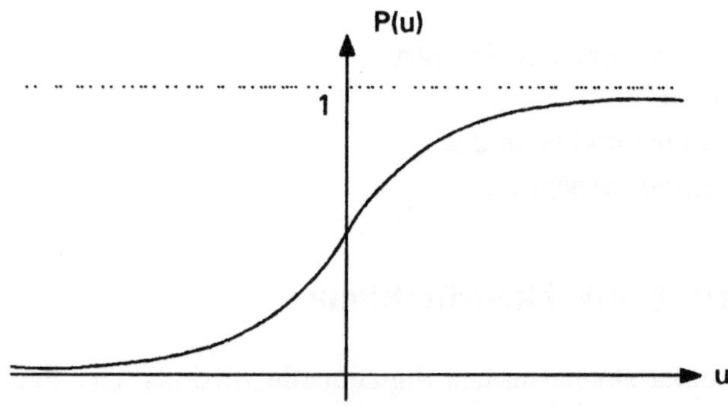

Bild 13.1 Wahrscheinlichkeitsverteilungsfunktion

Wahrscheinlichkeitsverteilungsfunktion $P(u)$. Ihr charakteristischer Verlauf ist in Bild 13.1 dargestellt.

Auf Grund der Definition muß gelten

$$\lim_{u \to \infty} P(u) = 1 \qquad\qquad (13.33)$$

und

$$\lim_{u \to -\infty} P(u) = 0 \ . \qquad\qquad (13.34)$$

Zu einer weiteren, die stochastische Rauschspannung kennzeichnenden Wahrscheinlichkeitsfunktion gelangt man, wenn die Anzahl

$$N\{ \ u < u_k(t_0) < u+du \ \}$$

der Widerstände festgestellt wird, für deren Spannung $u_k(t_0)$ mit der Schranke u und der differentiell kleinen Spannung du zum Zeitpunkt $t = t_0$ gilt

$$u < u_k(t_0) < u+du$$

Die relative Häufigkeit dieser Widerstände hängt von der differentiell kleinen Spannung du ab und wird daher auf diese bezogen. Für diese bezogene relative Häufigkeit erhält man

$$h_N(u) = \frac{N\{ \ u < u_k(t_0) < u+du \ \}}{N \ du} \qquad\qquad (13.35)$$

Den Grenzwert

$$\lim_{N \to -\infty} h_N(u)$$

nennt man die **Wahrscheinlichkeitsdichtefunktion** $p(u)$, deren charakteristischer Verlauf in Bild 13.2 wiedergegeben ist.

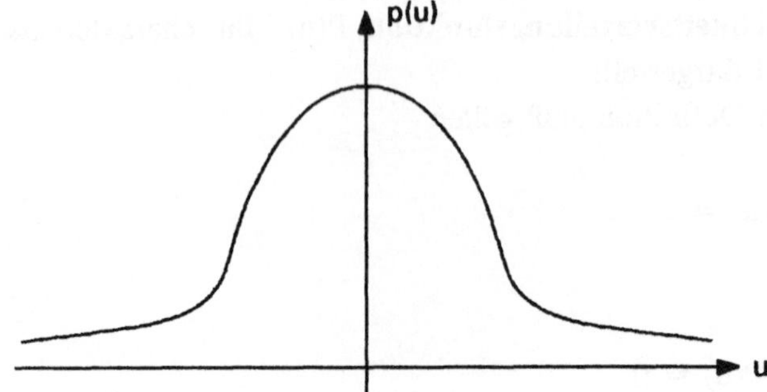

Bild 13.2 Wahrscheinlichkeitsdichtefunktion

Die Umformung der Gl. (13.35) mit Hilfe der Gl. (13.32) ergibt

$$h_N(u) = \frac{N[\ H_N(u+du) - H_N(u)\ ]}{N\ du} \tag{13.36}$$

Auf Grund der Definition des Differentialquotienten gilt somit

$$h_N(u) = \frac{d\ H_N(u)}{du} \tag{13.37}$$

und nach vollzogenem Grenzübergang $N \rightarrow \infty$

$$p(u) = \frac{d\ P(u)}{du} \tag{13.38}$$

Nach diesen Definitionen der Wahrscheinlichkeitsverteilungs- und der Wahrscheinlichkeitsdichtefunktion ist die Wahrscheinlichkeit dafür, daß sich die Spannung eines Scharmitglieds zur Zeit $t=t_0$ zwischen den Spannungsschranken u_1 und u_2 befindet,

$$W\{\ u_1 < u_k(t_0) < u_2\ \} = \int_{u_1}^{u_2} p(u)\ du = P(u_2) - P(u_1) \tag{13.39}$$

Diskrete statistische Variable. Wie bei den kontinuierlichen statistischen Variablen lassen sich auch hier Wahrscheinlichkeitsfunktionen definieren. Man betrachtet eine Schar von N Signalgeneratoren, die durch eine Laufvariable k gekennzeichnet werden und deren Spannung $u_k(t_0)$ eine diskrete statistische Variable ist. Zu einem Zeitpunkt $t=t_0$ stellt man die Anzahl

$$N\{ u_k(t_0) < u \}$$

der Scharmitglieder fest, deren Spannung $u_k(t_0)$ unterhalb einer Schranke u liegt. Ihre relative Häufigkeit beträgt

$$H_N(u) = \frac{N\{uk(t_0) < u \}}{N} \ . \tag{13.40}$$

Der Grenzwert der relativen Häufigkeit $H_N(u)$ für N $-->\infty$ ist die Wahrscheinlichkeitsverteilungsfunktion P(u). Sie hat einen treppenförmigen Verlauf nach Bild 13.3, weil die Variable nur bestimmte feste Werte

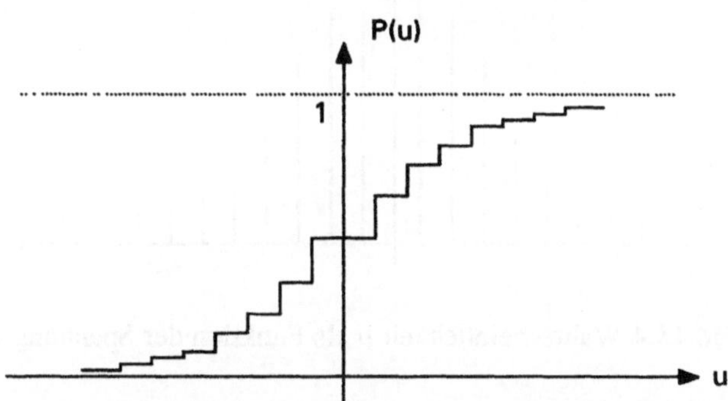

Bild 13.3 Wahrscheinlichkeitsverteilungsfunktion für eine diskrete statistische Variable

aus einem begrenzten Wertevorrat annehmen kann. Wie für eine kontinuierliche Variable muß auch hier gelten

$$\lim_{N\to\infty} P(u) = 1 \tag{13.41}$$

und

$$\lim_{N \to -\infty} P(u) = 0 \tag{13.42}$$

Zur weiteren Kennzeichnung der Signalquelle gelangt man, wenn die Anzahl $N(u_m)$ der Scharmitglieder festgestellt wird, deren Spannungen $u_k(t_0)$ den Wert u_m angenommen haben. Die Spannung $u_k(t_0)$ soll M verschiedene Werte annehmen können, die durch eine Laufvariable m gekennzeichnet werden. Für die Wahrscheinlichkeit p_m dafür, daß die statistische Variable $u_k(t_0)$ den Wert u_m annimmt, erhält man

$$p_m = \lim_{N \to -\infty} \frac{N(u_m)}{N} \;. \tag{13.43}$$

In Bild 13.4 ist die Wahrscheinlichkeit p_m als Funktion der Spannung u, dargestellt. Der Funktionswert ist nur dann von

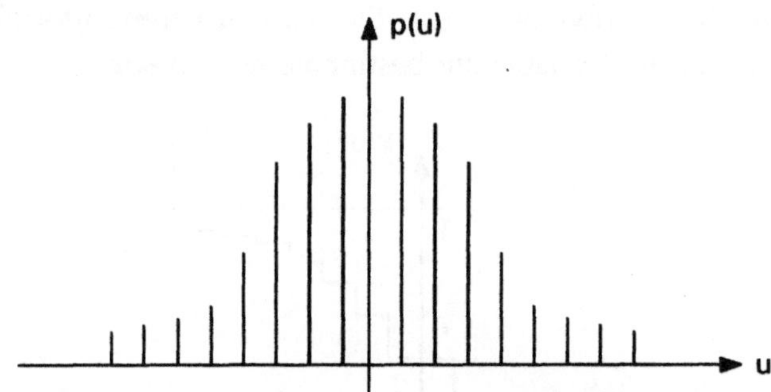

Bild 13.4 Wahrscheinlichkeit p als Funktion der Spannung u

Null verschieden, wenn die unabhängige Variable u einen der möglichen Werte u_m der statistischen Variablen $u_k(t_0)$ annimmt. Da die statistische Variable mit Sicherheit einen der möglichen Werte u_m annehmen muß, gilt

$$\sum_{m=1}^{M} p_m = 1 \;. \tag{13.44}$$

13.3.2 Mittelwerte

Stochastische Signale können durch den linearen und den quadratischen Mittelwert gekennzeichnet werden. Es gibt zwei Möglichkeiten, einen Mittelwert zu bilden, nämlich eine Mittelung über die Schar und eine Mittelung über die Zeit. Auf Grund des Ergodentheorems führen beide Mittelungsprozesse zum gleichen Ergebnis.

Zeitmittelwert. Von besonderer Bedeutung ist der quadratische Mittelwert. Wird er radiziert, so erhält man den Effektivwert U_{eff}. Mit der Spannung $u_{k0}(t)$ des Scharmitglieds mit der Nummer k_0 und der Integrationszeit T gilt

$$U_{eff}^2 = \lim_{T \to \infty} \frac{1}{T} \int_{-T/2}^{T/2} u_{k0}^2(t) \, dt \ . \tag{13.45}$$

Der Grenzübergang ist wegen der stochastischen Natur des Signals notwendig; der Mittelwert wird erst für eine unendlich große Integrationszeit T zeitunabhängig. Gl. (13.45) ist zur Berechnung des Mittelwertes nicht geeignet, weil der Zeitverlauf $u_{k0}(t)$ unbekannt ist. Allerdings kann auf der Grundlage der Gl. (13.45) mit Hilfe eines elektronischen Quadrierers und Integrators ein Gerät zur Messung des quadratischen Mittelwerts entwickelt werden.

Scharmittelwert. Man bildet zum Zeitpunkt $t=t_0$ den Mittelwert der Quadrate der Spannungen der Scharmitglieder und erhält mit der Anzahl N der Scharmitglieder für den quadratischen Mittelwert

$$U_{eff}^2 = \lim_{N \to \infty} \frac{1}{N} \sum_{k=1}^{N} u_k^2(t_0) \ . \tag{13.46}$$

Der Scharmittelwert läßt sich mit Hilfe der Wahrscheinlichkeitsdichtefunktion berechnen. Man unterteilt den Bereich der möglichen Werte u der statistischen Variablen u_k in kleine äquidistante Abschnitte, die mit Hilfe einer Laufvariablen m numeriert werden. Die Anzahl N der Scharmitglieder

$$N(u_m < u_k < u_m + \Delta u) \quad ,$$

die im Abschnitt m mit der Breite Δu und den Abschnittsgrenzen u_m und u_{m+1} liegen, beträgt mit Gl. (13.35)

$$N\ h_N(u_m)\ \Delta u \quad .$$

Somit erhält man für den Scharmittelwert

$$U_{eff}^2 = \lim_{\substack{N \to \infty \\ \Delta u \to \infty}} \frac{1}{N} \sum_{m=1}^{\infty} N\ h_N(u_m)\ \Delta u\ u_m^2 \quad . \tag{13.47}$$

Bei dem Grenzübergang wird aus der Summe ein Integral, aus der Abschnittsbreite Δu das Differential du und aus der relativen Häufigkeit h_N die Wahrscheinlichkeitsdichtefunktion $p(u)$. Für den Scharmittelwert gilt dann

$$U_{eff}^2 = \int_{\infty}^{\infty} u^2\ p(u)\ du \ . \tag{13.48}$$

13.3.3 Korrelationsfunktionen

Sind $u_1(t)$ und $u_2(t)$ zwei stochastische Signale, so ist der Langzeitmittelwert

$$\lim_{T \to \infty} \frac{1}{T} \int_{-T/2}^{T/2} u_1(t)\ u_2(t)\ dt \tag{13.49}$$

ein Maß für deren Verwandtschaft. Wenn die beiden Signale voneinander statistisch unabhängig sind, kommen auf jeden Wert von u_1 gleich häufig positive und negative Werte von u_2; der Mittelwert ist Null. Bei maximaler Verwandtschaft, d.h. für $u_1 = u_2 = u$ ergibt sich der quadratische Mittelwert

$$\lim_{T \to \infty} \frac{1}{T} \int_{-T/2}^{T/2} u^2(t)\ dt \tag{13.50}$$

Zur Kennzeichnung eines stochastischen Signals u(t) untersucht man die Verwandtschaft des gegenwärtigen Signalverlaufs mit einem zeitlich zurückliegenden Signalverlauf und definiert mit der Verschiebungszeit τ die **Autokorrelationsfunktion**

$$K(\tau) = \lim_{T \to \infty} \frac{1}{T} \int_{-T/2}^{T/2} u(t)\, u(t+\tau)\, dt \quad , \tag{13.51}$$

deren charakteristischer Verlauf für ein stochastisches Signal ohne Gleichanteil in Bild 13.5 wiedergegeben ist.

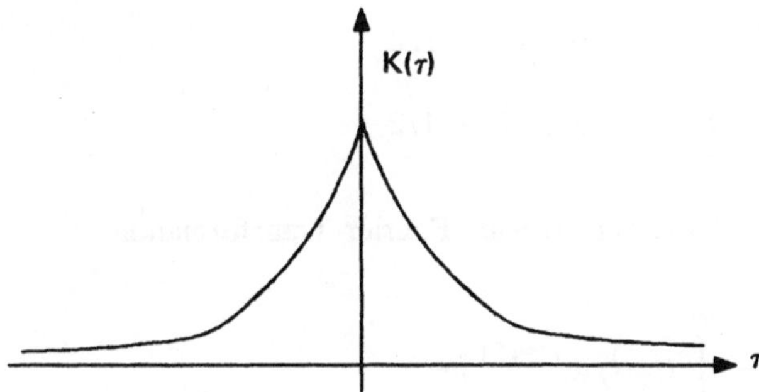

Bild 13.5 Autokorrelationsfunktion eines stochastischen Signals ohne Gleichanteil

Entsprechend wird für zwei Signale $u_1(t)$ und $u_2(t)$ zur Kennzeichnung ihrer Verwandtschaft die **Kreuzkorrelationsfunktion**

$$K_{12}(\tau) = \lim_{T \to \infty} \frac{1}{T} \int_{-T/2}^{T/2} u_1(t)\, u_2(t+\tau)\, dt \tag{13.52}$$

definiert. Durch die Autokorrelationsfunktion wird einem stochastischen Signal u(t) mit nicht vorhersehbarem Zeitverlauf eine definierte Zeitfunktion $K(\tau)$ zugeordnet. Dabei ist die Variable τ nicht die Echtzeit, sondern eine Apparatezeit, die durch die künstliche zeitliche Verschiebung des Vorgangs gegenüber sich selbst entsteht.

Gl. (13.51) ist zur Berechnung der Autokorrelation nicht geeignet, weil die Zeitfunktion u(t) eines stochastischen Vorgangs nicht bekannt ist. Sie kann aber als Grundlage für die Entwicklung eines Korrelators dienen. Die Berechnung der Autokorrelationsfunktion setzt die Kenntnis der statistischen Bindung eines stochastischen Vorgangs in die Vergangenheit voraus.

13.3.4 Wiener-Khintchine-Theorem

Die Fourier-Transformation zeigt, daß die Sinusfunktion als Aufbauelement für beliebige deterministische Funktionen dienen kann und daß sich der Zeitfunktion u(t) eine Frequenzfunktion $\underline{U}(f)$ zuordnen läßt. Diese Vorstellung von der Zerlegung eines Signals in seine spektralen Komponenten läßt sich in folgender Weise auf stochastische Signale übertragen. Man betrachtet eine Funktion

$$u_T(t) = \begin{cases} u(t) & \text{für}\,|\,t\,| < T/2 \\ 0 & \text{für}\,|\,t\,| \geq T/2 \end{cases} \tag{13.53}$$

Sie läßt sich mit Hilfe der inversen Fourier-Transformation

$$u_T(t) = \int_{-\infty}^{\infty} \underline{U}_T(f)\, e^{\,j\,2\pi f\,t}\, df \tag{13.54}$$

aus dem Spektrum $\underline{U}_T(f)$ der Zeitfunktion $u_T(t)$ berechnen. Die Autokorrelationsfunktion $K_T(\tau)$ der Funktion $u_T(t)$ ist mit Gl. (13.51)

$$K_T(\tau) = \lim_{T \to \infty} \frac{1}{T} \int_{-\infty}^{\infty} u_T(t)\, u_T(t+\tau)\, dt \tag{13.55}$$

Setzt man die Funktion $u_T(t)$ nach Gl. (13.54) in Gl. (13.55) ein, so ergibt sich

$$K_T(\tau) = \lim_{T \to \infty} \frac{1}{T} \int_{-\infty}^{\infty} u_T(t) \int_{-\infty}^{\infty} \underline{U}_T(f)\, e^{\,j\,2\pi f\,(t+\tau)}\, df\, dt. \tag{13.56}$$

Vertauscht man die Reihenfolge der Integrationen, so erhält man

$$K_T(\tau) = \int\limits_{-\infty}^{\infty} \lim_{T \to \infty} \frac{\underline{U}_T(f) \int\limits_{-\infty}^{\infty} u_T(t) \, e^{\,j\,2\pi f\,t} \, dt}{T} \, e^{\,j\,2\pi f\,\tau} \, df. \qquad (13.57)$$

Für die Frequenzfunktion gilt

$$\underline{U}_T(f) = \int\limits_{-\infty}^{\infty} u_T(t) \, e^{-\,j\,2\pi f\,t} \, dt. \qquad (13.58)$$

Verändert man das Vorzeichen der Frequenzvariablen, so ergibt sich

$$\underline{U}_T(-f) = \int\limits_{-\infty}^{\infty} u_T(t) \, e^{\,j\,2\pi f\,t} \, dt. \qquad (13.59)$$

Mit der der Funktionentheorie entstammenden für Frequenzfunktionen reeller Zeitfunktionen gültigen Beziehung

$$\underline{U}_T(-f) = \underline{U}_T^{\,*}(f) \qquad (13.60)$$

erhält man

$$\underline{U}_T(f) \int\limits_{-\infty}^{\infty} u_T(t) \, e^{-\,j\,2\pi f\,t} \, dt = \left| \underline{U}_T(f) \right|^2 \, . \qquad (13.61)$$

In Gl. (13.57) ist

$$\lim_{T \to \infty} \frac{\underline{U}_T(f) \displaystyle\int_{-\infty}^{\infty} u_T(t)\, e^{j\,2\pi f\, t}\, dt}{T} = S_T(f) \tag{13.62}$$

eine Frequenzfunktion, die die Einheit V^2/Hz haben muß, weil die Autokorrelationsfunktion $K_T(t)$ die Einheit V^2 hat. Die Frequenzfunktion $S_T(f)$ wird Leistungsdichtespektrum genannt. Der Zusammenhang mit der Amplitudendichte $\underline{U}(f)$ ergibt sich aus Gl.(13.60), (13.61) und (13.62) zu

$$S_T(f) = \lim_{T \to \infty} \frac{\left|\, \underline{U}_T(f)\, \right|^2}{T} \quad . \tag{13.63}$$

Für den Grenzübergang $T \to \infty$ gilt $u_T(t) = u(t)$ und $S_T(f) = S(f)$. Damit ist die Autokorrelationsfunktion die inverse Fourier-Transformierte des Leistungsdichtespektrums. Es gilt

$$K(\tau) = \int_{-\infty}^{\infty} S(f)\, e^{j\,2\pi f\, \tau}\, df \quad . \tag{13.64}$$

Das Leistungsdichtespektrum $S(f)$ wiederum ist die Fourier-Transformierte der Autokorrelationsfunktion

$$S(f) = \int_{-\infty}^{\infty} K(\tau)\, e^{-j\,2\pi f\, \tau}\, d\tau \quad . \tag{13.65}$$

13.3.5 Markoff-Prozess

Die digitale Übertragungstechnik ist eine Technik zur Übertragung von Zahlenfolgen. Bei Berechnungen und Messungen müssen stochastische Zahlenfolgen zugrundegelegt werden, um realistische Ergebnisse zu erhalten. Daher ist ein mathematisch beschreibbarer Prozeß zur Erzeugung einer stochastischen Zahlenfolge erforderlich.

Eine stochastische, d.h. zufällige, Folge $a_m(n)$ läßt sich als Markoff-Prozeß [51] n-ter Ordnung auffassen und beschreiben. Ein Markoff-Prozeß liegt immer vor, wenn ein System nacheinander in regelloser Weise aus einer abzählbaren Menge von Zuständen bestimmte annimmt und die Wahrscheinlichkeit für das Eintreffen eines Zustandes von den vorhergehenden Zuständen abhängt. Die Ordnungszahl eines Markoff-Prozesses gibt an, wieviel Schritte die statistische Bindung in die Vergangenheit hineinreicht. Bei der Beschreibung der Wahrscheinlichkeitsstruktur ist es notwendig, nicht nur die absoluten Wahrscheinlichkeiten für das Eintreten der einzelnen Zustände zu kennen, sondern auch den Einfluß der statistischen Vorgeschichte.

Markoff-Prozesse werden durch Übergangswahrscheinlichkeiten $p_{mn}^{(k)}$ gekennzeichnet

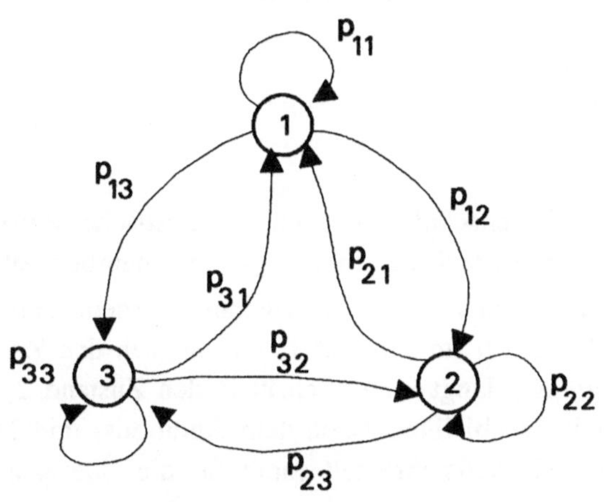

Bild 13.6 Markoff-Diagramm

Man versteht darunter die Wahrscheinlichkeit dafür, daß das System nach k Schritten von Zustand m in den Zustand n gelangt. Die Wahrscheinlichkeit in k Schritten läßt sich aus der Wahrscheinlichkeit $p_{mn}^{(1)} = p_{mn}$ in einem Schritt berechnen. Für ein System mit 3 Zuständen lassen sich entsprechend Bild 13.6 neun Übergangswahrscheinlichkeiten definieren, die als Übergangsmatrix in einem Schritt

$$\underline{P}_1 = \begin{bmatrix} p_{11} & p_{12} & p_{13} \\ p_{21} & p_{22} & p_{23} \\ p_{31} & p_{32} & p_{33} \end{bmatrix} \tag{13.66}$$

dargestellt werden.

Befindet sich das System im Zustand 1, so ist der Verbleib im Zustand 1 oder der Übergang auf einen der Zustände 2 oder 3 ein sicheres Ereignis. Somit muß gelten

$$p_{11} + p_{12} + p_{13} = 1 \tag{13.67}$$

oder allgemein für ein System mit n Zuständen:

$$\sum_{j=1}^{n} p_{ij} = 1 \ . \tag{13.68}$$

Matrizen mit dieser Eigenschaft nennt man stochastische Matrizen. Für ein System mit zwei Zuständen soll die Übergangswahrscheinlichkeit $p_{12}^{(2)}$ vom Zustand 1 nach Zustand 2 in 2 Schritten berechnet werden. Entweder das System bleibt nach dem 1. Schritt im Zustand 1, um dann in den Zustand 2 zu gelangen, oder das System gelangt im 1. Schritt in den Zustand 2, um im nächsten Schritt im Zustand 2 zu bleiben. Nach dem Additions- und Multiplikationsgesetz der Wahrscheinlichkeitslehre gilt somit für die Übergangswahrscheinlichkeit

$$p_{12}^{(2)} = p_{11}\, p_{12} + p_{21}\, p_{22} \qquad . \tag{13.69}$$

Ermittelt man auf die gleiche Weise die übrigen Wahrscheinlichkeiten der Übergangsmatrix in 2 Schritten, so zeigt sich, daß sie durch Quadrierung der Übergangsmatrix in einem Schritt entsteht. Es gilt

$$\underline{P}_2 = \begin{bmatrix} p_{11}^{(2)} & p_{12}^{(2)} \\ p_{21}^{(2)} & p_{22}^{(2)} \end{bmatrix} = \begin{bmatrix} p_{11} & p_{12} \\ p_{21} & p_{22} \end{bmatrix} \begin{bmatrix} p_{11} & p_{12} \\ p_{21} & p_{22} \end{bmatrix} \ . \tag{13.70}$$

Allgemein gilt somit

$$\underline{P}_k = \begin{bmatrix} p_{11}{}^{(k)} & p_{12}{}^{(k)} \\ p_{21}{}^{(k)} & p_{22}{}^{(k)} \end{bmatrix} = \begin{bmatrix} p_{11} & p_{12} \\ p_{21} & p_{22} \end{bmatrix}^k = \underline{P}^k \qquad (13.71)$$

Die Übergangswahrscheinlichkeit $p_{mn}{}^{(k)}$ ist die Wahrscheinlichkeit für das Eintreten des Zustandes n, wenn vor k Schritten der Zustand m bestand. Da mit zunehmender Schrittzahl der Einfluß des Ausgangszustandes auf die Wahrscheinlichkeit des betrachteten Zustandes abnimmt, gilt mit der absoluten Wahrscheinlichkeit p_n für das Auftreten des Zustandes n

$$\lim_{k \to \infty} p_{mn}{}^{(k)} = p_n \qquad (13.72)$$

Zur Berechnung der Potenzen der Übergangsmatrix wird eine Modalmatrix $\underline{X}$ und eine Eigenwertmatrix $\underline{\Delta}$ ermittelt und die Übergangsmatrix $\underline{P}$ in der Form

$$\underline{P} = \underline{X}\,\underline{\Delta}\,\underline{X}^{-1} \qquad (13.73)$$

dargestellt. Für das Quadrat der Übergangsmatrix gilt

$$\underline{P}^2 = \underline{P}\,\underline{P} = \underline{X}\,\underline{\Delta}\,\underline{X}^{-1}\,\underline{X}\,\underline{\Delta}\,\underline{X}^{-1} \qquad (13.74)$$

Die Multiplikation einer Matrix mit der inversen Matrix ergibt die Einheitsmatrix. Daher wird aus Gl. (13.74)

$$\underline{P}^2 = \underline{X}\,\underline{\Delta}^2\,\underline{X}^{-1} \qquad (13.75)$$

Allgemein gilt somit für die Potenzen der Übergangsmatrix

$$\underline{P}^k = \underline{X}\,\underline{\Delta}^k\,\underline{X}^{-1} \qquad (13.76)$$

Die Eigenwertmatrix $\underline{\Delta}$ ist eine Diagonalmatrix, in deren Diagonale die Eigenwerte der Übergangsmatrix stehen. Quadriert man die zweireihige Diagonalmatrix

$$\underline{\Delta} = \begin{bmatrix} \lambda_1 & 0 \\ 0 & \lambda_2 \end{bmatrix} \quad , \tag{13.77}$$

so erhält man

$$\begin{bmatrix} \lambda_1 & 0 \\ 0 & \lambda_2 \end{bmatrix} \begin{bmatrix} \lambda_1 & 0 \\ 0 & \lambda_2 \end{bmatrix} = \begin{bmatrix} \lambda_1^2 & 0 \\ 0 & \lambda_2^2 \end{bmatrix} \quad . \tag{13.78}$$

Für die Potenzen der zweireihigen Diagonalmatrix gilt dann mit dem ganzzahligen Exponenten k

$$\begin{bmatrix} \lambda_1 & 0 \\ 0 & \lambda_2 \end{bmatrix}^k = \begin{bmatrix} \lambda_1^k & 0 \\ 0 & \lambda_2^k \end{bmatrix} \tag{13.79}$$

Allgemein wird also eine Diagonalmatrix dadurch potenziert, daß man ihre Elemente potenziert.

Ein Spaltenvektor $\underline{X}$ kann durch Multiplikation mit einer Matrix $\underline{P}$ in einen anderen Vektor transformiert werden. Ist dieser dem ursprünglichen Vektor proportional, so erhält man mit der Proportionalitätskonstanten λ

$$\underline{P}\,\underline{X} = \lambda\,\underline{X} \quad . \tag{13.80}$$

Gl. (13.80) ist nur für bestimmte Werte der Proportionalitätskonstanten λ, die man die Eigenwerte der Matrix $\underline{P}$ nennt, erfüllt. Für eine zweireihige Matrix lautet das zu Gl. (13.80) gehörige Gleichungssystem mit den Elementen des Spaltenvektors x_1 und x_2

$$\begin{aligned} p_{11}\,x_1 + p_{12}\,x_2 &= \lambda\,x1 \\ p_{21}\,x_1 + p_{22}\,x_2 &= \lambda\,x2 \end{aligned} \tag{13.81}$$

bzw.

$$\begin{aligned} (p_{11} - \lambda)\,x_1 + \quad\quad p_{12}\,x_2 &= 0 \\ p_{21}\quad\quad x_1 + (p_{22} - \lambda)\,x_2 &= 0 \end{aligned} \tag{13.82}$$

Damit dieses Gleichungssystem nichttriviale Lösungen hat, muß die Hauptdeterminante Null sein. Es gilt

$$\begin{vmatrix} (p_{11} - \lambda) & p_{12} \\ p_{21} & (p_{22} - \lambda) \end{vmatrix} = 0 \qquad . \tag{13.83}$$

Dies ist die charakteristische Gleichung der Matrix $\underline{P}$, deren Lösung die Eigenwerte ergeben. Für die zweireihige Matrix erhält man die quadratische Gleichung

$$\lambda^2 - \lambda\,(p_{11} + p_{22}) + (p_{11}p_{22} - p_{12}p_{21}) = 0 \; . \tag{13.84}$$

Nach dem Vieta'schen Wurzelsatz gilt für die beiden Lösungen λ_1 und λ_2

$$\begin{aligned} \lambda_1 + \lambda_2 &= p_{11} + p_{22} \\ \lambda_1\,\lambda_2 &= p_{11}p_{22} - p_{12}p_{21} \end{aligned} \qquad . \tag{13.85}$$

Da die Matrix $\underline{P}$ eine zweireihige Übergangsmatrix ist, gilt für ihre Elemente

$$\begin{aligned} p_{11} + p_{12} &= 1 \\ p_{21} + p_{22} &= 1 \end{aligned} \qquad . \tag{13.86}$$

Setzt man Gl. (13.86) in Gl. (13.85) ein, so erhält man

$$\begin{aligned} \lambda_1 + \lambda_2 &= p_{11} + p_{22} \\ \lambda_1\,\lambda_2 &= p_{11} + p_{22} - 1 \end{aligned} \qquad . \tag{13.87}$$

Daraus folgt

$$\begin{aligned} \lambda_1 &= 1 \\ \lambda_2 &= \lambda = p_{11} + p_{22} - 1 \end{aligned} \qquad . \tag{13.88}$$

Durch Einsetzen der Eigenwerte λ_1 und λ_2 in Gl. (13.82) erhält man

$$
\begin{aligned}
(p_{11} - \lambda_1)\, x_{11} + & \quad p_{12}\, x_{21} = 0 \\
p_{21} \quad x_{11} + & (p_{22} - \lambda_1)\, x_{21} = 0 \\
(p_{11} - \lambda_2)\, x_{12} + & \quad p_{12}\, x_{22} = 0 \\
p_{21} \quad x_{12} + & (p_{22} - \lambda_2)\, x_{22} = 0
\end{aligned}
\tag{13.89}
$$

Dabei werden die Indizes der Elemente des Spaltenvektors X durch den Index der Eigenwerte ergänzt. Werden die beiden Lösungspaare x_{11}, x_{21} und x_{12}, x_{22} in einer Matrix zusammengefaßt, so erhält man die Modalmatrix

$$
\underline{X} = \begin{bmatrix} x_{11} & x_{12} \\ x_{21} & x_{22} \end{bmatrix} \, .
\tag{13.90}
$$

Dann läßt sich Gl. (13.89) mit der Eigenwertmatrix $\underline{\Delta}$ in der Form

$$
\underline{P}\,\underline{X} = \underline{X}\,\underline{\Delta} \quad \text{bzw.} \quad \underline{P} = \underline{X}\,\underline{\Delta}\,\underline{X}^{-1}
\tag{13.91}
$$

schreiben. Gl. (13.89) ist ein unbestimmtes Gleichungssystem mit 4 Unbekannten, von denen 2 frei gewählt werden können. Setzt man $x_{11} = 1$ und $x_{12} = p_{12}$, so erhält aus Gl. (13.89) die Modalmatrix

$$
\underline{X} = \begin{bmatrix} 1 & p_{12} \\ 1 & -p_{21} \end{bmatrix} \, .
\tag{13.92}
$$

Die Potenzen der Übergangsmatrix können über Gl. (13.76) ermittelt werden. Es gilt

$$
\underline{P}^k = \frac{1}{p_{21} + p_{12}} \begin{bmatrix} p_{21} + p_{12}\lambda^k & p_{12}\,(1-\lambda^k) \\ p_{21}(1-\lambda^k) & p_{12} + p_{21}\lambda^k \end{bmatrix} \, .
\tag{13.93}
$$

Läßt man den Exponenten unendlich groß werden, so erhält man die Totalwahrscheinlichkeiten.

$$\lim_{k \to \infty} \underline{P}^k = \begin{bmatrix} p_1 & p_2 \\ p_1 & p_2 \end{bmatrix} \qquad (13.94)$$

mit

$$p_1 = \frac{p_{21}}{p_{12} + p_{21}} \ , \ p_2 = \frac{p_{12}}{p_{12} + p_{21}} \qquad . \qquad (13.95)$$

13.4 Beschreibung eines stochastischen Digitalsignals

Betrachtet werden sollen ausschließlich isochrone Signale. Man versteht darunter eine Folge von Signalelementen gleicher Dauer. In der digitalen Übertragungstechnik werden in einem festen Zeitraster Symbole aus einem begrenzten Symbolvorrat übertragen. Je nach dem Zeichenvorrat unterscheidet man binäre, ternäre, quaternäre, quinäre usw. Signale. Die binären Signale nehmen eine Sonderstellung ein, weil bei ihnen der Störabstand am größten ist. Im Folgenden sollen diese Signale im Zeit- und Frequenzbereich beschrieben werden.

13.4.1 Zeitfunktion

Es gibt zwei Möglichkeiten zur Darstellung der verschiedenen Symbole. Die Signalelemente eines digitalen Übertragungssignals sind Impulse. Man kann die verschiedenen Zeichen entweder durch Impulse gleicher Form, aber unterschiedlichen Vorzeichens und unterschiedlicher Amplitude darstellen oder durch Impulse verschiedener Form. Wird das digitale Signal durch eine Spannungszeitfunktion beschrieben, so erhält man für den Fall eines festen Grundimpulses mit der Dauer T_0 eines Signalelementes, einer festen Spannung U_0, der Zeitfunktion g(t) des Grundimpulses mit der Fläche 1, der zufälligen Folge $a_m(n)$ reiner Zahlen aus einem abzählbaren Wertevorrat M, der Laufvariablen $m = 1, 2, \ldots$ M zur Unterscheidung der einzelnen Werte und der Laufvariablen n zur Numerierung der einzelnen Zahlen der Folge den Spannungsverlauf

$$u(t) = U_0 T_0 \sum_{n=-\infty}^{\infty} a_m(n) \, g(t - nT_0) \ . \qquad (13.96)$$

Häufig ist die Zeitfunktion g(t) ein Rechteckimpuls. Ist der Wertevorrat $M=2$, so hat man ein binäres Signal. Wählt man $a_1=+1$ und $a_2=0$, so spricht man von einem unipolaren Signal. Für $a_1=+1$ und $a_2=-1$ ergibt sich ein bipolares Signal.

Die andere Möglichkeit eines digitalen Übertragungssignals verwendet für jedes zu übertragende Zeichen eine andere Impulsform. Für die Spannungszeitfunktion eines binären Signals erhält man mit den Zeitfunktionen $g_1(t)$ und $g_2(t)$ zur Darstellung der beiden Zeichen der zufälligen Folge $a_m(n)$, der Laufvariablen $m=1,2$ und mit $a_1=1$, $a_2=0$ den Spannungsverlauf

$$u(t) = U_0 T_0 \sum_{n=-\infty}^{\infty} [\, a_m(n)\, g_1(t - nT_0) + (1 - a_m(n))\, g_2(t - nT_0) \,] \quad (13.97)$$

Der Kehrwert der Dauer T_0 eines Signalelements $f_0=1/T_0$ wird Schritt- oder Taktfrequenz genannt.

13.4.2 Autokorrelationsfunktion

Man gewinnt das Leistungsdichtespektrum durch Fourier-Transformation der Autokorrelationsfunktion. Die Berechnung wird für ein digitales Signal mit festem Grundimpuls durchgeführt. Setzt man das digitale Signal nach Gl. (13.96) in die Definition der Autokorrelationsfunktion nach Gl. (13.51) ein, so erhält man unter Verwendung der Grenze N für die Laufvariable n1 mit der Substitution

$$T = T_0\,(2N+1) \qquad\qquad\qquad (13.98)$$

die Autokorrelationsfunktion

$$K(\tau)=\lim_{N\to\infty} \frac{U_0{}^2 T_0}{2N+1} \int_{-\infty}^{\infty} \sum_{n1=-N}^{N} a_m(n1)g(t-n1 T_0) \sum_{n2=-\infty}^{\infty} a_m(n2)g(t-n2 T_0+\tau)\, dt \ . \quad (13.99)$$

Dabei wird davon Gebrauch gemacht, daß es gleichwertig ist, statt wie in Gl. (13.51) von -T/2 bis T/2 zu integrieren, die Grenzen der Summe bei einem der beiden Faktoren des Integranden $+N$ und $-N$ statt $+\infty$ und $-\infty$ zu setzen und dafür von $-\infty$ bis $-\infty$ zu integrieren. Zur Durchführung der Integration und Summation in Gl. (13.99) sind einige Umformungen erforderlich. Mit den Substitutionen

$$\text{t-n1T}_0=\text{t' und}\quad \text{n2-n1}=\text{k} \tag{13.100}$$

wird Gl. (13.99) in

$$K(\tau)=\lim_{N\to\infty}\frac{U_0{}^2T_0}{2N+1}\int\limits_{-\infty}^{\infty}\sum_{n1=-N}^{N}a_m(n1)g(t')\sum_{n2=-\infty}^{\infty}a_m(k+n1)g(t'-kT_0+\tau)\,dt' \tag{13.101}$$

umgewandelt. Ändert man die Reihenfolge von Summen-, Integral- und Limeszeichen, so ergibt sich mit der Autokorrelationsfolge

$$R(k)=\lim_{N\to\infty}\frac{1}{2N+1}\sum_{n1=-N}^{N}a_m(n1)\,a_m(n1+k) \tag{13.102}$$

und der Autokorrelationsfunktion der Zeitfunktion des Grundimpulses g(t) mit der Verschiebungszeit τ-kT_0

$$Y(\tau\text{-}kT_0)=\int\limits_{-\infty}^{\infty}g(t')\,g(t'+\tau\text{-}kT_0)\,dt' \tag{13.103}$$

die Autokorrelationsfunktion des digitalen Signals

$$K(\tau)=U_0{}^2T_0\sum_{k=-\infty}^{\infty}R(k)\,Y(\tau\text{-}kT_0)\,. \tag{13.104}$$

Die Autokorrelationsfolge nach Gl. (13.102) läßt sich aus der Übergangsmatrix $\underline{P}$ des Signals ermitteln. Kann die Zufallszahl $a_m(n)$ die Werte a_1 und a_2 annehmen und betrachtet man die Elemente der Folge mit dem Wert a_1, so wird, wenn man von jedem dieser Elemente um k Schritte weitergeht, bei einigen ein Element mit dem Wert a_1 und bei den übrigen ein Element mit dem Wert a_2 angetroffen. Für große N ist $(2N+1)p_1$ die Anzahl der Elemente mit dem Wert a1. Die Anzahl derjenigen dieser Elemente, von denen aus nach k Schritten der Wert a_2 auftritt, beträgt

$$(2N+1)p_1p_{12}{}^{(k)} \tag{13.105}$$

In Fortführung dieser Überlegung erhält man die Autokorrelationsfolge

$$R(k) = a_1a_2p_1p_{12}{}^{(k)}+a_1a_2p_2p_{21}{}^{(k)}+a_1{}^2p_1p_{11}{}^{(k)}+a_2{}^2p_2p_{22}{}^{(k)}. \tag{13.106}$$

Kann die Zufallszahl M verschiedene Werte annehmen, so gilt

$$R(k) = \sum_{m1=1}^{M} \sum_{m2=1}^{M} a_{m1}\, a_{m2}\, p_{m1}\, p_{m1m2}{}^{(k)} \tag{13.107}$$

Setzt man in Gl. (13.106) die Elemente der potenzierten Übergangsmatrix nach Gl. (13.93) ein, so erhält man die Autokorrelationsfolge für ein binäres Signal

$$R(k) = (a_1p_1+a_2p_2)^2(1-\lambda^k)+(a_1{}^2p_1+a_2{}^2p_2)\lambda^k \tag{13.108}$$

Für Berechnungen sind als Grenzwerte von Bedeutung

$$R(\infty) = \lim_{k\to\infty} R(k) = (a_1p_1+a_2p_2)^2 \tag{13.109}$$

und

$$R(0) = \lim_{k\to 0} R(k) = a_1{}^2p_1+a_2{}^2p_2 \quad . \tag{13.110}$$

13.4.3 Leistungsdichtespektrum

Bildet man die Fourier-Transformierte der Autokorrelationsfunktion nach Gl. (13.104), so erhält man das Leistungsdichtespektrum

$$S(f) = U_0^2 T_0 \int\limits_{-\infty}^{\infty} \sum_{k=-\infty}^{\infty} R(k)\, Y(\tau-kT_0)\, e^{-j\,2\pi f\tau}\, d\tau \; . \tag{13.111}$$

Zur Berechnung von Gl. (13.111) macht man die Substitution

$$\tau-kT_0 = t \tag{13.112}$$

Das Leistungsdichtespektrum erhält unter Berücksichtigung von Gl. (13.103) die Form

$$S(f)=U_0^2 T_0 \int\limits_{-\infty}^{\infty} \int\limits_{-\infty}^{\infty} g(t)g(t'+t)e^{-j\,2\pi ft}\, dt\, dt' \sum_{k=-\infty}^{\infty} R(k)e^{-j\,k2\pi fT_0} . \tag{13.113}$$

Das Doppelintegral läßt sich mit der Substitution $t'+t=\vartheta$ umformen in

$$\int\limits_{-\infty}^{\infty} g(t')\, e^{+j\,2\pi f t'}\, dt' \int\limits_{-\infty}^{\infty} g(\vartheta)\, e^{-j\,2\pi f \vartheta}\, d\vartheta \tag{13.114}$$

und erweist sich somit als Produkt der Fourier-Transformierten $\underline{G}(f)$ der Zeitfunktion des Grundimpulses g(t) und ihres konjugiert komplexen Wertes und somit als Quadrat ihres Betrages. Das Leistungsdichtespektrum erhält also die Form

$$S(f) = U_0{}^2 T_0 \, |\underline{G}(f)|^2 \sum_{k=-\infty}^{\infty} R(k) \, e^{-j\,2\pi fkT_0}. \qquad (13.115)$$

Durch Umformung in

$$S(f) = U_0{}^2 T_0 \, |\underline{G}(f)|^2 \left\{ R(\infty) \sum_{k=-\infty}^{\infty} e^{-j\,2\pi fkT_0} + \sum_{k=-\infty}^{\infty} [R(k)-R(\infty)]e^{-j\,2\pi fkT_0} \right\}$$

$$(13.116)$$

sowie mit der Beziehung

$$\sum_{k=-\infty}^{\infty} e^{-j\,2\pi fkT_0} = \frac{1}{T_0} \sum_{k=-\infty}^{\infty} \delta(f-n\tfrac{1}{T_0}) \qquad (13.117)$$

und Anwendung von Gl. (13.109), (13.110) und (13.108) für die Autokorrelationsfolge entsteht

$$S(f)=U_0{}^2 T_0|\underline{G}(f)|^2 \left\{ \frac{R(\infty)}{T_0} \sum_{k=-\infty}^{\infty} \delta(f-k\tfrac{1}{T_0}) + [R(0)-R(\infty)] \sum_{k=-\infty}^{\infty} \lambda^{|k|} e^{-j\,2\pi fkT_0} \right\}$$

$$(13.118)$$

Das gesamte Spektrum enthält also einen kontinuierlichen und einen diskreten Anteil. Die unendliche Summe des kontinuierlichen Anteils berechnet sich mit Hilfe der Summenformel für die unendliche geometrische Reihe zu

$$\sum_{k=-\infty}^{\infty} \lambda^{|k|} \, e^{-j\,2\pi fkT_0} = \frac{1-\lambda^2}{1-2\lambda \cos(2\pi fT_0) + \lambda^2}. \qquad (13.119)$$

Das Leistungsdichtespektrum S(f) wird also von zwei Faktoren bestimmt:

- dem Spektrum $\underline{G}(f)$ des Grundimpulses $g(t)$ und
- der Funktion

$$\varepsilon(f) = \frac{1-\lambda^2}{1-2\lambda\,\cos(2\pi fT_0)+\lambda^2} \qquad , \qquad (13.120)$$

die den Einfluß der Wahrscheinlichkeitsstruktur des Signals auf das Leistungsdichtespektrum beschreibt.

Da die Zeilensummen der Übergangsmatrix 1 ergeben, sind zur Beschreibung der Wahrscheinlichkeitsstruktur eines binären isochronen Signals zwei Parameter erforderlich, geeigneterweise

$\Rightarrow$ die Totalwahrscheinlichkeit p_1 und

$\Rightarrow$ der Eigenwert λ der Übergangsmatrix $\underline{P}$, der den Einfluß der Wahrscheinlichkeitsstruktur auf das Leistungsdichtespektrum beschreibt.

Drückt man die Übergangsmatrix $\underline{P}$ durch die Totalwahrscheinlichkeit p_1 und den Eigenwert λ aus, so erhält man mit Gl. (13.93) und (13.95)

$$\underline{P} = \begin{bmatrix} \lambda+p_1(1-\lambda) & (1-p_1)(1-\lambda) \\ p_1(1-\lambda) & 1-p_1(1-\lambda) \end{bmatrix} \qquad . \qquad (13.121)$$

Der Wertebereich des Eigenwertes λ

$$-1 \le \lambda \le +1 \qquad\qquad (13.122)$$

ergibt sich aus Gl. (13.88). Die Bedeutung der verschiedenen Eigenwerte λ wird deutlich, wenn drei verschiedene Sonderfälle der Übergangsmatrix betrachtet werden:

Fall 1: Für die Elemente der Übergangsmatrix gilt $p_{11}=p_{21}$ und $p_{12}=p_{22}$. Damit ist mit Gl. (13.121) der Eigenwert $\lambda=0$. Die Übergangsmatrix ist dann

$$\underline{P} = \begin{bmatrix} p_1 & 1-p_1 \\ p_1 & 1-p_1 \end{bmatrix} \qquad . \qquad (13.123)$$

Somit ist die Wahrscheinlichkeit für das Eintreten eines Zustandes unabhängig vom vorhergehenden Zustand; es liegt keine Bindung in die Vergangenheit vor. Der Faktor $\varepsilon(f)$ ist eine Konstante.

Fall 2: Die Übergangsmatrix sei

$$\underline{P} = \begin{bmatrix} 1 & 0 \\ 0 & 1 \end{bmatrix} \quad . \tag{13.124}$$

Mit Gl. (13.121) erhält man dann den Eigenwert $\lambda = +1$. Es tritt keine Änderung des Zustandes auf. Der Faktor $\varepsilon(f)$ des kontinuierlichen Anteils des Spektrums ist Null.

Fall 3: Die Übergangsmatrix sei

$$\underline{P} = \begin{bmatrix} 0 & 1 \\ 1 & 0 \end{bmatrix} \quad . \tag{13.125}$$

Es liegt eine periodische Schwingung vor; denn bei jedem Zustand tritt mit Sicherheit eine Änderung des Zustandes ein. Aus Gl. (13.121) erhält man den Eigenwert $\lambda = -1$. Der Faktor $\varepsilon(f)$ ist Null.

13.4.4 Linienspektrum

Die diskrete Komponente des Leistungsdichtespektrums stellt ein Linienspektrum dar. Es entsteht, weil das Signal trotz seines stochastischen Charakters einen periodischen, durch eine Fourier-Reihe darstellbaren Anteil

$$u_{per}(t) = \sum_{k=-\infty}^{\infty} \underline{c}_k \, e^{j k 2\pi \frac{t}{T_0}} \tag{13.126}$$

enthält. Dieser Anteil ist für die Taktrückgewinnung im Regenerativverstärker wichtig. Durch Fourier-Transformation enthält man die entsprechende Amplitudendichte

$$\underline{U}_{per}(f) = \int\limits_{-\infty}^{\infty} \sum_{k=-\infty}^{\infty} \underline{c}_k \, e^{j\,k2\pi\frac{t}{T_0}} \, e^{-j\,2\pi ft} \, dt = \sum_{k=-\infty}^{\infty} \underline{c}_k \int\limits_{-\infty}^{\infty} e^{-j\,2\pi(f-k\frac{1}{T_0})\,t} \, dt \ . \quad (13.127)$$

Da die Fourier-Transformierte einer Konstanten eine Dirac-Funktion ist, wird daraus

$$\underline{U}_{per}(f) = \sum_{k=-\infty}^{\infty} \underline{c}_k \, \delta(f - k\frac{1}{T_0}) \qquad (13.128)$$

Durch Multiplikation mit dem konjugiert komplexen Wert entsteht das Leistungsdichtespektrum des periodischen Anteils

$$S(f) = \sum_{k=-\infty}^{\infty} |\underline{c}_k|^2 \, \delta(f - k\frac{1}{T_0}) . \qquad (13.129)$$

Durch Vergleich mit dem diskreten Anteil des gesamten Leistungsdichtespektrums nach Gl. (13.118) erhält man das Quadrat des Betrages des Fourier-Koeffizienten

$$|\underline{c}_k|^2 = U_0^2 \left| G(k\frac{1}{T_0}) \right|^2 (a_1 p_1 + a_2 p_2)^2 \ . \qquad (13.130)$$

Der Scheitelwert der Sinusspannung einer Spektrallinie ist daher mit $\hat{u}_k = 2|\underline{c}_k|$

$$\hat{u}_k = 2U_0 \left| G(k\frac{1}{T_0}) \right| (a_1 p_1 + a_2 p_2) \qquad . \qquad (13.131)$$

13.5 Kompander

Bei der Übertragung eines Signals durch einen Kanal können Schwierigkeiten auftreten, bei deren Beschreibung und Bewältigung der Begriff der Dynamik wichtig ist. Die Dynamik wird zur Kennzeichnung sowohl eines Signals als auch eines Kanals verwendet. Bei der Übertragung muß gewährleistet sein, daß die Signaldynamik kleiner als die Kanaldynamik ist. Wenn die Signaldynamik größer als die Kanaldynamik ist, kann zwischen Signalquelle und Kanal ein Dynamikkompressor geschaltet werden. Am Ausgang des Kanals muß dann ein Dynamikexpander vorgesehen werden, um die ursprüngliche Signaldynamik wiederherzustellen. Dieses System zur Anpassung der Signaldynamik an den Kanal wird Kompander [60], [71], [72] genannt, eine Bezeichnung, die aus der Kombination der Worte Kompressor und Expander entstanden ist.

13.5.1 Dynamik eines Signals

Als Beispiel werde das Signal eines Mikrophons betrachtet, mit dem ein Orchesterkonzert aufgenommen wird. Die Signalhöhe wird durch die Wurzel aus dem quadratischen Mittelwert, dem Effektivwert, gekennzeichnet. Der Mittelwert kann nur mit einer begrenzten Integrationsdauer gebildet werden; daher wird der Effektivwert zeitabhängig. Für den Effektivwert der Signalspannung erhält man dann mit der Integrationszeit T und der Zeit t den Ausdruck

$$U_{eff} = \sqrt{\frac{1}{T} \int_{t-T}^{t} u^2(\vartheta)\, d\vartheta} \quad . \tag{13.132}$$

Da die Signalhöhe viele Zehnerpotenzen umfassen kann, geht man zu einem in der Nachrichtentechnik üblichen logarithmischen Maß über und definiert mit dem Spannungsbezugswert $U_0 = \sqrt{P_0 R_0}$ und $P_0 = 1\,mW$, $R_0 = 600\ \Omega$ den absoluten Spannungspegel

$$p_u = 20 \log\left[\frac{U_{eff}}{U_0}\right] \quad , \tag{13.133}$$

dem die Pseudoeinheit dB zugeordnet wird. Als Dynamik bezeichnet man nun den Unterschied zwischen den lautesten und leisesten Stellen eines Orchesterkonzerts und definiert mit dem maximalen Pegel p_{umax}, dem minimalen Pegel p_{umin}, dem maximalen Effektivwert U_{effmax} sowie dem minimalen Effektivwert U_{effmin} die Dynamik des Signals

$$D_s^* = p_{umax} - p_{umin} = 20 \log \left[\frac{U_{effmax}}{U_{effmin}} \right] \text{ dB} \qquad (13.134)$$

13.5.2 Dynamik eines Kanals

Unter einem Kanal versteht man die Möglichkeit, elektrische Signale zu übertragen. Es kann sich dabei um Verstärker handeln, aber auch z. B. um ein Magnetband. Die beiden wichtigsten Charakteristika zur Kennzeichnung eines Kanals sind der Amplitudengang und die Dynamik.

Für jeden Kanal gibt es einen maximalen und einen minimalen Pegel, der jeweils gerade noch in der die Qualitätsanforderungen genügender Weise übertragen werden kann. Den zu übertragenden Pegeln ist nach oben eine Grenze gesetzt durch die zulässigen Verzerrungen und nach unten durch den mindestens einzuhaltenden Signal-Rausch-Abstand.

Bei Klangübertragungsanlagen werden die nichtlinearen Verzerrungen z. B. durch den Klirrfaktor beschrieben, der mit wachsenden Pegeln ansteigt. Der maximale Pegel ist somit durch den gerade noch zulässigen Klirrfaktor festgelegt. Die Kanaldynamik D_k^* ist dann die Differenz zwischen dem höchsten und dem niedrigsten zulässigen Pegel.

13.5.3 Prinzip des Kompanders

Das Verfahren, bei dem zwischen Sender und Kanal ein Kompressor sowie zwischen Kanal und Empfänger ein Expander angeordnet wird, läßt sich anhand von Bild 13.7 veranschaulichen. Über einer Ortskoordinate werden nacheinander Signalquelle, Kompressor, Kanal, Expander und Empfänger dargestellt. Bei der Übertragung würden die hohen Pegel des Signals unzulässig verzerrt und die kleinen Pegel

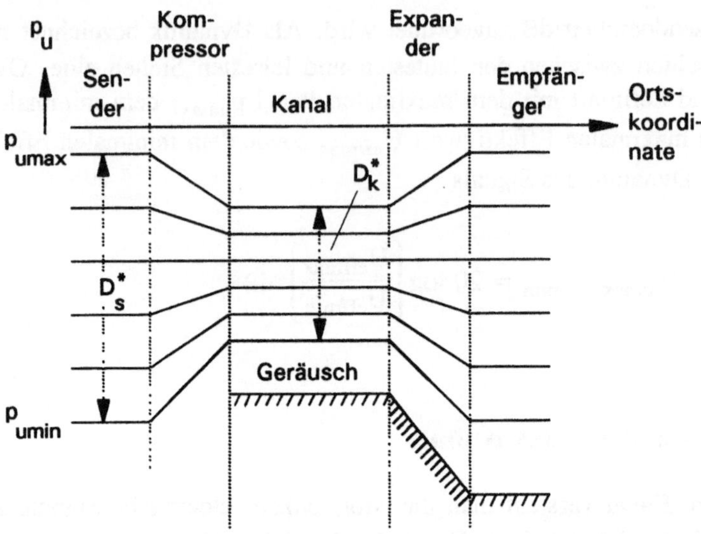

Bild 13.7 Veranschaulichung eines Kompandersystems

im Rauschen untergehen, wenn der Kanal nicht in ein aus Kompressor und Expander bestehendes Kompandersystem eingebettet wäre. Bei der Realisierung solcher Systeme unterscheidet man grundsätzlich

1. den Silbenkompander, der auf der Anwendung von Verstärkern mit elektronisch einstellbarer Verstärkung beruht, und
2. den Momentanwertkompander, der auf der Anwendung einer S-förmigen nichtlinearen Kennlinie zur Dynamikkompression beruht.

Der Momentanwertkompander findet seine ausschließliche Anwendung bei Kanälen mit Zeit- und Amplitudenquantisierung, weil die nichtlineare Kennlinie Harmonische und Intermodulationsprodukte hervorruft, die amplituden- und phasenrichtig übertragen werden müßten. Im Folgenden wird der Silbenkompander näher untersucht.

Zur Beschreibung des Kompandersystems wird ein Vierpol betrachtet, dessen Spannungseffektivwert U_{aeff} am Ausgang in nichtlinearer Weise vom Spannungseffektivwert U_{eeff} am Eingang abhängt. Mit dem Regelgrad R, der Vierpolkonstanten U_{vp} und dem Bezugswert U_0 für absolute Spannungspegel gilt für den Effektivwert der Ausgangsspannung

$$U_{aeff} = U_{vp} \left[\frac{U_{eeff}}{U_0} \right]^R . \tag{13.135}$$

Durch den Übergang auf absolute Spannungspegel wird aus dieser Gleichung mit dem Eingangspegel p_{ue}, dem Ausgangspegel p_{ua} und mit der Vierpolkonstanten $p_0 = 20\log(U_{vp}/U_0)$

$$p_{ua} = R\, p_{ue} + p_0 \quad . \tag{13.136}$$

Dies ist die Gleichung einer Geraden mit der Steigung R. Die Gleichung läßt erkennen, wie sich die Signaldynamik beim Durchgang durch den Vierpol verändert. Mit der Signaldynamik Δp_{ue} am Eingang erhält man für die Signaldynamik am Ausgang

$$\Delta p_{ua} = R\, \Delta p_{ue} \quad . \tag{13.137}$$

Der Vierpol stellt also für $0 < R < 1$ einen Kompressor und für $R > 1$ einen Expander dar. Für $R = 1$ ergibt sich keine Dynamikänderung; man hat einen Verstärker mit der Verstärkung p_0. Mit dem maximalen Signalpegel p_{usmax}, dem minimalen Signalpegel p_{usmin} sowie dem maximal zulässigen Kanalpegel p_{ukmax} und dem minimal zulässigen Kanalpegel p_{ukmin} erhält man für den Regelgrad eines Kompressors

$$R = \frac{p_{ukmax} - p_{ukmin}}{p_{usmax} - p_{usmin}} \tag{13.138}$$

und für dessen Konstante

$$p_0 = p_{ukmax} - R\, p_{usmax} \quad . \tag{13.139}$$

Ist die Kompressorkennlinie durch

$$U_{aKeff} = U_{vp} \left[\frac{U_{eKeff}}{U_0} \right]^R \tag{13.140}$$

gegeben, so muß die Expanderkennlinie die dazugehörige Umkehrfunktion sein.
Man erhält sie, indem man abhängige und unabhängige Variable vertauscht und
wieder nach der unabhängigen Variablen auflöst. So ergibt sich für die Expanderkennlinie

$$U_{aEeff} = U_0 \left[\frac{U_{eEeff}}{U_{vp}} \right]^{\frac{1}{R}} \quad . \tag{13.141}$$

Gelangt die Ausgangsspannung des Kompressors an den Eingang des Expanders, so wird $U_{aEeff} = U_{eKeff}$, d.h. die Ausgangsspannung des Expanders
stimmt mit der Eingangsspannung des Kompressors überein. Setzt man die Expanderkennlinie auf Pegel um, so ergibt sich

$$p_{uaE} = \frac{1}{R} \left(p_{ueE} - p_0 \right) \quad . \tag{13.142}$$

Wird am Eingang eines Kanals der kleinste Signalpegel angehoben, um im Kanal einen Mindest-Signal-Rausch-Abstand zu gewährleisten, so erfolgt durch die
Expandierung am Ausgang des Kanals mit der Herabsetzung des kleinsten Si-
gnalpegels gleichzeitig eine entsprechende Verminderung des in den Kanal ein-
gedrungenen Geräusches, so daß der Signal-Rausch-Abstand durch die Expandierung nicht verloren geht.

13.6 Grundbegriffe der Informationstheorie

Als Begründer der Informationstheorie gilt C.E. Shannon, der im Jahre 1948
The Mathematical Theory of Communication veröffentlichte. Der Begriff der
Information wird als statistisch definiertes Maß in die Nachrichtentheorie einge-
führt. Die Elemente eines Nachrichtenübertragungssystems-Quelle, Kanal,
Sinke-werden in der Informationstheorie abstrahiert von ihrer technischen Re-
alisierung durch informationstheoretische Modelle beschrieben. Die wichtigsten
Zielsetzungen der Informationstheorie [35] sind

1. Definition des Begriffs Information und Herleitung eines Maßes für die
   Informationsmengen und

2. Herleitung von Grenzen für Nachrichtenübertragungssysteme, die auch
bei beliebigem technischen Aufwand nicht überschreitbar sind.

13.6.1 Informationsmenge

Die Übertragung von Information läßt sich zurückführen auf eine Folge von
Auswahlprozessen, durch die bestimmte Symbole aus einem gegebenen Symbolvorrat ausgewählt werden. Die mit der Auswahl und Übermittlung eines
Symbols verbundene Informationsmenge ist dann um so größer, je weniger das
Symbol zu erwarten war. Der Menge $\{x_1,\ x_2,\ x_3,...,\ x_N\}$ von N möglichen
einander ausschließenden Symbolen sind die Wahrscheinlichkeiten $\{P(x_1)$,
$P(x_2),\ P(x_3),...,\ P(x_N)\}$ zugeordnet. Dabei soll angenommen werden, daß die
Wahrscheinlichkeit für das Auftreten eines Symbols nicht von der Vergangenheit abhängt. Da eines der Symbole mit Sicherheit zu erwarten ist, muß mit der
Laufvariablen i gelten

$$\sum_{i=1}^{N} P(x_i) = 1. \tag{13.143}$$

Die mit dem Symbol x_i übermittelte Informationsmenge $I(x_i)$ ist eine Funktion
F der Wahrscheinlichkeit $P(x_i)$, deren Wert um so größer ist, je kleiner $P(x_i)$
wird. Treten zwei Symbole x_i und x_k mit den Wahrscheinlichkeiten $P(x_i)$ und
$P(x_k)$ nacheinander in einer Folge auf, so ist die Wahrscheinlichkeit dafür nach
dem Multiplikationssatz $P(x_i)P(x_k)$ und die damit übermittelte Informationsmenge

$$I(x_i,\ x_k) = F[P(x_i)P(x_k)] \qquad . \tag{13.144}$$

Die einzelnen Symbole einer Folge sollen voneinander unabhängig sein. Dann
muß gelten

$$I(x_i,\ x_k) = I(x_i) + I(x_k) \tag{13.145}$$

bzw.

$$F[P(x_i)P(x_k)] = F[P(x_i)] + F[P(x_k)] \qquad . \tag{13.146}$$

Dies ist die Funktionalgleichung einer logarithmischen Funktion. Daher erhält man mit dem Logarithmus zur Basis 2 (logarithmus dualis) und einer Konstanten K für die mit einem Symbol x_i der Wahrscheinlichkeit $P(x_i)$ übermittelte Informationsmenge

$$I(x_i) = K \, \mathrm{ld}[P(x_i)] \qquad . \tag{13.147}$$

Zur Bestimmung der Konstanten K wird eine Festlegung getroffen. Bei einem Vorrat von zwei gleich wahrscheinlichen Symbolen soll die mit einem Symbol übermittelte Informationsmenge 1 sein. Da die Wahrscheinlichkeit für das Auftreten des Symbols P=0,5 ist, gilt nach Gl. (13.147)

$$1 = K \, \mathrm{ld}[0,5]. \tag{13.148}$$

Man erhält somit für die Konstante K=- 1 und für die Informationsmenge eines Symbols nach Gl. (13.147)

$$I(x_i) = \mathrm{ld}\left[\frac{1}{P(x_i)}\right] \qquad . \tag{13.149}$$

Betrachtet man eine lange Folge von n Symbolen, so ist die Anzahl der Symbole x_i innerhalb dieser Folge n $P(x_i)$ und die damit verbundene Informationsmenge

$$n \, P(x_i) \, \mathrm{ld}\left[\frac{1}{P(x_i)}\right] . \tag{13.150}$$

Die gesamte Informationsmenge erhält man durch Summierung über den gesamten Symbolvorrat N. Bezieht man auf die Anzahl n der Symbole innerhalb der Folge, so entsteht die mittlere Informationsmenge pro Symbol

$$H = \sum_{i=1}^{N} P(x_i) \, \mathrm{ld}\left[\frac{1}{P(x_i)}\right] \tag{13.151}$$

die auch Entropie genannt wird. Man erhält die Informationsmenge $I=1$, wenn aus gleich wahrscheinlichen Binärziffern (engl.: binary digit) eine ausgewählt wird. Daher wird der Informationsmenge die Pseudoeinheit bit zugeordnet. Mathematisch kann bewiesen werden, daß die Entropie ein Maximum H_{max} annimmt, wenn alle Symbole gleich wahrscheinlich sind. So definiert man die Redundanz

$$R = H_{max} - H \qquad . \qquad (13.152)$$

als Differenz zwischen der maximalen und der tatsächlichen Entropie. Die relative Redundanz ist dann

$$r = \frac{H_{max} - H}{H_{max}} \qquad . \qquad (13.153)$$

13.6.2 Informationsfluß eines digitalen Signals

Durch Zeit- und Amplitudenquantisierung eines analogen bandbegrenzten Signals mit der Signalgrenzfrequenz f_{gs} entsteht ein digitales Signal. Es soll die während des Zeitabschnitts T_s übertragene Informationsmenge berechnet werden. Aus dem Abtasttheorem (s. Abschn. 3) erhält man mit der Abtastperiodendauer T_A die Anzahl der mindestens erforderlichen Abtastwerte

$$z = \frac{T_s}{T_A} = 2\,T_s\,f_{gs} \qquad . \qquad (13.154)$$

Nach der Amplitudenquantisierung mit q gleichwahrscheinlichen Amplitudenstufen erhält man mit Gl. (13.149) die Informationsmenge eines Abtastwertes zu ld(q); denn die Wahrscheinlichkeit für das Auftreten eines bestimmten Abtastwertes ist 1/q. Somit ergibt sich die Informationsmenge des zeit- und amplitudenquantisierten Signals der Dauer T_s

$$I_s = 2\,T_s\,f_{gs}\,ld(q) \qquad . \qquad (13.155)$$

Bezieht man die Informationsmenge auf die Übertragungszeit, so erhält man den Informationsfluß

$$\Phi = 2\, f_{gs}\, \mathrm{ld}(q) \qquad . \qquad\qquad (13.156)$$

Nach Gl. (13.155) haben zwei digitale Signale verschiedener Stufenzahlen q, verschiedener Signalgrenzfrequenzen f_{gs} und verschiedener Dauer T_S die gleiche Informationsmenge, wenn das Produkt nach Gl. (13.155) aus diesen drei Größen übereinstimmt. Durch Speicherung und Umcodierung muß es also möglich sein, ein gegebenes digitales Signal in ein anderes zu überführen, ohne daß dabei Information verloren geht. Es ist üblich, die Informationsmenge nach Gl. (13.155) als Volumen eines Quaders (Bild 13.8) mit den Seiten Signaldauer T_s, Signalgrenzfrequenz f_{gs} und der Größe $2\mathrm{ld}(q)$ darzustellen. Man bezeichnet dabei $D=2\mathrm{ld}(q)$ als Signaldynamik.

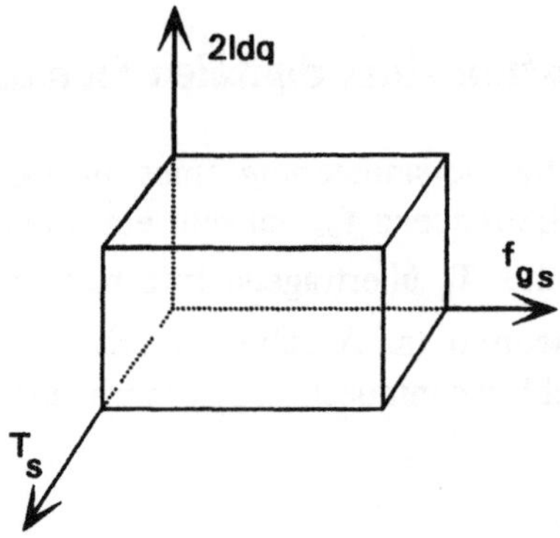

Bild 13.8 Darstellung der Informationsmenge als Volumen eines Quaders

Werden durch eine digitale Übertragung n gleich wahrscheinliche Symbole aus einem Vorrat von q Symbolen übertragen, so ist die übermittelte Informationsmenge

$$I_S = n\, \mathrm{ld}(q) \qquad . \qquad\qquad (13.157)$$

Sie ist also der übertragenen Symbolanzahl n direkt, aber dem Logarithmus des Symbolvorrats q proportional. Es ist somit ungünstig, den Symbolvorrat zu erhöhen; denn der Logarithmus wächst mit seinem Argument nur sehr langsam.

Das Binärsystem nimmt in dieser Hinsicht eine Sonderstellung ein; es arbeitet mit dem kleinstmöglichen Symbolvorrat.

13.6.3 Kanalkapazität für Digitalsignale

Während in Abschn. 13.6.2 untersucht wurde, wie groß die Menge der durch ein Signal dargestellten Informationen ist, soll hier die Menge der Informationen ermittelt werden, die von einem Kanal pro Zeiteinheit höchstens übermittelt werden kann. Man nennt diese maximale Menge pro Zeiteinheit Kanalkapazität. Nach dem 1. Nyquist-Kriterium (s. Abschn. 3) kann ein Digitalsignal am Ausgang eines Kanals mit der Grenzfrequenz f_k mit Hilfe eines Regenerativverstärkers wieder vollständig hergestellt werden, wenn die Taktfrequenz $f_0 = 2f_k$ ist. Somit läßt sich während der Übertragungszeit T_k eine Anzahl $n = 2f_k T_k$ Symbole übermitteln. Bei einem Vorrat von q Symbolen erhält man nach Gl. (13.157) für die Informationsmenge

$$I_k = 2\, f_k\, T_k\, \mathrm{ld}(q) \quad . \tag{13.158}$$

Der maximal zulässige Symbolvorrat wird durch den Signal-Rausch-Abstand im Kanal bestimmt. Nach Gl. (5.47) ist der quadratische Mittelwert eines quantisierten Signals bei gleich wahrscheinlichen Amplitudenstufen mit der Stufenbreite Δu

$$U_{Qeff}{}^2 = \frac{q^2 - 1}{12}\, \Delta u \quad . \tag{13.159}$$

Dem Signal ist in der Regel eine Geräusch-Spannung ur überlagert, deren Zeitwerte als gleich wahrscheinlich angenommen werden. Damit das digitale Signal fehlerfrei erkannt werden kann, muß die Geräuschspannung kleiner als die halbe Stufenbreite sein. Somit erhält man für das Geräusch eine Wahrscheinlichkeitsdichtefunktion $p(u_r)$ nach Bild 13.9. Der quadratische Mittelwert der Geräusch-Spannung u_r ergibt sich mit Gl. (13.48) und

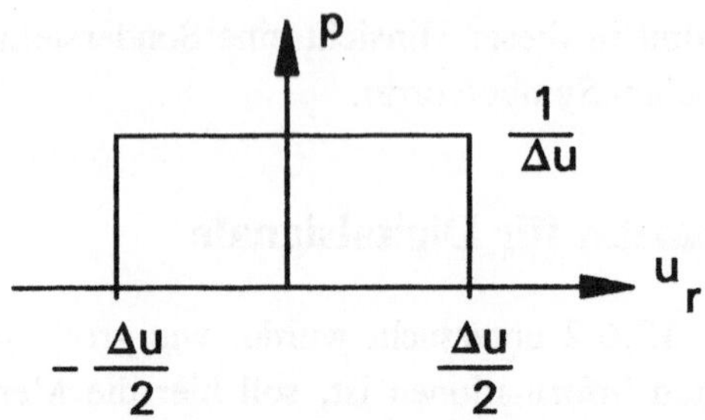

Bild 13.9 Wahrscheinlichkeitsdichtefunktion der Geräusch-Spannung

der Wahrscheinlichkeitsdichtefunktion nach Bild 13.9. Man erhält

$$U_{reff}^2 = \frac{1}{\Delta u} \int\limits_{-\Delta u/2}^{\Delta u/2} u_r^2 \, du_r = \frac{\Delta u^2}{2} \qquad (13.160)$$

Mit Gl. (13.159) und Gl. (13.160) findet man den Signal-Geräusch-Abstand

$$\rho_k = \frac{U_{qeff}^2}{U_{reff}^2} = q^2 - 1 , \qquad (13.161)$$

bei dem das digitale Signal gerade noch fehlerfrei übertragen wird. Für die maximal in einem Zeitabschnitt T_k übertragbare Informationsmenge, die auch Kanalkapazität genannt wird, erhält man also mit Gl. (13.158) und (13.161)

$$I_{kmax} = f_k \, T_k \, ld(1 + \rho_k) \qquad . \qquad (13.162)$$

Für $\rho_k \gg 1$ kann man Gl. (13.162) mit dem logarithmischen Signal-Geräusch-Abstand $\rho_k^* = 10 \log(\rho_k)$ umformen in

$$I_{kmax} = \frac{1}{10\log 2} \, T_k \, f_k \, \rho_k^* \qquad . \qquad (13.163)$$

Während sich die Informationsmenge eines Signals durch einen Quader nach Bild 13.8 darstellen läßt, kann man die Kanalkapazität durch ein Rechteck veranschaulichen, dessen Kantenlängen durch die Kanalgrenzfrequenz f_k und eine dem Signal-Geräusch-Abstand $\rho_k{}^*$ proportionale Größe $ld(1+\rho_k)$ gegeben sind.

Bei einer Übertragung wird dann der Informationsquader durch ein Kanalfenster hindurchgeschoben. Eine maximale Informationsmenge kann übertragen werden, wenn die Stufenzahl q des digitalen Signals nach Gl. (13.161) bestimmt wird und Signal- und Kanalgrenzfrequenz übereinstimmen.

Beispiel:

Ein analoges Signal u(t) werde gekennzeichnet durch eine Grenzfrequenz f_{gs}=4KHz und einen Signal-Geräusch-Abstand $\rho_s{}^*$=24dB. Dann ist für eine Zeitquantisierung eine Abtastfrequenz f_A=2f_s=8kHz erforderlich. Da den Abtastwerten $u_a(nT_A)$ eine Geräuschspannung überlagert ist und somit jeder Abtastwert nur mit einer Ungenauigkeit erkannt werden kann, ist ohne Informationsverlust eine Amplitudenquantisierung möglich. Die Stufenzahl q kann dabei bei einer Geräuschspannung mit einer Wahrscheinlichkeitsdichte nach Bild 13.9 mit Gl. (13.161) berechnet werden. Damit erhält man für den Informationsfluß des analogen Signals

$$\phi = \frac{I_s}{T_s} = f_{gs}\, ld(1+\rho_s) = 31,9\,\frac{Kbit}{s} \qquad . \tag{13.164}$$

Für die erforderliche Stufenzahl erhält man

$$q_s = \sqrt{1+\rho_s} = 16 \tag{13.165}$$

Der für die Übertragung zur Verfügung stehende Kanal hat einen Signal-Geräusch-Abstand $\rho_k{}^*$=5dB und eine Grenzfrequenz f_k=16kHz. Der maximal mögliche Informationsfluß im Kanal ist nach Gl. (13.156) 32,9Kbit/s. Somit ist es möglich, das digitalisierte analoge Signal durch diesen Kanal zu übertragen. Um jedoch den Signalquader durch das Kanalfenster hindurchschieben zu können, muß das digitale Signal umcodiert werden. Die Stufenzahl im Kanal muß nach Gl. (13.161) den Wert q=2 haben. Durch die Umcodierung erhöht sich die Schrittfrequenz um die erforderliche Stellenzahl r=4 des Codes von 8KHz auf 32KHz. Nach dem 1. Nyquist-Kriterium beträgt die dann mindestens erforderliche Kanalgrenzfrequenz 16 KHz.

13.7 Restklassenalgebra

Für die mathematische Beschreibung redundanter Codes eignet sich die Algebra
der Restklassen. Die Reste können gebildet werden

1. bezüglich einer Modul genannten natürlichen Zahl M, man spricht
   dann von einer Rechnung modulo M, oder
2. bezüglich eines Modularpolynoms M(b), man spricht dann von einer
   Rechnung modulo M(b).

Für Binärcodes interessiert besonders die Rechnung modulo 2 und für zyklische
Binärcodes die Rechnung modulo M(b).

13.7.1 Rechnung modulo M

Alle ganzen Zahlen, die bei der Division durch eine natürliche Zahl M den
gleichen Rest ergeben, werden in einer Restklasse zusammengefaßt. Es gibt
also M verschiedene mögliche Reste, nämlich

$$\{0,\ 1,\ 2,\ 3,\ \ldots\ M\text{-}2,\ M\text{-}1\}.$$

Diese Reste können stellvertretend für die einzelnen Restklassen stehen. Für die
Rechnung modulo M wird nicht zwischen den Zahlen der gleichen Restklasse
unterschieden. Bildet man z.B. die Reste bezüglich der Zahl 5, so ergibt die
Division bei der ganzen Zahl 8

```
        8 : 5 = 1  Rest3
       -5
       --

        3
```

d.h. es gilt $1 \cdot 5 + 3 = 8$.

Bei der ganzen Zahl - 8 ergibt die Division

```
      (- 8) : 5 = -2  Rest 2
      -(10)
       ---
        2
```

Stellt man den ganzen Zahlen die sich bei der Division durch 5 ergebenden
Reste gegenüber, so erhält man

```
Zahlen:
-6 -5 -4 -3 -2 -1 0 1 2 3 4 5 6 7 8 9 10 11 12 13 14 15 16
Reste:
 4  0  1  2  3  4 0 1 2 3 4 0 1 2 3 4  0  1  2  3  4  0  1
```

Da zwischen den Zahlen der gleichen Restklasse nicht unterschieden wird, gilt

$$-8 = -3 = 7 = 12 = 2 \mod 5 \;.$$

In der Rechnung modulo M werden die Addition und Multiplikation so definiert, daß diese Operationen zunächst wie mit gewöhnlichen ganzen Zahlen
ausgeführt werden. Das Ergebnis liegt dann in einer bestimmten Restklasse und
für diese wird stellvertretend der Rest geschrieben.
In der Codierungstheorie hat man eine endliche Menge von Symbolen. Die
Elemente der Menge sollen dabei durch Operationen verknüpfbar sein. Daß das
Ergebnis der Operationen wieder ein Element der Menge ist, ergibt sich durch
die Rechnung modulo M. Eine besondere Rolle spielt die Rechnung modul 2.
Stellt man hier den ganzen Zahlen die sich bei der Division durch 2 ergebenden
Reste gegenüber, so erhält man

```
Zahlen:
-6 -5 -4 -3 -2 -1 0 1 2 3 4 5 6 7 8 9 10 11 12 13 14 15 16
Reste:
 0  1  0  1  0  1 0 1 0 1 0 1 0 1 0 1  0  1  0  1  0  1  0
```

Geradzahlige ganze Zahlen bedeuten in der Rechnung modulo 2 eine 0 und
ungeradzahlige eine 1. Hinsichtlich der Addition und der Multiplikation gilt

$$
\begin{aligned}
1 + 1 &= 0 & \qquad 1 \cdot 1 &= 1 \\
0 + 1 &= 1 & \qquad 0 \cdot 1 &= 0 \\
1 + 0 &= 1 & \qquad 1 \cdot 0 &= 0 \\
0 + 0 &= 0 & \qquad 0 \cdot 0 &= 0
\end{aligned}
$$

Die Tabelle für die modulo-2-Addition entspricht der Wahrheitstabelle für ein exclusiv-oder-Gatter und kann somit auf einfache Weise realisiert werden. Die modulo-2-Addition wird gelegentlich auch durch ein $\oplus$ gekennzeichnet. Ein Unterschied zwischen Addition und Subtraktion besteht wegen $1 \oplus 1 = 0$ nicht.

13.7.2 Rechnung modulo M(b)

Eine wichtige Rolle in der Codierungstheorie spielen Polynome in der Rechnung modulo 2. Ein Polynom vom Grade r hat die Form

$$P(b) \ = \ c_r b^r \ + \ c_{r-1} b^{r-1} \ + \ \dots \ + \ c_1 b \ + \ c_0 \ .$$

Die Koeffizienten c_i mit $i = 0, 1, 2 \dots r$ haben die Werte 0 oder 1. Man unterscheidet reduzible und irreduzible Polynome. Reduzible Polynome kann man in Produkte von Teilpolynomen zerlegen, irreduzible Polynome lassen sich nicht zerlegen. Ein reduzibles Polynom ist z. B. $P(b) = b3 + 1$; denn es gilt

$$b^3 + 1 \ = \ (b+1)(b^2 + b + 1) \ = \ b^3 + b^2 + b + b^2 + b + 1 = \ b^3 + 1$$

Dabei ist zu beachten, daß $b^2 + b^2$ und $b + b$ in der Rechnung modulo 2 jeweils Null ergibt. Irreduzible Polynome werden als Bausteine für die Generatorpolynome zyklischer Codes herangezogen. Ferner muß das charakteristische Polynom eines rückgekoppelten Schieberegisters maximaler Periodenlänge irreduzibel sein. Die maximale Periodenlänge erfordert jedoch zusätzlich, daß $2^r - 1$ eine Primzahl ist, wenn r der Grad des charakteristischen Polynoms ist.

13.8 Rückgekoppelte Schieberegister

Unter einem n-stufigen Schieberegister versteht man die Kettenschaltung von n Speicherelementen, die je ein Binärzeichen (engl.: binary digit, Abk.: bit) eines binären digitalen Signals speichern können. Jedes einzelne Speicherelement ist so aufgebaut, daß es eine Information, die am Eingang liegt, nur dann aufnimmt bzw. vom Eingang zum Ausgang schiebt, wenn gleichzeitig ein Taktimpuls erscheint. Die Information liegt dann so lange am Ausgang, bis ein weiterer Taktimpuls das Einschreiben einer neuen Information erlaubt. Bei einer

Kettenschaltung von n Stufen lassen sich in einem solchen Register n Bits speichern.

Das Schieberegister kann also einen Strom von Binärzeichen im Rhythmus einer Taktfrequenz f_0 bitweise übernehmen. Das im ersten Takt von der ersten Stufe übernommene Bit wird mit dem zweiten Taktimpuls an die zweite Stufe weitergeleitet, während gleichzeitig von der ersten Stufe das nächste Bit übernommen wird. Die Ausgabe der gespeicherten Information kann sowohl seriell, nämlich in n Taktschritten vom Ausgang der letzten Stufe aus, als auch parallel erfolgen durch direktes Auslesen der n Stufen. Bild 13.10 zeigt das Blockschaltbild eines vierstufigen Schieberegisters. Die einzelnen Stufen des Registers können durch JK-Flipflops verwirklicht werden.

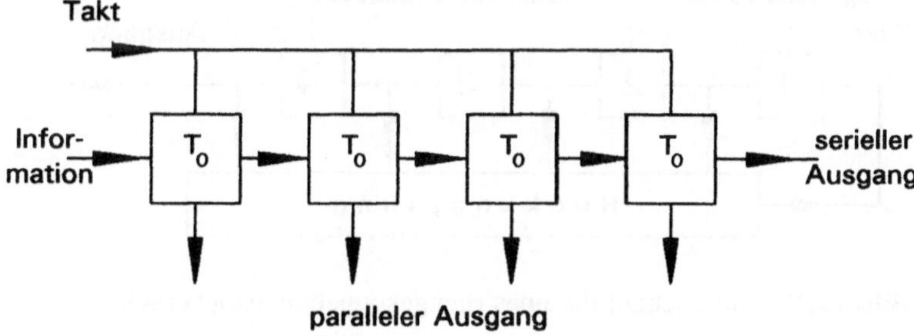

Bild 13.10 Blockschaltbild eines vierstufigen Schieberegisters

Bild 13.11 zeigt ein vierstufiges Schieberegister mit JK-Flipflops. Würde die Information jeweils von einer außerhalb des Registers liegenden Schaltung

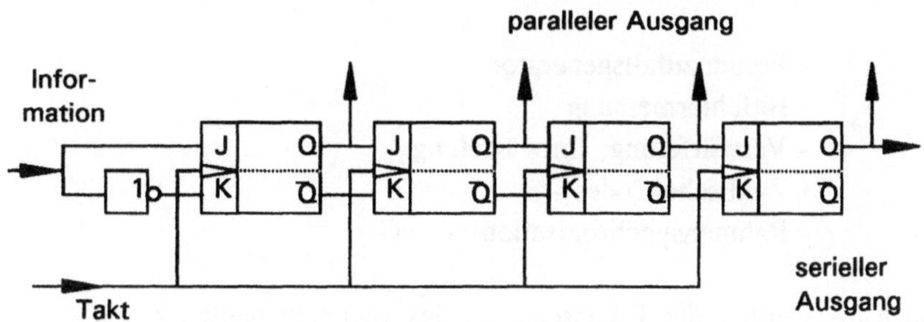

Bild 13.11 Vierstufiges Schieberegister mit JK-Flipflops

geliefert, wäre das Schieberegister nichts anderes als eine Verzögerungskette. Es bietet sich aber die Möglichkeit an, das Eingangsbit jeweils aus dem vorhergehenden Inhalt des Schieberegisters mit Hilfe einer Rückkopplungslogik zu erzeugen (s. Bild 13.12). Wird die Rückkopplung durch eine Exklusiv-Oder-Verknüpfung verwirklicht, so spricht man von einem linear rückgekoppelten Schieberegister. Bezeichnet man die durch die verschiedenen Zustände des binären digitalen Signals symbolisierten Zeichen mit 0 und 1, so erzeugt das Register eine Folge von Nullen und Einsen mit vorgegebener Taktfrequenz. In welcher Weise die Nullen und Einsen aufeinander folgen, wird durch die Art der Rückkopplung festgelegt. Die Folge ist im allgemeinen periodisch, wobei die Periodendauer bei entsprechender Rückkopplung sehr hoch ist.

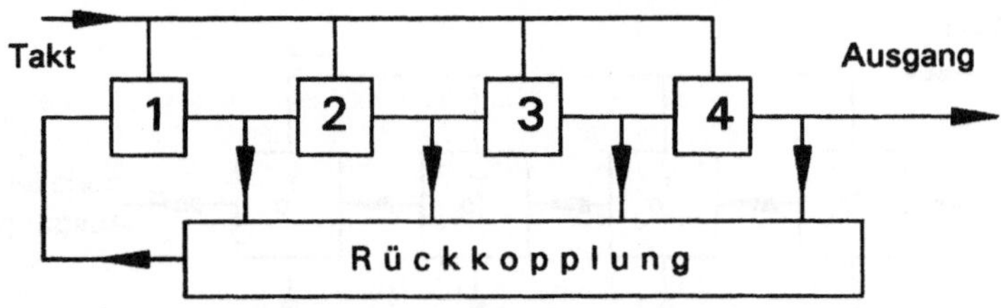

Bild 13.12 Blockschaltbild eines rückgekoppelten Schieberegisters

Innerhalb der Periodendauer ist die Folge nicht periodisch, d.h. die Nullen und Einsen folgen in ständig neuer bzw. regelloser Weise aufeinander. Bei sehr großer Periodendauer spricht man daher von einer pseudozufälligen (engl. pseudo noise, Abk.: PN-) Folge.
Das rückgekoppelte Schieberegister findet Anwendung auf folgenden Gebieten:

- Pseudozufallsgenerator
- Bitfehlermessung
- Verwürfelung, Entwürfelung
- Zyklische Codes
- Rahmensynchronisation

Als nächstes werden die Eigenschaften des rückgekoppelten Schieberegisters untersucht.
Periodizität. Jeder Zustand des Registers ist durch den vorhergehenden bestimmt. Die Kombination von Nullen und Einsen im Register läßt sich als

Binärzahl auffassen. Auf die Zahl A_1 zur Zeit t_1 folge die Zahl A_2 zur Zeit t_2 und zur Zeit t_i die Zahl A_i. Erscheint innerhalb des zeitlichen Ablaufs wieder die Zahl A_1, d.h. ist für irgendeinen Zeitpunkt t_{p+1} die Zahl $A_{p+1} = A_1$, dann wiederholt sich von diesem Zeitpunkt an der Ablauf in gleicher Reihenfolge. Die Folge hat dann die Periode p. Wird die Rückkopplung so gewählt, daß aus jedem Inhalt des Registers ein neuer gebildet wird, der unter den vorangegangenen Zuständen noch nicht vorhanden war, so entsteht immer wieder ein neuer Inhalt, bis der Inhalt $A_q=0$ erreicht ist. Durch eine mod-2-Addition kann dann immer nur 0 entstehen. Für die Anzahl q der so entstehenden Zahlen gilt mit der Anzahl n der Registerstufen $q=2^n$. Man hat also einen nichtperiodischen Vorgang, der nach Erreichen der Zahl $Aq=0$ beendet ist. Ändert man den Rückkopplungsweg so, daß der Zustand $Aq=0$ ausgeklammert wird, dann verbleiben noch $p=q-1=2^n - 1$ Zahlen, die sich periodisch wiederholen. Die maximal mögliche Periode eines Registers ist also $p=2^n-1$. Sie wird allerdings nur mit einer bestimmten Rückkopplung erreicht.

Mathematische Beschreibung. Die Kombination von Nullen und Einsen in einem Schieberegister läßt sich als Dualzahl auffassen. So entspricht der Kombination x_0, x_1, x_2, x_3, das Polynom

$$x_0\, 2^0 + x_1\, 2^1 + x_2\, 2^2 + x^3\, 2^3 \qquad , \tag{13.166}$$

wobei x^i die durch einen Index i numerierte binäre Größe ist. Eine bestimmte Bitkombination im Schieberegister wird mit jedem Takt um eine Stufe verschoben. Diese Verschiebung bedeutet in der Polynomdarstellung eine Multiplikation mit 2. Es ist üblich, statt der Zahl 2 einen Verschiebeoperator b zu benutzen. So läßt sich eine unendliche Folge von Nullen und Einsen durch die Potenzreihe

$$G(b) = \sum_{n=0}^{\infty} x_n\, b^n \tag{13.167}$$

mit den Koeffizienten x_n und der unabhängigen Variablen b darstellen. Beim rückgekoppelten Schieberegister entsteht die gegenwärtig in den Eingang hineinlaufende binäre Größe x_n aus den vorherigen Größen x_{n-1}, x_{n-2},... entsprechend

$$x_n = \sum_{i=1}^{r} c_i\, x_{n-1} \quad \mathrm{mod}\ 2 \quad, \tag{13.168}$$

wobei r die Stufenzahl des Registers und c_i binäre Koeffizienten sind, die angeben, von welchen Stufenausgängen jeweils Rückkopplungen über das Exklusiv-Oder-Gatter vorgenommen werden. Da das Gatter eine mod-2-Addition vollzieht, sollen auch alle Additionen der mathematischen Beschreibung mod 2 verstanden werden.

Setzt man Gl. (13.168) in Gl. (13.167) ein, so ergibt sich

$$G(b) = \sum_{n=0}^{\infty} \sum_{i=1}^{r} c_i\, x_{n-i}\, b^n \quad. \tag{13.169}$$

Durch Umformung wird daraus

$$G(b) = \sum_{i=1}^{r} c_i\, b^i \sum_{n=0}^{\infty} x_{n-i}\, b^{n-i} \quad. \tag{13.170}$$

Mit der Gleichung

$$\sum_{n=0}^{\infty} x_{n-i}\, b^{n-i} = \sum_{j=1}^{i} x_{-j}\, b^{-j} + \sum_{n=0}^{\infty} x_n\, b^n \quad. \tag{13.171}$$

und mit Gl. (13.170) erhält man dann

$$G(b) = \sum_{i=1}^{r} c_i\, b^i \left\{ \sum_{j=1}^{i} x_{-j}\, b^{-j} + G(b) \right\} \quad. \tag{13.172}$$

Löst man diesen Ausdruck nach G(b) auf, so erhält man

$$
G(b) = \frac{\sum\limits_{i=1}^{r} c_i\, b^i \sum\limits_{j=1}^{i} x_{-j}\, b^{-j}}{1 - \sum\limits_{i=1}^{r} c_i\, b^i} \quad .
\tag{13.173}
$$

Nach Gl. (13.173) ist somit die Zahlenfolge G(b) vollständig bestimmt durch die Anfangsbedingungen x_{-1}, x_{-2}, ... x_{-r} und die Rückkopplungskoeffizienten c_1, c_2, c_3, ... c_r. Wählt man nun $a_{-1}=a_{-2}=...a_{-r}=0$, so gilt mit $c_r=1$

$$
G(b) = \frac{1}{1 - \sum\limits_{i=1}^{r} c_i\, b^i} \quad ,
\tag{13.174}
$$

da in der Rechnung mod 2 das Minuszeichen durch ein Pluszeichen ersetzt werden darf. Der Nenner der Gl. (13.174) wird charakteristisches Polynom genannt, da er nur die Rückkopplungskoeffizienten enthält.

Glossar

4B/3T-Code	Ein redundant ternärer Übertragungscode, bei dem je 4 Bits des binären Signals durch drei ternäre Signalelemente dargestellt werden. Die Schrittgeschwindigkeit wird dadurch gegenüber dem äquivalenten Binärsignal um 25% reduziert.
Abtast-Halte-Glied	Abtaster mit Rechteck-Impulsen, deren Dauer gleich einer Abtastperiode ist.
Abtastfrequenz	Bei periodischer Abtastung die Anzahl der Abtastwerte bezogen auf die Zeit
Abtastung	Der Vorgang der Entnahme von Abtastwerten aus einem Signal, in der Regel zu äquidistanten Zeitpunkten, d.h. periodisch
ADPCM	Adaptive Differenz Puls Code Modulation; DPCM, bei der die Prädiktorkoeffizienten der Signalstatistik angepaßt werden.
AMI-Code	Alternating Mark Inversion. Bezeichnung für den Bipolarcode 1. Ordnung. Pseudoternärer, korrelativer Code, bei dem die Binärwerte 1 abwechselnd durch Impulse mit positiver und negativer Spannung wiedergegeben werden und die Binärwerte 0 durch die Spannung Null.

ATM

Asynchronous Transfer Mode. Es handelt sich um ein neues Übertragungs- und Vermittlungsprinzip für Nachrichtennetze. Das Grundprinzip ist grob durch ein Transportband zu beschreiben, bei dem Transportbehälter (Zellen) mit konstanter Übertragungsgeschwindigkeit je nach Bandbreite des Übertragungsmediums übertragen werden.

Augendiagramm

Darstellung des Signalverlaufes zur Erfassung der Impulsverzerrungen; man gewinnt diese Darstellung durch oszillographisches "Übereinanderschreiben" vieler Signalelemente, die zeitlich nacheinander auftreten.

BCH-Code

fehlerkorrigierender zyklischer Code nach Bose Chaudhuri Hocquenghem

Bit

Kurzbezeichnung für ein Binärelement, Einheit für die Informationsmenge, dann "bit" geschrieben. Die Informationsmenge 1 bit wird übertragen, wenn bei einem Symbolvorrat 2 eines von zwei gleichwahrscheinlichen Symbolen ausgewählt wird.

Codierung

Die Erzeugung von Codewörtern, die je einem Quantisierungsintervall zugeordnet sind und somit Abtastwerten entsprechen

Daten

Zeichen oder kontinuierliche Funktionen, die zum Zweck der Verarbeitung Information auf Grund bekannter oder unterstellter Abmachungen darstellen.

DECT	Digital European Cordless Telecommunication; DECT ist ein Standard für Datennetze der Mobilfunkkommunikation im privaten Bereich. Er kommt bei schnurlosen Telefonen, Funknebenstellenanlagen und Funk-LANs zum Einsatz.
Deltamodulation	Differenz-Puls-Code-Modulation, bei der das Codewort nur aus einem Bit besteht.
Differenz-Puls-Code-Modulation	DPCM. Eine Puls-Code-Modulation, bei der die Differenz zwischen einem Vorhersagewert und dem tatsächlichen Wert übertragen wird.
Digitalsignal	physikalische Darstellung einer Nachricht, die aus einer Folge von Zeichen besteht.
Distanz	Bei zwei, Stelle für Stelle verglichenen Codeworten gleicher Länge, die Anzahl der Stellen unterschiedlichen Inhalts.
Fehlererkennungscode	Code, bei dem die gestörten Zeichen auf Grund der Bildungsgesetze erkannt werden können.
Fehlerhäufigkeit	Verhältnis der Anzahl der Zeichen, die falsch erkannt werden, zur Gesamtanzahl der Zeichen.
Fehlerkorrekturcode	Code, bei dem eine Teilmenge der gestörten Zeichen auf Grund der Bildungsgesetze ohne Rückfrage korrigiert werden kann.
GSM	Global System for Mobile Communication; GSM ist ein Standard für zellulare Mobilfunksysteme im 900 MHz- und 1,8 GHz-Bereich. Anwendung findet dieser Standard z.B. im D1- und D2, sowie im E-plus-Mobilfunknetz.

Hamming-Distanz

kleinste innerhalb der Gesamtmenge der Übertragungscodeworte vorkommende Distanz zwischen zwei Codeworten.

HDB3-Code

Ein modifizierter AMI-Code; durch absichtliche
Verletzung der AMI-Regel werden längere Nullfolgen vermieden. Vier unmittelbar aufeinanderfolgende binäre Null-Werte werden ersetzt durch
000V oder A00V; dabei ist V ein Impuls, der
eine Verletzung der AMI-Regel bewirkt, und A
ein AMI-Impuls, d.h. ein Impuls, dessen Polarität der AMI-Regel entspricht. Die Wahl der Kon-
figurationen 000V und A00V geschieht so, daß
die V-Impulse in ihrer Polarität abwechseln.

Intersymbolinterferenz

durch Impulsverzerrungen hervorgerufene Erscheinung, bei der sich einem gegenwärtigen Impuls die Ausläufer vergangener Impulse überlagern.

Irrelevanz

der für den Empfänger nicht wichtige, von ihm
nicht ausgewertete Teil einer Nachricht.

ISDN

Integrated Services Digital Network; ISDN ist
ein öffentliches digitales Übertragungs- und
Vermittlungsnetz. Es stellt dem Teilnehmer eine
digitale Schnittstelle zur Verfügung, an die Verschiedene Endgeräte für verschiedene Kommunikationsdienste anschließbar sind.

ISO

International Organization for Standardization. Die ISO ist das Dach von fast 90 nationalen Normungsgremien. In der ISO zusammengeschlossen sind z.B. die nationalen Gremien DIN (Deutschland), ANSI (USA), BSI (England) und AFNOR (Frankreich). Die Aufgabenstellung der ISO besteht darin, weltweit einheitliche Normen für die verschiedenen Bereiche zu verabschieden.

Isochron

Ein Digitalsignal ist isochron, wenn seine Kennzeitpunkte äquidistant sind, d.h. in einem festen Zeitraster liegen. Zu den Kennzeitpunkten findet der Übergang von einem Signalzustand in den nächsten statt.

Kompandierung

Kombination von Kompressor (Presser) und Expander (Dehner): Die Kompression ist ein Vorgang, bei dem die Ausgangsgröße unterproportional zur Eingangsgröße wächst, d.h. kleine Signalwerte werden im Verhältnis zu großen angehoben. Sind die Eingangs- und Ausgangsgrößen Augenblickswerte, so spricht man von Momentanwertkompandierung.

MPEG

Motion Picture Expert Group; MPEG ist ein Codierungsverfahren für Bewegtbilder. Die Bezeichnung leitet sich von einem ISO-Komitee ab, das einen Standard für die Kompression, die Übertragung, Aufzeichnung und Dekompression von Videosignalen spezifiziert hat. Hauptanwendungen sind die digitale Videoübertragung in digitalen Netzen (HDTV) und digitale Bildspeicher (Festplatte, CD-ROM).

Multiplex-System

System zur Mehrfachausnutzung eines Übertragungskanals

Plesiochrone Digitale Hierarchie — PDH; Zeit-Multiplexverfahren, bei denen die Digitalsignale nicht genau gleiche Taktfrequenz haben.

Prädiktor — Filter zur Bildung eines Schätzwertes bei der Differenz-Puls-Code-Modulation

Puls-Code-Modulation, PCM — Digitalisierung eines analogen, bandbegrenzten Signals, d.h., Umwandlung eines analogen Signals durch Zeit- und Amplituden-Quantisierung in ein Digitalsignal.

Quantisierung — Vorgang der Umsetzung eines wertkontinuierlichen Signals in ein wertdiskretes Signal, das nur soviele Werte annehmen kann, wie Quantisierungsintervalle vorgesehen sind.

Quantisierungsintervall — Einer der Wertebereiche, in die der Quantisierungsbereich unterteilt wird. Er wird durch zwei Entscheidungswerte begrenzt.

Redundanz — Weitschweifigkeit der Informationsdarstellung

Regeneration — Wiederherstellung eines verzerrten und gestörten Digitalsignals, wobei nach einer Entzerrung durch Abtasten dem Signal die Information entnommen wird, um anschließend das Signal neu aufzubauen.

SDH — Synchrone Digitale Hirarchie; Zeit-Multiplexverfahren, das seit 1988 in Weitverkehrsnetzen als Overlaynetz den PDH-Netzen (Plesiochrone Digital Hierarchie) übergeordnet wird. SDH basiert auf 155 Mbit/s bis hin zu 2,48 Gbit/s- Übertragungskanälen (Lichtwellenleiter).

Übertragungsgeschwindigkeit   pro Zeiteinheit übertragene Informationsmenge mit der Einheit bit/s.

Literaturverzeichnis

Bücher

[1]   Bäßler,R., Deutsch,A.: Nachrichtennetze, VEB Verlag Technik, Berlin 1989

[2]   Bennet, W. R.: Introduction to Signal Transmission, McGraw-Hill Inc., New York 1970

[3]   Bennett, W.R.; Davey, J. R.: Data Transmission, McGraw-Hill Inc., New York 1965

[4]   Biaesch-Wiebke, C.: CD-Player und R-DAT-Rekorder, Vogel-Verlag 1992

[5]   Bocker, P.: Datenübertragung, Bd. I Grundlagen, Bd. II Einrichtungen und Systeme 1976, 1977 Springer-Verlag, Berlin-Heidelberg-New York

[6]   Bossert, M.: Kanalcodierung, Teubner-Verlag 1992

[7]   David, K.; Benkner, T.: Digitale Mobilfunksysteme, Teubner Verlag Stuttgart-Leipzig 1996

[8]   Dokter, F.; Steinhauer, J.; Digitale Elektronik, Bd. I Theoretische Grundlagen und Schaltungstechnik, Bd. II Anwendungen der digitalen Grundschaltungen und Gerätetechnik, Deutsche Philips GmbH, Hamburg 1972

[9]   Ehrenstrasser, G.: Stochastische Signale und ihre Anwendung, Hüthig-Verlag, Heidelberg 1974

[10]   Elsner, R.: Nachrichtentheorie, Bd. I Grundlagen, Bd. II Übertragungskanal, Teubner-Verlag, Stuttgart 1977

[11]   Fellbaum, K.: Sprachverarbeitung und Sprachübertragung, Springer-Verlag 1984

[12]   Friedrichs, B.: Kanalcodierung, Grundlagen und Anwendungen in modernen Kommunikationssystemen, Springer-Verlag 1996

[13]   Furrer, E.J.: Fehlerkorrigierende Block-Codierung für die Datenübertragung, Birkhäuser-Verlag 1981

[14]   Gerdsen, P.; Kröger. P.: Digitale Signalverarbeitung in der Nachrichtenübertragung, Springer-Verlag 1993

[15]   Gerdsen, P.; Kröger, P.: Kommunikationssysteme 1, Theorie, Entwurf, Meßtechnik, Springer-Verlag 1994

[16]   Gerdsen, P.; Kröger, P.: Kommunikationssysteme 2, Anleitung zum praktischen Entwurf (SDL), Springer-Verlag 1994

[17]   Gerdsen, P.: Digitale Übertragungstechnik, Teubner-Verlag 1983

[18]   Gerdsen, P.: Hochfrequenzmeßtechnik, Teubner-Verlag 1982

[19]   Gurow, W.S.: Grundlagen der Datenübertragung, Akademische Verlagsgesellschaft Geest & Portig K.-G. Leipzig 1969

[20]   Hartl, Ph.: Fernwirktechnik der Raumfahrt, Springer-Verlag, Berlin-Heidelberg-New York 1977

[21]   Hess, W.; Heute, U.; Vary, P.: Digitale Sprachsignalverarbeitung, Teubner-Verlag (in Vorbereitung)

[22]   Hölzler, E.; Holzwarth, H.: Pulstechnik, Bd. I Grundlagen, Bd. II Anwendungen und Systeme, Springer-Verlag Berlin-Heidelberg-New York 1976

[23]   Huber, J.: Trelliscodierung, Springer-Verlag 1992

[24]   Johann, J.: Modulationsverfahren, Grundlagen analoger und digitaler Übertragungssysteme, Springer-Verlag 1992

[25]   Kaderali, F.: Digitale Kommunikationstechnik I, Vieweg-Verlag 1991

[26]   Kammeyer, K.,D.: Nachrichtenübertragung, 2. Auflage, Teubner-Verlag 1996

[27]   Kroschel, K.: Datenübertragung, Springer-Verlag 1991

[28]   Küpfmüller, K.: Die Systemtheorie der elektrischen Nachrichtenübertragung, Hirzel-Verlag, 1974

[29]   Lange, F.H.: Korrelationselektronik, VEB-Verlag Technik, Berlin 1959

[30]   Lochmann,D.: Digitale Nachrichtentechnik, Verlag Technik 1995

[31]   Lucky, R.W.; Salz, J.; Weldon, E.J.: Principles of Data Communication, McGraw-Hill Inc. New York 1968

[32]   Lüke, H. D.: Signalübertragung, 6. Aufl., Springer-Verlag, Berlin-Heidelberg-New York 1995

[33]   Marko, H.: Systemtheorie, Methoden und Anwendungen für ein- und mehrdimensionale Signale, 3. Aufl., Springer-Verlag, Berlin 1995

[34]   Mäusl, R.: Digitale Modulationsverfahren, Hüthig-Verlag 1985

[35]   Mildenberger, O.: Informationstheorie und Codierung, Vieweg-Verlag 1992

[36]   Nussbaumer, H.: Computer Communication System Vol. 1, Data Circuits, Error Detection, Data Links, John Wiley & Sons 1990

[37]   Ohm, J.-R.: Digitale Bildcodierung - Repräsentation, Kompression und Übertragung von Bildsignalen, Springer-Verlag 1995

[38]   Pederson, W.W.: Prüfbare und korrigierbare Codes. R. Oldenbourg-Verlag, München-Wien 1967

[39]   Reimers, U.: Digitale Fernsehtechnik, Datenkompression und Übertragung für DVB, Springer-Verlag 1995

[40]   Rohling, H.: Einführung in die Informations- und Codierungtheorie, Teubner-Verlag 1995

[41]   Rupprecht, W.: Orthogonalfilter und adaptive Datensignalentzerrung, Datakontext Verlag 1987

[42]   Schröder, H.; Rommel, G.: Elektrische Nachrichtentechnik, Eigenschaften und Darstellung von Signalen, Bd. Ia, Hüthig-Pflaum-Verlag, München-Heidelberg 1978

[43]   Schuon, E.; Wolf, H.: Nachrichtenmeßtechnik, Springer-Verlag, Berlin-Heidelberg-New York 1981

[44]   Seliger, N.B.: Kodierung und Datenübertragung, R. Oldenbourg Verlag, München-Wien 1973

[45]   Söder, G.; Tröndle, K.: Digitale Übertragungssysteme, Theorie, Optimierung und Dimensionierung der Basisbandsysteme, Springer-Verlag 1985

[46]   Söder, G.: Modellierung, Simulation und Optimierung von Nachrichtensystemen, Springer-Verlag 1994

[47]   Sweeny, P.: Codierung zur Fehlererkennung und Fehlerkorrektur, Hanser-Verlag 1992

[48]   Swoboda, J.: Codierung zur Fehlerkorrektur und Fehlererkennung, R. Oldenbourg Verlag, München-Wien 1975

[49]   Taub, H.; Schilling, D.L.: Principles of Communication Systems, McGraw-Hill, Inc. 1971

[50]   Tröndle, K.; Weiss, R.: Einführung in die Puls-CodeModulation, R. Oldenbourg-Verlag, München-Wien, 1974

[51]   Wehrmann, W.: Einführung in die stochastisch ergodische Impulstechnik, R. Oldenbourg-Verlag, Wien-München 1973

[52]   Wilhelm, C.: Datenübertragung, Militär-Verlag der Deutschen Demokratischen Republik, Berlin 1976

[53]   Zander,E.: Die digitale Audiotechnik. Grundlagen und Verfahren, Drei-R-Verlag 1987

[54]   Zölzer, U.: Digitale Audiosignalverarbeitung, Teubner-Verlag 1996

Fachaufsätze

[55]   Antreich, K.; Hauk, W.; Welzenbach, M.: Zur Auslegung der Entzerrernetzwerke für die Übertragung von PCM-Signalen auf Kabeln. A. E. Ü. 25, 1971, H. 3

[56]   Appel, U.; Tröndle, K.: Vergleich verschiedener Codes für die Übertragung digitaler Signale. NTZ 1970, H. 4

[57]   Appel, U.; Tröndle, K.: Zusammenstellung und Gruppierung verschiedener Codes für die Übertragung digitaler Signale. NTZ, 1970, H. 1

[58]   Bennett, W.R.: Statistics of Regenerative Digital Transmission, The Bell Syst. Techn. Journ. 1958 .

[59]   Bentley, W.E.: Squeeze more data onto mag tape by use of delay modulation encoding and decoding. Electronic Design 21, October 11, 1975

[60]   Dickkopp, G.: TELCOM - Ein neues Telefunken Kompander System. Nachrichtenelektronik 6 - 1977, S. 161 - 163

[61]   Donnevert, J.: Der Phasenregelkreis, Der Fernmeldeingenieur 1979, 33 . Jg. H.7

[62]   Fischer, F.A.: Die Grundgedanken der modernen Theorie der Nachrichtenübertragung, Der Fernmeldeingenieur 1951, 5. Jg. H. 4

[63]   Gerdsen, P.; Kröger, P.: Digitale Signalverarbeitung - Wandel in der Nachrichtentechnik, NTZ Bd. 47 (1994) H.11

[64]   Gerdsen, P.; Kröger, P.: Kommunikationssysteme: Sicherungsschicht, Skriptum Fachhochschule Hamburg, FB Elektrotechnik u.Informatik, 1990

[65]   Gerdsen,P.,Kröger,P.: Kommunikationssysteme: Hard- und Software der
Bitübertragungschicht, Skriptum Fachhochschule Hamburg, FB Elektrotechnik
u. Informatik, 1990

[66]   Gerdsen,P.: Digitale Übertragung und Fehlersicherung, Technische Berichte
des Fachbereichs Elektrotechnik und Informatik der Fachhochschule Hamburg,
1991

[67]   Gerdsen,P.: Kommunikation, Skriptum zur Vorlesung Digitale Übertragungstechnik, Fachhochschule Hamburg, FB Elektrotechnik u.Informatik, 1989

[68]   Gerwen van, P.J.: On the generation and application of pseudo ternary codes in
pulse transmissions, Philips Res. Repts. 20, 1965, S. 469 - 484

[69]   Gibby, R. A.; Smith, J. W.: Some Extensions of Nyquist's Telegraph
Transmission Theory, The Bell Syst. Techn. Journ., Sept. 196

[70]   Gohm, L.: Über den Entwurf und Aufbau eines PCM-Regenerativverstärkers
für 10 MBit/sec. Nachrichtentechn. Fachber. Bd. 42, 1972

[71]   Greefkes, J. A.; Gerwen van, P.J.; Jager de, F.: Kompander mit hohem
Kompressionsgrad für die Pegelschwankungen in Fernsprechverbindungen.
Philips Techn. Rdsch. 26. Jg. 1965, Nr. 9, 10, 11

[72]   Guttenberg van, W.; Hochrath, H.: Ein Kompander für die Rund-
funkprogrammübertragung. NTZ 1960, H. 1 ,S. 9 - 15

[73]   Hauk, W.: Zur Auslegung eines Regenerativverstärkers für Nahverkehrs-PCI-
Systeme. Nachrichtentechn. Fachber. Bd. 42, 1972

[74]   Herzer, R.: Einige Grundlagen und Aspekte zur gesicherten Datenübertragung
mittels linearer redundanter Binärcodes. Der Fernmeldeingenieur 1977, 31.
Jg., H.1,4,6

[75]   Hessenmüller, H.: Digitale Tonsignalübertragung. Der Fernmeldeingenieur
1978, 32. Jg. H. 1

[76]   Howson, R. D.: An Analysis of the Capabilities of Polybinary Data
Transmission. IEEE Transact. on Comunication Techn. Vol. 13, No. 3, Sept.
1965

[77]   Irmer, Th.; Kersten, R.; Schweitzer, L.: Begriffe der Digital-
Übertragungstechnik. Frequenz 32 (1978) 8

[78]   Kaiser, W.: Übertragungsverfahren und Modems für mehr als 1.200 Bit/sec.
Nachrichtentechn. Fachber. Bd. 37, 1969

[79]   Kersten, R.: Signalarten und Signalformen bei der Übertragung von PCM-
Signalen auf symmetrischen Fernsprechkabeln. A.E.ü. 22, 1968, H. 10

[80]   Kersten, R.: Verdoppelung der Schrittgeschwindigkeit oder Bandhalbierung
durch das biternäre Pulscodeverfahren. NTZ, 1965J H. 3

[81]   Kohlschmidt, R.: Optimierung einer Pulscodemodulations-Übertragungsstrecke
bezüglich Sicherheit gegenüber Störungen. Nachrichtentechnik 18, 1968, H. 7

[82]   Kress, D.: Zur linearen Filterung bei der Übertragung von PCM-Signalen über
Kabel. Nachrichtentechnik 18, 1968, H. 9

[83]   Kretzmer, E. R.: Generalization of a Technique for Binary Data
Communication IEEE Transaction on Communication Technology, Febr. 1966

[84]   Leuthold, P.; Tisi, F.: Betrachtungen zum Abtasttheorem und zum ersten
Nyquist-Kriterium. NTZ 1968, H. 7

[85]   Lochmann, D.; Dahms, H.-P.: Ein digitaler Diskriminator für die
Datenübertragung mit Frequenzumtastung. Nachrichtentechnik19, 1969, H. 10

[86]   Morgenstern, G.: Zur Berechnung der Autokorrelationsfolgen von digital
codierten Signalen aus ihren Codierungsgesetzen. Der Fernmeldeingenieur
1980, 34. Jg., H.12

[87]   Morgenstern, G.: Zur Berechnung der spektralen Leistungsdichte von digitalen
Basisbandsignalen. Der Fernmeldeingenieur, 1979, 33. Jg.,H. 12

[88]   Nave, P.M.W.: Spektrum des biternär codierten PCM-Signals. A.E.Ü. 23,
1969,H.4

[89]   Neth, A.: Verfahren zur Taktrückgewinnung bei Regenerativverstärkern.
Nachrichtentechn. Fachber., Bd. 42, 1972

[90]   Norz, A.: Verfahren zur Demodulation von phasenumgetasteten Datensignalen.
Nachrichtentechn. Fachber. Bd. 37, 1969

[91]   Nyquist, H.: Certain Topics in Telegraph Transmission Theory, Trans. AIEE
47 (1928) S. 617 - 644

[92]   Ohnsorge, H.: Darstellung, Wirkung und Konstruktion redundanter
systematischer Codes. Telefunken-Zeitung, Jg. 40, 1967, H. 1/2

[93]   Ohnsorge, H.: Durch Schieberegister realisierbare redundante systematische
Codes. Telefunken-Zeitung, Jg. 40, 1967, H. 1/2

[94]   Postl, W.: Die spektrale Leistungsdichte bei FM eines Trägers mit einem
stochastischen Telegraphiesignal, Frequenz 17, 1963, Nr.3, S. 107-110.

[95]   Schmidt, H.-J.: Eine Universalentzerrer-Theorie und ihre Anwendung auf
       verschiedene Entzerrer-Prinzipien, NTZ 29, 1976, H. 1, S. 71 - 73

[96]   Schmidt, K.H.: Datenübertragung mit kontrollierter
       Nachbarzeichenbeeinflussung. Elektrisches Nachrichtenwesen, Bd. 48, Nr. 1,
       2, 1973

[97]   Schouten, J. F.: Nachricht und Signal. Nachrichtentechnische Fachberichte,
       Bd. 6 (1957) 21

[98]   Schüßler, W.: Der Echoentzerrer als Modell eines Übertragungskanals, NTZ,
       1963, H. 3

[99]   Swoboda, J.: Ein Vorschlag zur Taktsynchronisation bei der
       Datenübertragung, AEÜ, 1968, Bd. 22, H. 11

[100] Zschunke, W.: Einige neue Prinzipien für Frequenzdiskriminatoren bei
       Datenübertragung. Frequenz 27, 1973, 7

Normen und Empfehlungen

[101] CCITT: Empfehlungen der V- und X-Serie, Band 1: Datenübertragung über
       das Telefonnetz, R.v. Decker`s, 1985

Firmenschriften

[102] Wandel & Goltermann: Der Einfluß von Jitter in digitalen
       Übertragungssystemen, Sonderdruck Elektronische Meßtechnik, Nr.
       D.4.92/D2/112/2

[103] Wandel & Goltermann: Katalog Elektronische Meßtechnik, Abschn. Datenmeß-
       technik

[104] Wandel & Goltermann: Meßtechnik an digitalen Übertragungssystemen,
       Application Note 28, Elektronische Meßtechnik, Nr. D2.89/200/2

[105] Wandel & Goltermann: Meßtechnik für die Übertragung analoger
       Datensignale, Sonderdruck Elektronische Meßtechnik, Nr. 5090d

Diplomarbeiten

[106] Busch, C.: Rechnersimulation der Quellencodierung nach dem Musicam-Verfahren, Diplomarbeit Fachbereich Elektrotechnik und Informatik der Fachhochschule Hamburg, SS 1992

[107] Feddern, A.; Ibendorf, S.: Regenerativverstärker mit adaptiver Entzerrung in digitaler Signalverarbeitung, Diplomarbeit Fachbereich Elektrotechnik und Informatik der Fachhochschule Hamburg, SS 1993

[108] Mehrkens, D.: Digitale Echo-Modulation und Demodulation - Simulation und Realisierung mit Signalprozessor, Diplomarbeit Fachbereich Elektrotechnik und Informatik der Fachhochschule Hamburg, SS 1996

[109] Ostermann, C.: Signalverarbeitung im Modem nach dem Prinzip der digitalen Echomodulation, Diplomarbeit Fachbereich Elektrotechnik und Informatik der Fachhochschule Hamburg, SS 1993

Sachverzeichnis

David/Benkner
Digitale Mobilfunksysteme

Grundlagen und aktuelle Systeme

Eine der neuesten Technologien unserer Zeit stellen digitale Mobilfunksysteme dar, die einen standortunabhängigen Informationsaustausch via Sprache, Daten und Fax etc. erlauben. Mit heute schon mehr als 3 Millionen Teilnehmern in Deutschland gehört der Mobilfunk zu einem der am schnellsten wachsenden Segmente der Zukunfts- und Wachstumsbranche Telekommunikation. Dieses Buch behandelt die theoretischen Grundlagen zellularer Mobilfunknetze. Aufbauend darauf werden bestehende digitale Systeme (D-Netze, E1-Netz) und zukünftige (CDMA, UMTS) diskutiert.
Angesprochen werden Studierende der Elektrotechnik sowie Praktiker aus Industrie und Forschung, die sich aus ihrer spezifischen Situation heraus für Aspekte des digitalen Mobilfunks interessieren. Grundkenntnisse der Nachrichtentechnik werden vorausgesetzt.

Aus dem Inhalt

Mobilfunkkanal: Effekte der Mehrwegeausbreitung – Fading - Funkfelddämpfung – Pfadverlust-Vorhersagemodelle – Diversity; *Zellulare Netze:* Interferenz – Gleichkanalstörabstand – Cluster – Sektorisierung – Dynamische Kanalzuteilungsverfahren – Funknetzplanung – Netzkapazität; *Modulations- und Codierverfahren:* Übertragung über Mobilfunkkanäle – GMSK – OFDM – Interleaving – Faltungscoder – Viterbi-Decodierung; *Zugriffsverfahren:* FDMA – TDMA – CDMA – ALOHA –

Von Dr.-Ing.
Klaus David
DeTe Mobil GmbH, Münster
und Dr.-Ing.
Thorsten Benkner
Universität – Gesamthochschule Siegen

1996. XIII, 457 Seiten.
16,2 x 22,9 cm.
Geb. DM 74,–
ÖS 540,– / SFr 67,–
ISBN 3-519-06181-3

(Informationstechnik)

Preisanderungen vorbehalten.

PRMA; *GSM (D-Netze):* Systembeschreibung – Roaming – Handover – Sprachcoder – Sicherheitsfunktionen – Dienste/Anwendungen; *Weitere Systeme:* schnurlose Telefone (CT, DECT) – Funkruf (ERMES) – Datenfunk (MODACOM, MOBITEX) – Bündelfunk (TETRA) – Flugtelefon (TFTS) – Satellitenfunk (INMARSAT, IRIDIUM) – IS95 – zukünftige Systeme (UMTS)

B.G.Teubner Stuttgart · Leipzig

Kammeyer
Nachrichtenübertragung

Die hier vorgelegte zweite Auflage des Lehrbuchs »Nachrichtenübertragung« wurde gründlich überarbeitet und um einige Teile ergänzt. Die wichtigste Erweiterung stellt das gegenuber der ersten Auflage neu hinzugekommene Kapitel 16 dar. Es befaßt sich mit der Codemultiplex-Technik (CDMA, Code Division Multiple Access) und tragt damit modernen Entwicklungen auf dem Gebiet des zellularen Mobilfunks Rechnung. Nach der Darstellung der elementaren Grundlagen werden zwei konkrete CDMA-Konzepte vorgestellt: das in Europa entwickelte CODIT-System und das bekannte QUALCOMM-Konzept, das inzwischen für die amerikanische Mobilfunk-Telefonie standardisiert wurde.

Das Buch gliedert sich in vier Teile. in der nachfolgenden Inhaltsübersicht werden stark überarbeitete oder ergänzte Abschnitte gekennzeichnet.

Teil I: Komplexe Signale und Systeme – Eigenschaften von Übertragungskanälen – Mobilfunkkanäle (ergänzt)

Teil II: Analoge Basisbandubertragung – Diskretisierung analoger Quellensignale – PCM/DPCM – Nyquist-Bedingungen – Partial-Response Codierung – adaptive Entzerrung (ergänzt) – Zeitmultiplexsysteme

Teil III: Analoge Modulationsformen – Spektraleigenschaften – Demodulation – Einflüsse linearer Verzerrungen – Rauscheinfluß – Informationstheoretischer Vergleich

Teil IV: Digitale Modulationsformen – Spektraleigenschaften – Maximum

Von Prof. Dr.-Ing.
Karl Dirk Kammeyer
Universität Bremen

2., neubearbeitete und erweiterte Auflage.
1996. XVIII, 759 Seiten mit 405 Bildern und 18 Tabellen
16,2 x 22,9 cm.
Kart. DM 89,–
ÖS 650,– / SFr 80,–
ISBN 3-519-16142-7

(Informationstechnik)

Preisanderungen vorbehalten

Likelihood Detektion – Lineare Verzerrungen – Viterbi-Entzerrung – Multiträger-Systeme – Codemultiplex-Prinzip (neu) – praktische CDMA-Konzepte (neu)

Anhänge: Vektorielle Signaldarstellung (ergänzt) – Zeitdiskrete Simulation (ergänzt) – Verbunddichte von Gaußprozessen (ergänzt) – Lattice-Entzerrer – Bedingungen für den T/2-Entzerrer (neu) – MSE-Lösung für Entzerrer mit quantisierter Rückführung (neu) – Matrix-Inversionslemma (neu)

B.G. Teubner Stuttgart · Leipzig

Rohling
Einführung in die Informations- und Codierungstheorie

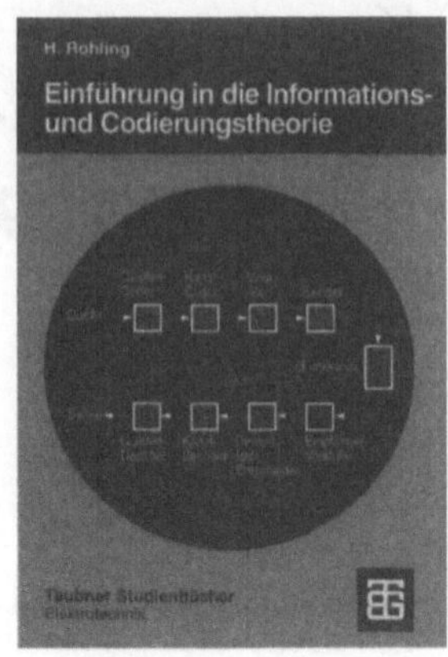

Die digitale Nachrichtenübertragung gehört heute zu den wichtigen Wachstumsbranchen. Um die Mobilität des einzelnen noch weiter zu erhöhen, werden z. B. Sprache oder Bilder in digitaler Form auch über Funkstrecken zu den mobilen Empfängern übertragen. Bereits vorhandenen Funkdiensten wie D-Netz, E-Netz, Digital Audio Broadcast (DAB) oder Digitales Satelliten Radio (DSR) werden weitere folgen.

Datenfunkstrecken sind sehr fehleranfällig; auch das Funkkanalverhalten kann sich aufgrund der Teilnehmerbewegung zeitlich sehr schnell ändern. Deshalb ist hier die Anwendung von Fehlerkorrekturverfahren unverzichtbar. Das Buch gibt eine Einführung in die Methoden der Kanalcodierung zum Zwecke der Fehlerkorrektur.

Ausgehend von der Shannon'schen Informationstheorie werden Codier- und Decodierverfahren für Block- und Faltungscodes diskutiert und anschaulich beschrieben. Es wird eine digitale Übertragungsstrecke von der Quelle bis zur Senke betrachtet einschließlich der grundlegenden digitalen Modulationsverfahren.

Aus dem Inhalt

Shannon'sche Informationstheorie – Blockcodes – digitale Trägermodulationsverfahren – Faltungscodes

Von Prof. Dr.
Hermann Rohling
unter Mitarbeit von
Dipl.-Ing. **Thomas Müller**
Technische Universität Braunschweig

1995. VIII, 245 Seiten mit 70 Bildern.
13,7 x 20,5 cm.
Kart. DM 34,–
ÖS 248,– / SFr 31,–
ISBN 3-519-06174-0

(Teubner Studienbücher)
Preisänderungen vorbehalten.

B. G. Teubner Stuttgart · Leipzig